高等学校项目管理系列精品教材

系统工程

（第4版）

白思俊　郭云涛　刘丽华　陈　志◎编著

電子工業出版社
Publishing House of Electronics Industry
北京 • BEIJING

内 容 简 介

系统工程作为一门方法论的科学，为人们提供了一套处理问题和解决问题的系统分析方法论。本书以系统工程方法论的思维和应用过程为主线，全面系统地讲述了系统工程的基本理论、方法和应用。本书共7章：系统与系统理论概述、系统工程及其方法论、系统分析、系统模型、系统评价、系统决策及系统工程综合应用案例。本书有别于其他系统工程书籍的特点是，其在章节编排和知识框架的组织上充分体现了系统整体思维的理念，整个目录结构完全体现了系统工程处理问题的基本思路和逻辑框架。本书所反映的系统工程知识体系更为全面，而且有大量案例，适宜教学与实践的结合，可作为管理类和经济类各专业高年级学生与研究生的教材，也可作为继续教育的教材。

图书在版编目（CIP）数据

系统工程 / 白思俊等编著. —4 版. —北京：电子工业出版社，2023.2

ISBN 978-7-121-45068-6

Ⅰ. ①系…　Ⅱ. ①白…　Ⅲ. ①系统工程　Ⅳ. ①N945

中国国家版本馆 CIP 数据核字（2023）第 028681 号

责任编辑：刘淑敏
印　　刷：北京建宏印刷有限公司
装　　订：北京建宏印刷有限公司
出版发行：电子工业出版社
　　　　　北京市海淀区万寿路 173 信箱　　邮编：100036
开　　本：787×1 092　1/16　　印张：17　　字数：435 千字
版　　次：2006 年 10 月第 1 版
　　　　　2023 年 2 月第 4 版
印　　次：2025 年 2 月第 2 次印刷
定　　价：68.00 元

凡所购买电子工业出版社图书有缺损问题，请向购买书店调换。若书店售缺，请与本社发行部联系，联系及邮购电话：（010）88254888，88258888。

质量投诉请发邮件至 zlts@phei.com.cn，盗版侵权举报请发邮件至 dbqq@phei.com.cn。

本书咨询联系方式：（010）88254199，sjb@phei.com.cn。

前言

系统工程是当代具有重要影响的一门综合性基础学科，已广泛应用到工业、农业、国防、科学技术和社会经济的各个方面，特别是对复杂问题的处理，具有独特处理问题的系统思路。从国家的经济发展战略与规划到工业企业的管理与决策，包括大规模生产、重大科学技术和社会经济结构等，都应用了系统工程的基本理论与方法。作为教给人们一门系统思维方法论的学科，系统工程越来越多地应用于实践领域的各个行业。系统工程的方法论已经成为人们思考问题及解决问题的范式，系统工程的应用领域越来越广泛。

系统工程是一门跨学科的工程技术。它从系统的观点出发，立足整体，统筹全局，把自然科学和社会科学中的一些思想、理论和方法等根据系统总体协调的需要，有机地结合起来，采用定量与定性相结合的方法，为现代科学技术的发展提供了新思路和新方法。

系统工程方法对于解决组织管理的问题是极为有效的，因为任何管理对象都可视为一个系统的管理。只有对管理对象——系统的普遍规律充分了解和掌握后，才能运筹帷幄，实现管理最佳化。因此，目前世界各国研究管理的学者们纷纷从各个方面尝试把系统学应用于管理科学中，力图把经营管理放在科学的基础上。目前，管理正处于由艺术向科学迈进的征途中，系统学与系统工程作为管理哲学，将对管理科学的发展起到指导和促进作用。

系统工程是一门方法论的科学。它给人们提供了一套处理问题和解决问题的系统分析方法论，即以系统的观念及工程的观念处理所面临的社会与经济问题。系统的观念是整体最优的观念，工程的观念是工程方法论，系统工程使得人们能够以工程的观念与方法研究和解决各种社会系统问题。基于以上观念，本书编写的出发点包括：① 从方法论的高度去讲授系统工程，让读者真正认识到一种处理问题和解决问题的系统思维方法。② 在解决问题的思路介绍上，强调将定性分析和定量分析处理的手段相结合，定性与定量的结合才能切合实际地、高效率地解决问题，这也是系统方法论的基本观念。③ 使读者认识到系统分析、系统模型、系统评价与系统决策是相互联系的系统工程处理问题的重要环节。在系统模型的介绍上，强调模型的应用背景、应用过程及解决的实际问题，对于模型的数学推理给予弱化。在系统评价的介绍上，强调评价方法解决问题的出发点，以及评价方法可能解决的不同实际问题。④通过现实的管理导入问题及解决问题的思路是系统工程的总体思路。

本书以系统工程方法论的应用过程为主线，全面系统地讲述了系统工程和系统科学的基本理论、方法和应用。本书共 7 章：第 1 章介绍系统的有关概念、管理系统的概念和系统理论的基本知识；第 2 章主要介绍系统工程的概念、系统工程的方法论和系统工程的应用；第 3 章主要讲述系统分析的概念、系统的环境分析、目标分析、结构分析和模型化分析；第 4 章主要介绍典型的系统工程中常用的模型技术，如结构模型化技术、结构方程模型、主成分分析法、因子分析法、聚类分析法和系统仿真模型；第 5 章介绍系统评价的概念及常用的系统评价方法，如层次分析法、网络层次分析法、模糊综合评价法、灰色评价法和 DEA 评价法；第 6 章主要介绍系统决策的概念、确定型问题和不确定型问题的决策、风险型问题的决策、非结构化问题决策；第 7 章展示几个实践中应用系统工程理论和方法解决实际问题的案例。

本书有别于其他系统工程书籍的特点是，其在章节编排和知识框架的组织上充分体现了系统整体概念的思想，整个目录结构完全体现了系统工程处理问题的基本思路和逻辑框架。本书所反映的系统工程知识体系更为全面，而且有大量案例，适宜教学与实践的结合。

本书是在西北工业大学管理学院多年来为大学本科生和研究生开设的系统工程课的基础上编写的，并在前三版教学实践应用的基础上进行了完善，可作为管理类和经济类各专业高年级学生与研究生的教材，也可作为继续教育的教材。

本书由西北工业大学白思俊等编著。具体分工是：前言、第 1～2 章由白思俊编写，第 3～4 章由陈志编写，第 5～6 章由刘丽华编写，第 7 章由郭云涛编写。

本书在编写过程中，参阅并吸收了大量资料和公开发表的有关人员的研究成果，在此对他们的工作、贡献表示衷心的感谢。由于系统工程涉及面非常广泛，又是一门不断发展的交叉学科，限于编者水平，书中错误或疏漏之处在所难免，敬请读者批评指正。

编　者

目录

第1章

系统与系统理论概述

系统工程是研究系统的工程技术，是在系统和系统理论逐渐发展的基础上形成的系统方法论。因此，在对系统工程进行讨论之前，首先应该学习和了解系统的概念及有关的系统基本理论。

1.1 系统

自20世纪40年代以来，作为一个广泛的研究对象，“系统”一词已引起了很多研究工作者的注意。人们习惯于将所研究的对象视为一个完整的系统来对待，从而吸引了众多领域的专家从事系统方面的研究和应用工作，并逐步形成了一门新兴的学科体系——系统论。

1.1.1 系统思想的形成

“系统”这一概念，应该说是人类在认识客观世界的过程中逐渐形成的一个系统观念。随着社会的进步和科技的发展，系统的概念也相应地不断变化。

人类远在说出什么是系统概念、什么是系统工程之前，就已经在一定程度上辩证地、系统地思考和处理问题了。因为人类从来都是处于一定的自然系统与一定的社会系统之中的，系统的存在决定了人类的系统意识。在人类历史上，凡是人们成功地从事比较复杂的工程建设和其他社会活动时，就已经不自觉地运用了系统思想和系统工程的某些方法，正像人们不自觉地运用辩证法与唯物论一样。

朴素的系统思想，不仅体现在古代人类的实践中，而且体现在古代中国和希腊的哲学思想中。古代杰出的思想家都从承认统一的物质本原出发，把自然界当作一个统一体。古希腊辩证法奠基人之一赫拉克利特（Herakleitos）在《论自然界》一书中说过：“世界是包括一切的整体。”古希腊唯物主义哲学家德谟克利特（Demokritos）也曾在物质构造的原子论基础上论述了“宇宙大系统”。他认为世界是由原子和虚空组成的，原子组成万物，从而形成了不同的系统和有层次的世界。古希腊伟大学者亚里士多德（Aristoteles）关于整体性、目的性、组织性的观点，以及关于事物相互关系的思想，是古代关于系统的一种朴素概念。我国春秋末期，思想家老子就曾阐明了自然界的统一性，即“道生一，一生二，二生三，三生万物”。他用自发的系统概念观察自然现象，用古代朴素的唯物主义哲学思想描述了对自然界的整体性和统一性的认识。中国是一个文明古国，“合久必分，分久必合”，在几千年的文明史中，统一的年代多于分裂的年代，中国古人关于天下大统一的思想是很强烈、很明晰的。公元前 221 年，秦始皇用武力统一中国后，采取了多项重大举措：全国实行郡县制、修驰道、车同轨、书同文、统一货币、统一度量衡等，全国一体化。秦始皇的这些文治武功延续了两千多年而不衰，中华民族今天仍然受益不尽。古代朴素唯物主义哲学思想强调对自然界整体性、统一性的认识，把宇宙作为一个整体系统来研究，探讨其结构、变化和发展，以认识人类赖以生存的大地所处的位置和气候环境变化规律对人类生活和生产的影响。比如，在西周时代，人们就用阴阳二气的矛盾统一来解释自然现象，认为金、木、水、火、土“五行”是构成世界大系统的五种基本要素。在东汉时期，天文学家张衡提出了“浑天说”，揭示了天体运行和季节变化的联系，编制出历法和指导农业活动的二十四节气。周秦至西汉初年的古代医学总集《黄帝内经》，强调人体各器官的有机联系、生理现象与心理现象的联系，以及身体健康与自然环境的联系。现代耗散结构理论的创始人 I. 普里高津（I.Prigogine）在《从存在到演化》一文中指出：“中国传统的学术思想着重于研究整体性和自发性，研究协调与协和。”但是，当时社会缺乏对这一整体各个细节的认识能力。直到 15 世纪下半叶，近代科学开始兴起，近代自然科学发展了研究自然界的分析方法（包括实验、解剖和观察的方法）把自然界的细节从总的自然联系中抽出来，分门别类地加以研究。这就是哲学史上出现的形而上学的思维方法。

从系统概念的产生和发展中可以看出，系统的概念来源于人类长期的实践活动，但由于古代科学技术不发达，往往只能得到分散的认识，认识也不够深化。古代朴素唯物主义哲学思想虽然强调对自然界整体性、统一性的认识，却缺乏对这一整体各个细节的认识能力，因而对整体性和统一性的认识也是不完全的。对自然界这个统一体各个细节的认识，是近代自然科学的任务。19 世纪上半期，自然科学取得了伟大的成就，特别是能量守恒、细胞和进化论的发现，使人类对自然过程相互联系的认识有了很大提高。恩格斯早在 1836 年就对系统的哲学概念做了精辟的论述。马克思、恩格斯的辩证唯物主义认为，物质世界是由许多相互联系、相互制约、相互依赖、相互作用的事物和过程形成的统一整体，这就是系统概念的实质。当然，现代科学技术对系统思想的发展是有重大贡献的，当代社会中的许多问题都受到人类活动和自然环境中诸多因素的影响。在社会发展和经济管理活动中，事物本身的模糊性或不稳定性，以及外界环境的不确定性使事件的发展难以预料，再加上人们的社会目标和价值标准的差异，使许多决策者感到在做重大决策时越来越困难了。确实，复杂的客观事物因为在发展过程中的因果关系，往往难以用直觉、简单的经验或一般数理方法做出本质的描述。在决策时需要对所研究的系统对象的内部结构和外部环境有充分的了解，还需要对系统的运行机制和发展规律做深刻的剖析，为此推动了系统科学的发展，并产生了系统工程等交叉学科。

钱学森在《系统思想和系统工程》一文中指出：“系统思想是进行分析和综合的辩证思维工具，它在辩证唯物主义那里取得了哲学的表达形式，在运筹学和其他系统科学那里取得了定量的表述形式，在系统工程那里获得了丰富的实践内容。”他还说：“20 世纪中期，现代科学技术的成就为系统思维提供了定量方法和计算工具，这就是系统思想如何从经验到哲学到科学，从思辨到定性到定量的大致发展情况。”

1.1.2 系统的定义

“系统”这个词来自拉丁语 systema，一般认为是“群”与“集合”的意思。随着科学技术的不断发展，系统的概念不断扩充，自然界和人类社会存在着多种多样的系统，系统无处不在。在不同的学科，系统的概念略有不同，如机械系统、电子系统、航天系统、卫星通信系统、企业系统、社会系统等。但是无论什么系统都有一个共同的实质，即各类系统都是由多个相互联系、相互作用的功能实体构成的。

在《韦氏词典》中，“系统”一词被定义为“有组织的或被组织化的整体”，是“形成集合整体的各种概念、原理的综合”，是“以有规律的相互作用或相互依存形式结合起来的对象的集合”。在日本的 JIS 标准中，“系统”被定义为“许多组成要素保持有机的秩序，向同一目的行动的集合体”。一般系统论的创始人 L. V. 贝塔朗菲（L. V. Bertalanffy）把“系统”定义为“相互作用的诸要素的综合体”。美国著名学者 R. L. 阿柯夫（R. L. Ackoff）认为:“系统是由两个或两个以上相互联系的任何种类的要素构成的集合。”《中国大百科全书·自动控制与系统工程》卷解释系统是由相互制约、相互作用的一些部分组成的具有某种功能的有机整体。

因此，系统可被定义为具有一定功能的、相互间具有有机联系的、由许多要素或构成部分组成的一个整体。系统的定义包括下面五个要点：

（1）由两个或两个以上的元素组成。

（2）各元素之间相互联系、相互依赖、相互制约、相互作用。

（3）各元素协同运作，使系统作为整体具有各组成元素单独存在时所没有的某种特定功能。

（4）系统是运动和发展变化的，是动态的发展过程。

（5）系统的运动具有明确的特定目标。

由此可见，一台机器、一辆汽车、一个企业、一个部门、一项计划、一本教科书、一个研究项目、一种组织、一套制度都可看成一个系统。

在现实世界中，任何一个系统都是可分的。其组成部分中的任何一个部分都可被看作一个子系统，而每一系统自身又可被看成一个更大规模系统中的一部分。因此，系统是有层次的，任何一个系统都有它的层次结构、规模、环境与功能。例如，一个企业的目的是生产出价廉物美的产品，以满足社会的需求，从而获得最大的利润。它的内部一般是由许多相互联系的部门组成的，有车间、分厂、各职能处室等。如果我们把该企业看作一个系统，那么各车间、分厂、各职能处室就可看作组成企业系统的要素，同时可看作组成企业系统的各个子系统。而企业系统本身又可被看作属于某一部门或某一行业大系统的一个子系统。

综上所述，一个形成系统的诸要素的集合体永远具有一定的特性，或者表现为一定的行为，而这些特性和行为是它的任何一个部分都不具备的。一个系统是一个可以分成许多要素所构成的整体，但从系统功能来看，它又是一个不可分割的整体。如果硬把一个系统分割开来，那么它将失去其原有的性质。

系统的反义词是混沌或混乱。混沌是指无序或杂乱无章的集合。系统的同义词是组织、体系等，但这些同义词还不能完全反映各部分的有机联系。

1.1.3 系统的特性

从系统的定义可以看出，所有系统都具有共同的特性。

（1）层次性。作为一个相互作用的诸要素的总体，系统可以分解为一系列的子系统，并存在一定的层次结构。层次性是系统最基本的特性之一，因为组成系统的每一要素都可看作系统的一个子系统，子系统也可进一步细分为二级子系统等。同时，系统本身属于另一更大系统的子系统，这就充分反映了系统所具有的层次性。系统的层次性是系统空间结构的特定形式，在系统层次结构中表述了不同层次子系统之间的从属关系或相互作用的关系。系统的层次结构如图 1-1 所示。

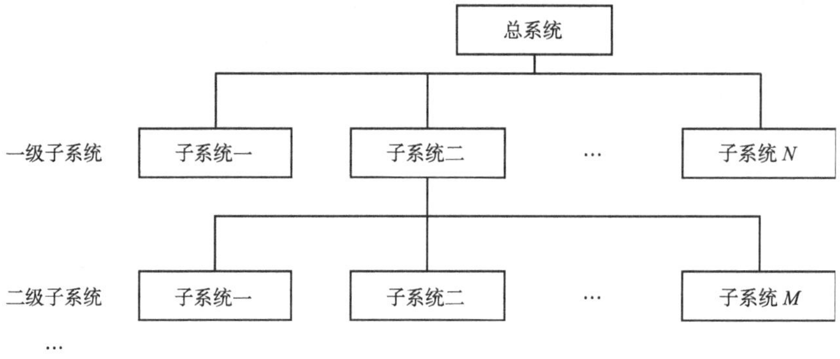

图 1-1 系统的层次结构

（2）整体性。系统是一个由两个或两个以上可以相互区别的要素构成的整体，从而系统还必须具有整体性。系统的整体性说明，具有独立功能的系统要素及要素间的相互关系（相关性、阶层性）根据逻辑统一性的要求，协调存在于系统整体之中。也就是说，不能离开整体去研究任何一个要素，也不能脱离整体的协调去考虑要素间的联系和作用。系统不是各个要素的简单集合，否则它就不会具有作为整体的特定功能。脱离了整体性，要素的机能和要素间的作用便失去了原有的意义，研究任何事物的单独部分都不能得出有关整体性的结论。系统的构成要素、要素的机能和要素的相互联系都要服从系统整体的目的和功能，在整体功能的基础上展开各要素及其相互之间的活动，这种活动的总和形成了系统整体的有机行为。在一个系统整体中，即使每个要素并不很完善，但它们也可以协调、综合成为具有良好功能的系统。反之，即使每个要素都是良好的，但作为整体却不具备某种良好的功能，也就不能称为完善的系统。因此，系统不是各部分的简单组合，而是要有统一性和整体性，要充分注意各组成部分或各层次的协调和连接，提高系统的有序性和整体的运行效果。

（3）集合性。集合的概念就是把具有某种属性的一些对象看成一个完整的整体，从而形成一个集合，集合里的各个对象叫作集合的要素（子集）。系统的集合性表明，系统是由两个或两个以上可以互相区别的要素组成的。这些要素可以是具体的物质，也可以是抽象的或非物质的软件、组织等。比如，一个计算机系统一般都是由计算器、存储器、输入与输出设备等硬件组成的，同时还包含操作系统、程序设计、数据库等软件，从而形成一个完整的集合。

（4）相关性。从系统的定义可以看出，系统内部的各个元素都必须相关，它们之间相互联系、相互影响、相互制约，所以说系统还具有相关性。相关性说明这些要素之间具有相互联系的特定关系，以及这些关系之间具有一定的演变规律。例如，城市是一个大系统，它由资源系统、市政系统、文化系统、教育系统、医疗卫生系统、商业系统、工业系统、交通运输系统、邮电通信系统等相互联系的部分组成，通过系统内各子系统相互协调的运转去完成城市生活和发展的特定目标。

（5）目的性。系统本身就具有一定的目的。要达到既定的目的，系统就必须具有一定的功能，而这正是一个系统区别于另一个系统的主要标志，所以说系统具有目的性。系统的目的一般用更具体的目标来体现，比较复杂的社会经济系统具有不止一个目标，因此需要用一套指标体系来描述系统的目标。比如，衡量一个工业企业的经营实绩，不仅要考核它的产量、产值指标，而且要考核它的成本、利润和质量指标的完成情况。在指标体系中，各个指标之间有时是相互矛盾的，有时是互为消长的，为此要从整体出发力求获得全局最优的经营效果，这就要求在矛盾的目标之间做好协调工作，寻求平衡或折中方案。

（6）环境适应性。任何一个系统和包围该系统的环境之间通常都有物质、能量和信息的交换，外界环境的变化会引起系统特性的改变，相应地引起系统内各部分相互关系和功能的变化。为了保持和恢复系统原有特性，系统必须具有对环境的适应能力，不能适应环境变化的系统是没有持续生命力的。只有经常与外界环境保持最优适应状态的系统，才能够保持不断发展势头，最终生存下来。例如，任何一个工业企业都必须经常了解市场动态、同类企业的经营动向、有关行业的发展动态、国内外市场的需求等环境的变化，在此基础上研究企业的经营策略，调整企业内部的结构，以适应环境的变化。

以上是各类系统的共性。那么作为系统工程的研究对象，系统应该具备哪些特性呢？由于系统工程研究系统的目的是认识系统、改造系统，使系统达到最优化，因此作为系统工程研究的对象，系统还必须具有以下特性。

（1）可控性。从系统工程分析系统的目的来看，它所研究的对象必须是一个人工系统（如企业、社会、城市、学校）或者一个经过改造的自然系统（如水利系统、国家森林公园等）。人们必须能够认识它、改造它，否则研究就失去了意义。

（2）动态性。系统工程所研究的系统必须是时刻变化的。系统的动态性使其具有生命周期。开放系统与外界环境有物质、能量和信息的交换，系统内部结构也可以随时间而变化。一般来讲，系统的发展是一个有方向性的动态过程。

（3）复杂性。系统工程研究的对象多属社会系统，这使得其所面临的对象具有比其他类型的系统更加复杂的关系：一方面是系统内部各要素之间的关系；另一方面是系统内部同系统外部之间的关系。这些关系常常具有不确定性和竞争性。如企业系统，一方面它的内部各生产管理部门之间存在相互制约、相互协调的复杂关系；另一方面它必须适应社会环境和市场环境的瞬息万变，同其他同类企业具有一定的竞争性，互相争夺市场，又互相争夺原材料。

（4）自律性。自律性是社会系统共有的一个特性，表现为系统的各组成部分都围绕一个共同的目标以区别于彼此没有共同目标的一组元素，同时彼此约束从而向着共同的目标前进，即系统具有自身约束自身的能力。此外，社会系统的有序性，也是系统自律性的一种表现。由于系统的结构、功能和层次的动态演变有某种方向性，因此使系统具有有序性的特点。

1.1.4 系统的类型

自然界所面临的系统是各种各样的，它们以各种各样的形态存在于这个五彩缤纷的世界。因此，可以按照系统在自然界存在的形态和性质，将系统分为各种各样的类型。

1. 自然系统与人工系统

按照系统形成的自然属性，可以将系统分为自然系统和人工系统。

（1）自然系统是由自然发生而产生与形成的系统。这类系统的组成部分是自然物，如山、海、河流、矿物、植物和动物等。海洋系统、矿藏系统、生态系统、太阳系、宇宙系等都属于自然系统。

（2）人工系统是人们将有关元素按其属性和相互关系组合而形成的系统，即用人工方法建立起来的系统。例如，人类通过对自然物质加工，用人工方法制造出来的工具和机械装置等构成的各种工程系统；人类通过人为地规定的组织、制度、步骤、手续等建立起来的各种管理系统和社会系统；人类通过对自然现象和社会现象的科学认识，用人工方法研究出来的科学体系和技术体系；等等，这些都属于人工系统。

然而实际上，大多数系统是自然系统与人工系统的复合系统。比如，人工系统中就有许多是人们运用科学力量改造的自然系统。随着科学技术的发展，越来越多的人工系统出现了。值得注意的是，许多人工系统的出现造成了严重的环境污染，破坏了生态系统的良性循环。近年来，系统工程越来越注意从自然系统的属性和关系中，探讨和研究人工系统。

2. 实体系统与概念系统

从系统组成的物质属性来看，系统可以分为实体系统和概念系统。

（1）实体系统是指以物理状态的存在物作为组成要素的系统。这些实体占有一定空间，如自然界的矿物、生物，生产部门的机械设备、原材料等。由于自然物都是实实在在的存在物，因此实体系统也称硬件系统。

（2）概念系统是与实体系统相对应的。它是由概念、原理、假说、方法、计划、制度、程序等非物质实体构成的系统，如管理系统、科学技术体系、教育系统、文化系统等。由于概念系统对应的多是人们对自然界的认识和假设，因此概念系统也称软件系统。

以上两类系统在实际中常结合在一起，以实现一定的功能。实体系统是概念系统的基础，概念系统又往往对实体系统提供指导和服务。例如，为实现某项工程实体，需要提供计划、设计方案和目标分解，对复杂系统还要用数学模型或其他模型进行仿真，以便抽象出系统的主要因素，并进行多个方案分析，最终付诸实施。在这一过程中，计划、设计、仿真和方案分析等都属于概念系统。

3. 动态系统与静态系统

基于系统的运动和变化特征，可以将系统分为动态系统和静态系统。

（1）动态系统是指系统的状态变量是随时间不断变化的，即系统的状态变量是时间的函数。例如，学校就是一个动态系统，它不仅有建筑物，还有教师和学生。企业也是动态系统的一个典型例子。

（2）静态系统是指系统运行规律的数学模型中不含时间因素，即模型中的变量不随时间而变化。它是动态系统的一种极限状态，即处于稳定的系统，如大桥、公路、房屋等。

在中世纪以前，人们曾认为宇宙现象是永恒不变的，习惯将事物看成恒定的、静止的，这种看法在哲学上是唯心的或机械唯物论的。随着科学的发展和人类的进步，人们才逐渐认识到世界不是恒定事物的集合体，而是动态过程的集合体。

实际上，多数系统都是动态系统。但是，由于动态系统中各种参数之间的相互关系非常复杂，要找出其中的规律性非常困难，因此有时为了简化起见而假设系统是静态的，或者使系统中的各种参数随时间变化的幅度很小，从而视同稳定。

4．孤立系统、封闭系统与开放系统

从热力学角度按系统与环境的关系，可将系统分为孤立系统、封闭系统与开放系统。

（1）孤立系统是指与外界环境既不可能进行物质交换，也不可能进行信息、能量交换的系统。换句话说，系统内部的物质和信息能量不能传至外部，外界环境的物质和信息能量也不能传至系统内部，如图 1-2（a）所示。

（2）封闭系统是指系统与外界环境之间可以进行信息、能量交换，但不能进行物质交换的系统。以地球与太阳、宇宙背景的关系为例，当忽略辐射粒子的物质交换时，它们之间仅存在能量交换，所以地球可近似看作一个封闭系统，如图 1-2（b）所示。

（3）开放系统是指系统与外界环境有信息、物质和能量交互作用的系统。例如，商业系统、生产系统或生态系统都是开放系统。在环境发生变化时，开放系统通过系统中要素与环境的交互作用及系统本身的调节作用，使系统达到某一稳定状态。因此，开放系统通常是自调整或自适应系统。开放系统是具有生命力的系统。一个国家、一个地区、一个企业都应该是一个开放系统，通过和外界环境不断地交换物质、能量和信息，从而谋求不断发展，如图 1-2（c）所示。

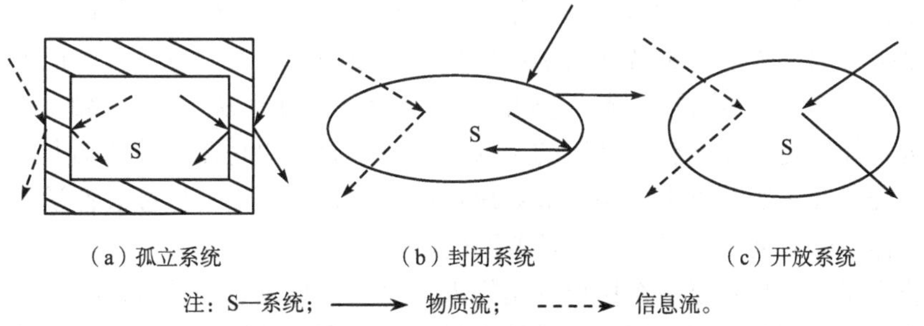

图 1-2　孤立系统、封闭系统与开放系统

研究开放系统，不仅要研究系统本身的结构与状态，而且要研究系统所处的外部环境，剖析环境因素对系统的影响方式及影响程度，以及环境随机变化的因素。由于环境是动态变化的，具有较大的不确定性，甚至可能出现突变的环境，因此当一个开放系统存在于某一特定环境之中时，该系统必须具有某些特定的功能，才能具有继续生存和发展的条件。

5．简单系统与复杂系统

根据组成系统的子系统数和子系统种类的多少，以及它们之间关联关系的复杂程度，可将系统分为简单系统和复杂系统两大类。

（1）简单系统是指组成系统的子系统数目相对较少，一般为几十个到几百个，各子系

统之间的关系比较简单的系统。研究这类系统可从系统间的相互作用出发，直接综合成全系统的运行功能，满足目标要求。非生命系统属于这类系统。

（2）当一个系统包含的子系统数量有上万个甚至上亿个时，就称为复杂系统，也称大系统。如果这些子系统种类多，又有层次结构，关联也复杂，就称为复杂巨系统。当这个系统又是开放系统时，就称为开放的复杂巨系统，如生物系统、人脑系统、人体系统、社会系统和星系系统等。这些开放的复杂巨系统与外界有能量、信息和物质的交换，结构、功能和演变行为都很复杂。为了制定国家的各项政策、推动社会经济的改革，就必须研究复杂的社会经济巨系统。

1.2 管理系统

管理系统是系统工程研究的主要系统对象，因此在进一步了解系统工程之前，有必要对管理系统的概念和特点加以探讨。

1.2.1 管理系统的概念

管理是社会系统中联系各层子系统的纽带。管理系统以所研究的管理对象为系统，是整个社会系统的基本组成单元。离开了管理，社会系统中的所有目的都无法达到，社会系统本身也难以存在。可以说，管理和科学技术是推动社会历史进步的两大车轮。阿波罗登月计划的总负责人韦伯博士在计划完成时总结道："我们没有使用一项别人没有的技术，我们成功的关键就是科学地组织管理。"

由此可见，管理对于社会的进步多么重要，可是过去一些管理学说具有片面性。古典学派偏重于技术、组织，行为学派偏重于心理，它们都过于简化。这些理论本身，以及在它们的基础上发展起来的各种各样的学说所提出的原则、方法、技术，多把企业看作封闭的系统，较少考虑外部环境的影响。它们的研究也多偏重于解决企业内部的组织管理任务，因此已远远不能满足不断变化的环境的要求。系统学原理便是在这种基础上产生的一种新的学说，它强调在组织管理上运用一般系统理论及大系统理论，把过去各学派学说兼容并蓄，融为一体，建立通用的模式，寻求普遍的原则。

从本质上说，管理就是一个协调和指挥人、物与信息以达到预订目标的过程。现代化的管理对象一般都属于大系统范畴，其特点是子系统多、结构复杂、不确定性强。现代管理科学实际上就是系统管理，它强调决策的定量分析方法和控制方法。

经典管理理论和以行为科学为基础的管理理论都只注重研究管理对象的子系统。然而，对现代化的大系统这一管理对象，要想取得实际的管理成效，那种只注重子系统的传统管理方法是远远不够用的，唯一可行的办法就是利用系统理论和方法进行系统管理。

系统管理是对现实的系统进行管理，目的是使它经常处于最佳状态。现代管理科学就是要确保已建成系统的有效运转。它不仅考虑到各个子系统的结构和功能特性，尤其注重分解协调方法以改进整个大系统的结构，从而使整个大系统的功能始终处于最优状态。

要使系统处于最优状态，就要经常不断地比较目标和现状，找出差距，制定必要的改进措施。当系统目标与子系统的目标不一致时，就要从系统的角度、全局的角度进行调整，使子系统的目标服从整个系统的目标，也就是人们常说的局部利益服从全局利益。不过，用系统方法管理系统，不能仅笼统地谈论局部服从全局，还要用一套科学决策方法和数学模型来精确地进行分析与综合，并在一定条件下采取切实可行的一系列具体措施，从而达到整个系统最优化。

系统管理大体上分为互为联系的两个方面：一是科学地表示系统理论的范畴、原则和方法；二是运用系统理论的纯粹的科学概念作为解决管理系统，以及更大范围的经济、技术问题甚至社会政治问题的手段。

系统管理首先从系统观念上给管理人员提供了一种思想方法，提供了一种把管理系统内外环境、各种因素作为整体进行考虑的结构。其次，系统管理认为管理系统是一个以人为主体的一体化系统，是一个由许多分系统组成的开放的社会技术系统。

1.2.2　管理系统的特点

作为社会经济系统的基本组成单元，管理系统对社会的发展和促进起到关键作用。管理系统除具有一般系统的特征外，还有如下几个特点。

1．管理系统是一个具有多重反馈结构的社会系统

多重反馈结构是社会系统的一个最基本特征。管理系统作为最常见的社会系统，对这一多重反馈特性的反映更加突出。特别是现代社会中，信息传递速度迅猛加快，各种因素交织影响、相互作用，系统内部或外部个别因素的变化会导致整个系统各个因素的变化，各个因素的变化又将导致整个系统结构的变化，从而使管理系统具有多重反馈特性。

2．管理系统往往是一个非线性的系统

与大多数自然系统、工程系统相比，管理系统中变量之间的关系极为复杂。一方面，其变量之间的关系呈现复杂的非线性关系；另一方面，其各变量之间的关系有时难以描述。例如，企业的投入与产出之间很难找出一种可以描述的变量关系。这种非线性因素极大地限制了控制理论在经济管理系统中的应用范围，使得管理系统的分析与研究需要一种新的方法。系统工程便是解决这一问题的行之有效的科学方法。

3．管理系统中各变量之间存在长时滞

自然系统和工程系统中原因和结果之间的关系比较直接。原因和结果之间即使存在延迟，其延迟时间也很短，一般以微秒、毫秒或秒为计量单位。然而，在管理系统中，变量之间的时间滞后却要长得多，通常以周、月甚至年来计算。例如，收到订货单到发货的延迟以日计，气候对农作物产量的影响以月计，而出生人口的变化到死亡人口的变化则长达数十年。

4．管理系统中原因和结果具有一定的分离性

管理系统中任一种现象的产生都必定有其原因。如果没有原因，也不会产生相应的结果。这种原因和结果的联系在时间和空间上都是可以相脱离的。例如，今天工业生产和交

通中使用大量的煤和石油将会影响几十年以后的气候；中东的石油产量会严重影响世界经济的增长。

5. 管理系统具有明显的组织结构特性

管理与组织是密切相关的。管理系统本身就需要一种组织结构。管理系统的物质流动和信息流动，与系统的组织结构有密切的关系。例如，一个工业企业是由一些车间和管理部门组成的，各部门之间按照一定的组织功能运转，同时各部门间进行着一定的物质和信息交换。

由于管理系统是非线性的，因此用传统的理论和方法来描述管理系统是困难的。另外，由于管理系统中存在多重反馈和长时滞特点，要想依靠直接经验来掌握和跟踪管理系统的发展和变化也非常困难。系统工程根据管理系统的特点，为管理系统提供了一套解决问题的方法论，它充分考虑了管理系统中人的因素，将定性分析与定量分析方法结合起来创造性地来解决管理问题。

1.2.3 现代工业企业系统的特征

现代化的工业企业是一个大系统。这个大系统中进行着产品的开发与研究、生产与协作、销售与服务等一系列多种目标的经营管理和生产活动。它具有生产规模庞大、组织结构复杂、经营目标多元化、管理功能齐全、决策因素繁多等大系统所具有的特点。

从经营决策的角度来看，这个大系统表现出以下特征。

1. 工业企业是一个人机系统

任何一个工业企业都是由组成劳动力的人和形成劳动手段的设备构成的。人是该系统的主体，所以在研究企业中的各类问题时，都要把人和工作联系起来作为一个不可分割的整体来加以观察，而且始终要把如何发挥人的主观能动作用当作首要任务来完成。

2. 工业企业是一个可分系统

一个真正的工业企业，无论它的规模多么庞大，都是由若干相互关联的工厂、车间、班组组成的。换言之，工业企业系统是由相互关联的许多分系统组成的。其相互关联的形式有两种：一种为经营目标的关联；另一种为经营模型的关联。

（1）经营目标的关联，即分系统与总系统之间或分系统与分系统之间在总任务、总利润或产品总技术经济指标等方面的相互关联。这种关联比较容易分析和综合，同时也易于以目标函数和数学模型来描述。

（2）经营模型的关联，即分系统与总系统或分系统与分系统之间在时间、空间、资源利用方面的关联，如生产流程的连续性、产品加工与分配的合理性、资源利用的经济性等。这种关联比较难以分析与综合，也比较难以用目标函数和数学模型来描述。

3. 工业企业是一个具有自适应能力的动态系统

一个具体的工业企业又是社会大系统中的一个分系统，社会需求的变化、资源的波动、科技的发展、相关企业的协作等都在随时随地影响企业的生产经营活动。所以，工业企业应是一个具有自适应能力的动态系统。这就要求对企业生产经营活动进行闭环管理和有效控制，注重信息反馈，以保持企业外部环境、内部条件和经营目标三者之间的动态平衡。工业企业的动态特征使得工业企业的管理问题处理起来更加复杂。它必须面对市场环境及科技发展变化的要求，以使自身能够生存下来并得以发展壮大。

4. 工业企业是一个投入产出系统

工业企业生产的基本含义就是把生产要素转换为社会财富，从而产生效益的过程。企业生产经营管理就是对企业投入、转换、产出全过程的筹划与管理。

5. 工业企业是一个开放系统

企业的生存和发展与企业所处的环境息息相关，其生产经营活动要能主动适应外部环境的变化，应特别注意在市场化与国际化的进程中培育自己的核心竞争能力。

以上五个特征，从客观上要求现代工业企业的经营决策观念具备目标性、整体性和适应性。而目标性、整体性和适应性又融于企业的全面计划管理、全面质量管理、全面经济核算和全面人员培训之中。

现代工业企业自身的特性及管理科学的发展使得人们的管理观念发生了变化，按照目前的分析，其总的趋向如下：

（1）经营观念上的外向化与主动化。所谓外向化，是指经营的未来趋向越来越重视对企业外部环境的研究，如经济预测、技术预测、需求预测等。主动化是指企业必须主动地创新与发掘社会需要。

（2）企业价值的社会化。企业从事决策的价值观念应将社会的使用成本与社会的使用效益都包括在内，而不仅仅只从本企业的利益出发。

（3）管理观念的系统化。企业本身是一个大系统，同时可将其看作社会大系统的一个分系统。因此，在企业的决策上，诸如整体规划、管理信息及系统分析等，都应与社会的大系统综合起来考虑，以寻求整体效益的最优化。

（4）决策原理的通用化。决策问题应该说是各行各业都面临的一个共同问题，所以一种新的决策观念及决策方法的产生实际上应该带有一定的普遍意义。从这个角度来说，决策观念及决策方法的应用应该有共通之处。

（5）决策方法的数量化。决策方法的数量化是现代决策技术最基本的特征。数学理论、运筹学和计算机技术的高速发展，使得管理问题的定量化描述及演算成为可能，定量和定性方法的有效结合也是系统工程所具有的特色之一。

1.2.4 工程活动中的七个系统

工程活动是系统工程分析的主要对象，系统工程在工程活动中的应用分析通常包括七个系统。

1. 工程活动的七个系统及其关系

工程活动中的七个系统——S1 到 S7 及其关系如图 1-3 所示。

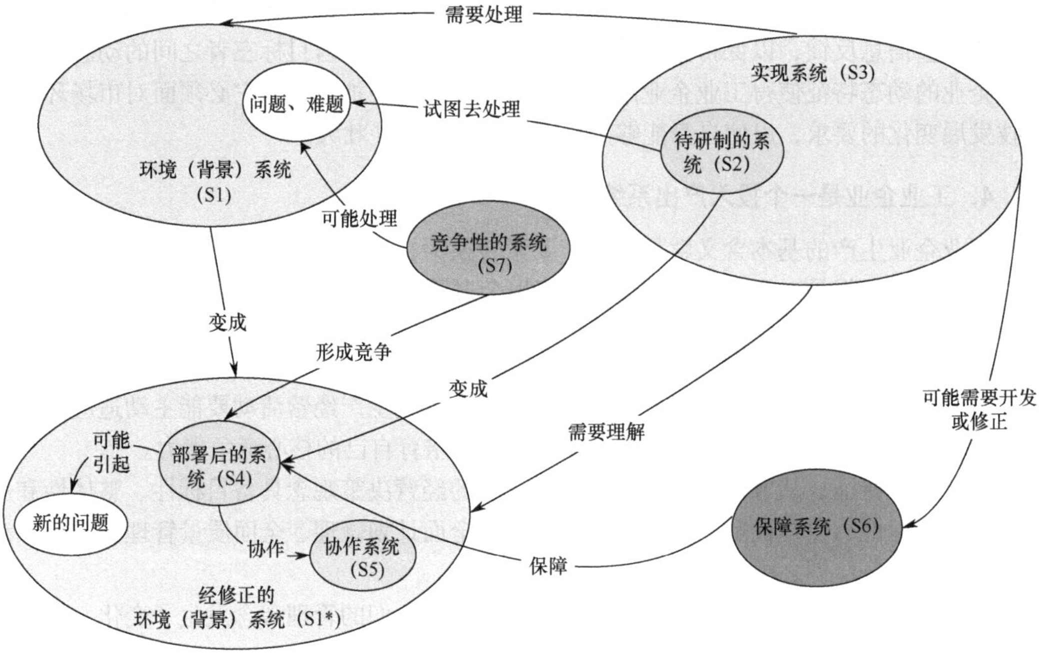

图 1-3　工程活动的七个系统及其相互关系

S1 是问题所在的环境（背景）系统：我们所识别到的问题（如长江的洪水淹没农田），处于一定的环境系统中，如长江流域、降水、地形地质等，这为我们的工程活动确定了环境和边界，也确定了支持性及限制性条件。

S2 是待研制的系统：如三峡大坝这个系统试图去解决、处理洪水问题。

S3 是实现系统：如要把三峡大坝建造出来，需要实现系统 S3，即建造三峡大坝需要各种施工机械、工具、脚手架，当然也包括设计师和工人等，这些元素结合在一起，通过运行，把三峡大坝设计、建造出来。

S4 是部署后的系统：待研制的系统建造完毕后，需要部署到环境系统中，经过相应的安装、调试、测试之后才能成为可以运行的部署后的系统（S4）。对于三峡大坝这样的不动产、建筑，其建造地和部署地是同一个，对于导弹则需要从车间部署到阵地。但是，部署后的系统在解决原有问题的同时，可能引发新的问题，这就是经济学中所说的负的外部性。

S5 是协作系统：部署后的系统运行，都需要一定的协作系统（如三峡大坝发出的电，需要进入电网，需要电网系统的支持）。

S6 是保障系统：部署后的系统在运行中可能出现故障，需要维修、保障，此时需要保障系统（如飞机需要加油，需要基地级的维修系统、中继级的维修系统等）。

S7 是竞争性的系统：部署后的系统，都可能是面临竞争性的系统，给待研制的系统造成压力，迫使研制团队更好地开展工作，分析优势劣势。

下面我们重点讨论这七个系统中的 S2 和 S3，这里给它们命名为工程对象系统和工程项目系统。

2. 工程对象系统是工程活动的产出物

工程活动综合运用多种技术，造出新的东西，实现某种新的功能，因此工程活动必然伴随着物的创造和建造。工程对象系统就是工程活动的产出物、建造出的物，是人类在改造自然界中的产物。这里的建造相对来说比较广义，既包括全新的建造，也包括类似修缮、维修这样的活动，但无论怎样，工程活动的目的都是建造一个“新”的工程系统，以满足人们有关方面的需求，达到“求善”的目的。

人们通过工程活动的过程观察和理解工程系统。工程是创造和建构新的社会存在物的人类实践活动。对工程的理解也不能仅仅停留在工程本身上，一个完整的工程应当包括工程活动的全过程和工程活动的成果，工程过程和工程成果不可分离，最后的成果和产物只是工程过程的组成部分。

可以说，工程活动存在着两个系统：一个是作为交付物的工程对象系统；另一个是把工程系统建造出来的工程项目系统。工程系统就是工程这项造物活动中所造出的那个“物”，并且通过人对“物”的操控、利用、使用，为人的生存、生活、生产、发展进步提供益处、创造价值。例如，嫦娥工程的工程对象系统由卫星系统、运载火箭系统、发射场系统、测控通信系统、地面应用系统组成，它们有的需要新研制，有的需要进行适应性改造，有的可重复使用，有的只能一次性使用。

人们需要的是工程对象系统的运行所产生的服务。例如，三峡工程建成并交付运营后，通过长期运营、维护，创造效益；青藏铁路建成后，交付铁路公司去运营；嫦娥卫星建成、发射、测试后，交付地面站去运营、管控、收集资料、分发数据。

3. 工程项目系统是工程活动的实施主体

工程项目系统的内涵更多的是同项目管理的内涵结合在一起的，项目管理可以说是系统工程思想进一步在工程项目实施中的应用体现。

王连成在《工程系统论》中提出了工程过程系统，即工程所经历的全部阶段或步骤及其全部活动的有序集合，因而又被叫作（工程对象）系统开发生命周期，或被叫作（工程）项目生命周期。

徐福祥主编的《卫星工程概论》提出，开发一项工程，从系统的观点来研究系统，工程被看作一个系统，它包括三个系统，即目的工程系统、环境系统和过程系统。目的工程系统即我们最后要制造的那个系统，它符合系统的概念及特征。环境系统可以认为是目的工程系统所要面临的环境和在制工程本身所处的环境，即时间、资源、技术的约束。环境系统即工程活动所面临的除技术发展规律外的资源约束，必须认清约束才能更好地安排工程项目的活动。过程系统，即研制系统的顺序安排、并行安排、任务结构安排等；需要根据目的系统和环境系统的要求和规律，制定工作路径和步骤。

钱学森在《组织管理的技术——系统工程》一文中指出，工厂系统由人、物、设备、资金、任务、信息六个要素组成，就一个工厂而言，任何一个分系统，包括工厂本身这个整系统在内，都由这六个要素组成。“人”是第一要素，其他五个要素分为物和事两类。物包括三个要素，即物资（能源、原料、半成品、成品等）、设备（土木建筑、机电设备、工具仪表等）和财（工资、流动资金等）。事包括两个要素：任务（上级所下达的任务或与其他单位所订的合约）与信息（数据、图纸、报表、规章、决策等）。实际上，从历史上一个个体劳动者泥瓦匠的工作开始，就包含这六个要素。而一个工厂，可能同时开展多个项目，如开发一款新的车型、一种新型飞机，这些项目的开展当然也需要人、物、设备、资金、任务、信息。

综合来讲，工程项目系统即由完成具体某个工程项目的人、物、设备、资金、任务、信息等六种要素所构成的系统。提出工程项目系统，才能够明确该系统的构成、功能、运行及控制。控制即工程项目管理。

认识工程活动中的七个系统，有助于理解并运用系统的概念和系统工程的应用。

1.3 系统理论概述

在进一步了解系统工程的理论和方法之前，有必要对系统工程的基本理论——系统理论做简单介绍，以利于理解系统工程的方法论。

1.3.1 系统科学的发展

20 世纪以来，科学知识已发展成一百多种学科，科学从哲学中分离出来也已有一个多世纪。系统科学是与自然科学和社会科学并列的基础科学，是一门独立于其他各门科学的学科。系统科学是在研究控制论、信息论、运筹学和一般系统论的过程中发展起来的。从系统科学这类研究系统的基础科学出发，结合其他基础科学，组成一系列研究系统共同问题的技术科学，这些科学统称为系统学。

系统科学是依据系统思想建立的完整科学体系，主要研究的是系统演化、发展的一般规律。它的基本理论是系统学，它的技术基础是运筹学、控制论、信息论等，它的应用技术是系统工程。系统科学的结构体系如图 1-4 所示。

人类很早就具有系统思想，认为事物的发展不是孤立的、割裂的、互不联系的，而是应将自然界看成相互联系、相互作用、相互制约的统一整体。直到 20 世纪初，现代系统科学才逐渐形成。1911 年泰勒发表了《管理科学原理》；第二次世界大战期间，战争的需要大大促进了运筹学的发展；贝塔朗菲于 1925 年提出一般系统论的思想，1968 年发表了《一般系统论：基础、发展和应用》一书。这些分别代表系统科学中的应用技术、技术基础和基本理论三个层次学科发展的特点。随后，诺贝尔奖获得者普利高津于 1969 年提出“耗散结构”的概念及理论——耗散结构理论，认为开放系统在远离平衡态且系统熵增小于零时，系统会演化为空间上、时间上或功能上的有序结构。哈肯进一步发展了这一学说，在 1969 年提出“协同学”的有关概念及理论，认为系统的序参量及支配原理决定着系统的演化与发展。艾根吸收了进化论的思想和自组织理论，于 1979 年发表“超循环理论”，提出自然界演化的自组织原理——超循环。此外，托姆于 1972 年发表的“结构稳定性和形态发生学”对突变现象及其理论做了系统阐述，以及 20 世纪 70 年代人们对混沌现象的认识和逐渐深化，都推动与丰富了系统学的发展。

系统科学的研究对象与其他学科不同，它不是研究某一特定形态的具体系统，而是一般系统。研究内容是一般系统所具有的概念、系统所具有的共同性质和系统演化的一般规律。它们反映的是自然界中各门科学、各个领域中共同的东西。

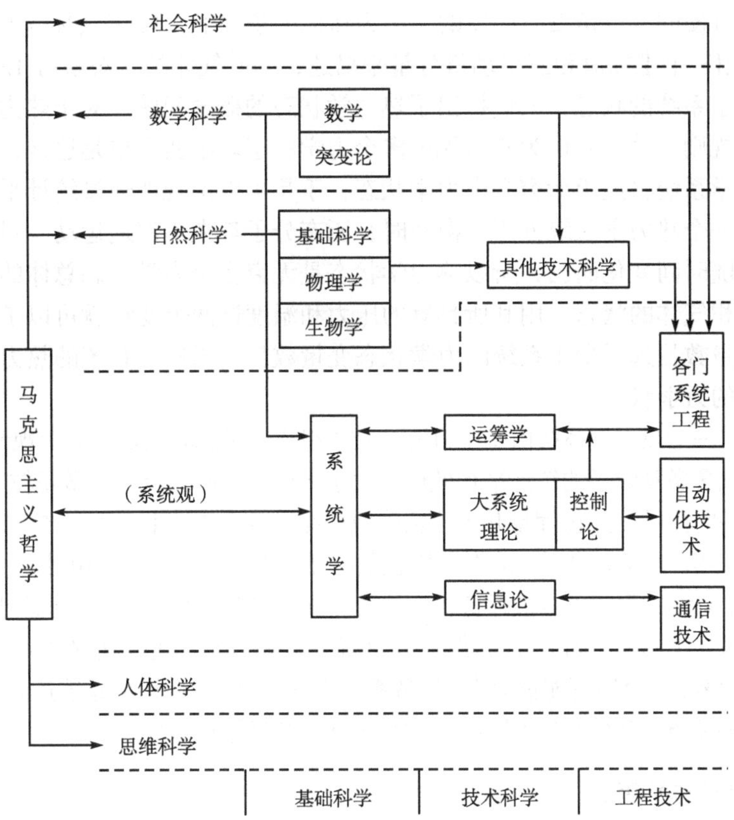

图 1-4　系统科学的结构体系

系统学研究的是复杂系统的演化规律。系统可以从无序态演化到有序态，也可以从有序态演化到无序态。从这个角度讲，可以说系统学是研究系统自组织的一门学科。

当然，系统科学的理论基础还处在一个形成阶段，系统的基本概念和基本定律仍不完善，复杂系统也难以进行实验，同时缺乏研究所需的数学工具等，这些均有待人们不断探索、研究与发展。

1.3.2　系统科学的一些基本概念

作为一门新的科学，系统科学提出了许多新的概念与术语。下面就一些最基本的概念加以介绍。

1．动力学状态、热力学状态与涨落

（1）动力学状态。系统的动力学状态是描述系统运动状态的最小一组变量，只要知道在 $t=t_0$ 时刻的这组变量和 $t\geqslant t_0$ 时刻的输入，就完全能确定系统在任何时间 $t\geqslant t_0$ 的行为，这组变量叫作状态变量。例如，描述空间中一个质点的状态，就需要该点的三个坐标所在的位置和该点在三个方向的速度。显然，若系统包含 N 个质点，就需要 $6N$ 个状态变量才能决定系统的状态。

（2）热力学状态。如果把上述力学中关于系统状态的定义照搬到热力学所考虑的系统

中，那是很不方便的，也是没有必要的。因为在标准条件下，1cm^{3}气体含有 2.7×10^{19} 个分子，每个分子用三个坐标值和三个动量分量来描述，1cm^{3}气体的状态就有 1.6×10^{20} 个变量。为了研究热力学系统的状态，人们提出了热力学状态的概念问题。对于热力学系统，由于分子不断地无规则运动，可认为它有无穷多个力学状态。事实上也是这样，随着时间的推移，一个热力学系统将经历无穷多个力学状态，于是可以宏观地通过统计平均量去观察热力学系统。当一个热力学系统处于平衡态时，所有分子都在不停地运动，只是运动的某些统计平均量不随时间变化而已，所以热力学状态是无穷多个力学状态总体的平均统计量。如描述一定容积气体的状态，用其所具有的压力和温度这两个变量就可以了，所以系统的热力学状态变量数目远远少于系统的力学状态变量数目。当然，系统的热力学状态远远不足以决定系统的力学状态。

（3）涨落。一个热力学系统由千千万万个粒子组成，我们能测量到的宏观量（如温度、压力）是反映这众多微观粒子的统计平均效应。由于人们不可能完全控制微观粒子的运动过程，所以系统在每一时刻的实际物理量并不能精确地处在这些平均值上，而是或多或少有些偏离，这些偏离就叫涨落。涨落是杂乱无章的、随机的。在正常情况下，涨落相对于平均值来说是很小的，即使偶尔有大的涨落也会被耗掉，于是系统再回到平均值附近。由于这些涨落不会对宏观量的实际测量产生影响，因此经常被忽略。然而，在临界点附近，情况就大不相同了，此时涨落可能不被耗散，甚至还可能被放大，导致系统宏观变化，最后促成系统达到新的宏观状态。

涨落在促进系统演化的过程中起着重要作用：涨落导致有序。

2．平衡态与非平衡态

热力学系统按其所处的热力学状态的不同，可以区分为平衡态系统和非平衡态系统。若系统的热力学状态参量不随时间变化，这时系统达到定态；若在定态系统内部不存在物理量的宏观流动（如热流、粒子流等），则称该热力系统处于平衡态，否则称为非平衡态。

一个孤立系统，初始时在各个部位的热力学参量可能具有不同的值，这些参量将随时间变化，最终达到一种不变的状态，这时的定态就是平衡态。所以，孤立系统的定态就是平衡态，而对于开放系统则有本质的不同。开放系统不一定随时间变化朝定态发展，且即使开放系统达到定态，也不一定是平衡态。

对于一个两端与不同温度相连的金属棒，可视其为一个开放系统。经过一段时间之后，金属棒内就会形成温度从一边（高温）到另一边（低温）不均匀分布，同时各点温度不再随时间变化，即达到定态。因为系统内存在宏观物理量，即热流的流动，所以这种定态不是平衡态，如图 1-5 所示。

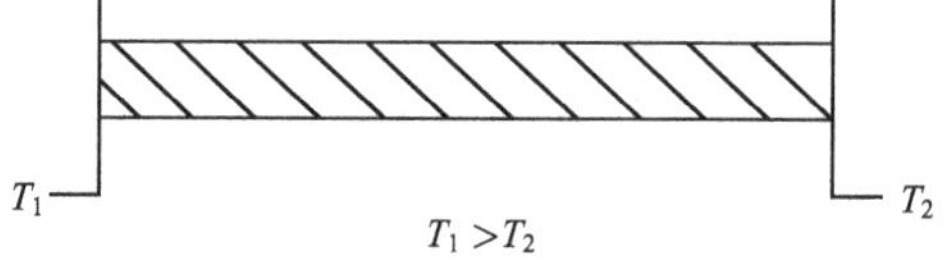

图 1-5　非平衡态示意图

可以看出，开放系统的演化强烈地依赖系统的外部条件，而孤立系统仅以平衡态作为自己的发展方向。

3. 对称与对称破缺、无序与有序

所谓对称性，是指所描述的现象无论是时间上的反演（$+t$ 和$-t$）、空间上的互换位置（$+r$ 或$-r$）还是所有的变换（如正变换或反变换），对观察者来说都保持不变性。当描述的现象失去满足上述对称性条件的任何一个时，则称对称破缺。对称性意味着时间上、空间上是均匀的、没有差别的，因而也就没有提供任何信息；而出现对称破缺，则意味着差别出现、不均匀性出现，因而提供了信息，所以对称破缺是产生信息的先决条件。

序是指系统要素间关系所具有的次序。当系统是对称的，也就是说，系统各向同性时，系统是无序的。例如，在一个封闭容器中注入一定量气体，随着时间的延续，气体分子分布最终呈现均匀状态，这时的状态就是无序的。反之，系统一旦出现对称破缺，则是有序的。例如，磁铁矿石被磁化之前，它的各个磁畴磁极呈现的是杂乱无章的分布状态，是无序的；一旦被磁化后，各磁畴按磁性规律排序，出现对称破缺，就呈现出有序的状态。

4. 可逆过程与不可逆过程

自然界的运动过程可人为地分为可逆过程和不可逆过程。可逆和不可逆说明的是运动过程的方向性。

经典力学和量子力学中的基本定律，对于时间都是对称的，把 t 换成$-t$ 代入公式中，其形式不会发生变化。所以，这些定律的基本方程对时间是可逆的，时间向前运动和向后运动结果都是一样的。同样，它们在空间上也认为是均匀的，即各向同性，平移和旋转不改变对物理世界的描述。这种对称性，导出系统运动过程是可逆的。需要注意的是，这种可逆过程是一种理想过程，实际的变化过程从来没有完全可逆的。正如受力过程，不可能没有摩擦，所以实际运动过程都是不可逆的。不可逆过程指出了运动过程的方向性，正如时间不能反演、热量不可能自发地从低温传向高温、一杯混合均匀的蓝色液体不可能自发地分为一滴墨水和一杯清水等。

5. 熵

熵是物理学家克劳修斯（R. Clausius）于 1865 年研究热力学的过程中提出来的概念，其数学意义是热量 Q 被温度 T 除得的商。相同热量，温度高则熵小，温度低则熵大。熵用 s 表示。它的一般数学表达式为：

$$\mathrm{d}s = \frac{\Delta Q}{T}$$

这样定义的熵又称热力学熵。

在统计物理中，玻尔兹曼（L. Boltzmann）从分子运动论的角度研究了熵，并对熵做出了统计解释。他指出熵反映了分子运动的混乱程度，是无序度的度量，从而揭示了熵在不可逆过程中增加的本质，即系统总是自发地朝着热力学中熵分布概率大的方向进行。熵值越大，对应的宏观态越无序。

1948 年，香农（C. E. Shannon）把玻尔兹曼关于熵的概念引入信息论中，认为熵是一个随机事件的不确定性或信息量的度量，从而奠定了现代信息论的理论基础，大大促进了

信息论的发展。

信息量是信息论的中心概念，信息论量度信息的基本出发点是把获得的信息看作消除不确定性。因此，信息量的大小，可以用被消除的不确定性的多少来表示；而随机事件不确定性的大小，可以用概率分布函数来描述。熵在信息论中的度量是用信息的缺乏度来计算的。熵越大，信息的不确定性越大，系统已知的信息越少；熵越小，信息的不确定性越小，系统已知的信息越多。

如果把可逆过程简化地理解为系统状态改变后能够自发地回到原来的状态，则自然界的一切自发过程都是不可逆的。所以，熵理论是第一次触及自然界发展不可逆问题的理论，是自然界的一条普适定律，爱因斯坦认为“熵理论对于整个科学来说是第一法则”，这就是熵理论在科学中的地位。

6. 系统的自组织现象

对于开放系统，当系统的熵增为负值时，系统将朝着有序化方向发展，这一现象称为系统的自组织现象。这在物理、化学、生物乃至社会等各类系统中被广泛地观测到。比如，在一个装有液体的容器下方加热，当热强度提高，使液体内上下温度梯度达到一定临界值时，液体就会自发形成排列整齐的、由下向上翻滚的、由微小六角形单元组成的有序结构。此外，激光的形成过程实质上也是各个光电子相互协同所导致的结果。

自组织现象在生物系统、社会系统中更为普遍，像人类组织、动物群落等都是自组织现象的例子。

1.3.3 现代系统理论简介

1. 一般系统论

一般系统论研究的是表述和推导对一般系统都有效的模型原理和规律。这种理论不是属于专门系统的理论，而是适用于一般系统的通用原理。

在控制论和信息论出现之前，贝塔朗菲于1925年就提出了一般系统论的思想。其后，维纳的控制论（1948年）和香农的信息论（1948年）中的“反馈”“信息”等概念，大大超出了技术范围并在生物领域和社会领域得到推广，深化了一般系统论的思想。

一般系统论把“系统”定义为具有相互关系的元素集合，所以了解系统特征不仅要知道其各个组成“部分”，还必须知道它们之间的“关系”。

假设系统有 n 个要素 $P_i(i=1,2,\cdots,n)$，P_i 的测度记为 Q_i，则系统可用以下的微分方程式描述：

$$
\begin{cases}
\dfrac{\mathrm{d}Q_1}{\mathrm{d}t}=f_1(Q_1,Q_2,\cdots,Q_n) \\
\dfrac{\mathrm{d}Q_2}{\mathrm{d}t}=f_2(Q_1,Q_2,\cdots,Q_n) \\
\vdots \\
\dfrac{\mathrm{d}Q_n}{\mathrm{d}t}=f_n(Q_1,Q_2,\cdots,Q_n)
\end{cases}
$$

由上式可以看出，系统中任何一个要素 P_i 的测度 Q_i 的变化都会导致其他元素及整个系统的变化。

当系统处于定态时，有

$$\frac{\mathrm{d}Q_i}{\mathrm{d}t}=0$$

即有

$$f_1=f_2=\cdots=f_n=0$$

也就是说，

$$Q_1=Q_1^*,Q_2=Q_2^*,\cdots,Q_n=Q_n^*$$

Q 为常量，即系统是稳定的，但对大多数系统来讲它是不稳定的。引入新变量 $Q_i'=Q_i^*-Q_i$，则上述方程可改写为：

$$\frac{\mathrm{d}Q_i'}{\mathrm{d}t}=f_i'(Q_1',Q_2',\cdots,Q_n') \qquad i=1,2,\cdots,n$$

其展开式可写为：

$$\frac{\mathrm{d}Q_i'}{\mathrm{d}t}=a_{i1}Q_1'+a_{i2}Q_2'+\cdots+a_{in}Q_n'+a_{i11}Q_1'^2+a_{i12}Q_1'Q_2'+a_{i22}Q_2'^2+\cdots$$

上述方程的解的形式一般为：

$$Q_i'=\mathrm{G}_{i1}e^{\lambda_1 t}+\mathrm{G}_{i2}e^{\lambda_2 t}+\cdots+\mathrm{G}_{in}e^{\lambda_n t}+\mathrm{G}_{i11}e^{2\lambda_1 t}+\cdots$$

式中，G 为常数；λ为特征方程$|A-\lambda I|=0$的根，其中 $A=(a_{ij})_{n\times n}$，$\lambda=(\lambda_1,\lambda_2,\cdots,\lambda_n)$。

可以看出，如果所有的λ为负实数，则 Q_i' 随时间的增加而趋向 0，按 $Q_i'=Q_i^*-Q_i$，则有 $Q_i=Q_i^*$，即系统趋于平衡的稳定态。如果有一个λ是正数或 0，系统就要离开平衡态。

依据上述对系统做出的数学描述，就可进一步分析系统具有的各种属性，这也是一般系统论最主要的贡献。

2. 耗散结构的概念

孤立系统总是朝着平衡态演化，即朝着均匀、无序的方向发展，直到系统的熵值达到最大，系统达到平衡态。但是，开放系统的熵由两部分组成，即系统内部的熵增及系统与外界进行物质、能量交换过程中的熵交换。所以，对于开放系统的熵增可写成：

$$\mathrm{d}s=\mathrm{d}_i s+\mathrm{d}_e s$$

式中，$\mathrm{d}s$ 为系统的熵增；$\mathrm{d}_i s$ 为系统内部的熵增；$\mathrm{d}_e s$ 为系统与外部环境的熵交换。

开放系统的熵交换如图 1-6 所示。

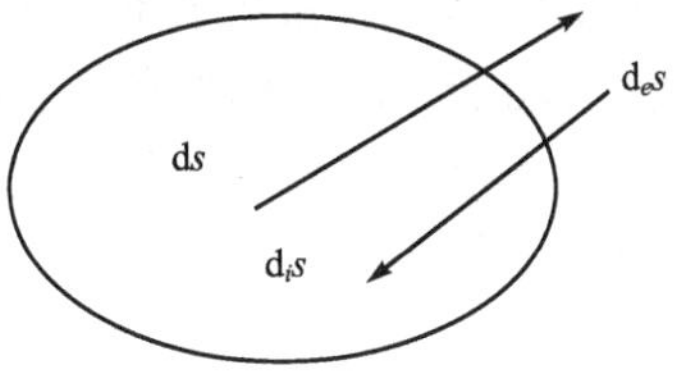

图 1-6　开放系统的熵交换

对于实际不可逆过程，系统内部的熵增 $d_i s$ 永远是大于零的，而开放系统与外界环境进行的熵交换 $d_e s$ 可正、可负，也可为零。当与外界交换的熵流为负值且其绝对值大于系统内部的熵增时，系统熵增小于零。这一过程的数学表达式为：

$$ds = d_i s + d_e s < 0$$

式中，$d_i s > 0$，$d_e s < 0$，且 $|d_e s| > d_i s$。

系统熵增小于零说明系统将朝着有序方向发展，意味着系统将会产生新的有序结构。问题是系统产生新的有序结构还需要具备其他条件吗？

普里高津研究了远离平衡态的热力系统，于 1969 年提出耗散结构的概念，建立了耗散结构理论。按照他的理论，远离平衡态的开放系统与外界不断地交换物质和能量，当这一外界条件达到一定阈值时，系统就可能从原有的混乱状态转变为一种在时间上、空间上或功能上的有序状态，这种在远离平衡态形成的新的有序结构称作耗散结构。耗散结构理论研究的就是耗散结构的形成、性质、稳定性和演化的规律。

产生耗散结构的条件包括以下几个：

（1）开放系统。系统不断从外界摄取能量，以维持系统形成新的有序结构。

（2）远离平衡态。系统处于近平衡态时，实际上是处于线性区，系统总是趋于无序。只有远离平衡态，越出非平衡线性区，系统才可能形成新的结构。

（3）涨落。热力学系统失稳只能说是为系统演变准备好了必要条件。在临界点附近，涨落可能不被耗散掉，它将使系统进入新的有序的耗散结构。

3．协同学原理

协同学是研究协同系统从无序到有序的演化规律的新兴综合性学科。协同系统是指由许多子系统组成的，能以自组织方式形成宏观的空间、时间或功能有序结构的开放系统。“协同学”一词来源于希腊文，意为“协同工作”。

协同学是 20 世纪 70 年代初联邦德国理论物理学家哈肯创立的。20 世纪 60 年代初，激光刚一问世，哈肯就注意到激光的重要性，并立即进行了系统的激光理论研究。

在深入研究激光理论的过程中，哈肯发现在合作现象的背后隐藏着某种更为深刻的普遍规律。他在 1970 年出版的《激光理论》一书中多次提到不稳定性，为后来的协同学提供了条件。

1969 年，哈肯首次提出“协同学”这一名称，并于 1971 年与格雷厄姆合作撰文介绍了协同学。1972 年，第一届国际协同学会议在联邦德国埃尔姆召开，1973 年这次国际会议论文集《协同学》出版，协同学随之诞生。1977 年以来，协同学进一步研究了从有序到混沌的演化规律。1979 年前后，联邦德国生物物理学家艾根将协同学的研究对象扩大到生物分子方面。

协同学研究协同系统在外参量的驱动下和在子系统之间的相互作用下，以自组织的方式在宏观尺度上形成空间、时间或功能有序结构的条件、特点及演化规律。协同系统的状态由一组状态参量来描述，这些状态参量随时间变化的快慢程度是不相同的。当系统逐渐接近于发生显著质变的临界点时，变化慢的状态参量的数目就会越来越少，有时甚至只有一个或几个。

这些为数不多的慢变化参量完全确定了系统的宏观行为并表征系统的有序化程度，故称序参量。那些为数众多的变化快的状态参量就由序参量支配，这一结论称为支配原理。它是协同学的基本原理。序参量随时间变化所遵从的非线性方程称为序参量的演化方程，它是协同学的基本方程。

协同学的主要内容是用演化方程来研究协同系统的各种非平衡定态和不稳定性（又称非平衡相变）。例如，激光就存在着不稳定性。当泵浦参量小于第一阈值时，无激光发生；但当其超过第一阈值时，就出现稳定的连续激光；若再进一步增大泵浦参量使其超过第二阈值，就呈现出规则的超短脉冲激光序列。

流体绕圆柱体的流动是呈现不稳定性的另一个典型例子。当流速低于第一临界值时，是一种均匀层流；但当流速高于第一临界值时，便出现静态花样，形成一对旋涡；若再进一步提高流速使其高于第二临界值，就呈现出动态花样，旋涡发生振荡。

协同学有广泛的应用。在自然科学方面，它主要用于物理学、化学、生物学和生态学等方面。例如，它在生态学方面求出了捕食者与被捕食者群体的消长关系等。在社会科学方面，它主要用于社会学、经济学、心理学和行为科学等方面。例如，它在社会学中得到社会舆论形成的随机模型，在工程技术方面主要用于电气工程、机械工程和土木工程等。

协同学虽然也来源于非平衡态系统有序结构的研究，但它摆脱了经典热力学的限制，进一步明确了系统稳定性和目的性的具体机制。协同学的概念和方法为建立系统学奠定了初步的基础。

4．突变理论

许多年来，自然界许多事物连续的、渐变的、平滑的运动变化过程，都可以用微积分的方法圆满解决。例如，地球绕着太阳旋转，有规律地、周而复始地连续进行，使人们能极其精确地预测其未来的运动状态，这就需要运用经典的微积分来描述。

但是，自然界和社会现象中还有许多突变和飞跃的过程。飞跃造成的不连续性把系统的行为空间变成不可微的，微积分就无法解决，如水突然沸腾、冰突然融化、火山爆发、某地突然地震、房屋突然倒塌、病人突然死亡等。

这种由渐变、量变发展为突变、质变的过程，就是突变现象，微积分是不能描述的。以前科学家在研究这类突变现象时遇到了各种各样的困难，其中主要困难就是缺乏恰当的数学工具来描述它们的数学模型。突变理论就是描述突变现象的数学理论。托姆（R. Thom）于 1965 年在《结构稳定性和形态发生》一文中提出了突变的有关概念、模型和分类。

突变理论主要以拓扑学为工具，以结构稳定性理论为基础，提出了一条新的判别突变、飞跃的原则：在严格控制条件下，如果质变中经历的中间过渡态是稳定的，那么它就是一个渐变过程。

例如，拆一堵墙时，如果从上面开始一块块地把砖头拆下来，整个过程就是结构稳定的渐变过程。如果从底脚开始拆墙，拆到一定程度，就会破坏墙的结构稳定性，墙就会“哗啦”一声倒塌下来，这种结构不稳定性就是突变、飞跃过程。又如社会变革，从封建社会过渡到资本主义社会，法国大革命采用暴力来实现，日本的明治维新则是采用一系列改革、以渐变方式来实现的。

托姆的突变理论，就是用数学工具描述系统状态的飞跃，给出系统处于稳定态的参数区域；当参数变化时，系统状态也随着变化；当参数通过某些特定位置时，状态就会发生突变。

突变理论提出一系列数学模型，用以解释自然界和社会现象中所发生的不连续的变化过程，描述各种现象为何从形态的一种形式突然飞跃到根本不同的另一种形式，如岩石的破裂、桥梁的断裂、细胞的分裂、胚胎的变异、市场的破坏及社会结构的激变等。

按照突变理论，自然界和社会现象中大量的不连续事件，可以由某些特定的几何形状来表示。托姆指出，发生在三维空间和一维空间的四个因子控制下的突变，有七种突变类型：折叠突变、尖顶突变、燕尾突变、蝴蝶突变、双曲脐突变、椭圆脐形突变及抛物脐形突变。

例如，用大拇指和中指夹持一段有弹性的钢丝，使其向上弯曲，然后用力压钢丝使其变形，当达到一定程度时，钢丝就会突然向下弯曲，并失去弹性。这就是生活中常见的一种突变现象。它有两个稳定状态：上弯和下弯。状态由两个参数决定，一个是手指夹持的力（水平方向），另一个是钢丝的压力（垂直方向），可用尖顶突变来描述。

突变理论在自然科学的应用是相当广泛的。在物理学中，它研究了相变、分叉、混沌与突变的关系，提出了动态系统、非线性力学系统的突变模型，解释了物理过程的可重复性是结构稳定性的表现；在化学中，它用蝴蝶突变描述氢氧化物的水溶液，用尖顶突变描述水的液态、气态、固态的变化等；在生态学中，它研究了物群的消长与生灭过程，提出了根治蝗虫的模型与方法；在工程技术中，它研究了弹性结构的稳定性，通过桥梁过载导致毁坏的实际过程，提出最优结构设计等。

突变理论在社会现象中的一个应用是对社会进行高层次的有效控制，为此就需要研究事物状态与控制因素之间的相互关系，以及稳定区域、非稳定区域、临界曲线的分布特点，还要研究突变的方向与幅度。

5. 混沌、分维与分形

（1）混沌。自 19 世纪中叶到 20 世纪 70 年代，人们一直被一类现象所困惑，那就是对于非线性确定性动力系统来说，它的解有时表现出异常的随机性。也就是说，确定性动力系统有时不存在一个稳定的终态。在弄不清原因的情况下，人们把这类系统称作“病态系统”。但是通过近百年的研究，人们对这类现象才有所认识，即非线性确定性动态系统表现出来的终态不稳定性现象来自系统内在的随机性，现在将此类现象叫作“混沌”。

较早反映确定性方程表现出的混沌现象，并最具有代表性的是 Logistic 方程。该方程来自生物学和人口学，是研究某生物种群发展抽象出的数学模型。该方程为：

$$x_{n+1} = \lambda x_n (1 - x_n)$$

式中，x 为状态变量，取值范围是[0,1]；λ为参数，取值范围是[0,4]；n 为迭代步数。

给定任意一个初值，改变λ。当λ在[0,3]范围变化时，系统最后都收敛于 1 个稳定解。当$\lambda>3$ 时，单一解开始失稳；若 $3<\lambda<3.449\ 49\cdots$，系统出现 2 个稳态解；若 $3.449\ 49\cdots<\lambda<3.566\ 37\cdots$，系统出现 4 个稳态解；若 $3.566\ 37\cdots<\lambda<3.570\ 78\cdots$，系统出现 8 个稳态解……随着$\lambda$的增大，系统以倍频的方式很快进入混沌状态。$\lambda$越接近于 4，系统解的数目越多。

进入混沌现象有三种情况：

第一种是倍周期分叉道路，即系统相继出现 2,4,8,⋯的倍周期方式，最终进入混沌状态。

第二种是阵发混沌道路，即随着控制参数接近转折点，在规整运动中不时迸发的随机运动片段变得越来越频繁，最终进入混沌状态。

第三种是具有 2 个或 3 个不可约的频率成分的准周期运动，从而导致混沌状态。

（2）分维（分数维）。数学上维数的概念，最普遍的理解是为了确定几何对象中一点的位置所需的独立坐标的数目。例如，在平面上确定一点，就需要用两个独立坐标来描述，所以平面是二维的；而在空间上确定一点至少需要三个独立坐标，所以空间是三维的。同样可以说直线是一维的。对于一个独立的点，则可以认为是零维的。

上面所分析的维数都是整数维，能不能将维数的概念做一个推广？也就是说，能否将维数 d 扩展到分数？将整数维的概念延伸到分数就形成了“分数维”的概念。

现在将维数同系统的测度建立一种关系，如对于物体体积的变化（如正方体），假设其边长减少 ε 倍，则其体积将减少

$$N(\varepsilon)=\left(\frac{1}{\varepsilon}\right)^3 \text{（倍）}$$

或写成一般形式

$$N(\varepsilon)=\left(\frac{1}{\varepsilon}\right)^d$$

这样就有

$$d=\frac{\ln N(\varepsilon)}{\ln(1/\varepsilon)}$$

对于一般的系统，维数 d 不一定要求取整数，即有分数维的概念。通过上式就可以引出容量维的概念，其数学表达式为

$$d_c=\lim_{\varepsilon\to\infty}\frac{\ln N(\varepsilon)}{\ln\left(\frac{1}{\varepsilon}\right)}$$

该式的含义是，测量单位在不断缩小的过程中，随 ε 而改变的测量结果 $N(\varepsilon)$将不断增大。若有极限存在，则它就是所讨论几何对象的容量维数 d_c。

举个例子，把一个长度为 1 的直线等分成三段，去掉中间一段，剩下两段长度各为 1/3 的线段；把剩下的两段再分别分成三等份，各去掉中间的一段，剩下长度各为 1/9 的线段。依次不断分下去，最后会得到无限、不可数、不相衔接的点集，这个集合称为 Cantor 集合。根据上述维数的定义，可以计算 Cantor 的维数。当长度为 1 的直线逐级分下去，对其进行第 n 次等分时，尺寸缩小至原来的$(1/3)^n$，产生的线段数是2^n，所以 Cantor 集合的维数是：

$$d=\frac{\ln N(\varepsilon)}{\ln(1/\varepsilon)}=\frac{n\ln 2}{n\ln 3}=0.630\,92\cdots$$

（3）分形。具有分数维的几何对象称为“分形”。经典几何学包括欧氏几何、解析几何、微分几何、代数几何和算法几何等。和经典几何的研究对象相比，可以清楚地看出分形所具有的特征。如果说经典几何研究的对象是规律的、光滑的、具有整数维特征的，那么分形研究的对象则是不规则的、非光滑的、具有分数维特征的。

广义地说，规则的几何图形是特殊的、非普遍的，更为普遍的图形是非规则的。自然界中广泛存在着分形。例如，雪花、天空中的云、海岸线、树、金属材料、地层的断面或宇宙中星系的分布等，都具有分形的特征。

早期，人们不理解分形，也感到难以构造处处连续但处处不光滑、不可导的曲线，甚至称它们为曲线中的畸形。数学家阿诺、柯契等提出了构造这类曲线的建模方法，其中最著名的是K岛。举个例子，给出一个边长为1的正方形作为初始集合［见图1-7（a）］，并规定下一步曲线构造生成规则是，每个边等分4段，其中第2段向外延伸1/4边长，第3段向里延伸1/4边长，于是第一次构造的图形如图1-7（b）所示。按照同样的构造生成规则，不断地构造下去，最后会得到一个面积始终不变（永远保持一个单位面积），但周长却变得无穷长的图形。该图形的周围曲线就是处处连续，但处处不光滑、不可导。按照前述容量维分数维的计算方法，这种K岛构造曲线的分数维是1.501 086…

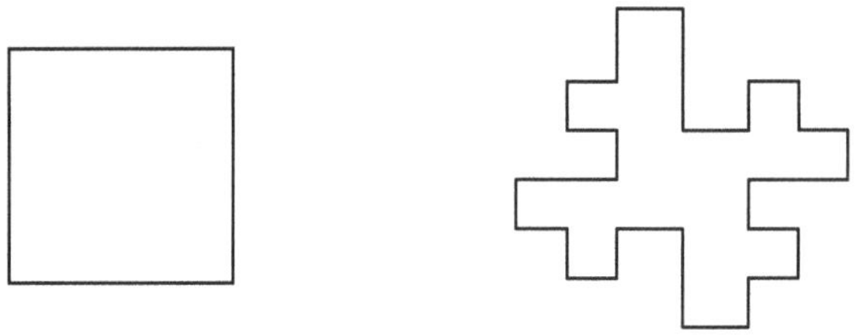

（a）　　　　（b）

图1-7　K岛

6．大系统理论

大系统的特点是规模庞大、结构复杂、目标多样、功能综合、因素众多，更为复杂的大系统则有不确定性（随机性、模糊性、发展性）和主动性（有人的参与）。工业企业可以说是最为典型的大系统，其中有人、设备和各种资源，并且存在各种内外不确定性因素。

大系统理论是20世纪70年代发展起来的一门新兴学科，目前就理论体系来讲仍处于初始阶段。它的发展主要是由生产过程自动化的发展、电子计算机的广泛应用，以及国民经济各部门及国防、科技现代化的需要促成的。此外，信息与控制科学、社会经济科学、生物生态科学的相互渗透，以及控制理论和控制论、系统工程和运筹学的相互结合，也为大系统理论的发展创造了条件和基础。

在大系统的实践中，人们提出了不少新问题，因此需要探讨新的方法予以解决。大系统理论主要探讨、分析如下几个方面的问题和方法。

（1）大系统的建模方法和模型简化技术。大系统的复杂性导致大系统模型的建立比较困难，所建立的模型比较复杂，因此需要予以简化。模型的建立方法和模型的简化技术是大系统理论研究的基本理论之一。

（2）有关主动系统的问题。主动系统是指含有“主动环节”——人的系统，如由管理人员、操作人员和机器设备组成的人—机系统。研究这类系统的主要困难在于如何描述人的特性，这也是大系统理论研究的主要特征之一。

（3）动态系统的分散递阶控制。大系统的动态性是大系统最基本的特征之一。动态性导致了大系统控制的复杂性，加之大系统规模的庞大，使得对大系统的控制需要提出新的控制方法。分散递阶控制的方法就是为了适应大系统的控制需要而提出的控制方案，这是一种对大系统进行分析与综合、控制与管理的行之有效的方法。

（4）大系统的结构方案和特征。大系统的分散递阶控制要求大系统的递阶控制结构具有特殊的方案，大系统理论研究的最终目标应是建立系统的优化结构方案。

一般来说，为了完成同样的任务，控制系统可具有不同的结构方案，这就是结构不确定性原则。不同结构方案的系统，必定会有不同的技术经济指标，从而为企业管理人员和系统设计人员提出了两个问题：一个是如何发挥灵活性，使人们有可能设计和选取不同的结构方案；另一个是大系统结构方案中存在的优化问题，即如何在各种可行方案中选出最优方案。

7. 超循环理论

超循环理论是由德国科学家艾根于 1970 年提出的。艾根认为生命信息的超源是一个采取超循环形式的分子自组织过程。他把生物化学中的循环现象分为不同的层次：第一个层次是转化反应循环，它在整体上是一个自我再生过程；第二个层次称为催化反应循环，它在整体上是一个自我复制过程；第三个层次就是所谓的超循环（hypercycle），它是指催化循环在功能上循环耦合联系起来的循环，即催化超循环。实际上，在超循环组织中并不要求所有组元都起着自催化剂的作用。一般来说，只要此循环中有一个环节是自复制单元，此循环就能表现出超循环的特征。超循环的特征是，不仅能自我再生、自我复制，而且能自我选择、自我优化，从而向更高的有序状态进化。

（1）超循环结构的稳定性。由于超循环结构中至少有一个组元是自催化剂，它不仅能自我再生，而且能自我复制，这就使系统信息得以积累和遗传：系统在进化过程中能呈现出稳定性的特征。另外，超循环结构中各组元通过物质、能量和信息的交换耦合在一起，形成具有一定强度的功能耦合链，这种耦合链有相当的适应性和自我调节能力，是系统超循环结构稳定性的又一个控制变量。总之，超循环结构的稳定性取决于自催化单元的自复制能力和组元间的耦合强度。

（2）超循环结构的不稳定性。一般情况下，超循环结构也是开放的远离平衡态的耗散结构，其存在和发展依赖从环境中摄取的高品质的物质、能量和信息。外界环境的变化会对结构产生不同程度的影响，所以超循环结构始终处于环境的随机扰动背景之下，这就是超循环结构不稳定的外因。

超循环结构不稳定的内部因素主要来自两个方面：首先是自复制单元在复制过程中出现的差错，这类似于基因突变；其次，超循环结构是由多组元耦合成的多层次系统，内部存在复杂的非线性相互作用，在这种情况下，如混沌理论所指出的，内在随机性就会在很大程度上起作用，它给超循环结构施加了另一个内扰动。

由此可见，超循环结构的不稳定，大体上与三个因素有关：复制误差、内在随机性和环境扰动。

（3）超循环结构的演化。超循环结构的演化是在其稳定性和不稳定性的矛盾运动中实现的。世界上不存在绝对稳定的客体，在大统一理论中，理论预测质子尽管有 1031 年的寿命，但它也是要衰变的。人类社会结构的兴衰更是我们经验范围内的事。由于上述导致不稳定性的三条基本原因是不可避免的，所以超循环结构的不稳定是绝对的，稳定却是相对的，静态的稳定结构是根本不存在的，超循环结构只能在演化中存在。超循环结构的存在、进化必须满足三个前提条件：

① 以足够大的负熵流推动结构的新陈代谢。

② 以足够强的复制能力使系统信息得以积累、遗传。

③ 以组元间足够强的功能耦合保证结构的存在和发展。

超循环结构的演化途径基本上可分为渐变和突变两种。

① 结构通过自我调节，适应了由不稳定因素产生的变异，在此基础上，超循环结构得以发展进化。这是一种在不打破原结构情况下的渐进演化。

② 由复制误差、内在随机性、环境扰动或其共同作用产生的变异，如果与原结构不相容且是“顽强”的，即原结构既不能适应它又不能消除它，那么在一定概率下，这种变异产生的涨落就会被系统内、外非线性相互作用随机地放大成巨涨落。在这个过程中，稳定的超循环结构会经过失稳进入以不稳定为特征的结构转化期。在新旧结构的交替时期，新结构有了更大的优化选择余地，各种要素和关系能通过协同作用建立起新的结构。这种途径，经历了旧结构的解体和新结构的创生，是一种突变性的演化。

复习思考题

1．举例说明什么是系统，以及系统具有哪些特性。

2．系统工程研究的系统除具有一般系统的特性外，还具有哪些特性？

3．按照系统存在的形态和性质，举例说明系统有哪些类型。

4．举例分析管理系统的特点。

5．从系统的角度看，一个工业企业具有哪些系统特征？

6．简述系统科学、系统学和系统工程三者之间的关系。

7．分析说明管理系统与系统管理之间的关系。

8．举例说明工程对象系统与工程项目系统的差异。

9．用生活实践中的一个实例介绍系统的自组织现象。

10．分析某一社会大系统表现出来的特征。

第2章 系统工程及其方法论

管理依赖决策，决策是为了管理，决策必须依赖科学的方法，系统工程便是进行科学决策的基础。系统工程的发展促进了决策水平的提高，从而使得人们对事物的管理更加有效。管理的发展、社会的进步，使得人们需要探讨更加科学、更加系统的方法进行决策，系统工程便成为探讨新的科学决策方法的基本指导思想。管理、决策与系统工程之间相互促进、相互影响，共同促进了我们这个文明社会的进步和发展。系统工程处理问题的独特方法论是系统工程区别于其他各门科学的基本特征之一，系统工程处理问题最基本的出发点是将分析的对象作为整体系统来考虑，这也是系统工程考虑问题的基本思想和工作方法。

2.1 系统工程

2.1.1 系统工程的发展

系统工程作为一门科学技术虽然形成于20世纪中叶，但系统工程的思想方法和实际应用可追溯到远古时代。中华民族的祖先在了解和改造自然的辛勤劳动和大量社会活动中，早有许多朴素的系统概念和应用实例。

在军事方面，早在公元前500年的春秋时期，就有著名的军事家孙武写出《孙子兵法》，指出战争中的战略和策略问题，如进攻与防御、速决与持久、分散与集中之间相互依存和相互制约的关系，并依此筹划战争的对策，以取得战争的胜利。其著名论点"知己知彼，百战不殆""以我之长，攻敌之短"等，不仅在古代，而且在当代的战争中都有指导意义，在当今激烈的国际市场竞争和社会经济各个领域的发展中也有现实意义。战国时期，著名军事家孙膑继承和发展了孙武的学说，著有《孙膑兵法》。在齐王与田忌的赛马中，孙膑提出的以下、上、中对上、中、下对策，使处于劣势的田忌战胜齐王，这是从总体出发制定对抗策略的一个著名事例。

在水利建设方面，战国时期秦国太守李冰父子主持修建了都江堰工程。这一伟大水利工程巧妙地将分洪、引水和排沙结合起来，使各部分组成一个整体，实现了防洪、灌溉、行舟、漂木等多种功能。至今，该工程仍在发挥着重大的经济效益，是我国古代水利建设的一大杰出成就。

在医学、农业等方面，我国古代也有许多著名学者用朴素的系统思想和方法取得了伟大成就，这些都为我们今天研究和发展系统工程的理论体系提供了宝贵的经验和重要的启示。

近代科学技术的发展，特别是计算机的出现和广泛使用，使系统工程在世界范围内迅速发展起来，许多国家也取得了不少成功的重大研究成果。

第一次提出“系统工程”这一名词的是 1940 年在美国贝尔电话公司试验室工作的 E. C. 莫利纳（E. C. Molina）和在丹麦哥本哈根电话公司工作的 A. K.厄朗（A. K. Erlang）。他们在研制电话自动交换机时，意识到不能只注意电话机和交换台设备技术的研究，还要从通信网络的总体上进行研究。他们把研制工作分为规划、研究、开发、应用和通用工程五个阶段，之后又提出排队论原理，并将其应用到电话通信网络系统中，推动了电话事业的迅速发展。系统工程的萌芽可追溯到 20 世纪初的 F. W. 泰勒（F. W. Taylor）系统。为了提高工效，泰勒研究了合理工序和工人活动的关系，探索了管理的规律。1911 年，他的《科学管理的原理》一书问世后，工业界便出现了“泰勒系统”。

在第二次世界大战时期，一些科学工作者以大规模军事行动为对象，提出了一些解决战争问题的决策、对策与工程手段，运筹学应运而生。当时英国为防御德国的突然空袭，研究了雷达报警系统和飞机降落排队系统，取得了很多战果。在这一时期，英、美等国在反潜、反空袭、商船护航、布置水雷等军事行动中应用了系统工程方法，取得了良好的效果。1940—1945 年，美国制造原子弹的曼哈顿计划，由于应用了系统工程方法进行协调，在较短的时间内取得了成功。1945 年，美国的兰德公司应用运筹学等理论方法研制出了多种应用系统，在美国国家发展战略、国防系统开发、宇宙空间技术和经济建设领域的重大决策中发挥了重要作用。兰德也被誉为思想库和智囊团。20 世纪 50 年代后期和 60 年代中期，美国为改变空间技术落后于苏联的局面，先后制订和执行了北极星导弹核潜艇计划和阿波罗登月计划，这些都是系统工程在国防科研中取得成果的著名范例。阿波罗登月计划是一项巨大的工程，从 1961 年开始，持续了 11 年。该工程有 300 多万个部件，耗资 244 亿美元，参加者有 2 万多个企业和 120 个大学与研究机构。整个工程在计划进度、质量检验、可靠性评价和管理过程等方面都采用了系统工程方法，并创造了计划评审技术和随机网络技术（又称图解评审技术），实现了时间进度、质量技术与经费管理三者的统一，实施过程中及时向各层决策机构提供信息和方案，供各层决策者使用，保证了各个领域的相互平衡，如期完成了总体目标。计算机的迅速发展，为该复杂大系统的分析提供了有力的工具。

20 世纪 70 年代以来，随着微型计算机的发展，出现了分级分布控制系统和分散信号处理系统，扩展了系统工程理论方法的应用范围。20 世纪 90 年代，社会、经济与环境综合的大系统问题日益增多，如环境污染、人口增长、交通事故、军备竞赛等。许多技术性问题也带有政治、经济的因素，如北欧跨国电网的供电问题。这个电网有水、火、核等多种能源形式，规模庞大，电网调度本身在技术上已相当复杂，加上要受到各国经济利益冲突、地理条件限制、环境保护政策制约和人口迁移状况的影响，因此负荷调度的目标和最佳运付方式的评价标准十分复杂，涉及多个国家的社会、经济因素。该电网的系统分析者要综合这些因素，对 4500 万千瓦的电力做出合理的并能被接受的调度方案，提交各国讨论、协调和决策，这是一个典型的系统工程问题。

我国近代的系统工程研究可追溯到 20 世纪 50 年代。1956 年，中国科学院在钱学森、许国志教授的倡导下，建立了第一个运筹学小组；60 年代，著名数学家华罗庚大力推广了统筹法、优选法；与此同时，在著名科学家钱学森的领导下，导弹等现代化武器的总体设计组织方面取得了丰富经验，国防尖端科研的“总体设计部”取得显著成效。20 世纪 80 年代以来，系统工程的推广和应用出现了新局面，1980 年成立了中国系统工程学会，与国际系统工程界进行了广泛的学术交流。进入新的世纪特别是近年以来，系统工程在与经济转型升级、国际化及应对经济与金融危机结合，与新一代信息技术及大数据结合，与落实科学发展观、实施可持续发展战略结合，与“四个全面”战略布局和中国特色社会主义国家治理体系建设结合，与思维科学、复杂性科学结合等方面，有了新的发展和较好的前景。之后，系统工程更加注意追踪国内外相关领域的热点、难点问题，系统工程方法论也有了新的发展，并通过集成化、专业化等途径，不断形成新的技术应用综合体，关注并着力于系统工程工作成果的真正应用和有效实施。

2.1.2 系统工程的概念

系统的概念虽说由来已久，但是把系统问题作为一个工程问题来处理却是从 20 世纪七八十年代开始的。在我国，系统工程是近三十年才发展起来的，但是作为系统工程的基本思想却早已存在。我国古代许多工程的实施就体现了这一思想，可以说，最典型、最具代表性的就是护城河的修筑。实际上，它是一个很好的、很巧妙的想法：一是解决了修建城墙用的土；二是抵御了外敌。

真正最早使用系统工程方法来解决实际问题的是 20 世纪 60 年代美国的阿波罗登月计划，这也是系统工程在实际应用中的第一个典型例子。该工程十分庞大，当时涉及上万个单位的数十万人，耗资 244 亿美元，它的实施就是一个庞大的系统工程问题。那么，什么是系统工程呢？有关系统工程的定义目前还没有一个统一的说法，不同的学者有不同的定义。

1978 年我国著名科学家钱学森指出：“系统工程是组织管理系统的规划、研究、设计、制造、试验和使用的科学方法，是一种对所有系统都具有普遍意义的方法。”

1977 年日本学者三浦武雄指出：“系统工程与其他工程学的不同之处在于，它不仅是跨越许多学科的科学，而且是填补这些学科边界空白的一种边缘学科。因为系统工程的目的是研制一个系统，而系统不仅涉及工程学的领域，还涉及社会、经济和政治等领域，所以为了适当地解决这些领域的问题，除需要某些纵向技术外，还要有一种技术从横的方向把它们组织起来，这种横向技术就是系统工程。”

1975 年美国《科学技术词典》对系统工程的论述为：“系统工程是研究复杂系统设计的科学，该系统由许多密切联系的元素组成。设计该复杂系统时，应有明确的预订功能及目标，并协调各个元素之间及元素与整体之间的有机联系，以使系统能从总体上达到最优目标。在设计系统时，要同时考虑到参与系统活动的人的因素及作用。”

从以上各种论点中可以看出，系统工程是以大型复杂系统为研究对象，按一定目的进行设计、开发、管理与控制，以期达到总体效果最优的理论与方法。

仅从字面上看，系统工程就是研究系统的工程技术。系统工程在研究系统的过程中要运用自然科学、社会科学及工程与设计的理论和方法，它研究系统的目的是使系统的运行达到最优化。因此，可给系统工程下这样一个简单的定义：

系统工程从系统的观点出发，跨学科地考虑问题，运用工程的方法去研究和解决各种系统问题，以实现系统目标的综合最优化。

整体性和关联性是系统工程解决问题的基本出发点，强调从整体与部分之间的相互依赖、相互制约的关系中去揭示系统的特征和规律。综合性是系统工程处理问题的基本手段，强调综合地研究各种因素、运用各门学科和技术领域的方法更好地解决问题。满意性是系统工程处理问题的基本目标，系统整体性能最优化是系统工程所追求并要达到的目的。

在运用系统工程方法分析和解决实现复杂系统问题时，需要确立系统的观点（系统工程工作的前提）、总体最优及平衡的观点（系统工程的目的）、综合运用工程方法与技术的观点（系统工程解决问题的手段）、问题导向和反馈控制的观点（系统工程有效性的保障）。这些集中体现了系统工程方法的思想及应用要求。

进一步理解系统工程，可以从系统的观念和工程的观念两个方面进行分析。

1. 系统的观念

系统的观念就是整体最优的观念。它是在人类认识社会、认识自然的过程中形成的整体观念，或称全局观念。

大自然的发展启示我们，进化与优化是自然界的基本规律之一。整体功能最优化是生物在漫长的进化过程中逐步形成的本能，有意识地进行整体最优化是人类特有智能的体现。

整体最优化的朴素系统观念在我国古代已有许多实例。“丁谓工程”就是我国古代工程中一个典型的优秀范例。北宋真宗年间（997—1022 年），由于皇城失火，宫殿全部被烧毁，皇帝任命了一个名叫丁谓的大臣主持皇宫的修复工程。由于这项工程规模庞大，当时面临以下几个问题：

（1）修建用的砖瓦。

（2）水的来源。

（3）建筑石材、木材的运输。

（4）废墟的排除与清理。

这些问题怎样解决呢？当时丁谓提出了一套完整的综合施工方案。首先在需要重建的主要街道上就近挖沟取土烧砖，解决了砖瓦的烧制问题。其次在取土后的深沟中引入开封附近的汴河水，形成人工河，再由此水路运入建筑石材和木材，从而加快了工程进度。最后皇宫修复后，又将碎砖废土填入沟中，重修整个街道，恢复原来的大街。这套方案使烧砖、运输建筑材料和处理废墟三项繁重工程任务协调起来，从而在总体上得到最佳解决方案，一举三得，节省了大量劳力、费用和时间。也就是说，他自始至终将皇宫修复看成一个系统，将所有工作划分成许多并行与串联的工作，从而顺利地完成了这项工程。

现代科学技术的发展已为系统观念的发展与应用提供了充分而必要的条件：

首先，它使系统观念能逐步做到数量化，成为一套具有数学理论，能够定量处理系统各组成部分之间内在联系的科学方法。

其次，它为定量化系统观念的应用提供了强有力的计算工具——电子计算机。

在今天，系统观念已被理解为，使具有多元目标的某一系统体，其整体指标最优（或最满意、最适宜、最合情合理）的观念，并广泛用来协助解决现代社会各种大型化和复杂化的问题。

2. 工程的观念

工程的观念是在人们处理自然、改造自然的社会生产过程中形成的工程方法论。传统的工程观念是对于生产技术的实践而言的，而且以硬件为目标与对象，如机械工程、电气工程、铁路工程和水利工程等。系统工程将这一观念和方法应用于社会系统中，其所处理的对象不仅包含传统工程观念中的自然对象（硬件），而且在传统工程观念的基础上增添了新的内容，即以软件为目标与对象。实际上，系统工程讨论的工程是泛指一切有人参与的、以改变系统某一特征为目标的，从命题到出成果的工作过程。系统工程使得人们能够以工程的观念和方法研究、解决各种社会系统问题。

系统工程虽然是一种工程，但它与传统的机械工程、电气工程等其他工程在性质上还是有差异的。首先，其他工程都把特定领域的工程的物质对象作为对象，但系统工程的对象不限于特定领域的工程的物质对象。也就是说，系统工程的对象不仅限于物质，各种自然现象、生态、人类、企业和社会等组织体、管理方法和步骤等都可作为它的对象。其次，根据上述的不同点，必然产生方法论方面的差异。系统工程既要应用数学、物理学、化学等自然科学，又要应用其他工程技术，以及医学、心理学、社会学、经济学等各种学科。所以说，系统工程是一种综合地应用其他各种学科、各种技术的综合性的边缘性交叉科学。

在这些方面，系统工程在性质上与其他工程有所不同，但是如果从上述工程的基本思想和工程在科学上的基本特点来看，系统工程还可以理解为工程中的一个领域。实际上，系统工程是在工程体系中占有重要地位的一门学科，也是其他各项工程进行开发、设计、制造、运用各种系统时必不可少的工程技术。

要做出科学的决策，就必须依赖系统可靠的科学决策方法，系统工程便是处理决策问题的基础理论指导。它将所处理的问题作为一个完整的系统进行处理，强调决策系统整体目标的综合最优化。系统工程借助自然科学与工程技术的方法来处理各种社会系统，将人类在长期开发自然系统和改造社会系统的实践中所形成的整体最优化系统观念应用于其求解问题的全过程之中，从而保证了所解决问题的全面周到与科学合理。

总体来讲，作为一种科学的系统决策方法论，系统工程是进行各种管理决策的基本指导思想。它把定性分析和量化处理手段结合起来，把人和信息处理机器协调地结合起来，实现切合实际的、高效率的决策，这也是关于科学决策方法论的基本观念。当然，系统工程方法具有如下比较明显的特点及相应的要求：科学性与艺术性兼容，这与系统工程主要作为组织管理的方法论和基本方法在逻辑上是一致的；多领域、多学科的理论、方法与技术的集成；定性分析与定量分析有机结合；需要各有关方面（人员、组织等）的协作。从这个意义上来看，系统工程无论是对学习机械工程、电气工程、建筑工程的工程人员来说，还是对实际应用这些工程的各个部门的技术人员来说，都是重要的工程技术和处理问题的方法论。

2.1.3 系统工程的软科学性

系统工程是一门工程技术，用以改造客观世界并取得实际成果，这与一般工程技术问题有共同之处。但是，系统工程又是一类包括许多类工程技术的一大工程技术门类。与一般工程比较，系统工程有三个特点。

（1）研究的对象广泛，包括人类社会、生态环境、自然现象和组织管理等。

（2）系统工程是一门跨学科的边缘学科。系统工程不仅要用到数、理、化、生物等自然科学，还要用到社会学、心理学、经济学、医学等与人的思想、行为、能力有关的学科，是自然科学和社会科学的交叉学科。因此，系统工程形成了一套处理复杂问题的理论、方法和手段，使人们在处理问题时有系统的、整体的观点。

（3）在处理复杂的大系统时，常采用定性分析和定量计算相结合的方法。因为系统工程所研究的对象往往涉及人，这就涉及人的价值观、行为学、心理学、主观判断和理性推理，所以系统工程所研究的大系统比一般工程系统复杂得多，处理系统工程问题不仅要有科学性，而且要有艺术性和哲理性。

随着生产力的迅速发展，社会生产的物质、能量、信息按指数曲线增长。科技的发展促使宇宙中各种事物之间的联系空前增强，系统更新的周期也越来越短。社会化大生产的发展，使得系统内部元素数量增多、规模扩大，并使管理水平之间的矛盾日益尖锐，形成管理差距。这些问题的出现就产生了“系统性问题”，而系统性问题的处理极其复杂，风险性高、模糊性强。系统性问题要求用科学的系统科学理论去寻求解决问题的最优方案，从而使得系统工程处理问题的方法具有软科学性的特点。

系统工程的软科学性是从系统工程的应用成果方面分析的。系统工程处理问题的目的主要是分析问题，以便获得解决问题的最优方案，供决策者决策使用。系统工程的软科学性也可由其定义看出，它是一种方法论的科学，寻求的是系统目标综合最优的实施方案，然而这一方案需要决策者的支持，否则将失去意义。这也是系统工程与传统方法在处理问题时最根本的区别。

相对系统工程的软科学性特点，硬系统方法的局限性主要体现在以下几个方面：

（1）硬系统方法论认为在问题研究开始时定义目标是很容易的，因此没有为目标定义提供有效的方法。但对大多数系统管理问题来说，目标定义本身就是需要解决的首要问题。

（2）硬系统方法论没有考虑系统中人的主观因素，它将系统中的人与其他物质因素等同起来，忽视人对现实的主观认识，认为系统的发展是由系统外的人为控制因素决定的。

（3）硬系统方法论认为只有建立数学模型才能科学地解决问题，但是对于复杂的社会系统来说，建立精确的数学模型往往是不现实的，即使建立了数学模型，也会因为建模者对问题认识上的不足而不能很好地反映其特性，因此通过模型求解得到的方案并不能解决实际问题。

软科学作为综合解决问题的方法有以下特点：

（1）所要处理的对象没有限制，但以人和社会问题为主，且将对象作为系统对待的意识较强。

（2）所要处理的问题多数是带有政策性的，同时多半带有探讨未来的性质，所以十分关心未来的不定因素。

（3）所要处理的问题包括大量事实上不明确的东西，因此在分析中不仅要重视客观上可定量化的问题，而且要了解直观性和含混不清之处。

（4）从发现问题到最后实施解决方案期间，多数情况下要充分利用模型，但是所关心的不是结果“是否精确”，而是该模型是否与目标相符、是否有用。

（5）所处理的问题跨学科的性质很强。为了能解决问题，要求积极利用现有社会科学与自然科学的成果，而且要求有关专家在广泛的领域内进行合作。

鉴于软科学的上述特征，它不仅适用于决策重大政策性课题，而且对于技术预测、需求预测、制定长期与远景规划，以及进行非结构化问题的决策，也有实际意义。

2.1.4 系统工程的核心思想

1. 辩证唯物主义哲学思想

凡是用系统观点来认识和处理问题的方法，即把对象当作系统来认识和处理的方法，不管是理论的还是经验的，定性的还是定量的，数学的还是非数学的，精确还是或近似的，都可以叫作系统工程方法论。系统工程方法论以系统观念为基础，以工程方法论为指导。

任何方法论都有它的哲学基础。学习系统科学，从事系统研究，都需要有哲学思考的自觉性。系统研究方法论的哲学依据，归根到底是唯物辩证法。辩证法的核心是对立统一。钱学森就曾不遗余力地宣传系统科学必须以马克思主义哲学为指导，要自觉地应用辩证法来开展系统研究。

2. 还原论与整体论结合的思想

古代科学的方法论本质上是整体论（Holism），强调整体地把握对象，但没有把对整体的把握建立在对部分的精细了解之上，进而产生了以还原论（Reductionism）作为方法论基础的现代科学，整体论便不可避免地被淘汰了。近 400 年来，科学发展所遵循的方法论主要是还原论，它主张把整体分解为部分去研究，当然还原论并非完全不考虑对象的整体性。

还原论的一个基本信念是，相信客观世界是既定的，存在一个由所谓的“宇宙之砖”构成的基本层次，只要把研究对象还原到那个层次，搞清楚最小组分即“宇宙之砖”的性质，一切高层次的问题就能迎刃而解。由此强调，为了认识整体必须认识部分，只有把部分弄清楚才可能真正地把握整体。在还原论方法中居主导地位的是分析重构法，即分析、分解、还原：首先，把系统从环境中分离出来，孤立起来进行研究；其次，把系统分解为部分，把高层次还原到低层次；最后，用低层次说明高层次，用部分说明整体。

系统科学的早期发展在很大程度上使用的仍然是分析重构方法，不同的是强调为了把握整体而还原和分析，并在整体性观点指导下进行还原和分析。现代系统科学是通过揭露和克服还原论的片面性和局限性而发展起来的。古代的朴素整体论没有也不可能产生现代科学方法，但是它包含着还原论所缺乏的从整体上认识和处理问题的方法论思想。理论研究表明，随着科学越来越深入更小尺度的微观层次，我们对物质系统的认识越来越精细，但对整体的认识反而越来越模糊、越来越渺茫。现代科学表明，许多宇宙奥秘来源于整体的涌现性，还原论无法揭示这类宇宙奥秘，因为整体涌现性在整体被分解为部分时已不复存在。而社会实践越来越大型化、复杂化，特别是一系列全球性问题的形成，也突出强调要从整体上认识和处理问题。

典型的整体论与还原论思想的区别就是中医中药与西医西药的应用。中医中药以系统论为主导，西医西药被还原论统治着，这是两者在方法论上的区别。西医把还原论发挥到了极致，所有的西医大医院都是通过各种专科展现出来的，可以说西医西药是“头痛医头，脚痛医脚”。中医基于阴阳论，讲究阴阳平衡。中医认为，健康人是阴阳平衡的，如果阴阳失衡——阴虚或者阳虚、阴盛阳衰或者阳盛阴衰——人就要生病。治疗办法多种多样，大致是阴虚补阴、阳虚补阳、阴盛抑阴、阳盛抑阳等，使人体逐步恢复阴阳平衡，主张调理并发挥人体的“自组织机制”。客观地说，今天的中药和西药发展均尚不完善，两者应该相互借鉴、相互融合、取长补短，实际上就是还原论与整体论相结合，以阴阳论为基础发展系统论。

整体论与还原论，各自都有继续存在的理由。对于复杂事物，的确需要层层分解进行研究，但是还需要有总揽全局的研究。所以，需要宏观研究与微观研究相结合，整体论与还原论相结合，这才是系统论。系统论就是还原论和整体论的辩证统一。

3. 定性与定量分析结合的思想

任何系统都有定性特性和定量特性两个方面。定性特性决定定量特性，定量特性表现定性特性。只有定性描述，对系统的行为特性将难以深入准确地把握。但定性描述是定量描述的指导，定性认识不正确，无论定量描述多么精确，都可能是错误的，甚至会把认识引向歧途。定量描述是为定性描述服务的，借助定量描述能使定性描述深刻化、精确化。定性描述与定量描述相结合，是系统研究方法论的基本原则之一。

那些成功应用定量化方法的系统理论告诉人们，先要对系统的定性特性有个基本的认识，然后才能正确地确定怎样用定量特性把它们表示出来。即使被公认是最定量化的学科，它的基本假设也是定性思考的结果。要建立定量描述体系，关键之一是如何在获得正确的定性认识的前提下选择基本变量。

随着系统研究的对象越来越复杂，定量化描述将越来越困难。系统科学要求重新评价定性方法，反对在系统研究中片面地追求精确化、数量化的呼声越来越强烈。也就是说，那种不能反映对象真实特性的定量描述不是科学的描述，必须抛弃。比如，研究系统演化问题时，我们关心的是系统未来的可能走向，而不是具体的数值，动力学方程的定性理论、几何方法和拓扑方法等都是合适的工具。正像钱学森指出的，处理复杂系统的定量方法学是半经验半理论的，是科学理论、经验和专家判断力的结合，因为复杂巨系统特别是社会系统无法用现有的数学工具描述出来。

4. 局部与整体分析结合的思想

整体是由局部构成的，整体统摄局部，局部支撑整体，局部行为受整体的约束、支配。描述系统包括描述整体和描述局部两方面，需要把两者很好地结合起来。在系统的整体观对照下建立对局部的描述，综合所有局部描述以建立关于系统整体的描述，是系统研究的基本方法。

突变论的创立者勒内·托姆（Rene thom）认为，用动力学方法研究系统，既要从局部走向整体，又要从整体走向局部。对于从局部走向整体，数学中的解析性概念是有用的工具；对于从整体走向局部，数学中的奇点概念是有用的工具。一个奇点可以被看作由空间中的一个整体图形摧毁成的一点，系统在这种点附近的行为是了解系统整体行为的关键。原则上说，一切动态系统理论都需要交替地使用从局部到整体和从整体到局部两种描述方法。

5. 确定性与不确定性结合的思想

自牛顿以来，科学逐步发展了两种并行的描述框架。一种是以牛顿力学为代表的确定论描述；另一种是由统计力学和量子力学发展起来的概率论描述。在系统理论的早期发展中，两种方法都有大量应用，但总体上要么只使用确定论描述，要么只使用概率论描述，没有把两者有效地结合起来。采取确定论描述的有一般系统论、突变论，以及非线性动力学、微分动力体系等。香农信息论是完全建立在概率论描述框架上的。在控制论、运筹学等学科中，两种描述都被使用，但通过划分不同分支来分别使用它们，仍然没有实现融合。自组织理论试图融合两种描述体系，并取得一定进展，但步伐迈得还不够大。现代科学的总体发展越来越要求把两种描述框架融合起来，形成统一的新框架。系统科学的发展尤其需要把确定论框架同概率论框架结合起来。混沌学等新学科的发展使人们初见曙光。

6. 系统分析与系统综合结合的思想

要了解一个系统，首先要进行系统分析：一要弄清系统由哪些组分构成；二要确定系统中的元素或组分是按照什么样的方式相互关联起来并形成统一整体的；三要进行环境分析，明确系统所处的环境和功能对象、系统和环境如何互相影响、环境的特点和变化趋势等。

如何由局部认识获得整体认识，是系统综合所要解决的问题。分析重构方法用于系统研究，重点应该放在由部分重构整体上。系统综合的任务是把握系统的整体涌现性。首先是信息的综合，即如何综合对部分的认识以求得对整体的认识，或综合低层次的认识以求得对高层次的认识，并从整体出发进行分析，根据对部分的数学描述直接建立关于整体的数学描述，这是直接综合。一般的简单系统就是可以进行直接综合的系统。简单巨系统由于规模太大，微观层次的随机性具有本质意义，直接综合的方法无效，可行的方法是统计综合。复杂巨系统连统计综合也无能为力，需要新的综合方法。

系统分析与系统综合相结合还意味着两者是多次反复交错地进行的，两者是互为前提、互为基础的。通过交替进行，人们对系统的局部认识、微观认识越来越深化，对系统的整体认识、宏观认识越来越深入。

2.2 霍尔系统工程方法论

系统工程实质上是方法论的科学。它的目标是通过什么样的方法可使系统达到最优，而方法论是把设想付诸实践的过程。传统方法解决问题的目标往往是单一的，如设计一个产品或只强调成本低或只强调性能高。而系统工程对目标的考虑需要从系统运行的全过程（时间方面）及在每个阶段中处理问题的特殊思维过程（逻辑方面），并综合运用各种专业知识（知识方面）来综合考虑。也就是说，系统工程对问题与目标的考虑是跨学科的三维结构分析。

三维结构分析是 A. D. 霍尔提出的系统工程处理问题的基本框架结构，它对系统工程的一般过程做了比较清楚的说明。三维结构由时间维、逻辑维和知识维构成。其结构如图 2-1 所示。

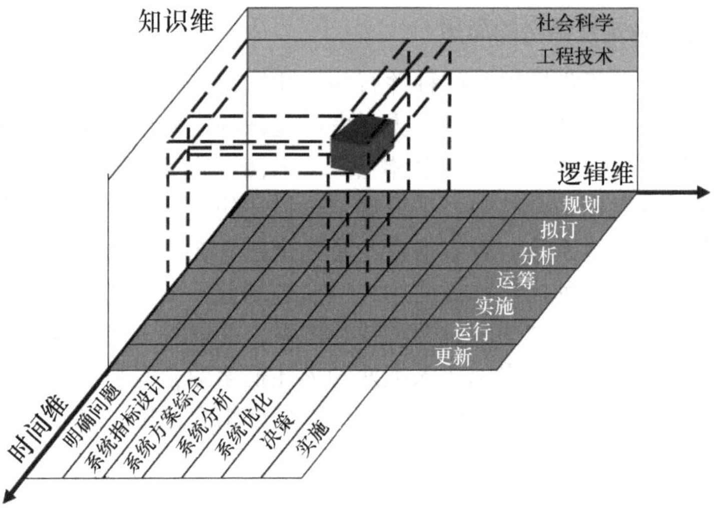

图 2-1　霍尔三维结构模型

2.2.1　时间维

时间维反映系统实现的过程。它将系统从规划到使用、更新的全过程按时间分为 7 个阶段：

（1）规划阶段。按照设计要求提出系统目标，制定规划和政策。

（2）拟订阶段（方案阶段）。提出具体的方案，进行系统的初步设计。

（3）分析阶段。对所设计的方案进行分析、比较。

（4）运筹阶段。方案的综合选优，确定最优实施方案。

（5）实施阶段。系统的设计、安装和调试等。

（6）运行阶段。按照系统预定的用途工作。

（7）更新阶段。按系统要求实施，取消旧系统，代之以新系统，对系统进行改进。

上述 7 个阶段是按照时间先后顺序排列的，故有“时间维”之称。

2.2.2　逻辑维

将时间维的每个阶段展开，都可以分为若干逻辑步骤，这就是逻辑维。逻辑维表示系统工程方法思考问题和解决问题的思维步骤与基本过程，共有 7 个步骤：

（1）明确问题。了解问题所处的环境，收集有关数据和资料，主要目的是弄清问题。

（2）系统指标设计（确定目标）。确定所要解决问题的目标和相应的评价准则。

（3）系统方案综合。为实现预期目标，拟订所需采取的策略和应选择的方案。

（4）系统分析。深入了解所提出的政策措施和解决方法，分析这些措施、方法在实施中的预期效果。

（5）系统优化。用数学规划等定量的优化方法判别各种方案的优劣，以进行方案选择。

（6）决策。以指标体系为评价准则，在考虑决策者的偏好等基础上，选择最优方案。

（7）实施。按决策结果制订实施方案和计划。

2.2.3 知识维

三维结构中的知识维是指完成上述各种步骤所需要的专业知识和管理知识。由于系统工程是综合性的交叉学科，在上述各阶段中，执行任何一步都会涉及多种专业技术，如法律、社会科学、环境科学、管理科学、数学、经济学、计算机科学、工程技术等方面的知识。

三维结构分析形象地描述了系统工程研究的框架。对其中任何一个阶段和步骤，又可进一步展开，形成分层次的树状体系，几乎覆盖了系统工程理论方法的各个方面。

运用系统工程知识，把六个时间阶段和七个逻辑步骤结合起来，便形成了所谓的霍尔管理矩阵（见表 2-1）。矩阵中时间维的每一阶段与逻辑维的每一步骤所对应的点 A_{ij}（i=1,2,⋯,7；j=1,2,⋯,7），代表一项具体的管理活动。

表 2-1 霍尔管理矩阵

时间维	逻辑维						
	（1）明确问题	（2）确定目标	（3）系统方案综合	（4）系统分析	（5）系统优化	（6）决策	（7）实施
（1）规划阶段	A_{11}	A_{12}	A_{13}	A_{14}	A_{15}	A_{16}	A_{17}
（2）拟订阶段	A_{21}	A_{22}	A_{23}	A_{24}	A_{25}	A_{26}	A_{27}
（3）分析阶段	A_{31}	A_{32}	A_{33}	A_{34}	A_{35}	A_{36}	A_{37}
（4）运筹阶段	A_{41}	A_{42}	A_{43}	A_{44}	A_{45}	A_{46}	A_{47}
（5）实施阶段	A_{51}	A_{52}	A_{53}	A_{54}	A_{55}	A_{56}	A_{57}
（6）运行阶段	A_{61}	A_{62}	A_{63}	A_{64}	A_{65}	A_{66}	A_{67}
（7）更新阶段	A_{71}	A_{72}	A_{73}	A_{74}	A_{75}	A_{76}	A_{77}

矩阵中各项活动相互影响、紧密相关，要从整体上达到最优效果，必须使各阶段步骤的活动反复进行。反复性是霍尔管理矩阵的一个重要特点，它反映从规划到更新的过程需要控制、调节和决策。因此，系统工程过程充分体现了计划、组织和控制的职能。管理矩阵中不同的管理活动对知识的需求和侧重也不同。逻辑维的七个步骤体现了系统工程解决问题的研究方法，即定性与定量相结合、理论与实践相结合、具体问题具体分析等。在时间维的七个阶段中，规划阶段和拟订阶段一般以技术管理为主，辅之以行政、经济管理方法。所谓技术管理，就是侧重于科学技术知识，依据科学和技术的自身规律进行管理，在管理上充分发扬学术民主，组织具有不同学术思想的专家进行讨论，为计划和实施提供科学依据。运筹阶段和实施阶段一般以行政管理为主，侧重于现代管理技术的运用，辅之以技术、经济管理方法。行政管理就是依靠组织领导的权威和合同制等经济、法律手段，保证管理活动的顺利进行。运行阶段和更新阶段则主要采用经济管理方式，按照经济规律，运用经济杠杆来进行管理。

2.3 系统分析方法论

系统分析方法论是指在更高层次上指导人们正确地应用系统工程的思想、方法和各种准则处理问题的方法论。由于系统工程是包括许多工程技术的一大工程技术门类，而且是高度综合的、实用性很强的技术，因此在系统工程的研究中逐渐形成了一套处理问题的基本方法过程，即从系统的观点出发，采用系统分析的方法来分析和解决各种问题。

系统分析方法论处理问题的方法是从系统的观点出发，充分分析系统各种因素的相互影响，在对系统目标进行充分论证的基础上，提出解决问题的最优行动方案。系统分析对问题的处理已经形成了一套完整的思维步骤和逻辑框架，其典型的逻辑框架结构如图 2-2 所示。

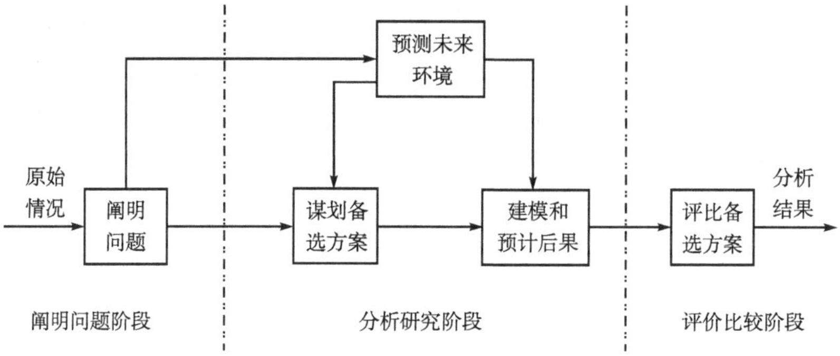

图 2-2　系统分析典型的逻辑框架结构

阐明问题阶段的工作是提出目标、确定评价指标和约束条件；分析研究阶段的工作是提出各种备选方案，并预计实施后可能产生的后果；评价比较阶段主要分析各方案后果的利弊，并提供给决策者作为判断决策的依据。该过程一般需要经过多次反复，在系统分析过程中根据需要可能回到前面任一环节，以便获得更加准确的信息。

2.3.1　阐明问题

对系统进行分析最直接的原因是系统运行存在一定的问题，问题是构成系统分析的关键，因此在解决问题之前应当弄清问题的实质。

对于一个给定的问题，主要从以下几个方面来进行剖析。

1．问题的性质和范围

问题的性质是指各种相互关联问题形成的问题域和它们的来龙去脉。简而言之，即问题的结构、过程和势态。相关的问题主要包括：问题的提出者是谁、决策者是谁、他们的目的是什么、问题是如何出现的、是什么原因引起的、可能的解决方式有哪些、与此相关的问题有哪些。在回答上述问题的基础上将问题的范围予以界定，使得所处理的问题明确具体。

例如，对于企业年度规划的制定，提出者可能是计划主管部门或厂长，决策者是厂长，其目的是制订最优的企业年度计划，与此相关的问题可能有企业的技术改造、人员培训、资源利用，以及该计划如何适应企业的长远发展等。

2．问题的目标

系统工程人员作为决策者的智囊，其主要职责是帮助决策者达到真正的目标并找出适当的途径，理想的做法是尽早明确目标。然而，决策者对目标的描述常常是模糊的，他们很难用清晰周密的语言来表达他们的真正目标。此外，即使决策者在分析开始时就明确地提出目标，系统工程人员还是要加以分析，因为真正的目标要从达到目的的手段去分析。

例如，一位决策者提出为他拟议中的新建医院选择合理地址，以满足病人的需要。分析者可能立即按照“选址问题”去处理，由此得出的分析结果也能使决策者满意，但这并非一项好的系统分析。因为决策者真正的目标是改善整个地区的医疗保健，为了达到这个目标，也许建立定期健康检查制度或者改善妇幼医疗设施更为有效，并不需要新建医院。

此外，一个系统的目标可能有多个，有时这些目标之间并不一定相互兼容，可能也有一定的矛盾。例如，企业生产中的资金是一定的，若用于企业技术改造的资金增加，则用于企业正常生产的资金势必减少，影响企业的正常生产；相反，则影响企业的长远发展。

目标的确定工作是一项很重要的工作，它的确定合理与否将直接影响最终决策的质量。目标太笼统，系统分析难度大；目标太具体，又容易以偏概全。有关目标的确定和分析将在后面的章节中专门予以论述。

3. 环境和条件

系统总是处于一定的客观环境之中，要明确系统的目标和提出达到目标的方案，就必须对系统所处的环境有充分的认识，同时要分析达到目标的各种约束条件，包括人力、物力、财力、技术、时间、资源、市场等方面的约束。

在系统环境分析中，要先明确系统的边界。将系统的范围予以界定，一般是从物理和技术环境、经济和经营管理环境、社会环境等方面加以综合分析。

约束条件是对达到目标及实现方案的限制，它的确定与环境是密切相连的。约束条件限制了方案数量，它可能是物理定律、自然条件和资源的限制，也可能是组织体制、法律、道德观念的形成等界限。有些约束长期存在，不容破坏，如物理定律等；有些约束则随技术进步和社会发展而变化。

目标和约束在决策者的观念中有相似之处，决策者并非从目标角度去看待一项决策，而是经常考虑这项决策在哪些方面行得通，所以目标和约束需要关联考虑。两者的不同之处是，约束条件有界限，目标却没有。约束条件一经确定下来，便会在整个系统分析过程中起到“强硬”的约束作用。

4. 评价指标

决策者对方案后果的满意程度总需要一个（或者一组）评价指标予以衡量，所以系统分析人员需要根据决策者的意志和系统目标的特点确定相应的评价指标，以便根据各方案的指标状况，排出方案的优先次序。确定评价指标有一个困难之处，就是有些目标难以量化，这时就需要采用一种可量化的指标予以代替。例如，联合国常用的一个代用指标是用婴儿死亡率来反映某一地区或某一国家的医疗状况。

在有多种指标时，即方案后果有多重属性的情况下，目前人们都是将其组合成单一的指标，对后果的每种属性赋予权重，然后得出一个效用值函数。效用值函数一般应该反映决策者的效用观点，它将决策者对各种指标的偏好程度充分地考虑进去，反映了决策者对问题的看法和思路。

现代社会的发展使得各类系统总是朝着综合化的方向发展，系统的目标也越来越多元化，系统的评价指标往往也由一个多层次的体系组成，系统目标的综合最优化就是由这一指标体系保证的。

5．收集和分析资料

历史的资料和系统的相关信息对系统的发展起着至关重要的作用，这就要求在对问题的构成有了大致了解之后，应该收集和分析与问题有关的各种因素及其相互制约关系，以便寻求解决问题的方案。

数据和资料是确定系统目标、系统方案和系统模型的基础，因此对所收集的资料一定要加以分析，以保证所收集数据能充分反映系统运行的各个方面。当然，这并不是说所收集的数据和资料越多越好。数据和资料的收集要与所分析问题的目的相关联，这一点是至关重要的。

2.3.2 谋划备选方案

如果说阐明问题是为了更好地弄清问题，那么谋划备选方案就是为了寻求解决这一问题的策略。方案提出的好与坏及全面与否将直接影响系统分析最后的结论。因此，谋划备选方案是系统分析中至关重要的一项工作。

可供选择的备选方案是进行系统分析的基础，因为如果没有选择方案的余地，就不可能存在任何决策问题，也就不需要系统分析了。也就是说，可供选择的备选方案是构成问题的因素之一。谋划备选方案包括方案的提出和方案的筛选两个过程。

1．方案的提出

方案的提出主要是决策者与系统分析人员一起，经过多次充分讨论，尽可能地考虑各种可供选择的方案。在提出方案的过程中，分析人员不应受到客观条件的限制，应尽可能地考虑各种方案，每个机会和建议都不要放过。提出方案时，并不需要考虑所提方案是否可行，关键是不要放过任何一种可能实施的策略。方案提出的主要方法有以下几种。

1）集体创造法

此方法原名为 Brain Storming，直译为头脑风暴法，由 A. Fosborn 提出。“头脑风暴”是国外精神病学中的术语，意指精神病患者神经错乱时所讲的无拘无束、漫无边际的语言，简称 BS 法。

（1）立论依据。此法认为妨碍人们充分表达思想的因素有三个，即对问题的认识程度、文化科技水平和感情因素的影响。若以集体讨论的方式来弥补前两个因素的不足，并宣布对不同技术方案不应指责，则第三个因素亦可克服。此时人们能够相互启发、畅所欲言，从而引出大量奔放的思维活动，这称为联想。联想的方法有三种。①接近联想。从看到自行车联想到步行者的需要，进而联想到有无可能生产以蓄电池为能源的电动自行车，即遇到问题后联想到“此事之前需要什么”，同时伴随着“此事之后会发生什么”，从而使思维得到发展。②类似联想。即照猫画虎，遇到问题后联想到“此事与何相似”“此事有何同属性”从而使问题得到展开。③反向联想。即从事物的对立面进行联想，见到“一寸法师”想到“石窟巨佛”，也就是“与此事相反的事是什么”“假如正相反，情况会如何”“其不同点是什么”等。

（2）方法与程序。一般以 10～12 人为宜，有一名领导人主持，配有记录，提前通知将讨论的问题。联想时约定四点规则：①对所发表设想互不反驳；②欢迎自由奔放、无拘无束的想象；③追求设想方案的数量；④欢迎与他人的设想相结合。

（3）特点。不依靠单纯的评价来判断方案的取舍，重视各种设想在解决问题时的应用。

2）“缺点、希望点”列举法

考虑解决该问题将遇到什么障碍和难点，把这些疑难之处一一摆开，再研究对策，称为缺点列举法。希望点列举法与此正好相反，它先针对问题把愿望与理想一一摆出，再研究实现的办法。

（1）立论根据。集中精力、集思广益、突破重点问题，比笼统地考虑全部问题更为有效。

（2）方法与程序。对摆开的缺点或希望点进行分类排队，选出几个关键性的；采用 BS 法或其他方法针对问题设想对策。

（3）特点。缺点列举法与希望点列举法应交替使用，以免对问题估计得过于悲观或过于乐观。

3）特性穷举法

特性穷举法是指把构成事物的特点找出来，然后针对每个特性探索替代方案的方法。物品特性的种类有多种划分方法。例如，按名词类型特性进行划分有整体、部分、原理、材料之分，按形容词类型特性进行划分有大型、小型、流线、质朴之分，按动词类型特性划分有启动、加温、监测等动作之分。

（1）立论根据。通过大量观察抓住某些物品的特性，在创造某种新的物品时使之具有这些特性，更有利于设想的实现。

（2）方法与程序。明确待解决问题应改良或改善的部分；列出该部分零、部件目录；列出整个产品和有关零件的特性；为了更好地实现产品的特性，需研究新产品制成后其特性是否会改变。

（3）特点。此法能明确地掌握问题的实质，能有效地对物质系统进行改进。

4）哥顿法

此法由哥顿提出。其立论根据是，有些问题若事先让参与解决问题的人知道，则反而容易束缚思想，不利于发挥创造性。因此，哥顿主张不将解决问题的目标明确地告诉所有参与者，只有主持人心中有数，待一定的时机（问题已充分展开）再行明确。

2．方案的筛选

筛选方案是为了达到所提出的目标，自然要结合具体情况进行分析。一般要求所提出的备选方案应具备以下特性：

（1）强壮性。强壮性是指备选方案在受到外界干扰的情况下，仍能基本维持原有系统的特性，即适应环境的能力。例如，企业未来环境总是具有一定的不确定性，企业计划的各种方案就必须能够具有应变环境可能变化的能力。

（2）适应性。适应性要求在备选方案的目标经过修正甚至完全不同的情况下，原来采取的方案仍能适用。适应性反映了方案的灵活性。例如，企业原来制定的发展规划可能因某种原因发生变更，那么目前所实施的方案就要求能适应这一变化的要求，这就是要求备选方案具有一定的适应目标变化的能力。

（3）可靠性。可靠性是指系统在任何时候都具有正常工作的可能性，要求系统不出现失误，即使失误也能迅速恢复正常。可靠性要求备选方案不能因为执行过程中遇到某些因素而偏离目标太远，并具有自反馈的功能。可靠性要求实施方案不能因为某因素的变更而太敏感，完善的监督机构和信息反馈可以提高系统实施的可靠性。

（4）现实性。现实性反映了系统实施的可能性，某一方案决策者是否支持是方案是否现实的关键。此外，方案实施的费用也是一个主要因素，耗费资金太多的方案是不现实的。

总之，良好的方案是进行良好系统分析的基础，在方案的提出和筛选过程中，应进行全面而周到的分析。

2.3.3 预测未来环境

每项系统工程都要预测各种备选方案的后果，而每种方案的后果与将来付诸实践时所处的环境有关，这就要求在方案实施前对未来环境可能发生的变化做准确的预测。预测是对事物发展的客观规律进行预估和推测，即根据过去和现在的历史或统计资料预估未来发展的趋势，或根据已知事物的演变过程推测其未来发展的规律。

环境是指决策人无法控制的自然、经济、社会和技术的未来状态。例如，农民种粮食，粮食的收成与当年的天气情况密切相关。也就是说，离开未来实施环境去谈论方案后果是没有实际意义的。对方案实施的后果应该这样描述，即在某种环境下采取某种行动将会导致什么后果。表达方案的后果形式可概括为，“如果环境如此，则备选方案的后果就是……”这种表达方式实际上反映了系统工程处理问题的思路，这就是情景分析法。

情景分析法对每种备选方案都确定几组未来实施环境的特征和条件，如按乐观、正常和悲观的环境进行预测，或按出现可能性大、正常和特殊的环境进行预测。计划评审技术时间参数的估计就是按最可能、最乐观、最悲观三种情况进行预测的。

除情景分析法外，数学模型的方法是进行系统预测较为有效的方法。其工作步骤如下。

1. 确定预测内容

预测内容是根据决策的需要而确定的。在同一决策的不同阶段，预测内容也可能各不相同。例如，在项目决策的初步论证阶段，要求对投资机会的可行性进行初步论证，故这一阶段的决策应包括投资机会、市场需求、资源供应等方面的内容；在投资项目的详细论证阶段，则要求对备选方案的经济效益，包括项目寿命、现金流量及与经济效益有关的其他参数（如利率、最低期望收益率、物价变动）进行预测，以便为方案评选提供可靠的依据。

2. 准备数据资料

预测的基础是拥有大量的数据资料，而且数据资料越准确完善，预测的可靠性也越大。项目投资所需数据资料是多方面的，包括企业内部的经济状况、国内外市场情况、有关会议报告与政策性文件、专题性或综合性调查报告等。在取得必要的资料后，还要进行分类、整理，以达到去粗取精、去伪存真的目的。虚假的信息资料必然导致错误的预测结果。

3. 确定预测方法，建立数学模型

这一步要根据所掌握的数据、资料特点，以及预测结果的准确度要求，确定一种适当

的预测方法。如果采用定量预测方法，就要建立相应的数学模型，通过求解数学模型就可以得出事物未来的数值。

预测方法的基本类型主要有以下三种：

（1）定性预测法。定性预测法又称经验判断预测法。它以人的经验和判断为基础，由领导者、专家和有关人员通过调查研究和集体讨论等方式对事物的未来发展进行有根据的主观判断。除因客观数据不足或缺乏定量预测能力的情况外，一般都把定性预测作为辅助方法同定量预测方法结合起来使用。

（2）时间序列预测法。时间序列预测法又称趋势预测法。它根据经济现象过去时期的时间序列数据，运用数学分析方法反映数据与时间之间内在规律的数学模型，用以推断事物未来的发展变化。

（3）因果关系预测法。因果关系预测法又称因素分析法。它利用事物之间的因果关系，以必要的历史数据为基础，建立反映变量因果关系的数学模型，然后根据已知变量的数据推断未知变量的结果。这是一类比较科学、合理的预测方法，但需要大量的数据。

4. 计算预测值，分析预测误差

数学模型确定之后，便可将已知数据代入公式计算出被测变量的预测值。通过预测值与实际值的系统比较，即可确定预测的平均误差。为了提高预测准确度，可根据预测误差对预测值进行修正。如果预测误差过大，就应改变预测方法或修改数学模型。

2.3.4 建模和预计后果

系统工程对研究对象的优化依赖反映实际问题的模型，只有有了具体的模型，才可对系统进行试验、分析、计算，预测系统各种方案的后果。

每种方案实施后都会相应地有一系列后果，因此本阶段的首要工作是确定应该预计哪些后果，其中哪些最重要。选定后果项目后，便可着手建立一个或多个模型预计行动和后果指标之间的关系。系统模型的建立是一项非常困难且非常重要的工作，它对系统工程的应用效果有着直接的影响。

系统分析的主要模型有解释结构模型、结构方程模型、主成分分析法、因子分析法、聚类分析法、系统仿真模型等，这些模型的特点及建立将在系统模型一章中予以介绍。

模型建立之后就可依据系统将来所处的环境及预测情况，结合所建立的系统模型对系统将来可能产生的结果加以预测。预测结果的准确性，一方面取决于所建立的模型是否反映系统的运行特征；另一方面取决于对未来环境的预测是否准确。因此，在实际的系统分析过程中，模型的建立工作和未来环境的预测是密切相关的，同时两者之间可能需要交替进行，以保证方案预计后果的准确性。

2.3.5 评比备选方案

各种备选方案在不同情景下的后果估计出来之后，便可着手进行方案评比了。方案评比依据所建立的评价指标对各方案可能取得的效果进行评价，并按评价结果进行排序。

评价方案的困难在于每种方案的后果都依据不同环境条件而定，有些情况下方案后果

好，有些情况下则差。例如，产品投入市场可能会遇到市场情况好、中、差几种情况，而每一种情况最后的评价结果都互不相同，因此通常通过预测每种情况出现的可能性大小来进行综合评价。

系统工程人员的目标不只是着眼于选择一个最优方案，而是提供一组最接近于满足决策者目标的方案，并给出足够的后果信息。系统工程人员有责任对各种方案进行评估并尽可能排出优先顺序，但做出抉择乃是决策者的权利和职责。决策者选择最优方案时会结合自身的价值观念和偏好，因此选择的最优方案并不一定是系统工程人员排在第一的方案。实际上，只要决策者根据系统分析列出的结果选择到其满意的方案，就足以说明系统分析的结果是成功的。

系统评价的主要方法有层次分析法、网络层次分析法、模糊综合评价法、灰色评价法、数据包络分析法等。这些方法将在系统评价一章中专门介绍。

方案评比结束后，系统分析的工作就完成了，方案的最后选择是决策者所要做的事情。当然，在方案的实施过程中，特别是在开始实施阶段或环境发生变化的情况下，还会要求系统分析人员参加。

2.4 物理—事理—人理（WSR）系统方法论

我国学者顾基发与华裔英国学者朱志昌等人基于综合集成思想，于 1995 年提出了具有东方文化特色的物理—事理—人理系统方法论（Wuli-Shili-Renli System Approach，简称 WSR 系统方法论）。他们指出，一个好的系统工程工作者或者管理者，应该懂物理、明事理、通人理。

2.4.1 WSR 系统方法论的基本概念

自然科学是关于物理的科学，要求做事必须符合自然规律，物理就是自然的道理。运筹学是关于事理的科学，实际上还包括管理科学、系统科学，事理就是做事的道理。处理好人的关系是人理学，就是人文科学、行为科学，人理就是做人的道理。

作为科学研究对象的客观世界是由物和事两方面组成的。物是指独立于人的意志而存在的物质客体；事是指人们变革自然和社会的各种有目的的活动，包括自然物采集、加工、改造，人与人的交往、合作、竞争，以及对人的活动所做的组织、管理等。通俗地讲，事就是人们做事情、做工作、处理事务。

处理物理的方法主要用自然科学中的各种科学方法。而事理主要使用各种运筹学、系统工程、管理科学、控制论和一些数学方法。人理可以细分为关系、感情、习惯、知识、利益、斗争、和解、和谐、管理等。

物理主要涉及物质运动的规律，通常要用到自然科学知识，回答有关的物是什么、能够做什么，它需要的是真实性。事理是做事的道理，主要解决如何安排、运用这些物的问题，通常用到系统科学、管理科学方面的知识，回答的是怎样做、如何更好地做的问题。

运筹学促使科学认识从物理层面进入事理层面，事理的研究又促使科学认识从事理层面进入人理层面。没有人的系统（自然系统）的运动总可以用物理加以说明，而有人的系统（社会系统）则要加上事理、人理去说明。

人理是做人的道理，主要回答应当如何做、如何更合理地做的问题。处理任何事理和物理问题都离不开人，要由人来判断这些事和物是否得当，并且协调各种各样的人际关系。通常要运用人文和社会学科的知识去处理各种社会问题，人理常常是主要内容。

WSR 系统方法论认为，在处理复杂问题时，既要考虑对象系统的物的方面（物理），又要考虑如何更好地使用这些物的方面，即事的方面（事理），还要考虑由于认识问题、处理问题、实施管理与决策都离不开的人的方面（人理）。把这三方面结合起来，利用人的理性思维的逻辑性和形象思维的综合性与创造性，组织实践活动，以产生最大的效益和效率。表 2-2 说明了 WSR 系统方法论的主要内容。

表 2-2　WSR 系统方法论的主要内容

要　素	物　理	事　理	人　理
道理	物质世界，法则、规则的理论	管理和做事的理论	人、纪律、规范的理论
对象	客观物质世界	组织、系统	人、群体、人际关系、智慧
着重点	是什么 功能分析	怎样做 逻辑分析	应当怎么做 人文分析
原则	诚实，真理， 尽可能正确	协调，有效率， 尽可能平滑	人性，有效果， 尽可能灵活
需要的知识	自然科学	管理科学 系统科学	人文知识 行为科学

一个好的领导者或管理者应该懂物理、明事理、通人理，或者说应该善于协调使用硬件、软件、人才，这样才能把领导工作和管理工作做好，也只有这样才能把系统工程项目搞好。

WSR 系统方法论是具有东方传统的系统方法论，得到了国内外学术界的认可。应该看到，任何社会系统不但是由物、事、人构成的，而且三者之间是动态的交互过程。因此，物理、事理、人理三要素不可分割，它们共同构成了关于世界的知识，包括是什么、为什么、怎么做、谁去做，所有的要素都是不可或缺的，如果缺少了、忽略了某个要素，对系统的研究将是不完整的。

2.4.2　WSR 系统方法论的工作步骤

WSR 系统方法论有一套工作步骤，用来指导一个项目的开展。这套步骤大致包括以下六步，有时需要反复进行，当然也可能出现交叉。

1. 理解意图

这一步骤体现了东方管理的特色，强调与领导的沟通，而不是开始就强调个性和民主等。这里的领导是广义的，可以是管理人员，可以是技术决策人员，也可以是一般的用户。在大多数情况下，总是由领导提出一项任务，他的愿望可能是清晰的，也可能是相当模糊的。愿望一般是一个项目的起始点，由此推动项目，因此传递、理解愿望非常重要。在这一阶段，可能开展的工作是愿望的接受、明确、深化、修改、完善等。

2．调查分析

这是一个物理分析过程，任何结论只有在仔细地调查情况之后才能得出，而不应事先设定。这一阶段开展的工作是分析可能的资源、约束和相关的愿望等。一般总是深入实际，通过专家调查、分析和广大群众的配合，形成调查报告。

3．形成目标

对于一个复杂的问题，往往一开始问题拟解决到什么程度，领导和系统工程工作者都不是很清楚。在领会、理解领导的意图及通过调查分析取得相关信息之后，这一阶段可能开展的工作是形成目标。这些目标会有与领导当初的意图不完全一致的地方，同时在以后的大量分析和进一步考虑后，可能还会有所改变。

4．建立模型

这里的模型是比较广义的，除数学模型外，还可以是物理模型、概念模型、管理步骤和规则等。形成目标之后，可能开展的工作是设计、选择相应的方法、模型、步骤和规则来对目标进行分析处理，称为建立模型。这个过程主要是运用物理和事理。

5．协调关系

在处理问题时，由于不同的人所拥有的知识不同、立场不同、利益不同、价值观不同、认知不同，他们对同一个问题、同一个目标、同一个方案往往会有不同的看法和感受，所以往往需要协调。当然协调相关主体的关系在整个项目过程中都是十分重要的，但是在这一阶段显得更为重要。相关主体在协调关系层面都应有平等的权利，在表达各自的态度方面也应有平等的发言权，包括在做什么、怎么做、谁去做、什么标准、什么秩序、为何目的等议题上的发言权。在这一阶段，一般会出现一些新的关注点和议题，可能开展的工作就是相关主体的认知、利益协调。这个步骤体现了东方方法论的特色，属于人理的范围。

6．提出建议

在综合物理、事理、人理之后，应该提出解决问题的建议。提出的建议一要可行，二要尽可能使相关主体满意，三要能让领导从更高层次去综合和权衡，以决定是否采用。这里，“建议”一词是模糊的，有时还包含实施的详细内容，这主要看项目的性质和目标设定的程度。

必须注意的是，项目有时实施结束了也不能算项目完成了，还要进行实施后的反馈和检查等。当然，这样也可以说是进入一个新的 WSR 步骤循环了。

在运用 WSR 系统方法论的过程中，需要遵循下列原则：

（1）综合原则。即要综合各种知识，听取各种意见，取其所长，互相弥补，以帮助获得关于实践对象的态势、意图和发展情况的设想，这首先需要各方面相关人员的积极参与。

（2）参与原则。全员参与，或不同的人员（或小组）之间通过参与而建立良好的沟通，有助于理解相互的意图、设计合理的目标、选择可行的策略，改正不切实际的想法。实际上，常常有些用户以为出钱后其他工作就是项目组的事了，不积极参与，或者有的项目组大概了解情况后就不与用户联系而去闭门造车，这样的项目十之八九会失败，因此成立项目小组和总体协调小组都需要相应用户方的参与。

（3）可操作原则。即选用的方法要紧密地结合实践，实践的结果需要为用户所用。考虑可操作性，不仅考虑表面上的可操作性，如友好的人机界面等，更提倡整个实践活动的可操作性，如目标、策略、方案的可操作性。文化与世界观影响这些目标策略最后的实现结果是否为用户所理解和所用，可用的程度有多大。另外，一定要教会用户自己亲自操作，因为有时由于开发方会操作而用户只看开发方操作，这样项目一结题和通过鉴定后，开发方的人一撤，有些运作就进行不下去了。

（4）迭代原则。人们的认识过程是交互的、循环的、学习的过程，从目标到策略到方案到结果的付诸实施体现了实践者的认识与决策、主观的评价、对冲突的妥协等，所以运用 WSR 的过程是迭代的。在每个阶段对物理、事理、人理三个方面的侧重亦会有所不同，并不要求三者在同一阶段同时处理妥当。系统实践中对于极其复杂的、没有经验的情况，需要摸石头过河，付出一些代价是难免的，但实践人员应尽可能地做到事前考虑周全。

2.4.3　WSR 系统方法论中常用的方法

在 WSR 系统方法论的指导下，要有选择地使用一些具体的方法，甚至其他的方法论。表 2-3 给出了 WSR 系统方法论各步骤在物理、事理、人理方面应该开展的工作，以及可能用到的若干方法。

表 2-3　WSR 系统方法论中常用的方法

要　素	物　理	事　理	人　理	方　法
理解意图	了解解决问题的基本意图，通过谈话来收集有关领导讲话	分析解决问题的基本目标、领导的偏好和评价标准	了解有哪些领导会参加决策，谁来使用决策结果	头脑风暴法、专家讨论会、知识图谱梳理
调查分析	调查已有资源和约束条件，主要借助现场调查和文献检索	了解用户的经验和知识背景	了解谁是真正的决策者，哪些知识是必须用的，弄清用户上下各种关系	德尔菲法、调查表、文献调查、历史对比、交叉影响法、KJ 法
形成目标	将所有可行的和实用的目标，以及约束都列出来	弄清目标的优先顺序和权重	弄清各种目标涉及的人物	头脑风暴法、目标树
建立模型	将各目标和约束数据化、规范化	选择合适的模型、程序和知识	尽量将领导的意图融入模型中	各种建模方法和工具

（续）

要　素	物　理	事　理	人　理	方　法
协调关系	对所有模型、软件、硬件、算法和数据加以协调，称为技术协调	对模型和知识的合理性加以协调，称为知识协调	对工作过程中各方面的利益、观点、关系进行协调，称为利益协调	冲突分析、和谐理论
提出建议	对各种物理设备和程序加以安装、调试、验证	将各种专门术语转换为用户能懂和喜欢的语言	尽量让相关方易于接受、易于执行，要考虑到所提建议的可操作性	各种统计表格、工作流程图

2.5 系统工程的典型应用案例

2.5.1 阿波罗登月计划

阿波罗登月计划是美国继曼哈顿计划、北极星计划之后，在大型项目研制上运用系统工程取得成功的一个实例。阿波罗登月计划的全部任务分别由地面、空间和登月三部分组成，是一个复杂庞大的工程计划。它不仅涉及火箭技术、电子技术、冶金和化工等多种技术，还要了解宇宙空间的物理环境，以及月球本身的构造和形状。完成这个计划，除要考虑每一部分间的配合与协调外，还要估算各种未知因素可能带来的种种影响。这项计划涉及 40 多万人，研制的零件有几百万件，耗资 244 亿美元，历时 11 年之久。这个计划的成功，关键在于整个组织管理过程采用了系统工程的方法和步骤。其实施过程如下。

1）建立组织管理机构，明确职责分工

为了完成登月活动，首先确定了所需的组织形式和管理原则。美国国家宇航局设立了阿波罗登月计划办公室主管全部工作，在该局附属的三个研究中心分别设立了阿波罗登月计划项目办公室，受该局设计办公室的领导，负责分管的任务。

计划和项目办公室的职能：①项目的计划和控制；②系统工程；③可靠性和质量保证；④试验；⑤操作实施。分别设立主管部门。

为了适应研究和研制工作的情况，整个管理工作分为五个方面：确定计划的基本要求、性能监测、分析和评价、控制和指导、指令和反馈。在整个管理过程中和五个职能部门内，经常考虑和处理的变量是工程进度、成本费用和技术性能。

2）制订和选择方案

计划办公室成立后，首先为实现登月选择飞行方案。当时提供了三个备选方案：①直接飞行，使用新型运载火箭；②地球轨道交会，使用土星运载火箭分别发射载人航天飞行器和液氧储箱；③地球轨道交会，使用土星运载火箭一次性发射载人航天飞行器和登月舱。对三个方案分别在技术因素、工作进度、成本费用和研制难易度等方面权衡利弊，结果认为第三个方案能确保在最短期间内、最经济地完成阿波罗登月计划的全部目标。

3）组织管理过程

确定飞行方案之后就开始其他的计划和管理工作。

（1）确定计划的基本要求。阿波罗登月计划采用了工作分解结构的系统分析方法，把整个计划由上而下逐级分成项目、系统、分系统、任务、分任务等层次。这样做的优点：可确定计划的所有分支细目及其相互关系，明确哪个部门负责什么工作；可作为绘制计划评审网络图的基础，保证所有分支细目都包括在工作进度内；可作为编制预算的基础，把预算要求、实际成本费用与具体工作成果三者联系起来。总之，它为管理人员把整个计划的进度、财务和技术三方面的要求成为一个整体提供了共同的基础。

为了明确工程进度的要求，阿波罗登月计划采用了计划评审技术，以形成各主承包商与政府之间的进度管理系统。

（2）性能监测。即按照阿波罗登月计划的基本要求，审查整个计划的进展情况。为了及时掌握整个计划的情况，要经常取得各职能部门的质量管理和进度的信息，在各职能部门制定报告的具体要求，建立管理信息与控制系统和一系列设计审查及产品检查制度。管理信息与控制系统将所需要的各种性能的信息绘成 100 张左右的图表，经过整理分析后，每月上报计划负责人，使其能洞察全局，集中力量抓薄弱环节。在阿波罗登月计划的全部过程中，连续进行了各种审查和检查，如初步设计审查、关键设计审查、设计检定审查、首次产品结构检查、飞行合格检定等。

（3）分析和评价。这一环节的主要工作是对性能数据进行评价并归纳出必须及时采取行动的问题，向计划负责人报告。阿波罗登月计划中应用了成本相关分析法等，以保持各个工作部门的相互平衡和保证完成主要目标。成本相关分析法就是分析工作进度与成本费用之间的关系，所花的费用是否得到预期的工作量，绘出今后费用增长率变化的曲线，以估计完成计划所需的总费用。它可用来比较几个主要承包商完成的工作量，找出哪些环节上费用未能产生预期的工作效果。

（4）控制和指导。研究计划往往会发生变化，因此必须进行系统的控制，以保证全部计划的实现。凡是影响最终产品的形式、装配、功能等的变化，都必须由规定的某一级决策机构批准，如结构上的改变由办公室的结构控制委员会批准。为了控制成本，每个季度审查各个部分的实际成本，找出超支动向，查出薄弱环节，必要时调整财务计划。阿波罗登月计划由于强调财务管理和成本估计，财务支出始终保持相对稳定，平均每年实际成本比预计成本增长不到 1%。

（5）指令和反馈。保证整个管理结构在日常活动中履行各种指令、规程、程序并为下一轮性能测量提供反馈数据资料，目的是让各级负责人明确自己的职责范围，做到事事有人负责，把实干的人选安排到合适的岗位上，并赋予权力。在日常活动中召开计划审查会，以促进管理行动的有效执行。

总之，阿波罗登月计划的成功依靠的是所采用的管理系统和管理工具——计算机，而更主要的是采取了从整体出发且面向整个系统的综合管理方式。

2.5.2 韩国的国民经济模型

1964—1965 年，韩国政府准备采取措施打破经济停滞局面，决定进行一系列货币、财政和贸易政策的改革，并在第二个五年计划中实现这些意愿。韩国当时的经济情况很糟糕，主要问题是国内积累很少，外汇不足。当完成计划纲要时，预计年增长率可望超过 8%，为了稳妥起见，最后确定为 7%，但强调尽可能超过这个数字。

当时，韩国得到了国际发展署的支持，该署派顾问参与模型的制定，其工作步骤如下。

（1）组织措施的制定。为了更好地协调计划的制订和执行情况，韩国政府进行了改组，成立了经济计划部，集中管理计划与预算工作，由一名副总理领导。计划分析工作由该部与国际发展署共同完成。

（2）目标的制定。计划工作的目标：①确定社会的经济目标；②设计一条能快速实现这些目标的可行的增长道路；③找出主要的约束条件，并设法减轻这些约束；④制订详细的投资计划和公共政策，保证经济沿着理想的道路发展。

计划工作是连续进行的，每年还需做许多具体计划，以不断审查与修改计划。鉴于韩国人普遍感到贫困、无望，因此用简明方法制定改革目标并辅以技术分析。这在当时是很重要的一个措施。

计划工作的目标是制定协调一致的规划和政策，而不是最优化的规划和政策。

（3）模型的制定。主要的定量工具：①一个投入—产出平衡模型；②一个中期的大范围经济模型；③一个近期的稳定化模型；④一个用于钢铁与石化部门的综合线性规划模型；⑤一个用作地区性平衡的线性规划模型。

预先确立了一套准则，以便对备选方案进行选择。每个方案都是根据不同的假设设计的。

（4）第二个五年计划战略的制定。第二个五年计划（简称“五年计划”）战略的主要内容有四项：扩大出口、国内资本的动员、有效地使用人力与技术、经济持续稳定。

中期的投入—产出模型计算结果说明，出口与国内节约是增长的约束条件。计划人员相信阻碍快速扩大出口的唯一因素在于供应方面；投资计划对于实现出口、就业与技术战略是极为重要的。同时还制订了一项财政计划保证财政稳定，并制定了更为严格的节约约束条件。投资分配与财政调节是五年计划的头三个年度资源总预算分析工作的焦点。

五年计划为每个部门制定了任务，第一个年度资源预算中需要列出：纸张生产，本部门投资即将大量增长，除正在进行的计划外，急需新的投资；有色金属，有关有色金属矿石的冶炼计划的建议已经足够了，但是还很需要加工设备的计划建议。这些都是根据对投入—产出模型的预计和已经做出的重大投资进行详细研究、计算和修改后才做出的。为了完成 43 个部门的投资估算和 150 个生产单位的预测工作，需要做出不寻常的努力来收集新的技术数据。

在第二个年度资源总预算中提出了多种资金流动方案以供选择，它们对货币政策和外部变数都做了不同假设。每项计划都有附件说明了通货膨胀的影响。这些研究的基本工具是稳定化模型。

（5）经济成果的产出。五年计划及有关的分析与讨论是导致韩国经济高速发展的重要因素，计划说明：①高水平的外援是必要的；②外贸的重点转变了，从减少进口转为扩大出口，重点放在劳动力密集型的工业上；③年度计划预算方法有助于将资源用在最关键的地方，如电力、水泥等；④贸易、投资、货币政策的相互依赖关系已被政府当局列为决策工作中的一部分。

在五年计划期间及以后时期，韩国经济每年保持 10%的增长率（实际增长率），外汇（美元）储备每年增长 40%（1973—1974 年石油提价以前）。

2.5.3 墨西哥对农业问题进行的系统研究

墨西哥政府与世界银行用了五年时间（1970—1974 年），共同制定和运用农业部门的计划模型。整个工作分为三个阶段。第一阶段到 1972 年为止，集中力量研究基本方法并检验计算模型的示范性数据，1973 年出版了一本关于墨西哥农业问题的书。农业模型命名为“雨神”，后来成为整个计划的代号。

第二阶段开始时，墨西哥政府扩大工作范围，邀请世界银行的人士参加合作，继续研究方法问题及其在农业方面的应用。在此阶段政府发布的各有关文件都是以此模型分析为依据的，其中的一个文件协助埃切维里亚政府制定了农业指导方针。

第三阶段的主要工作是由总统府的一个工作组进行的，并继续与世界银行进行合作，“雨神”模型及其子模型在墨西哥政府和世界银行的计算机上运算了三年多时间。后来罗马的食物与农业组织邀请世界银行及各国系统分析人员推广这种方法，制订一个更为广泛的计划，以便用于世界其他地方。

（1）问题与模型。农业问题十分复杂，许多因素相互影响，产品定价政策能够大大影响就业率、收入分配和外贸平衡问题。墨西哥各地的生态特征各不相同，农产品丰富多彩，产生了复杂的农业政策问题。1968—1970 年，墨西哥官员怀疑农业是否能继续满足国内消耗需要和提供国家需要的大部分外汇。他们看到开垦荒地和搞水利，代价昂贵。农业开始出现长期的增长缓慢情况，同时他们为农业能否吸收大量新劳力表示忧虑。他们提出了下述问题：农业能发展多快？就业可能性如何？改变定价政策、各种谷物的构成和生产技术，将产生什么影响？

为此他们拟制了“雨神”模型，描述了各地的生产条件，以及国内外农产品价格和贸易量对墨西哥农业的影响。在生产方面，模型是基于各地区的小经济范围的农场生产价格和输入数据制作的。在市场方面，模型利用估算的消费者需求量、进出口和运费等参量，同时利用线性规划描绘出了合适的市场稳定点。

模型中的生产问题，基本上利用了农业方面的资料。经济问题，如谷物供应函数是靠模型求解的，而不是模型的一个输入。这样，“雨神”模型就有助于把工程数据转换成经济关系，发挥了系统分析与运筹学的主要优点。

模型包括 33 种产品并反映了它们供求关系的相互影响。墨西哥的大多数农作物区都种植多种谷物，因此鼓励种植某种谷物肯定会影响其他谷物产品，线性规划法很适合用来解决这类相互影响的问题，即在有限的土地资源和其他资源限制下，对各种谷物和技术进行最优选择。如果把“雨神”模型内的有关“地区生产”的子模型独立出来，就能对地区性的方案进行更为仔细的选择。

“雨神”及其子模型对农业问题的描述是较为详尽的，但又很灵活，做些修改就能进行不同种类的分析。例如，模型在谷物每年的耕种周期内，能按月给出使用土地、灌溉、劳动力方面的资料，但有时也能给出每两周水的利用数据。因此，“雨神”模型能同时求解农业方面许多总的特性，如总产量、价格、劳动收入、外贸等，甚至结合谷物、技术和地区方面的数据及其相互作用等，给出更为具体的输出数据。

从数学意义上说，“雨神”是个最优化模型。然而，它只是为了保证模拟某些问题获得最优解，如市场的最佳竞争和垄断问题。

（2）具体的用途。“雨神”模型是在总统府的一个工作组和后来成立的农业协调委员会的共同管理下，用于下列工作的：①制定总的农业政策，包括产量、农业人数、外贸和有关的投资问题等；②制定玉米、小麦等谷物的价格政策；③制定有关项目的价格，如农业机械、水的价格等；④制定出口战略；⑤对灌溉工程进行鉴定。

模型给出的某些数据，在政策讨论的过程中起到了重要的作用。例如，模型数据说明如果国民经济总产值增长率目标是 8%，则农业增长率必须超过 5%。对可耕地、灌溉工程的增长率也做了相应的估算，同时表明这样的增长率还不能吸收新的进入农业生产的劳动力，为此提出以下措施：①提高农业机械价格（相对于农业劳动力价格），以减缓劳动力转移；②鼓励出口花费劳动力较多的谷物；③紧缩畜牧区，以便腾出土地耕种谷物，因为每亩谷物地能吸收更多劳动力。

为了增加出口，计算结果说明，必须改变出口的谷物品种，最后还计算了谷物对价格变化的影响，以及价格变化对其他谷物的影响，从而协助政府制定了一份新的谷物价格表。

必须指出的是，墨西哥政府中如果没有训练有素和积极热心的人士，“雨神”模型就不能得到如此应用。

2.5.4　印度巴罗达市的公共汽车问题

（1）线路与时刻表拟订问题的提出。印度的巴罗达市是一座发展迅速的城市，城市面积 78 平方公里，居民 50 万人。市郊正在兴建一所炼油厂、一所化肥厂和一个石油化工联合企业，预计城市的未来发展将更快。虽然城市正在不断扩大，把越来越多的工业单位圈了进来，但其工商业中心仍在旧城区，那里居住着 70%的居民。

古吉拉特政府陆运公司经营着巴罗达市的公共汽车事业，整个车队有 100 辆车，行驶路程达 3 000 公里。1972 年，这些公共汽车每日载客量为 138 000 名，为可容载客量的 47%。过了几年，该公司发现，路线行程增加很快，但载客量与可容载客量之比不断下降，而高峰与平均运输量之差也增加很快。如何把有限的车辆部署好，特别是在高峰阶段，就成了一个很重要的问题。

1972 年，该公司将此问题提交给一家印度私人咨询公司的运筹学小组，要求研究现有路线、高峰运输的合理化计划，以及利用现有车队拟制时刻表和发车次数。

（2）目标的确定。最后确定的目标是拟制一套方法来制定、试验和鉴定各种行车时刻表，从而使公司有利可图。同时决定这份时刻表是一份满意的而不是最佳的时刻表，因为最佳化研究不仅费时，在很多情况下也不适用。

（3）模型的拟制。公共汽车时刻表的问题分为如下几个方面：①确定需求量，即每天不同时间各站上下的载客量；②制定行驶线路，即根据需求量，运用合理化计算，确定路线；③制定行驶的频率，即制定每条建议的路线的行驶频率；④调配车辆，即根据路线和频率，调配车辆；⑤确定车上的工作人员。

寻求一个最优解方案要求同时对上述项目进行综合调查研究，但是一个满意解方案只需分别研究这些项目后即能得出。运筹小组与公司双方同意采取后者。

（4）资料的收集。把汽车站分为三类：一类站为整天都有大量乘客上车；二类站为只在高峰时期有大量乘客上车；三类站为其余的车站。车站的选择和分类是与公司工作人员合作进行的。

利用两天时间对每个站的乘客需求量做了详细的观察，每隔五分钟把排队人数做一统计并记录下来，并记下每辆车的到达时间、终点站及乘客的目的地等资料。

（5）资料的使用。将原始资料归纳后，得到每站要求上车的乘客量（以每小时为基础）和各站下车人数。研究成果是获得一个起点—终点矩阵，也就是一张双程行车图表，说明从各起点到终点每小时内要求运走的人数。

（6）公共汽车路线的制定。对上述图表进行研究后，标出载客量繁重的各段线路，并结合其他各段情况，制定公共汽车路线。

（7）发车频率的确定。这是使用一台小型计算机确定的，其过程如下：将行驶路线、各站之间的行驶时间，以及上、下车需求量输入计算机，路线确定后再计算每隔五分钟每站乘客的总和，然后根据下列准则确立路线：①路线的载客量必须在最低水平以上，使载客量与可容载客量之比达到可接受的水平；②乘客等车时间必须小于公司规定的服务标准。

这种方法将给出很多路线，因为一条线上乘客可以乘坐多路汽车，因此使用了一台大型计算机来消除这些重复因素。第一次计算是一种概算；第二次给出了详细计划。

（8）时刻表的制定。有了路线和行车表后，就需调度车辆，以确定各路线所需的公共汽车数，这也是用计算机完成的。其要求是把闲置时间和跑空车的现象降至最低程度。

（9）模拟。使用各站的随机需求量来模拟系统的工作情况，以检验模型的性能。

（10）结论。这不是一个最优解，但对该公司有重大意义，因为它比较容易重新制定时刻表，并能满足主要的要求。计算机的初步计算说明能获得较大的好处，载客量与可容载客量之比可望增加 11%。其他的经验表明，还可增加公共汽车利用率，车辆可以减少 10%。巴罗达市采纳了本研究的建议，并获得了预期的效果。

复习思考题

1. 举例说明什么是系统工程。
2. 系统工程与传统的工程技术有什么区别？
3. 为什么说系统工程是一门交叉性学科？
4. 霍尔系统工程方法论的核心思想是什么？
5. 在系统工程中进行方案的提出和筛选时，备选方案一般应具有哪些特性？
6. 结合一个具体实例，说明系统分析方法论的思路、程序和方法。
7. 什么是 WSR 系统方法论？应该怎样懂物理、明事理、通人理？
8. 举例说明情景分析法在系统预测中的应用。
9. 结合生活实践说明系统工程可能的应用领域及解决的实践问题。

第3章

系统分析

为了探索系统的模型，寻求解决问题的方案，就需要对系统的目标、系统所处的环境和系统的结构进行详细的分析。系统分析的主要内容是分析系统内部与系统环境之间和系统内部各要素之间相互依赖、相互制约、相互促进的复杂关系，分析系统要素的层次结构关系及其对系统功能和目标的影响，通过建立系统的分析模型使系统各要素及其环境之间的协调达到最佳状态，最终为决策提供依据。

3.1 系统分析简介

系统工程方法论的基础是系统分析技术，系统分析是完成系统工程问题的中心环节。在探讨系统工程方法论之前，很有必要了解和掌握系统分析技术。

3.1.1 系统分析的基本概念

何谓系统分析，目前有着不同的解释。广义的解释认为系统分析就是系统工程，即将系统分析视作系统工程的同义词。狭义的解释则认为系统分析是系统工程的一项优化技术，或者是系统工程技术在非结构化问题决策中的具体应用。

系统分析技术的发展仅有几十年的时间，因此关于系统分析的概念还没有统一的说法。下面是最具一般特征的几种观点。

（1）《美国大百科全书》指出，系统分析是研究相互影响的因素的组成和运用情况，其特点是完整地而不是零星地处理问题。它要求人们考虑各种主要的变化因素及其相互影响，并用科学的和数学的方法对系统进行研究与应用。

（2）日本《世界大百科年鉴》认为，系统分析是人们为了从系统的概念上认识社会现象，解决诸如环境问题、城市问题等复杂问题而提出的从确定目标到设计手段的一整套方法。系统分析的用处是，通过分析一切与问题有关的要素和实现目标之间的关系，提供完整的资料，以便决策者选择最合理的解决方案。

（3）中国台湾《企业管理百科全书》认为，为了发挥系统的功能和达到系统的目标，就费用与效益两种观点，运用逻辑的方法对系统加以周详的分析、比较、考察和试验，从而制定一套经济有效的处理步骤和程序，或对原有的系统提出改进方案的过程，称为系统分析。

（4）美国《麦氏科技大百科全书》指出，系统分析是应用数学方法研究系统的一种方法。它通过对研究对象建立一种数学模型，按照这种模型进行数学分析，最后将分析的结果应用于原来的系统。

上述概念表明，系统分析是进行系统研究，帮助进行有效决策的一种方法。即在若干选定的目标和准则下，分析构成系统各个要素的功能及其相互之间的关系，利用数量化方法分析制订可行方案，并推断可能产生的效果，以期寻求对系统整体效益最大的策略。因此，系统分析对于整体问题的目标设定、方法选择、有限资源的最佳调配和行动策略的决定，都是有效的工具。

采用系统分析方法探讨问题时，决策者可以获得对问题综合的和整体的认识，既不忽略内部各因素的相互关系，又能顾全外部环境变化可能带来的影响，在已掌握信息的情况下，以最有效的策略解决复杂的问题，以期顺利地达到系统的各项目标。

3.1.2 系统分析的特点

注重系统与环境及其系统各要素之间的关系，借助定量和定性分析方法，寻求系统整体综合最优的策略是系统分析最主要的特点。系统分析的特点主要包括以下几个。

1. 以系统整体最优为目标

系统中的各分系统都具有特定的目标和功能，只有相互分工协作，才能实现系统的整体目标。在系统分析时应以系统的整体综合最优为主要目标，如果只研究改善某些局部问题，而忽略其他分系统，则系统的整体效益将可能得不到保证。因此，任何系统分析都必须以发挥系统整体的最大效益为准则，不可局限于个别分系统，以防顾此失彼。

2. 强调系统各要素之间的联系

系统分析处理问题总是以系统的观念面向所处理的事物。它认为系统由若干相互联系、相互作用、相互制约的要素构成，各个要素的相互协作才能促使系统总目标的实现。正确分析和处理系统内部各个要素之间的关系，是系统分析人员所要处理的一个基本问题。

3. 寻求解决问题的方案是主要目的

系统分析是一种处理问题的方法，有很强的针对性。其目的在于寻求解决问题的最优方案。许多问题都含有不确定因素，系统分析就是在问题不确定的情况下，研究解决问题的各种方案可能产生的结果。

4. 运用定量方法解决系统问题

系统分析在处理问题的手段上不是单凭主观臆断、经验和直觉的，它需要借助相对可靠的数字资料及其所建立起来的系统模型作为分析判断的基础，以保证分析结果的客观性。定量化方法对于具有大量历史资料和数据的系统问题的处理是十分有效的，特别是在相对微观的系统中的应用更为普遍。

5. 凭借价值判断做出决策

系统分析不可能完全反映客观世界的所有情况。在系统分析的过程中需要对事物做某种程度的假设，或者使用过去的历史资料来推断系统未来的发展趋向，然而未来环境的变化总是具有一定的不确定性，从而很难保证分析结果的完全客观性。此外，方案的优劣应该取决于定量和定性分析的结合，以及数据和经验的结合。因此，在进行方案的评价时，仍需凭借价值判断、综合权衡，判断由系统分析提供的各种不同策略可能产生的效益的优劣，以便选择最优方案。

系统分析是系统建立过程中的一个重要环节，具有承上启下的作用。它使系统的开发计划得以实现。系统分析是明确系统的概念、分析建立系统的必要性、确定系统的目标的主要手段。但是，系统分析不是从着手实现给予的目标开始，而是进一步探讨、寻求目标的实质及实现目标的过程。系统分析需要对系统规划阶段给出的目的给予评价分析，同时对表述不清的目的给出具体的定义，以使后续各阶段的实施可行性得以落实。也就是说，系统分析是系统建立的整个过程的关键一环，特别是对于技术比较复杂、投资费用很高、建设周期较长的大型项目，系统分析将保证系统设计及系统方案的最优性，同时是系统得以顺利实施及达到预期目标的重要保证。

3.1.3 系统分析的组成要素

1. 目标

系统的目标就是系统存在的目的。它是系统目的的具体化，目标对于系统是总体性的东西。一般来说，在进行系统分析前应该对系统目标有一个明确的定义，并且要求经过系统分析后，必须明确说明确定的目标是必要的、有根据的、可行的。必要的是指为什么做这样的目标选择；有根据的是指要拿出确定目标的背景材料和从各个角度所进行的论证与论据；可行的是指目标的实现在资源、资金、人力、技术、环境、时间等方面是有保证的。

2. 方案

方案是实现系统目标可以采取的实施策略。它是系统进行优选的前提，没有足够数量的方案就没有优化。假如实现某一目标的方案只有一种，实际上就没有优化的必要。只有具备在性能、费用、效益、时间等指标上互有长短并能进行对比的备选方案，才能对各方案进行分析与比较。方案的分析与比较一般要通过定量和定性的方法加以论证，同时还要提供每个方案执行后的预期效果。

3. 指标

指标是系统目标的具体体现。它是对系统方案进行分析与评价的基本出发点。方案预期效果的好坏需要有一套指标给予评价，不同的指标体系对方案的评价结果完全不同。反映目标的指标主要是从技术性能与技术适应性、费用与效益、时间、进度和周期等方面进行考虑的。技术性能与技术适应性是技术论证的主要方面，费用与效益是经济论证的标志，时间是一种价值因素，进度和周期是具体表现。由于达到目标的各个方案在资源消耗、产生的效益及时间方面的不同，因此借助于评价指标的评判将更有利于方案的合理选择。

4．模型

模型是进行系统分析的基本工具。因为系统进行优选的前提是必须建立反映系统目标的适当模型，模型也是对系统指标的具体衡量方法。通过模型可以对反映系统特征的相关参数和因素进行本质方面的描述，从而对各方案的性能、费用和效益做出较为准确的预测。模型是方案分析和比较的基础，模型优化和评价的结果是方案选优的判断依据。

5．标准

方案预期效果的优劣需要有相应的评价尺度。标准就是一种对各指标值的衡量尺度。为此，要求标准必须具有明确性、可计量性和敏感性。明确性要求所提标准概念明确、具体，对方案达到的指标能够做出全面衡量；可计量性要求所确定的衡量标准是可计量的和可计算的，以使分析的结论有定量的依据；敏感性要求在有多个衡量标准的情况下，找出标准的优先顺序及对输出反应非常敏感的输入，以便控制输入来达到更好的输出。依据标准就可对方案指标进行综合评价，同时可按不同准则排出方案的优先顺序。主要的标准包括费用效益比、性能周期比、费用周期比等。

6．决策

在不同准则下的方案优先顺序确定之后，决策者就可根据分析结果的不同侧面、个人的经验判断和各种决策原则进行综合的、整体的考虑，最后做出抉择，选择一个综合效益最优的方案。一些基本的决策原则有当前利益和长远利益相结合原则、局部利益和整体利益相结合原则、内部条件和外部条件相结合原则，以及定量方法和定性方法相结合原则。

3.2 系统的环境分析

环境对系统的发展起着限制性的作用，系统的发展和变化必须适应环境的发展和变化。因此，对环境的分析是系统分析、解决问题的第一步。实际上，解决问题的方案是否完善有赖于对整个问题环境的了解，对环境不了解必然导致所提方案存在缺陷，所以系统环境分析是系统分析的一项重要内容。

3.2.1 系统环境的概念

任何系统总存在一定的边界。环境是存在于系统边界外的物质的、经济的、信息的和人际的相关因素的总称。按照系统与环境的关系可将系统分为孤立系统、封闭系统和开放系统。系统工程研究的系统通常是开放系统。研究开放系统不仅要研究系统本身的结构与状态，而且要研究系统所处的外部环境。环境因素的属性和状态的变化，通过输入使系统发生变化，这就是系统对环境的适应性。反过来，系统本身的活动，也可使环境相关因素的属性或状态发生变化，这实质上就是环境因素的开放性。例如，企业产品计划的制订必然要考虑市场环境与经济环境大背景的实际情况，企业的计划不能脱离环境的制约，否则将难以保证产品计划的顺利完成；反过来，企业产品的供给也会给市场的需求带来倾向性的影响，企业产品的结构和创新将导致市场需求的变化，从而为企业带来更好的效益。这实质上说明了系统与环境相互依赖和相互制约的关系，系统与环境是共同发展的。

从系统分析的角度来看，对系统环境的分析有多个实际意义。

（1）环境是提出系统工程课题的来源。这说明一旦环境发生某种变化，如某种材料、能源出现短缺，或者出现了新材料、新能源，为了适应环境的变化，就会引出系统工程的新课题。

（2）系统边界的确定要考虑环境因素。这说明在确定系统边界的过程中，要根据具体的系统要求划分系统的边界，如有无外协要求或者技术引进问题。

（3）系统分析与决策的资料取决于环境。这是至关重要的，因为系统分析和决策所需的各种资料，如市场动态资料、其他企业的新产品发展情况等，对于一个企业编制产品开发计划起着重要的作用，其相关资料都必须依赖环境而获得。

（4）系统的外部约束通常来自环境。这是环境对系统发展目标的限制。例如，系统环境方面的资源、财源、人力、时间和需求方面的限制，都会制约系统的发展。

（5）系统分析的好坏最终需要系统环境的检验与评价。从系统分析的结果实施过程来看，环境分析的正确与否将直接影响系统方案实施的效果，只有充分把握未来环境的系统分析，才能取得良好的结果。这说明环境是系统分析质量好坏的评判基础。

3.2.2 环境因素的分析

从系统的观点看，环境因素可划分为物理和技术环境、经济和经营管理环境及社会环境三大类。

1. 物理和技术环境

物理和技术环境是系统得以存在的基础。它是由事物的属性产生的联系而构成的因素和处理问题中的方法性因素，主要包括以下几个。

（1）现存系统。现存系统的现状和有关知识对于系统分析是必不可少的，因为任何一个新系统的分析与设计都必须与现存系统结合起来。新系统与现存系统的并存性和协调性、现存系统的各项指标是进行系统分析必须考虑的因素，这就要求从产量、容量、生产能力、技术标准等方面考虑它们之间的并存性和协调性，同时要考虑现存系统的技术指标、经济指标、使用指标，以便使新系统的设计更为合理。此外，现存系统也是系统分析中收集各种数据资料的重要来源，如有关系统功能分析、试验数据、成本资料、材料类别、市场价格等，只有通过现存系统的实践才能提供。

（2）技术标准。技术标准之所以成为物理和技术环境因素，是因为它对系统分析和系统设计具有客观约束性。实际上，技术标准是制定系统规划、明确系统目标、分析系统结构和系统特征时应遵循的基本约束条件。不遵守技术标准，不仅使系统分析和系统设计的结果无法实现，而且会造成多方面的浪费。反之，使用技术标准可以提高系统分析和设计的质量，节约分析时间，提高分析的经济效果。

标准是系统分析与设计中用来衡量数量、数据、等级、价值、质量、规格等方面的依据。它通常由主管部门公认和确定，一般由国家、部门或行业以国标、部标、行标的代号加编号的形式公布。例如，我国的国标用GB表示，机械行业标准用JB表示；日本国标用

JIS 表示。用技术语言表达有关技术方面的规定是技术标准，如结构标准、器件标准、零件标准、公差标准等；但也有用经济学、工业设计等专用名词表达的技术标准，如产品寿命、回收期、设备完好率、一等品率等。

（3）科技发展因素估量。科技发展因素估量分析对于系统的分析与设计是至关重要的。只有对现有科技的发展充分了解，才能使设计的系统发挥较高的效率，才能避免设计的新系统在投产前就已过时。科技发展因素的分析，主要涉及在新系统发展之前是否有可用的科技成果或新发明出现，是否有新加工技术或工艺方法出现，是否有新的维修、安装和操作方法出现。这就要求在进行系统分析时，对上述三个方面的问题进行详细调研和分析，做到心中有数。

科技发展因素估量还应考虑国内外同行业的技术状态，即装备技术、设计工艺人员和工人技术水平的总体性。技术状态反映企业的实力水平，它影响着产品的质量、品种、成本等多个因素。在进行新建或改建系统的系统分析中，充分了解和掌握国内外同行业的技术状态是必不可少的前提条件。建立强大的竞争力量的一个关键在于提高企业自身的技术状态，而掌握和购买对新建系统有着重要意义的专利，可使企业的技术状态发生改观。

（4）自然环境。与自然环境之间保持着正确的适应关系是任何系统分析得以成功的基础。从某种意义上说，人类的全部创造都是在利用和征服自然环境的条件下取得的。自然环境是系统赖以生存的基础，它涉及自然地理（地势、位置、河流、交通）、天然原料种类和供应（金属和非金属矿产、石油、煤炭、地下水）、气象（温度、湿度、气压、日照、风、降水量）、动植物生活（自然区、生态关系）、自然因素的物理性质（河流分布、流量、水深、水位）等。

地理位置对厂址选择有明显影响，气候条件对系统设施和运行有直接影响，动植物的生活主要对农业和水运系统影响较多。系统工作者在进行系统分析时必须充分估计有关自然环境因素的作用和影响，做好调查统计工作，还要关心自然因素极端情况出现的频率。

2. 经济和经营管理环境

经济和经营管理环境是系统得以存在的根本目的，要使设计的系统发挥最大的经济效益，就必须充分考虑、分析系统与经济和经营管理环境的相互关系。任何系统的经济过程都不是孤立的，它是全社会经济过程的组成部分，因此系统分析只有与经济及其经营管理环境相联系才能得到正确的结论。

（1）宏观经济环境。宏观经济环境是任何管理系统分析的基础，经济的增长与萧条对于系统的开发与运行有着直接的影响，系统的效益在很大程度上受到宏观经济环境的影响。宏观经济环境主要考虑国民经济的增长情况、整个市场的整体消费水平、物价的高低及宏观经济总量的供需情况等，这些对于任何经济系统的分析与设计都是必不可少的影响因素。

（2）政策。政策对于系统的开发起到指导性的作用，它是一类最为重要的经济和经营管理环境。从某种意义上说，政策指出了企业的经营发展方向，政策影响着企业追求目标的判断。因此，系统分析不能不充分地估计经济政策的影响和威力，系统分析人员必须懂得政策和制定政策的重要性。根据作用范围，政策可分为两大类别：一类是政府的政策，另一类是企业内部的政策。政府的政策对企业具有管理、调节和约束的作用，企业内部的政策则是在适应政府政策的前提下求取生存和发展的重要手段。

（3）外部组织结构。外部组织结构与所设计系统的未来行为总会发生直接或间接的关系，它包括同类企业、供应企业、用户、协作单位、上级组织等。未来系统同外部组织机构发生着各种各样的关系，如合同关系、财务关系、指导关系、技术转让、技术协作、咨询服务、情报交流等。实际上，就是系统与外部组织结构之间存在着各种输入和输出关系。只有合理地处理系统与外部组织的关系，才能有利于系统的生存与发展。外部组织是系统得以生存的环境因素，追求与外部组织最佳协调的发展是系统努力的方向。

（4）经营活动。经营活动通常指与商品生产、市场销售、原材料采购和资金流通等有关的全部活动。它的目的是获取最大的经营效果，不断促进企业发展壮大。经营活动必须适应经营环境的要求，而经营环境主要指与市场和用户等有直接关系的因素的总体。在产品需求量稳定的情况下，经营目标应以提高市场占有率和资金利润率为主；在产品需求不稳定的情况下，则应以发展新品种和提高经济指标为主。改善经营活动的内容主要包括：增强企业实力，搞好经营决策，提高竞争能力。增强企业实力是基础，搞好经营决策是手段，提高竞争能力则是目的。提高竞争能力的关键是高质量、新品种、低成本和优质服务，这就是以质量求生存、以品种求发展、以低成本求利润、以优质服务争用户的讲求经济效益的市场策略。

（5）产品系统及其价格结构。产品系统反映了社会的总需求及供给情况，产品价格结构取决于国家的政策和市场供求关系，即经济和经营环境是确定产品系统及其价格结构的出发点。在进行有关系统的分析时必须了解产品和服务存在的社会原因、工艺过程及技术经济要求、价格和费用构成，以及价格和利率结构变动的趋势，必须掌握这些变化对成本、收入及其他经济指标和社会的影响。上述因素是确定产品系统及其价格结构的直接依据，也是制定系统目标和系统约束的出发点。产品能否获得市场，价格是重要的经济杠杆。

3. 社会环境

社会环境是系统得以生存的基本依据，主要包括把社会作为一个整体考虑的大范围的社会因素和把人作为个体考虑的小范围的作用因素。

（1）大范围的社会因素。大范围的社会因素主要考虑人口潜能和城市形式两个方面的因素。

人口潜能是社会物理学的一个重要概念，它将物质质点间具有引力的概念引入人类系统的研究中，提出了“人口引力场”和“人口势”的概念，这也是人口具有明显的群居和交往倾向的基本表现。人口引力场的大小与人群的大小成正比，与人群之间的相互距离成反比。人口势可以做功，表明人口势大小的测度就是“追随”量，即一个人（或集团）具有的追随者越多，他（或它）的人口势就越大；反之则越小。人口势在人口引力场内做功，这个功可用集体或个人的成果来表示，这些成果意味着人们之间交换的结果。从人口潜能得出的“聚集”、“追随”和“交换”的测度，能说明城市乡村发展的趋势和速度，可用于产品和服务的市场估计及预测未来各种系统开发的成功因素。

城市是现代社会中物质和精神文明的策源地，其基本特征是规模、密度、构造、形状和格式，这些均在住宅、商业、生产、文化、仪式、游览等区划上表现出来。研究城市形式可为城市规划、建筑、交通、商业、供应、通信、供水、供能等系统的分析与设计提供参考数据，是总体优化研究的一个重要方面。

（2）人（个体）的因素。在系统分析中，人的因素主要考虑两个方面的因素：一是通过人对需求的反应而作用于创造过程和思维过程的因素，二是人或人的特性在系统开发、设计、运用中应予以考虑的因素。在系统分析时，由人承担的系统功能部分一旦确定下来，系统分析人员就要分析由哪类人员来承担及怎样使人和系统的其他部分达到最好的配合。

3.2.3 系统与环境边界

由于系统与环境因素密切交织，在确定系统的具体环境因素时，往往会遇到一定的困难，如怎样明确系统与环境的边界问题。环境通常由与考察的系统有关联的相邻系统的某些部分组成。在环境分析中，必须考虑两种类型的边界划分：一是在系统与环境之间必须有一条边界，二是与被考察的系统相关联的相邻系统的各部分或者说环境的范围必须明确规定。因此，相邻系统的这些部分必须是可辨别的，也就是说，能够划出环境因素的界限。

一般来说，系统边界位于系统分析人员或经营管理者认为对系统不再有影响的地方，但这是不明确的。分析时必须明确说法，绝不能用自然的、组织的和诸如此类的边界来代替。为了能够确定重点考察的范围，在很多情况下，先是把凭经验得到的边界作为工作前提，然后在详细研究中再对这一边界进行修改。因为对系统边界的确定主要依靠妥善的思考，并不存在理论上的边界判别准则。

总体来说，系统环境因素范围很广，系统分析人员要根据问题的性质，因时、因地、因条件地加以分析，找出相关环境因素的总体，确定因素的影响范围和各因素间的相关程度，并在方案分析中予以考虑。对可以定量分析的环境因素，通常以约束条件的形式列入系统模型中，如资金、人力、资源的限制等。某些环境因素要求在产品系统设计计算中给予考虑。例如，系统运行的环境温度在系统结构性能上就要考虑。对只能进行定性分析的因素可用代用指标或者专家评判法予以处理，尽量使之达到定量或半定量化，也可用经验估计方式修正给定的系统目标值。从定量化难易程度来看，环境因素可分为以下三大类：

（1）因素本身可以直接量化。例如，港区淤积量可用单位吞吐量的淤积量来表示，投资额可用单位泊位的总投资额来衡量。

（2）可间接定量的环境因素。例如，气候条件指港区的风力、风速和浪高等自然条件，直接量化有困难，但气候条件主要影响装卸作业，大风和高浪条件下就不能进行装卸。因此，全年的可装卸天数的多少可用于间接量化气候条件。

（3）定性环境因素的量化。对这类因素一般通过各种途径制定定量依据，然后借用模糊理论的概念和方法使其量化，也可使用评分方法。例如，对于岸滩稳定性，在多少年内等深线离岸的变化超过多少米时认为是不稳定的，至今尚难做出定量的描述，所以只能使用评分方法。

3.2.4 系统环境分析举例

下面以北京大兴国际机场的选址和规划为例，说明系统的环境分析方法。

北京市作为我国的首都和超级城市在 2019 年之前只有一座机场——北京首都国际机场（以下简称“首都机场”）。该机场于 1958 年建成通航，60 多年来经历了大大小小十几次扩建。即便如此，机场的年旅客吞吐量还是超出了它的承载范围。巨大的客流量压得机场不堪重负，准点率连续多年下降并创下新低。除空域资源有限导致航班延误屡屡发生外，繁忙的机场还给周边地面交通带来了很大的压力。因此，北京市政府考虑修建一座新的机场，以缓解首都机场的客流压力。在新机场选址和规划时，需要对影响机场选址及规划的环境因素进行分析。北京新机场的选址规划涉及自然地理条件、城市建设发展、人口流动、机场经营管理等环境因素。为了选好机场地址，必须把影响选址规划的诸多因素搞清楚，经过反复研究，选择最优方案。这里对北京新机场选址规划的主要环境因素做如下归纳。

（1）自然环境与地理位置因素。新机场需要考虑的主要自然环境与地理位置因素包括：①地质条件好，场地开阔，地势平坦；②与现有机场运行不矛盾，与城市的距离适中；③占用良田耕地少，拆迁量较小；④供油、供电、供水、供气、通信、道路、排水等公用设施具备建设条件，经济合理；⑤周边的环境及生态情况，尤其是飞机噪声对机场建设及周边环境的影响小。首都机场位于北京市的东北方向，北京正北边为奥林匹克国家森林公园，西北方向有圆明园、颐和园及清华、北大等高校，东边为北京城市副中心且与天津较近，西边为山区地带，因此北京新机场最终选在了正南边的大兴区，距离天安门广场直线距离大概 46 公里。

（2）经济和经营管理环境因素。北京新机场的选址规划需要考虑的主要经济和经营管理环境包括：①北京地区航空客运需求；②北京城市发展规划；③国家对于京津冀协同发展的战略。一座城市是建两座机场还是多座机场，是要根据市场需求和客观条件来确定的。2010 年，首都机场的旅客吞吐量就达到了 7 400 万人次，接近饱和状态。2016 年，首都机场旅客吞吐量达到了 9 439.3 万人次。2017 年，首都机场旅客吞吐量达到 9 579 万人次。北京新机场工程可行性研究报告曾预测，北京地区的航空客运需求量到 2025 年为 1.7 亿人次，到 2040 年为 2.35 亿人次，可见北京市航空客运需求呈逐年增长的趋势，并且首都机场已经处于超负荷运转状态，因此很有必要建设一座新的机场。在新机场规划时考虑到要为长远发展充分预留空间，大兴国际机场一期建设 70 万平方米航站楼和 4 条跑道，建成后可满足 4 500 万人次旅客吞吐量。到 2025 年，实现旅客吞吐量 7 200 万人次、货邮吞吐量 200 万吨、飞机起降量 62 万架次。远期建设可满足旅客吞吐量超过 1 亿人次。同时，根据北京市建设发展规划，建设大兴国际机场将打开北京南大门，加快带动城市南部地区转型升级，促进北京城市南北均衡发展，为中心城功能和人口疏解提供空间。2014 年中央确定了京津冀协同发展为国家战略，同年新机场科研正式批复通过，最终新机场的选址与河北省的廊坊市距离也比较近，而且未来还将修建跨省市的地铁快线，向北延伸到北京西南三环附近，往南延伸至固安、雄安，进一步扩大新机场往南的交通辐射范围。可见大兴机场的选址规划充分考虑了北京市未来航空客运需求量，同时兼顾了北京市城市均衡发展、国家京津冀协同发展等政策环境因素。

新机场的选址规划是一项复杂的系统工程，涉及天上和地面的诸多影响因素。上面的分析只是给出了一些主要的环境因素，诸如军事因素、与现有机场在经营管理上的关系、北京地区与全国其他城市的航空客流分布等也是选址规划时需要考虑的因素。在分析环境因素时，对于可量化的环境因素尽量使用定量分析，如最大旅客吞吐量、机场跑道数量、与主城区的直线距离等。对于一些定性的环境因素，也可以采用模糊理论或专家评分的方法使其量化。

3.3 系统的目标分析

系统目标分析是系统分析的基础。系统目标决定了系统发展的主要方向，它对系统方案的提出、系统模型的建立和最优决策的选择起着决定性作用。因此，目标问题在系统工程中占有极其重要的地位，是系统工程开展研究的首要任务。

3.3.1 系统目标及相关概念

系统目标是指系统发展要达到的结果。一般来说，系统目标对系统的发展起着决定性作用。系统目标一旦确定，系统将朝着系统目标规定的方向发展。按照控制论的思想，所有反馈控制系统的目标值一旦设定，系统就根据反馈系统信号与目标值的偏差随时进行修正，使系统的输出最终逼近或等于目标值。所以，系统目标的确定是十分重要的。系统工程处理的系统一般是有人参与的，所以在规划系统的发展或是对系统进行分析、评价与决策时，都是从确定系统目标开始的。这说明系统目标的确定对系统的发展起着十分重要的作用，因此在系统分析过程中要十分重视系统目标的确定。

在系统分析中，系统的目的、目标、属性、目标树或目标集有不同的含义。

1. 目的

目的是指通过努力，系统达到某一水平的标志。例如，我国政府确定的到 2050 年使我国的整体发展水平达到中等发达国家的标准就是一个最根本的目的。

2. 目标

目标是指系统实现目的过程中的努力方向。例如，建设某一项目，建设过程中要求它投资省、建设速度快、建成后的经济效益好、对环境破坏小等，这些都属于系统的目标。当然，在实际问题中，多目标之间往往是矛盾的、冲突的。例如，对于上面所说的工程项目，当压缩投资后，就可能因资金不足而采用较落后的设备和工艺，从而使建成后的效益变差。

3. 属性

属性是指对目标的度量。例如，衡量投资、成本、利润等用“万元”，衡量寿命、建设周期等用“年”。但是在分析处理目标的属性时，会遇到一个困难，那就是有的因素难以度量，如产品的外观、人们对某一政策的承受能力等。然而，在进行系统的分析时一般要求量化，那么如何去度量这些因素呢？有两种方法。一种是采用间接的方法或代用指标，尽量做出客观的度量和评判。例如，利用婴儿出生死亡率来反映某一地区的医疗状况水平；另一种是用“满意度”的概念或者应用模糊集合论的方法进行量化。

4. 目标树或目标集

在处理实际问题时，常常会发现系统的目标不止一个，而是多个，从而构成一个目标集合。对目标集合的处理，往往从总目标开始，将总目标逐级分解，按子集、分层次画成树状的层次结构，称为目标树或目标集。

总目标分解的主要原则有三个：

（1）按目标的性质将目标子集进行分类，把同一类目标划分在同一目标子集内。

（2）目标的分解要考虑系统管理的必要性和管理能力。

（3）要考虑目标的可度量性。

通过对总目标的逐步分解最后得到目标树状结构，如图 3-1 所示。

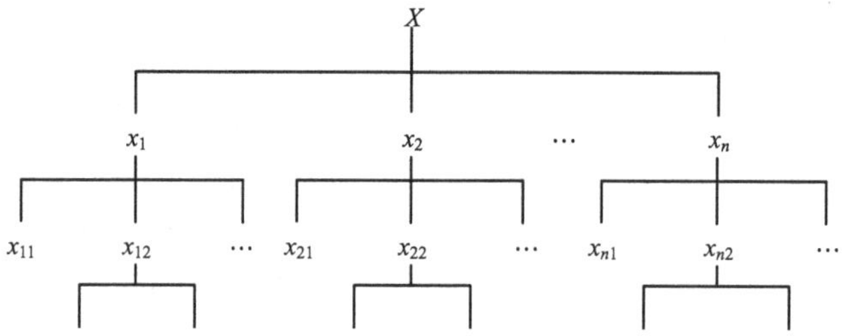

图 3-1　目标树状结构

把目标集合画成树状结构的优点是，目标集合的构成与分类比较清楚、直观，即可按目标的性质进行分类，便于目标间的价值权衡。

3.3.2　系统目标分析的目的、原则与要求

1．系统目标分析的目的

从系统分析的步骤可以看出，要进行系统分析与系统设计就必须确定系统的目标，这说明系统目标是系统分析与系统设计的出发点，是系统目的的具体化。通过制定目标可以把系统所应达到的要求落到实处，系统目标分析的目的是要论证系统目标的合理性、可行性和经济性，最终获得系统目标分析的结果——目标集。

通常，为了解决某一系统性问题，首先必须确定系统的总目标。总目标的提出一般有以下几种情况：

（1）由于社会发展需要而提出的必须予以解决的新课题。例如，环境保护、经济改革等领域涉及的有关问题通常都是由于社会发展的需要而提出的。

（2）由于国防建设发展而提出的要求。最为明显的例子就是我国政府在海湾战争，特别是在南斯拉夫战争后对我国国防战略的要求提出了新的目标。

（3）目的明确但目标系统有较多选择的情况。例如，获得最大利润是每个企业最基本的目的，然而达到这一目的的选择往往是多种多样的。这就存在一个选优的问题。

（4）由于系统改善自身状态而提出的课题。例如，开发一个新产品，一旦投入市场就必须随时根据用户的反应进行适当的改进；某一组织机构可能因为环境条件的变更需要加以调整。

一般来说，系统目标分析的目的就是经过分析和论证，说明总目标建立的合理性，确定系统建立的社会价值。这样可防止系统建立时的盲目性，避免可能出现的各种损失和浪费，提高系统开发的效率。

2. 系统目标分析的原则与要求

系统目标的确定对于系统的建立是至关重要的。确定目标和指标时应注意以下原则：

（1）有长远观点：选择对于系统的未来有重大意义的目标和指标，要着眼于系统未来的发展和长远利益，不能只顾及眼前利益。

（2）有总体观点：着眼于系统的全局利益，要有局部服从全局的观念，必要时可以在某些局部做出让步。

（3）注意明确性：目标务必具体、明确、清晰，力求用数量表示。

（4）多目标时应注意区分主次、轻重、缓急，以便加权计算综合评价值。

（5）权衡先进性和可行性：目标应该是先进而且经过努力可以实现的，要注意目标实现的约束条件和可行性。

（6）注意标准化，以便同国际国内的同类系统进行比较，争取先进水平。

（7）指标数不宜过多，要有层次性，特别注意不要互相重叠与包含。

（8）指标计算宜简不宜繁，尽量采用现有统计口径的指标或者利用简单换算可以得到的指标。

目标的合理与否直接影响系统未来的发展，这就要求在系统分析时保证系统目标确定的合理性。系统总目标的确定是否合理主要看其依据是否充分、数据是否准确和是否具有说服力。如果依据充分、数据准确且具有说服力，那么总目标的确定就可以通过。为了使制定的目标合理，在目标的制定和分析过程中应该满足以下几个方面的要求：

（1）目标应当是稳妥的。制定的目标要符合实际，是可以实现的，这可以用系统方案的可行性加以判断。

（2）要考虑目标可能起到的各种作用。一般来说，一个系统方案能够起到的作用是多方面的，但是制定目标时人们往往只注意其中的某一方面，而忽略其他作用，这一点在目标分析时应当特别注意。这要求在对实现目标的方案进行分析时，既看到其积极的一面，又注意其消极的一面。例如，化工厂、制药厂的建立往往会导致环境的恶化，这是必须考虑的问题。

（3）应将各种目标归纳成目标集。系统的目标一般来说是多方面的，为了使系统目标层次关系清楚，同时能抓住问题的重点，建立系统的目标集是非常必要的。通过建立系统的目标集，既能了解目标间的重要性，又可了解目标间的交叉和重复情况，同时目标集对确定各类分目标重要性也非常有用。

（4）要正确认识目标间的冲突。不同目标可能带来各方面利益上的分歧，造成冲突，这要求在目标分析时摆明矛盾、厘清线索，而不要隐藏矛盾。目标冲突的情况应该在目标调整中予以解决，以免造成长期问题。

当然，目标的制定应当是不断调整、不断完善的过程，特别是在寻求方案中遇到困难、情况有变化或者出现有价值的设想时，也有必要对已经决定的目标进行调整，但是对于目标的调整应该给予充分的分析，同时要听取原制定目标人员的意见。

3.3.3 目标集（目标系统）的建立

目标集的建立是非常重要、非常复杂的工作。建立目标集是指逐级逐项落实总目标的结果，为此要进行总目标的分解，即将总目标分解为各级分目标，直到比较具体、直观为止。这就要求在总目标的分解过程中，使分解后各级分目标与总目标保持一致，并且分目标的集合一定要保证总目标的实现。分目标之间可能一致，也可能不一致，甚至是矛盾的，但在整体上要达到协调。将一个系统开发的总目标分解为若干阶层的目标集，需要很大的创造性，还要掌握丰富的科学技术和工程实践的知识。下面就企业目标的制定来说明如何确定和分解系统的目标。

（1）要求从事决策的主要负责人直接领导或者亲自参加确定目标的工作。因为只有在制定出明确无误的目标之后，才能让咨询机构制订出相应的对策方案和有价值的评价标准，同时为决策者本人提供一种检查决策执行情况的依据。

（2）要善于对复杂的决策目标进行分类。现代工业企业一般均具有多元或多重目标，这就增加了确定目标的难度。如果对各种目标加以概括，可以将其分为两大类：

一类是与企业外部环境有关的目标。①生产目标。企业以生产社会建设和人民生活需要的产品为其生存目标。②市场目标。企业以为用户服务和扩大服务领域为其自身的经营目标。③发展目标。企业在为国家建设提供积累的同时，也应扩大其自身的再生产能力。

另一类是与企业内部环境有关的目标。①成本目标。通过对成本的控制达到对各项费用的预算管理，并通过对各项费用指标的控制达到对有关生产活动的监督与协调。②效率目标。企业应不断提高效率，以同等的资源生产较多的产品或以较少的消耗生产同等数量的产品。③质量目标。企业应在用户的角度上进行功能分析，使用户能得到具有最大使用价值的产品。

（3）在为某项待决策问题确定目标时，应参照目标的类型将问题具体化。例如，与企业外部环境有关的目标，其问题大多与需求预测或技术预测有关；与企业内部环境有关的目标，其问题大多与人员素质、设备条件、管理水平等有关。所以，确定目标是与问题紧密相连的。

问题是实际情况距离理想情况的偏差。决策者希望某项工作能够取得比较理想的结果，而事实上取得的是另一种结果。这一实际情况与理想情况的偏差就是问题。明确问题就是想方设法去发现这些偏差。根据发现偏差的难易程度，问题可以分为两大类：一类是显性的；另一类是隐性的。显性问题比较容易发现。例如，某企业与先进企业相比，存在质量差、品种少、水平低等差距，只要对比标准选择适当，此类问题即可迅速予以明确。隐性问题较难发现。例如，“机会损失”是一种无形的损失，若不认真研究是很难发现的。

（4）确定目标时，应当留有余地，即目标应具有弹性与适应性。弹性是指企业对产量增减的反应能力，而适应性是指企业对品种变化的反应能力。企业的经营目标不能孤立于环境而存在，必须具有一定的弹性与适应性。

（5）在制定目标的同时，应制定相应的评价标准。因为只有可进行具体评价的目标才是可望实现的目标。无法评价的目标不能算作目标，只能视为期望。

（6）确定目标的工作是一个反复优化与逐步完善的过程，确定的目标需要经过模拟或实验的检验。

总之，在确定目标时应以本企业的实际情况为基础，吸取以往的经验教训，同时重视企业未来发展的预测，从而进一步制定出本企业的总目标，进而分解、协调出各部门的分目标，并尽量将其表述为数学符号描述的目标函数，以便检验决策目标可达到的程度，及时调整目标的高低。

下面给出两个目标集的具体例子。

例 3-1 某企业为了扩大再生产，确定在下年度的经营目标中增加一项“积累资金”的内容。究竟可能积累多少资金，有待决策前分析。于是系统分析人员通过对这一系统目标要求的分析，最终将其划分成三个层次，如图 3-2 所示。

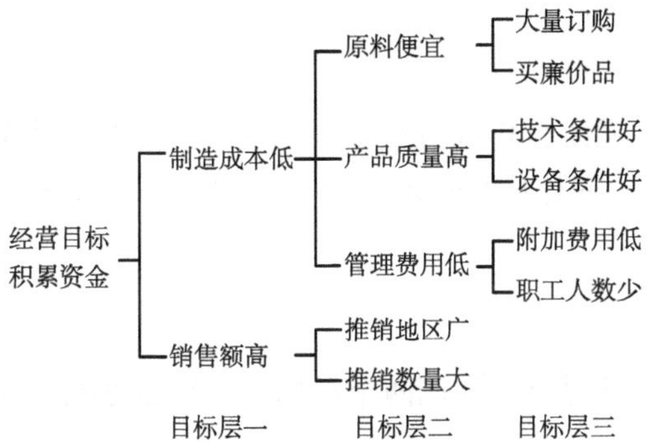

图 3-2　企业积累资金目标层次

例 3-2 某城市的发展。衡量城市综合发展水平分为经济发展水平、社会发展水平、城市建设水平等。经济发展水平又分为宏观经济发展和资源利用率，社会发展水平又分为人口发展水平和科教发展水平，城市建设水平又分为城市基础设施发展水平和环境质量水平。再继续分解各因素，直到可度量为止，如图 3-3 所示。

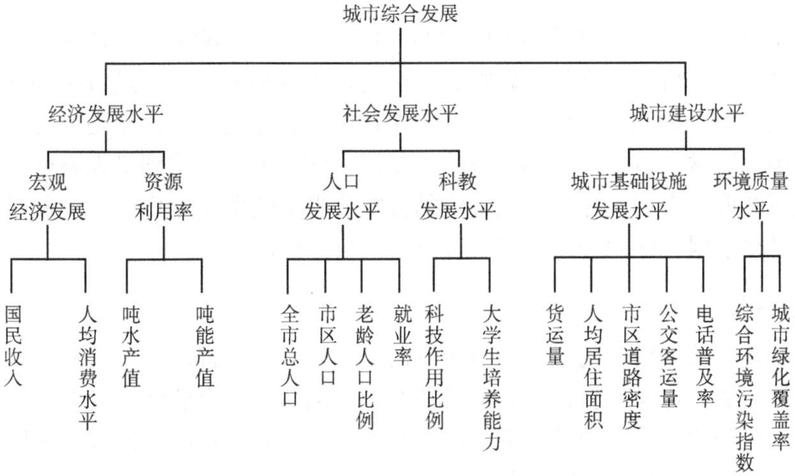

图 3-3　城市综合发展目标层次

通过上面建立的目标体系示例可以看出，在目标体系建立时要力求做到以下几点：

（1）目标简洁、明确。设置目标时，要用大家都能理解的语言和术语来描述在一定期限内必须完成的主要任务及目标要求。

（2）目标可评估。所设置的目标，要简单且易于评估，最好能用量化的指标，以便对目标的达成度实现度量。

（3）目标有相容性。即各子目标之间相互衔接，并且相容于组织的整体目标。

（4）目标有挑战性。富有挑战性的目标本身及其可能带来的更多激励，更能激发目标实现过程的工作热情。

（5）各种目标有优先秩序，并形成一个目标体系。

（6）将短期目标和长期目标相结合、局部目标和整体目标相结合、内部目标与外部目标相结合。

3.3.4 目标冲突

在目标分析过程中，系统分析人员经常会发现，许多关键情况往往是由于存在相互冲突的分目标造成的。目标冲突有两种情况：一种是专业性质的，称为利害冲突；另一种是社会性质的，称为利益冲突。

1. 利害冲突

例如，在进行产品设计时可能强调两个目标：一是尽可能低的成本；二是尽可能高的质量。

根据经验可知，成本和质量之间是相互制约的一对目标，两者不可能同时达到最优。在正常情况下，只有提高成本才可能保证产品的质量。这就给目标分析人员带来了困难。解决这类矛盾，有以下两种做法。

（1）建立一个没有矛盾的目标集，把引起矛盾的分目标剔除。这种把有矛盾的目标去掉往往是不理想的做法。例如，对于上述产品设计问题，去掉成本或者去掉质量都不会令人满意。

（2）采用所有分目标，寻求一个能使冲突目标得以并存的方案。通常是将有矛盾的两个目标进行结合，分析它们之间的影响，此时会发生两种情况：一是目标冲突，但有相容或并存的可能性；二是绝对相斥。前一种叫作目标的弱冲突，这时原则上可以保留两个目标。在实践中，通常是对弱冲突的一方给予限制，而让另一方达到最大限度。例如，在确定费用界限下获取最大的性能，或在确定的性能要求下使费用最低。后一种叫作目标的强冲突，这时必须根据目标的轻重改变或者放弃某个分目标。

2. 利益冲突

例如，企业在减员增效的过程中至少有两个目标：一是提高企业的效益；二是保证工作岗位不减员。显然这两个目标是有利益冲突的，前者涉及企业经营者的利益，后者涉及员工的利益。对于这种目标间的冲突，由于其涉及某些利益集团的期望，所以称为利益冲突。对于利益冲突有三种可能的处理方法。

（1）目标方之一放弃自己的利益，但这通常是难以做到的。

（2）保留其中一个目标，用其他方式补偿或部分补偿受损方的利益。例如，在我国企业改革中，给下岗职工发放一次性补偿费或者通过别的途径另行安排一份工作等。

（3）通过协商调整目标系统，使之达到目标相容。这有两种做法：

① 采取利益分配的方法调整目标系统。首先在不同利益类型之间分配权数，而后将不同利益类型得到的权数在分目标之间进行再分配，最终使得权数在利益类型和分目标上都达到平衡。表 3-1 所示为一个利益分配法示例。

表 3-1 利益分配法示例

利益类型		利益 1	利益 2	利益 3	利益 4	总和
每种利益的权重		200	300	100	400	1 000
分目标	目标 1	40	50	100	100	290
	目标 2	140	—	—	100	240
	目标 3	—	100	—	—	100
	目标 4	—	150	—	—	150
	目标 5	20	—	—	200	220

② 由每种利益类型按其利益得失评价几种可供选择的目标系统。例如，用评等级的方法，最佳为 1，次佳为 2，最劣为 3，最后得到的最小平均等级码的目标系统即最佳目标系统。表 3-2 所示为一个示例，可以看出目标系统三为最终选择的最佳目标系统。

表 3-2 用评等级的方法选择目标系统

利益类型	对可供选择的目标系统进行等级评定		
	目标系统一	目标系统二	目标系统三
利益 1	1	3	2
利益 2	3	1	2
利益 3	2	3	1
等级码总和	6	7	5
平均等级码	2	2.33	1.67

以上是目标可能出现冲突的情况，而在实际目标体系建立中还会出现目标互补的情况，即目标方之一的实现可以促进目标方之二的实现。在目标分析时，要特别注意的是，是否用了不同的表达方式表示了同一目标问题。如果出现这种情况，应尽量去掉其中一个目标，以便后续工作顺利开展。

3.4 系统的结构分析

系统是由多个要素组成的一个集合体。由于系统工程分析的系统多属社会系统，因此常常包含成百上千个组成要素，此时就有必要对系统内部各组成要素之间的相互关系进行分析，这就是系统结构分析的主要内容。系统结构分析对于进一步确立系统的模型、进行系统评价等非常重要。系统结构确立的好坏直接影响系统分析的结果。

3.4.1 系统结构与系统功能

系统结构是系统保持整体性和系统具备必要的整体功能的内部依据，是反映系统内部要素之间相互联系、相互作用的形式的形态化，是系统中要素秩序的稳定化和规范化。

系统功能与系统结构是不可分割的。系统功能是指系统整体与外部环境相互作用中表现出来的效应和能力，以满足系统目标的要求。尽管系统整体具有其各个组成部分没有的功能，但是系统的整体功能又是由系统结构（系统内部诸要素）相互联系、相互作用的形式决定的，而系统内部诸要素之间的作用形式又取决于系统的特征，即系统的本质属性。这就是说，一切系统都是由大量的要素按一定的相互关系（相关性）归属于固定的阶层内，即集合性、相关性和阶层性构成了系统结构主体的内涵特性；而整体性是系统内部综合协调的表征；环境适应性是以系统为一方、环境为另一方的外部协调的表征。当然，系统的目的性是统领和支配除环境适应性外的四个特征，因此我们把目的性作为决定系统结构的出发点。系统结构分析的目的就是找出系统结构在这几个表征方面的规律，即系统应具备的合理结构。这就是说，要保证系统在对应于系统总目标和环境因素约束集的限制条件下，在系统要素集、要素之间的相互作用集，以及要素集和相关集在阶层分布上的最优结合，并能在给出最优结合效果的前提下得到系统输出最优的系统结构。

3.4.2 系统要素集的分析

为了达到系统给定的功能要求，即达到对应于系统总目标具有的系统作用，系统必须有相应的组成部分，即系统要素集：

$$X=\{x_i|\ x_i\in X, i=1,2,\cdots,n\}$$

系统要素集的确定可在已确定的目标树的基础上进行。当系统目标分析取得了不同的分目标和目标单元时，系统要素集也将相应产生。对应于总目标分解后的分目标和目标单元，要搜索出能达成此目标的实体部分。例如，要达到运载飞行的分目标，就要有火箭或飞机的实体系统；要达到运载飞行，就要有能源、推力、力的传递等分目标。相应地，从系统要素集看，则要有液体或固体燃料的存储、输送和控制部分，发动机部分，以及力的传递机构等。这些要素集与系统的目标集是一一对应的。在这种对应分析中，和分目标或目标单元对应的实体结构是功能单元，即独立执行某一任务的功能体。例如，对应于动能杀伤的功能单元应是各种弹头，而不只是火药；对应于控制部分的是某种逻辑电路，而不是某种电子元件。通过目标集的对应分析就能找到构成系统的要素集或功能单元集。

由于与目标单元对应的功能单元（要素）可能不是唯一的，因此存在着选择最优对应的问题，即在满足给定目标要求下确定的功能单元（结构要素）应使其构造成本最低。这主要借助于价值分析技术。例如，核弹头与普通弹头在达到同样杀伤目标的条件下，应该综合计算哪种弹头比较低廉。这是系统集合性分析的第二步。

还必须注意技术进步的因素，这有可能使费用增加，但是功能费用比也可能更高，所以要在分析的基础上考虑价值分析的结果。这就要求在系统要素集的确定过程中，充分运用各种科技知识和丰富实践经验综合出来的创造力。

3.4.3 系统的相关性分析

系统要素集的确定只是说明已经根据目标集的对应关系选定了各种所需的系统结构组成要素或功能单元，至于它们是否达到目标要求，还要看它们之间的相关关系如何，这就是系统的相关性分析问题。系统的属性不仅取决于它的组成要素的质量和合理性，还取决于要素之间应保持的某些关系。同样的砖、瓦、沙、石、木、水泥可以盖出高质量的漂亮楼房，也可以盖出低劣质量的楼房。同样符合标准的手表零件，可以装出质量高档的手表，也可以装出质量下乘的手表。由于系统的属性千差万别，其组成要素的属性复杂多样，因此要素间的关系也是多种多样的。这些关系可能表现在系统要素之间能保持的空间结构、排列顺序、相互位置、松紧程度、时间序列、数量比例、力学或热力学特性、信息传递方式，以及组织形式、操作程序、管理方法等许多方面。这些关系组成了一个系统的相关关系集，即

$$R = \{R_{ij} \in R \mid i, j = 1, 2, \cdots, n\}$$

由于相关关系只能发生在具体的要素之间，因此任何复杂的相关关系，在要素不发生规定性变化的条件下，都可变换成两要素之间的相互关系，即二元关系是相关关系的基础，而其他更加复杂的关系则是在二元关系的基础上发展的。表 3-3 所示是系统要素二元关系分析表。在二元关系分析中，首先要根据目标的要求和功能的需要明确系统要素之间必须存在和不应存在的两类关系，同时必须消除模棱两可的二元关系。当 $R_{ij} = 1$ 时，要素间存在二元关系；当 $R_{ij} = 0$ 时，要素间不存在二元关系。

表 3-3 系统要素二元关系分析表

要　素	X_1	X_2	…	X_j	…	X_n
X_1	R_{11}	R_{12}		R_{1j}		R_{1n}
X_2	R_{21}	R_{22}		R_{2j}		R_{2n}
…	…	…		…		…
X_i	R_{i1}	R_{i2}	…	R_{ij}	…	R_{in}
…	…	…		…		…
X_n	R_{n1}	R_{n2}		R_{nj}		R_{nn}

通过系统要素二元关系分析表，可以明确存在的二元关系的必要性和这些二元关系的内容；可以明确系统内要素的重要程度及输出、输入的关系，同时可以看出所有行的二元关系都是从该要素输出的关系，而列的二元关系则都是输入关系，这样可以掌握系统任何一个要素在系统运行中输出的二元关系的总和和输入的二元关系的总和，这对系统状态的掌握、管理与控制是非常有用和有效的；可以明确系统要素间二元关系的性质及其变化对分目标和总目标的影响。例如，二元关系可能是技术的、经济的、组织的、操作的、心理的等。通过对这些二元关系的性质及其变化的分析，可以得出保持最优的二元关系的尺度和范围，这为优化研究提出了更为具体和更为实际的问题。

3.4.4 系统的阶层性分析

大多数的系统都是以多阶层递阶形式存在的。对于哪些要素应归属于同一阶层，阶层

之间应保持何种关系，以及阶层的层数和层次内要素的数量等，都有重要的关系。对这些关系的研究将从系统的本质上加深对系统结构的认识，从而揭示事物合理存在的客观规律，这是提出系统阶层性分析的理论依据。为了实现给定的目标，系统或分系统必须具备某种相应的功能，这些功能是通过系统要素的一定组合和结合来实现的。由于系统目标的多样性和复杂性，任何单一或比较简单的功能都不能达到目的，需要组成功能团和功能团的联合。这样，功能团必然形成某种阶层结构形式。例如，一枚飞航式反舰导弹通常是由发动机、自动驾驶仪、弹上雷达、引信、战斗部、弹体等部分组合而成的，这是导弹组成的第一个层次；发动机则由液体火箭发动机、助推器、电爆管、点火药盒等部分组成，是系统结构中的第二个层次。当然，还会有第三个层次。这样就可看出各层次上功能团的阶层关系和功能团之间的相互作用。没有这种层次上的安排，各个功能团就不能相互协调运行，最后也就不能实现系统整体的目标。其他的系统事物也大体类似。例如，工厂的分厂、车间、工段、小组，社会上的各级行政机构、社团组织等，也都是这种功能团的结合，最后实现工厂和社会组织的目标。

系统的阶层性分析主要解决系统分层和各层组成及其规模合理性问题。这种合理性主要从以下两个方面考虑：

（1）传递物质、信息与能量的效率、质量和费用。对于技术系统，主要看能量和信息的传递链的组成及传递路线的长短。这种链因系统层次多少不同，其环节数将有不同。环节越多，摩擦副作用越多，传递路线越长，传递效率越低，失真程度越大，周期时间越长，费用也越高。组织管理系统层次多，人员多，头绪多，因而费用高、效率低，进而导致管理困难、控制失效及产生多种漏洞和弊端。所以，系统层次不宜过多。另外，系统的阶层幅度又不能太宽，否则不利于集中。若零部件分散幅度太宽，不仅对实现功能不利，而且较难控制，还面临管理幅度问题。例如，一个工长最多照看 30 人左右，如果人数再多，将无法控制。因此，阶层划分应考虑这两个矛盾的统一，做到阶层不多，效率很高，便于控制，费用较低。

（2）功能团（或功能单元）的合理结合和归属问题。某些功能团放在一起能起相互补益的作用，有些则相反。例如，我国陆军中三个步兵连加一个机枪连，三个步兵团加一个重炮团，就对战斗的配合起补益作用。目前海军陆战队兵种的独立也是现代战争中海陆空三个兵种协调的需要。管理机构系统内，不同阶层内放哪些机构合适，其关系很重要。例如，行政机构中的人事处和党的机构中的干部处在阶层上如何安排是一个值得研究的问题，因为它们的功能团作用有交叉，功能团的归属问题影响也很大。会计师、检查员归属不同阶层，效用发挥也是不同的。实践表明，监察功能一般不应放在同阶层内管理。同样，在技术系统中，控制功能必须放在执行功能之上，否则也起不到控制作用。

3.4.5 系统的整体性分析

系统的整体性分析是系统结构分析的核心，是解决系统整体协调和整体最优化的基础。上述的系统要素集、关系集和阶层关系的分析，在某种程度上都是研究问题的一个侧面，它的合理化或优化还不足以说明整体的性质。整体性分析则要综合上述分析的结果，从整体最优上进行概括和协调，这就要使系统要素集（X）、相互作用集（R）和系统阶层分布（C）达到最优组合，以得到系统效用的最大值和整体最优输出。

1）整体最优化的可能性

（1）上述 X、R 和 C 的合理性分析是在可行范围内讨论的，这些变量都有允许的变化范围，不是绝对的。例如，在炼油厂内，在原油供给量一定、工艺装置基本确定的情况下，产品品种、物料搭配关系和物料流动的层次关系是有可能变动范围的，这就是产品加工体系内各种变量变动给予的可能性。

（2）在对应于给定目标的要求下，X、R 和 C 将有多种结合方案，而每种方案的结合效果是不同的。例如，炼油厂在规定的计划期内，在满足国家某些指令性指标的前提下，可提出若干产品结构设计，这是 X、R 和 C 的不同结合方案，因此存在优选的可能性。

（3）在对应于一定的价值目标（如最低能耗）的要求下改变 X、R 和 C 的结合状态，可以看出效果函数的变化状态和优化方向，使取得系统最佳效能成为可能，因此可获得在系统最优条件下最大输出（如最大利润）的 X、R 和 C 的结合方案。

这些情况说明，整体性分析不仅有必要性，而且有实现的可能性。

2）整体性分析的内容

为了进行整体性分析，需要解决三个问题：一是建立评价指标体系，即对具体的系统来说，它的整体性效果函数应表现在哪些指标上，标准是什么；二是建立反映系统特性的 X、R 和 C 结合模型；三是建立结合模型的选优程序。下面主要讨论前两个问题。

（1）建立评价指标体系。为了衡量和分析系统的整体结合效果，首先要建立一套评价指标体系。这些指标应当分别说明这种综合效果表现的各个方面；这些指标应当有最低标准，若达不到标准，就说明这种结合没有取得起码的整体效果；这些指标应当是可衡量的价值指标，以便在多指标条件下能做到综合评价。

（2）建立反映系统特性的 X、R 和 C 结合模型。该类模型应反映系统结合三要素集的特点和整体结合效果函数的表达形式，把结合状态结构化和定量化。

3）提高系统整体效果的规律性

实践表明，提高系统整体效果具有某些规律性，它们是：

（1）系统的各个组成部分对系统整体均有其独特的作用，应按“各占其位，各司其职”的整体观点对待，突出整体中的任何局部（即使它非常重要）的作用都将影响甚至损害整体效果。例如，企业的生产功能是非常重要的，但是当过分强调它，达到一切为生产“开路”时，就会压制企业的其他相关环节，最后使生产不能获得更佳的效果。对于生产与发展新品种、生产与销售、生产与维修、生产与培训、生产与经营、生产与生活的位置，长期以来由于摆法不正常，致使出现产品几十年一贯制，设备陈旧，技术人员知识老化，工艺落后，产品积压，就是证明。

（2）系统的各个组成部分必须按系统整体目标进行有序化，偏离整体目标的各自为政，或目标分散，或意见分歧，都将增加系统的内耗，最后使系统无输出或少输出。但是有序化要求有一个强大的引力场，像铁分子在磁场中一样，这是达到有序化的前提条件。

（3）要注意整体中的协调环节和连接部分。没有协调环节和连接部分也就没有整体，当然也就谈不上提高整体效果，如糊纸盒的糨糊、衣服上的纽扣、十字路口的红绿灯、住房中的走廊等，都是系统中的协调环节和连接部分。这些部分往往容易被人们忽视，若考虑不周，就会影响甚至冲销整体效果。

（4）不断调整和处理系统中的矛盾成分和落后环节，才能不断提高系统的整体效果。

系统内部的各个组成部分有基本的配套关系和适应比例。个别部分出现不适应或矛盾状态，就必须及时调整和处理，否则整体发展就要受到影响。例如，国民经济发展中农业、轻工业、重工业的比例，生命系统中各种营养成分的比例，生产系统中各个技术环节的适应关系，干部队伍中各种人员的比例，化肥品种的配合关系，各种人才的知识结构，都有矛盾成分和落后环节的问题。要提高系统的整体效果，就必须不断收集资料和掌握情况并进行分析，正确处理那些不适应的部分，以促进系统的均衡协调发展。

3.5 系统的模型化分析

从上述的系统环境、系统目标和系统结构的分析中可以看到，在有关内容的综合和定量化问题上，都提出了系统的模型化和最优化问题。系统的模型化分析是系统工程处理问题的基本方法论和寻优手段。

3.5.1 系统模型化的概念

1. 系统模型化的发展趋向

自 1969 年美国军用标准《系统工程管理》发布以来，系统工程方法变化很小，但近十年来系统模型化技术的发展改变了系统工程的应用。2011 年 5 月，美国国家航空航天局首席工程师迈克尔·莱切科维奇介绍了美国国家航空航天局应用基于模型的系统工程的情况，这也是对系统工程活动中建模方法应用的正式认同。相对于“传统的系统工程”（TSE），二者的区别就在于系统架构模型的构建方法和工具：“传统的系统工程”是“基于文本”的，基于模型的系统工程是“基于模型”的。目前，美国国家航空航天局所属多家机构，如喷气推进实验室等，都在积极应用该方法。船舶、航空等领域也在应用该方法。该方法的影响越来越大。

基于模型的系统工程方法标志着系统工程的转型，代表着系统工程的未来发展方向。国际系统工程学会编写的《系统工程 2020 愿景》指出：从很多方面看，系统工程的未来可以说是“基于模型的”。从图 3-4 基于模型的系统工程发展路线图中可以看出，目前在实践中基于模型的应用方法还是一种“特别的”方式，基于模型的系统工程仍然处于探索期和不断发展中。

在国际系统工程学会的倡议和推动下，国外军工企业、行业协会、政府组织等积极参与进来，成立了很多挑战团队和行动团队，从事基于模型的系统工程方法及具体项目的研究，如空间系统的建模、模型管理及基于模型的试验等。作为系统工程方法的最新进展，基于模型的系统工程方法正在被美国国家航空航天局、美国国防部、欧洲空间局等政府组织和相关承包商积极应用。

2. 系统模型化的含义

（1）要对需要解决的系统问题，通过上述分析明确其外部影响因素和内部的条件变量。针对论证后的系统目标要求，用一个逻辑的或数学的表达式，从整体上说明它们之间的结

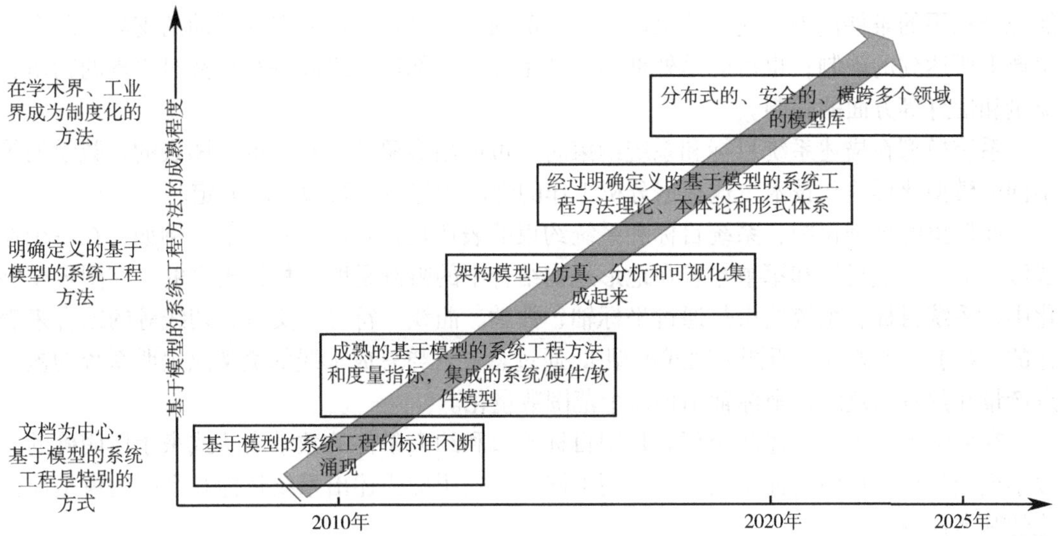

图 3-4 基于模型的系统工程发展路线图

构关系和动态情况，这就是“模型”概念。例如，一个分析产品生产销售动态系统的因式模型不仅说明了这个动态系统所包括的工厂、成品库、批发部和零售店等组织的结构关系，以及环境和工厂的关系，也说明了这个过程中信息与实物、半成品与成品、库存与流通等之间的关系。

（2）“化”字，就是说在系统分析中使用模型是一种常用的典型手段。不论从定性分析还是定量分析看，都是如此。采用模型化手段进行系统分析的意义在于，它能把非常复杂的系统内部和外部关系，经过恰当的抽象、加工、逻辑推理，变成可以进行准确分析和处理的东西，从而得到所要给出的结论；它可以大大简化现实系统或拟建系统的分析过程，因为它既能反映现实，又高于现实；它提供了与仿真技术和电子计算机协同操作的连接条件，从而加速了分析过程并提高了分析的有效性；它提供了方法典型化的基础，这类模型往往对许多不同的系统事物都具有典型意义。

模型是对现实系统（或拟建系统）的一种描述，也是对现实系统的一种抽象。系统事物一般都异常庞大，相互交织的因素极多，关系又错综复杂。因此，模型必须抓住系统的实质要素，尽量做到简单、准确、可靠、经济、实用，而且任何成功的模型都必须符合已经掌握的事实和数据资料，它可以说明现实，又能用以预测未来。

模型化技术之所以有用，还因为它能利用模型来模拟、实验、优化在现实世界中无法实践的事物，从而节省大量的人力、物力和时间，又无风险之忧。例如，对战争和社会系统、新式武器的性能、新建系统的功能和指标等，都可通过模型去研究其过程，并求得预期效果。

3. 构成模型的要素

一般地，模型（主要是优化模型）有两个主要组成要素：系统的目标和系统的约束。

系统的目标是指系统组成要素的有机行动（有序化）应达到的系统功能和目的，如企业的总利润、机器的输出功率、炸弹的杀伤力等。系统的约束是指系统在实现给定目标时能充分利用的条件范围。这种约束可能是内部的，即系统组成要素在行动的支配、配合和协调上所达到的限制；也可能是外部的，即系统与外部环境之间进行交换时出现的物质、能量和信息等方面的限制。

系统模型在描述系统目标和系统约束时，可应用形象的、符号的、图表的、数学的等不同的模型化形式和技术。这根据分析工作的性质和进展的阶段要求而定。

在形象的模型化中，系统目标和系统约束的表达是直观的、具体的。例如，在一个作战沙盘上，作战目标和军事布置在地形地物结合中的限制是明显标识出来的。在图表模型化中，系统目标和系统约束是通过坐标轴、数学、曲线、符号、交点、切线等的结合来表达的。对于一个盈亏分析图（因式模型），通过总收入与总成本线的交叉点表明系统的盈亏点产量和盈亏区范围，坐标轴则将这个范围数量化。

在数学模型中，上述两个部分是用目标函数和约束条件的数学表达式来予以明确的。数学模型是模型化中最抽象的形式。用不同的方式明确描述出系统目标和系统约束是模型化的基本任务。

目标分析为构造系统目标提供方向、范围和要求；结构分析指明系统目标的结构关系和约束，有时则构成特定的系统目标；环境分析的结果主要在约束条件的组成上得到反映，有时也涉及系统目标的权数分配。

3.5.2 模型的概念和分类

1. 模型的概念

模型是对现实世界某些属性的抽象。例如，地图、建筑规划图都是模型，而系统工程最常用的是数学模型，即分析模型。

系统工程将要研究的现实世界问题当作一个系统，模型是实际系统的替代物，它反映系统的主要组成部分和各部分的相互作用，以及系统要素的因果作用和反作用的关系。通过模型可以用较少的时间和费用对实际系统进行研究和实验，能够更好地洞察系统的行为。因此，开发一个模型是科学和艺术的结合，需要对系统特征及运行规律有深刻的认识。模型是实际系统理想化的抽象或简化表示，它描绘了现实世界的某些主要特点，是为了客观地研究系统而发展起来的。

系统模型具有以下三个特征：

（1）它是现实世界一部分的抽象或模仿。

（2）它由与分析问题有关的因素构成。

（3）它表明了有关因素间的相互关系。

模型是一个描述现实世界的抽象，因此必须反映实际，但它的抽象特征又应高于实际。在构造模型时，要兼顾它的现实性和易处理性，考虑现实性模型必须包括现实系统中的主要因素；考虑易处理性模型应采取一些理想化的办法，即去掉一些外在影响并对一些过程做合理的简化，当然这会牺牲模型的现实性。一个好的模型必须兼顾现实性和易处理性，应该使模型反映系统运行的主要特征。

模型在系统工程中占有重要地位，起着非常重要的作用。对于系统工程来说，通过模型可以对系统进行了解、观察、计量、变换和试验，研究其中的重要因素及其相互关系，并做出有关决策。缺乏一个能够反映系统运行特征的模型，是不可能做出正确决策的。当被研究的系统十分复杂且难于接近时，模型就显得更为重要。

2. 模型的分类

（1）图形与实物模型。这种模型用图形或实物代表系统的各种因素和它们之间的相互关系。实物模型有城市规划模型和作战沙盘等。图形模型的内容非常丰富，主要包括图画、草图、框图、图论图、逻辑图和工程图等。其中，图画、草图和框图为不严格图，即没有严格确定的规范，作图者常常需要附加文字说明。这种图由于内涵小，所以应用极为广泛，系统工程人员常常用它表示那些还不太清楚的问题，如描述效能原理、系统组态和宏观过程等。图论图、逻辑图和工程图为严格图，它们有严格确定的结构形式和规范。工程图是形象和参数相结合的图形，主要用于作业级的工程活动。逻辑图用于概念开发和系统逻辑关系的描述，在自动系统和计算机设计中有广泛的应用。图论图是关系的图形描述，由于其表现能力很强，因此在描述概念、结构和算法等问题时有广泛的应用。

（2）分析模型。分析模型通常用数学关系式表达变量之间的关系，自然科学和工程技术都在广泛应用分析模型，运筹学中的排队、网络和库存等问题也常用这种模型。大多数分析模型是描述性的，即在一组条件下预测系统某一方案的各种后果数值，如采用回归分析和状态方程的形式。系统方案的优先次序是在模型运算以外进行的。当各种方案的结构类似，只是参数有差别时，可以建立一个规范性模型，按照某项功能指标评定方案的优先次序。模型的运算包含优化过程，从而能选择一组使功能指标最优的变量值。从全局来看，这种最优选择是有先决条件的，即这种单一的功能指标能够正确反映和权衡决策者考虑的各种经济、社会和心理因素等，而在现实中几乎很难满足这样的条件。尽管如此，分析模型仍然是令人向往的，它也是系统工程人员乐于追求的一种模型。

（3）仿真模型。广义来说，任何一种模型都是仿真，但在系统工程中，仿真有其特定的含义。仿真通过一系列逐步的或逐项的“伪试验”来预测有目的的行动的各种后果。“伪试验”是指试验对象不是真实世界而是仿真模型。系统工程中的仿真大都处理随机系统，而很少讨论确定型系统，每次模型试验都可能产生不同的结果，统计分析这些结果便能算出各项后果指标。仿真通常指计算机仿真，由计算机产生随机数，表征出现的事件或状态而不用任何分析技术去算出数值结果，这对变量之间关系不清楚、难以建立分析模型的系统是十分有利的。但从阐明原理的角度来说，仿真模型并不理想，它不能为观测到的结果提供理论上的解释，分析过程也很费事。

（4）博弈模型。无论分析模型还是仿真模型都无法将人们的行为用数学方程式或计算机程序表达出来，特别是牵涉多个决策者的行为时就更束手无策了。但在系统工程处理问题中，人们的行为是不可缺少的重要因素。博弈模型将人的因素贯穿在模型中，实现了二者的有机结合。博弈和仿真都是通过“伪试验”来认识现实世界的，但仿真主要是“计算机导向”，靠编制好的计算机程序试验仿真模型；而博弈和行为科学关系密切，是“人的行为导向”，系统的“伪试验”是靠人和计算机的不断对话来共同完成的。对话者根据对局者的上一步行动和当时的具体条件做出判断，选择下一步行动，而计算机有效地完成逻辑和数字运算，对话者的试验规则和计算机的试验程序构成了博弈模型。

（5）判断模型。通过个人隐形思维模式对后果进行判断是必不可少的，同时由于系统工程的多学科性质，对问题的处理需要依靠集体的判断。最常见的判断模型是会议讨论，但由于其有许多缺陷，影响处理问题的质量，所以人们开发了一些取会议之长而补其短的方法。其中最常用的是德尔菲法（Delphi Technique），即专家调查法。它通过若干轮征询个人的真实意见，使预测结果不断完善。实践证明，德尔菲法构造集体讨论的模式能起到分析模型和仿真模型的作用，预测结果比会议讨论要精确，适合预测事件何时发生、某项指标在未来的数值等。判断模型不能代替其他模型，只是对分析模型和仿真模型缺乏信心时才会依靠集体判断方式。情景分析法是常用的描述集体判断结果的一种方法。该方法是指设想未来行动所处的环境和状态，并预测相应的技术、经济和社会后果。其中情景可以通过仿真或博弈得出，但大多数靠直觉判断。

以上模型的使用范围各有侧重，又相互交叉，实际中常将几类模型组合起来共同分析一个系统。同时模型的分类方式很多，可按不同的特征（如用途、变量的性质等）加以分类，这里不一一列举。

3.5.3 模型的构建

构建模型是指将现实世界中的原型加以概括形成模型的过程，如图 3-5 所示。构建模型在系统工程中是一个很重要的步骤，构模不准确，必然导致系统工程的失败。构模是一种艺术，是一种创造性劳动。目前很难提供构模所用的一些定理，但在构模过程中有一些原则需要了解并遵循。

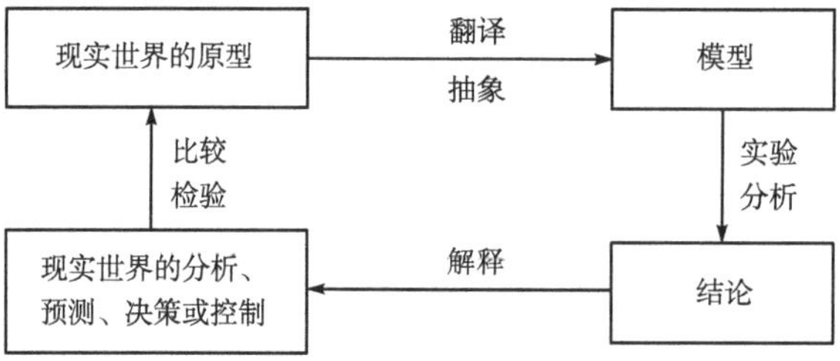

图 3-5 构建模型的过程

1. 构建模型的一般原则

（1）建立方框图。一个系统是由许多子系统组成的。建立方框图的目的是简化对系统内部相互作用的说明，用一个方框代表一个子系统。系统作为一个整体，可用子系统的连接表示，这样系统的结构就很清晰。

（2）考虑信息的相关性。模型中只应包括系统中与研究目的有关的信息。例如，在工业管理中，研究工艺流程对生产效率的影响时，就不需要考虑工人的工资。虽然与研究目的无关的信息包括在模型中不会有什么害处，但它会增加模型的复杂性，所以模型中只应包括有关的信息。

（3）考虑信息的准确性。系统的建模需要大量的反映系统运行过程的数据和信息，它们能否准确反映系统的变化与运行过程直接影响系统建模的效果。例如，反映企业市场销售情况的数据和市场竞争对手的市场信息是企业进行市场分析和决策的主要依据，只有得到准确的数据信息才能建立反映市场情况的相关模型，最终得出正确的决策。

（4）考虑信息的结集性。构建模型是为了使系统许多相关的因素构成一个统一的模型，在构建模型时需要考虑把一些个别的实体组成更大实体的可能性，对活动的表示要考虑信息的结集性。

2. 信息的分类

构建模型必须依赖反映系统特征的各种因素，通常构模是在选定目标、约束条件和研究环境等工作的基础上进行的。在构模过程中需要针对已有的结论和信息资料，分析和筛选模型涉及的因素，并按照各种因素在模型中起到的作用进行分类。按照在模型中所起的作用不同，因素可划分为以下三类：

（1）可忽略其影响的因素。

（2）对模型起作用但不属于模型描述范围的因素。

（3）模型所需研究的因素。

第一类因素在模型中可以忽略不计；第二类属于环境的外部因素，在模型中可视为外生变量，或者叫作参数、输入变量或自变量；第三类是描述模型行为的因素，称为内生变量或者输出变量、因变量。外生变量和内生变量应用于计量经济领域中，输入变量和输出变量用于处理“黑箱”系统的控制理论中，参数、自变量和因变量则是数学中常用的名词。输入变量按可控和不可控分为控制变量（决策变量）和干扰变量。

这三类变量的选择很重要，如果忽略不该忽略的因素，模型将失真；如果考虑的因素太多，则模型会过分复杂和烦琐。变量的选择和它们之间关系的设定构成了模型的基础。如果这些选择和设定是符合实际的，则利用这种模型推导出的结论也是真实的。失败的后果说明模型在某些假设和选择方面存在问题。实际上，人们总希望模型概括得更全面些，通用性更好些，但模型不可能在真实性和通用性方面同时最大限度地满足要求，增加真实性往往会牺牲通用性。例如，仿真模型常针对具体对象，适应真实性而减少通用性。

3. 构模的基本步骤

构建模型实际上就是建立一个新的系统，用以模拟或仿真原有系统。它提取了所要研究系统的基本特征。模型的构建很难给出一个严格的步骤，它主要取决于对问题的理解、洞察力、训练和技巧。一般来说，构建模型的步骤如下：

（1）形成问题。明确构模的目的和要求，在明确系统目标、约束和外界环境的基础上，规定模型描述哪些方面的属性，以及预测何种后果。

（2）确定系统的特征因素。弄清系统的特征构成要素是构建模型的基础，模型本身就是反映系统要素关系的一种方式。

（3）确定模型的结构。将影响系统的各项因素进行分类，明确构建模型要素的结构，即将各项因素划分为外生变量、内生变量或略去不计。

（4）构建模型。估计模型中的参数，用数量来表示系统要素间的因果关系。这一步的关键是选择合适的数学模型，难点是建模用的数据来源。

（5）模型真实性检验。用统计检验方法和现有的统计数据对模型变量之间的函数关系进行检验，并根据已知的系统行为检验模型的计算结果和精确程度。如果计算结果与实际相差不大，可以接受，我们便可判断它的精确程度和应用范围；否则就要弄清模型失真的原因，进行修改，直到满足要求为止。

经过上述几个步骤，模型便可在实际中应用，同时每一次应用都是对模型的一次检验。当然，有些模型特别是社会经济系统模型一般难以进行实际检验，还有些模型虽然可检验，但花费太大或需要特殊条件。这时个人经验就很重要，需要根据自身对原型对象的认识，对模型的真实性做出判断。

复习思考题

1．系统分析的主要内容有哪些？

2．从系统分析角度看，进行系统环境分析有何意义？

3．进行系统环境分析时，一般需要考虑的环境因素有哪些？

4．举例说明确定环境边界对系统分析的重要意义。

5．进行系统目标分析时，为了保证系统目标的合理性，系统目标的制定过程中应满足哪些方面的要求？

6．举例说明系统目标冲突和利害冲突之间的关系。

7．系统结构分析在系统分析中起什么作用？

8．如何认识系统整体性分析的作用？

9．针对一个具体实例，对其进行系统环境分析。

10．举例说明系统目标集的建立。

11．结合一个具体实例，阐述如何进行系统结构分析。

12．试分析系统环境、系统目标和系统结构之间的关系。

13．试述模型的概念、特征和分类。

14．构建模型的原则和主要步骤是什么？

15．构建模型有赖于反映系统特征的各种因素，根据因素在模型中所起作用的不同，可将因素划分为哪三类？

第4章 系统模型

模型在系统工程中占有很重要的地位，系统工程对各种问题的分析与处理通常是通过建立反映系统问题的系统模型来进行的。系统模型的种类非常多，常用的模型有解释结构模型、系统仿真模型、主成分分析法、因子分析法和结构方程模型等。此外，像运筹学中介绍的各种模型都是系统工程经常用到的模型。本章将主要介绍常用的系统模型。

4.1 解释结构模型

4.1.1 结构模型的概念

系统由许多相互作用的要素（如设备、事件和子系统）组成，各个要素之间总是存在着相互支持或相互制约的逻辑关系，这些关系又可分为直接关系和间接关系等。研究一个系统，就要了解系统中各要素之间存在怎样的关系，是直接关系还是间接关系，也就是要知道系统的结构或建立系统的结构模型。

结构模型是应用有向连接图描述系统各要素间的关系，以表示一个作为要素集合体的系统的模型。图 4-1 所示为两种不同形式的结构模型。

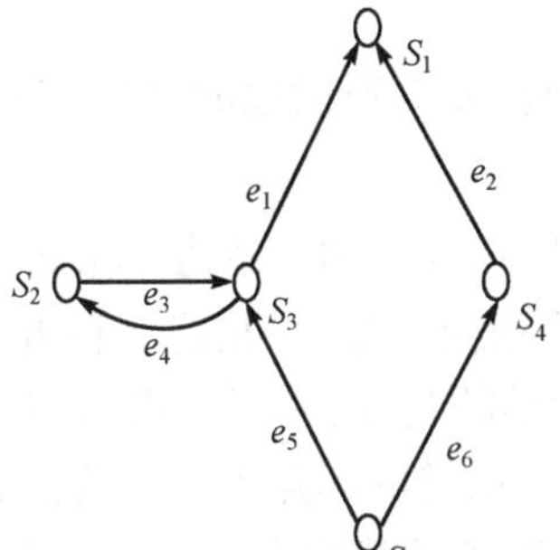

(a) 有向连接图

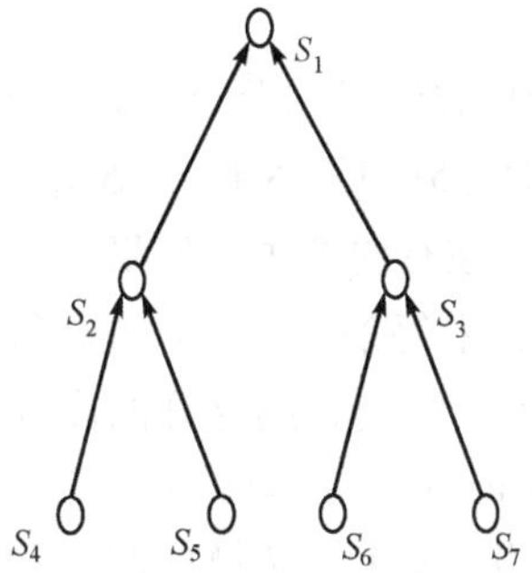

(b) 树图

图 4-1 两种不同形式的结构模型

结构模型一般具有下述基本性质：

（1）结构模型是一种图形模型。结构模型是由节点和有向边构成的图或树图描述一个系统的结构。其中，节点表示系统的要素，有向边表示要素间存在的关系。根据系统的不同和所分析问题的不同，这种关系可以理解为“影响”“取决于”“先于”“需要”“导致”或其他的含义。

（2）结构模型是一种以定性分析为主的模型。它主要是用来分析组成系统的要素及其之间的相互关系。通过结构模型，可以分析系统的要素选择是否合理，还可以分析系统要素及其相互关系变化时对系统总体的影响等问题。

（3）结构模型可以用矩阵形式来描述，从而使得定性分析与定量分析得到有效结合。矩阵可以通过逻辑演算用定量方法进行处理。如果要研究各要素之间的关系，则要通过矩阵形式的演算，分析系统要素及其结构的构成。这样，结构模型的用途就更为广泛，从而使系统的评价、决策、规划、目标确定等过去只能凭人的经验、直觉或灵感进行的定性分析，转变为能够依靠结构模型进行的定量分析。在系统评价中要介绍的层次分析法就是在结构模型的基础上，通过矩阵形式的演算，使定性分析和定量分析相结合的一种评价和决策方法。

（4）结构模型作为对系统进行描述的一种形式，正好处在自然科学领域用的数学模型形式和社会科学领域用的以文字表现的逻辑分析形式之间。

结构模型无论是对于宏观问题还是微观问题、定性问题还是定量问题、抽象问题还是具体问题都是比较适宜的，它主要用来处理以社会科学为对象的复杂系统要素关系及其结构的分析问题。结构模型的主要特征是对于复杂系统进行分析时往往能够抓住问题的本质，并找到解决问题的有效对策，同时能使由不同专业人员组成的系统开发小组内的相互交流和沟通易于进行。

4.1.2 图的基本概念及其矩阵表示法

图论的发展已有二百多年的历史，但它只在近几十年内才得到广泛应用。下面简单介绍一下建立结构模型需要的图论方面的知识。

1．图的几个基本概念

（1）有向连接图。有向连接图指由若干节点和有向边连接而成的网络图，也就是节点和有向边的集合，如图 4-1（a）所示。用数学语言描述就是：

$$G=\{S, E\}$$

式中，G 为有向图；S 为节点集合，$S=\{S_i \mid i=1, 2, \cdots, 5\}$；$E$ 为有向边的集合，$E=\{[S_3, S_1], [S_4, S_1], [S_2, S_3], [S_3, S_2], [S_5, S_3], [S_5, S_4]\}$。

（2）链。在有向图中，如果由 $n+1$ 个顶点（$S_0, S_1,\cdots, S_n$）和 n 条边（$e_1, e_2, \cdots, e_n$）组成一个序列，其中每条边（e_k）如果和边（e_{k-1}）在一个端点（S_{k-1}）相连，和边（e_{k+1}）在另一个端点（S_k）相连，则这样的序列称为链。S_0 称为链的起点，S_n 称为链的终点。

图 4-1（a）中，$P_1=\{S_5, e_6, S_4, e_2, S_1\}$就是一条链，该链的起点为 S_5，终点为 S_1。

（3）回路。如果一条链的起点和终点相同，那么这条链就称为闭链或回路。图 4-1（a）中，$P_2=\{S_2, e_3, S_3, e_4, S_2\}$，该链的起点为 S_2，终点也为 S_2，故 P_2 为一回路。

2．邻接矩阵和可达矩阵

（1）邻接矩阵。邻接矩阵（Adjacency Matrix）是图的矩阵表示，用来描述图中各节点两两之间的关系。邻接矩阵 $\boldsymbol{A}$ 的元素 a_{ij} 定义如下：

$$a_{ij}=\begin{cases}1 & S_iRS_j\ (R\text{表示}S_i\text{和}S_j\text{有关系})\\0 & S_i\overline{R}S_j\ (\overline{R}\text{表示}S_i\text{和}S_j\text{没有关系})\end{cases}$$

图 4-2 所示为有向连接图。其邻接矩阵 $\boldsymbol{A}$ 可表示如下：

$$\boldsymbol{A}=[a_{ij}]_{6\times6}=\begin{array}{c}\\S_1\\S_2\\S_3\\S_4\\S_5\\S_6\end{array}\begin{array}{c}\begin{array}{cccccc}S_1&S_2&S_3&S_4&S_5&S_6\end{array}\\\begin{bmatrix}0&0&0&0&0&0\\0&0&1&0&0&0\\1&1&0&0&0&0\\0&0&1&0&1&1\\1&0&0&0&0&0\\1&0&0&0&0&0\end{bmatrix}\end{array}$$

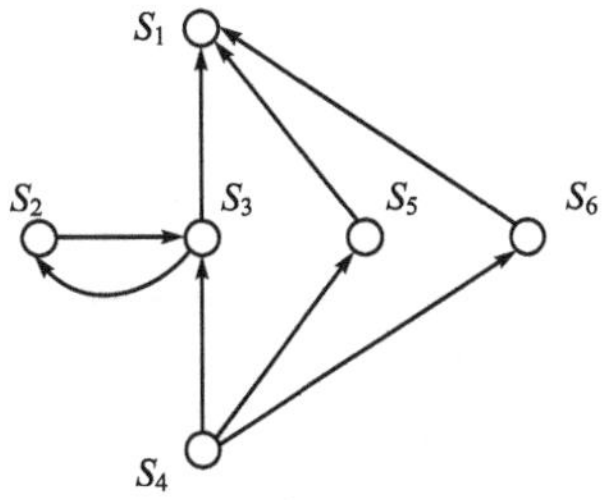

图 4-2　有向连接图

邻接矩阵描述了系统各要素两两之间的直接关系。若在矩阵 $\boldsymbol{A}$ 中第 i 行和第 j 列的元素 $a_{ij}=1$，则表明节点 S_i 和 S_j 有关系，即表明从 S_i 到 S_j 有一条长度为 1 的通路，S_i 可以直接到达 S_j。所以，邻接矩阵描述了经过长度为 1 的通路后各节点两两之间的可达程度。

对于一个有 n 个要素的系统，建立邻接矩阵时，要广泛征询与系统相关的各方意见，根据专家的实际经验，对系统结构先有一个大体的或模糊的认识，这样可以先建立一个构思模型。接着，从回答 S_iRS_j 开始，即回答要素 S_i 与 S_j 是否有关系。有无关系可以根据不同对象系统有不同的含义。例如，S_i 是否影响 S_j，S_i 是否取决于 S_j，S_i 是否导致 S_j，S_i 是否先于 S_j 等。

（2）可达矩阵。可达矩阵（Reachability Matrix）是指用矩阵形式描述有向连接图各节点之间，经过一定长度的通路后可以到达的程度。

可达矩阵 $\boldsymbol{R}$ 有一个重要特性，即推移律特性。如果 S_i 经过长度为 1 的通路直接到达 S_k，而 S_k 经过长度为 1 的通路直接到达 S_j，那么 S_i 经过长度为 2 的通路就可直接到达 S_j。因此，可达矩阵可以利用邻接矩阵 $\boldsymbol{A}$ 加上单位矩阵 $\boldsymbol{I}$，并经过一定的演算后求得。

以图 4-2 所示的有向连接图为例，则有：

$$\boldsymbol{A}_1=\boldsymbol{A}+\boldsymbol{I}=\begin{bmatrix}0&0&0&0&0&0\\0&0&1&0&0&0\\1&1&0&0&0&0\\0&0&1&0&1&1\\1&0&0&0&0&0\\1&0&0&0&0&0\end{bmatrix}+\begin{bmatrix}1&0&0&0&0&0\\0&1&0&0&0&0\\0&0&1&0&0&0\\0&0&0&1&0&0\\0&0&0&0&1&0\\0&0&0&0&0&1\end{bmatrix}=\begin{bmatrix}1&0&0&0&0&0\\0&1&1&0&0&0\\1&1&1&0&0&0\\0&0&1&1&1&1\\1&0&0&0&1&0\\1&0&0&0&0&1\end{bmatrix}$$

矩阵 $\boldsymbol{A}_1$ 描述了各节点间经过长度不大于 1 的通路后的可达程度。接着，设矩阵 $\boldsymbol{A}_2=(\boldsymbol{A}+\boldsymbol{I})^2$，即将 $\boldsymbol{A}_1$ 平方，并用布尔代数运算规则（$0+0=0,0+1=1,1+0=1,1+1=1,0\times0=0,0\times1=0,1\times0=0,1\times1=1$）进行运算后可得矩阵 $\boldsymbol{A}_2$。矩阵 $\boldsymbol{A}_2$ 描述了各节点之间经过长度不大于 2 的通路后的可达程度。依次类推，得到

$$\boldsymbol{A}_1\neq\boldsymbol{A}_2\neq\cdots\neq\boldsymbol{A}_{r-1}=\boldsymbol{A}_r,\quad r\leqslant n-1$$

式中，n 为矩阵阶数。

则

$$A_{r-1}=(A+I)^{r-1}=R$$

矩阵 R 称为可达矩阵,它表明各节点之间经过长度不超过 $n-1$ 的通路可以到达的程度。对于节点数为 n 的图，最长通路的长度不超过 $n-1$，同时 $R^2=R$。上例继续运算，可得

$$A_2=A_3=\begin{bmatrix}1&0&0&0&0&0\\1&1&1&0&0&0\\1&1&1&0&0&0\\1&1&1&1&1&1\\1&0&0&0&1&0\\1&0&0&0&0&1\end{bmatrix}$$

所以

$$R=A_2$$

从矩阵 A_2 中可知，节点 S_2 和 S_3 在矩阵中相应的行和列，其元素值分别完全相同。出现这种情况，即说明 S_2 和 S_3 是一回路集。因此，只要选择其中的一个节点即可代表回路集中的其他节点，这样就可以简化可达矩阵。简化后的可达矩阵称为缩减可达矩阵 R'。上例中，选节点 S_3 为代表节点，则 R' 为

$$R'=\begin{array}{c}S_1\\S_3\\S_4\\S_5\\S_6\end{array}\overset{\begin{array}{ccccc}S_1&S_3&S_4&S_5&S_6\end{array}}{\begin{bmatrix}1&0&0&0&0\\1&1&0&0&0\\1&1&1&1&1\\1&0&0&1&0\\1&0&0&0&1\end{bmatrix}}$$

4.1.3 系统要素可达矩阵的构造

要构造一个具有 n 个要素的系统的可达矩阵，可以利用邻接矩阵加上单位矩阵，经过至多 $n-1$ 次的演算获得。但是在对实际的系统特别是对社会系统的分析中，由于系统要素存在关系的模糊性和非直接性，要直接得出系统要素的邻接矩阵非常困难。这时可以先判定系统要素之间是否存在关系，而不用考虑是直接关系还是间接关系。为此可以根据可达矩阵反映系统要素的关联情况，直接由系统要素的关系得出可达矩阵。这在面向对象为社会经济系统的要素关系分析中更为可行。

要构成一个 n 阶的可达矩阵，除要素 S_i 对 S_i 本身必定可达，有 n 个要素的关系为已知外，一般还需要知道 $n(n-1)$个要素之间的关系。但如果利用可达矩阵的推移律特性，就不需要逐个考虑 $n(n-1)$个关系，而可以根据推理方法加以分析和简化。一般从全体要素中选出一个能承上启下的要素，即选择一个既有有向边输入又有有向边输出的要素 S_i，那么 S_i 与余下的其他要素必然存在下述几种关系中的一种，即余下的要素可以分别归入以下几种要素结合的某一种集合中：

（1）$A(S_i)$——没有回路的上位集。指 S_i 与 $A(S_i)$中的要素有关，而 $A(S_i)$中的要素与 S_i

无关，即存在从 S_i 到 $A(S_i)$的单向关系。从有向图上来看，从 S_i 到 $A(S_i)$存在有向边，而从 $A(S_i)$到 S_i 不存在有向边。

（2）$B(S_i)$——有回路的上位集。即 S_i 与 $B(S_i)$之间的要素具有回路的要素集合。从有向图上来看，既有从 S_i 到 $B(S_i)$的有向边存在，又有从 $B(S_i)$到 S_i 的有向边存在。

（3）$C(S_i)$——无关集。指既不属于 $A(S_i)$又不属于 $B(S_i)$的要素集合，即 S_i 与 $C(S_i)$中的要素完全无关。

（4）$D(S_i)$——下位集。即下位集 $D(S_i)$的要素与 S_i 有关，反之则无关。从有向图上来看，只有从 $D(S_i)$到 S_i 的有向边存在，而从 S_i 到 $D(S_i)$没有有向边存在。

S_i 与上述四种集合的关系如图 4-3 所示。

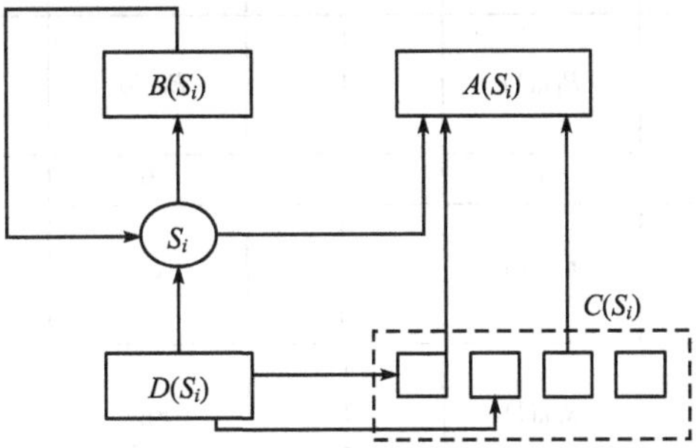

图 4-3　要素的四种集合关系

下面根据上述划分来决定可达矩阵中的各元素。矩阵被 S_i 的行和列分割开来，按元素的性质分成 16 块，如图 4-4 所示。对于多数块元素的情况是可以推断出来的。

（1）根据上述对 $A(S_i)$、$B(S_i)$、$C(S_i)$和 $D(S_i)$的定义可知，$A(S_i)$与 $C(S_i)$及 $D(S_i)$也不会有关系。因此，R_{AC}、R_{AD}、R_{BC} 和 R_{BD} 四块中的元素全为 0。

（2）由于 $A(S_i)$与 $B(S_i)$无关，因此 R_{AB} 块中的元素为 0。

（3）由于 $B(S_i)$中的要素与 S_i 有关，S_i 又与 $A(S_i)$有关，所以 $B(S_i)$中的要素与 $A(S_i)$有关，故 R_{BA} 和 R_{BB} 中的元素全为 1。

	$A(S_i)$	$B(S_i)$	S_i	$C(S_i)$	$D(S_i)$
$A(S_i)$	R_{AA}	R_{AB}	0 0 0	R_{AC}	R_{AD}
$B(S_i)$	R_{BA}	R_{BB}	1 1 1	R_{BC}	R_{BD}
S_i	11111	11111	1	00000	00000
$C(S_i)$	R_{CA}	R_{CB}	0 0 0	R_{CC}	R_{CD}
$D(S_i)$	R_{DA}	R_{DB}	1 1 1	R_{DC}	R_{DD}

图 4-4　可达矩阵

（4）由于 $C(S_i)$中的要素与 $B(S_i)$无关，故 R_{CB} 中的元素为 0。

（5）由于 $C(S_i)$中的要素与 $D(S_i)$无关，故 R_{CD} 中的元素为 0。

（6）由于 $D(S_i)$中的要素与 S_i 有关，而 S_i 又与 $A(S_i)$和 $B(S_i)$有关，所以 $D(S_i)$与 $A(S_i)$和 $B(S_i)$有关，故 R_{DA} 和 R_{DB} 中的元素全为 1。

经过上述推断后，即可确定 16 块中的 11 块元素的取值，而余下 5 块的元素需要进一步加以分析，如图 4-5 所示。其中，R_{AA}、R_{CC} 和 R_{DD} 是降阶后的可达矩阵，可按上述方法继续求其元素值；R_{DC} 和 R_{CA} 则是相互作用矩阵，需要进一步求解。

R_{AA}	$R_{AB}(0)$	0 0 0	$R_{AC}(0)$	$R_{AD}(0)$
$R_{BA}(1)$	$R_{BB}(1)$	1 1 1	$R_{BC}(0)$	$R_{BD}(0)$
1	1	1	0	0
R_{CA}	$R_{CB}(0)$	0 0 0	R_{CC}	$R_{CD}(0)$
$R_{DA}(1)$	$R_{DB}(1)$	1 1 1	R_{DC}	R_{DD}

图 4-5　可达矩阵元素推断

下面讨论 R_{DC} 和 R_{CA} 的问题。以 R_{DC} 为例，子矩阵 $\boldsymbol{M}_1=\begin{bmatrix} R_{CC} & 0 \\ R_{DC} & R_{DD} \end{bmatrix}$是从可达矩阵中抽取出来的，$\boldsymbol{M}_1$ 是降阶的可达矩阵，可以表示为 $\boldsymbol{M}=\begin{bmatrix} \boldsymbol{A} & 0 \\ \boldsymbol{X} & \boldsymbol{B} \end{bmatrix}$的形式，其中 $\boldsymbol{A}$ 和 $\boldsymbol{B}$ 是已知的可达子矩阵，现需求 $\boldsymbol{X}$。因为 $\boldsymbol{M}$、$\boldsymbol{A}$ 和 $\boldsymbol{B}$ 是可达矩阵，故 $\boldsymbol{M}^2=\boldsymbol{M}$，$\boldsymbol{A}^2=\boldsymbol{A}$，$\boldsymbol{B}^2=\boldsymbol{B}$，因此可得

$$\boldsymbol{M}^2=\begin{bmatrix} \boldsymbol{A}^2 & 0 \\ \boldsymbol{XA}+\boldsymbol{BX} & \boldsymbol{B}^2 \end{bmatrix}=\boldsymbol{M}=\begin{bmatrix} \boldsymbol{A} & 0 \\ \boldsymbol{X} & \boldsymbol{B} \end{bmatrix}$$

所以

$$\boldsymbol{XA}+\boldsymbol{BX}=\boldsymbol{X}$$

这是一个布尔特征矩阵方程，也称自蕴涵方程。通过该方程便可求得 $\boldsymbol{X}$。

4.1.4　解释结构模型的建立

结构模型作为建立系统结构模型的方法论，目前已有许多种方法可供应用，其中尤以解释结构模型（Interpretative Structural Modeling，ISM）最为常用。

ISM 是美国 J.华费尔教授于 1973 年为分析复杂的社会经济系统有关问题而开发的一种方法。其特点是把复杂的系统分解为若干子系统（要素），利用人们的实践经验和知识，以及电子计算机的帮助，最终将系统构建成一个多级递阶的结构模型。

ISM 属于概念模型，它可以把模糊不清的思想、看法转化为直观的、具有良好结构关系的模型。它的应用面十分广泛，从能源等国际性问题到地区经济开发、企事业甚至个人范围的问题等，都可以应用 ISM 来建立结构模型，并据此进行系统分析。它特别适用于变量众多、关系复杂而结构不清晰的系统分析，也可用于方案的排序等。

1．ISM 的工作程序

一般地，实施 ISM 的工作程序有以下几个：

（1）组织实施 ISM 的小组。小组成员一般以 10 人左右为宜，要求小组成员对所要解决的问题都能持关心的态度。同时，还要保证持有各种不同观点的人员进入小组，如果有能及时做出决策的负责人加入小组，则更有利于进行认真且富有成效的讨论。

（2）设定问题。由于小组成员有可能站在各种不同的立场来看待问题，就会导致掌握情况和分析目的等方面也较为分散，如果没有事先设定问题，那么小组的功能就不能充分发挥。因此，在 ISM 实施阶段，对问题的设定必须取得一致的意见，并以文字的形式做出规定。

（3）选择构成系统的要素。合理选择系统要素，既要凭借小组成员的经验，又要充分发扬民主，要求小组成员把各自想到的有关问题都写在纸上，然后由专人负责汇总整理成文。小组成员据此边议论、边研究，并提出构成系统要素的方案，经过若干次反复讨论，最终求得一个较为合理的系统要素方案，并据此制定要素明细表备用。

（4）根据要素明细表做构思模型，并建立反映要素关系的可达矩阵。

（5）对可达矩阵进行分解后建立结构模型。

（6）根据结构模型建立解释结构模型。

由上述工作程序可以看出，建立可达矩阵并将可达矩阵转化为结构模型是 ISM 的核心内容。对于可达矩阵的建立，前面已经做了介绍。下面通过实例说明如何利用已知的可达矩阵求结构模型。

2．结构模型的建立

在介绍建立结构模型的步骤前，先介绍几个有关的定义。

（1）可达集 $R(S_i)$。$R(S_i)$定义为要素 S_i 可以到达的要素集合。

$$R(S_i)=\{S_j \in N \mid m_{ij}=1\}$$

$R(S_i)$由可达矩阵中的第 S_i 行中所有矩阵元素为 1 的列对应的要素集合而成；N 为所有节点的集合；m_{ij} 为 i 节点到 j 节点的关联（可达）值，$m_{ij}=1$ 表示 i 关联 j。

从定义中还可以看出，$R(S_i)$表示的集合即要素 S_i 的上位集合。

（2）前因集 $A(S_i)$。将要到达要素 S_i 的要素集合定义为要素 S_i 的前因集，也称先行集，用 $A(S_i)$表示。

$$A(S_i)=\{S_j \in N \mid m_{ji}=1\}$$

$A(S_i)$由矩阵中第 S_i 列中的所有矩阵元素为 1 的行对应的要素组成，其表示的集合即元素 S_i 的下位集。

（3）共同集合。所有要素 S_i 的可达集合 $R(S_i)$与其前因集合 $A(S_i)$的交集为前因集 $A(S_i)$的要素集合定义为共同集合，用 T 表示。

$$T=\{S_i \in N \mid R(S_i)\cap A(S_i)=A(S_i)\}$$

从定义可以看出，若 $A(S_i)\subseteq R(S_i)$，即要素 S_i 前因集是可达集的子集时，S_i 属于共同集合 T。这样得到的共同集合一定是入度为零或者入度与出度的差小于等于零的元素。

（4）最高级要素集合。一个多级递阶结构的最高级要素集合，是指没有比它再高级别的要素可以到达，其可达集 $R(S_i)$ 中只包含它本身的要素集；而前因集中，除包含要素 S_i 本身外，还包括可以到达它的下一级要素。

$$H=\{S_i \in N \mid R(S_i)\cap A(S_i)=R(S_i)\}$$

在得到可达矩阵的情况下，建立结构模型的一般步骤如下。

（1）区域划分。区域划分是把要素之间的关系分为可达与不可达，并且判断哪些要素是连通的，即把系统分为有关系的几个部分或子部分。

例如，有下列可达矩阵：

$$\boldsymbol{R}=\begin{bmatrix} 1 & 1 & 1 & 0 & 1 & 0 & 0 & 1 \\ 0 & 1 & 1 & 0 & 0 & 0 & 0 & 0 \\ 0 & 0 & 1 & 0 & 0 & 0 & 0 & 0 \\ 0 & 1 & 1 & 1 & 0 & 0 & 0 & 0 \\ 0 & 1 & 1 & 0 & 1 & 0 & 0 & 1 \\ 0 & 1 & 1 & 1 & 0 & 1 & 0 & 0 \\ 0 & 1 & 1 & 1 & 0 & 0 & 1 & 0 \\ 0 & 1 & 1 & 0 & 1 & 0 & 0 & 1 \end{bmatrix}$$

首先，根据可达矩阵得到各个要素的 $R(S_i)$ 与 $A(S_i)$，并计算 $R(S_i)\cap A(S_i)$，如表 4-1 所示。接着，求出共同集合 T，$T=\{1,6,7\}$，即求出底层要素的集合。对于共同集合中的要素，如果两个要素 S_i 和 S_j 在同一部分内，则它们的可达集有共同的单元，即 $R(S_i)\cap R(S_j)\neq\varnothing$，否则它们分别属于两个连通域。由表 4-1 可知 $R(1)\cap R(6)\cap R(7)\neq\varnothing$，因此系统只有一个连通域。

表 4-1　数据表（1）

要　素	$R(S_i)$	$A(S_i)$	$R(S_i)\cap A(S_i)$
1	1,2,3,5,8	1	1
2	2,3	1,2,4,5,6,7,8	2
3	3	1,2,3,4,5,6,7,8	3
4	2,3,4	4,6,7	4
5	2,3,5,8	1,5,8	5,8
6	2,3,4,6	6	6
7	2,3,4,7	7	7
8	2,3,5,8	1,5,8	5,8

如表 4-2 所示的共同集为 $T=\{3,7\}$，但 $R(3)\cap R(7)=\varnothing$，因此系统可分为两个连通域：$\{1,2,7\}$ 和 $\{3,4,5,6\}$。

表 4-2 数据表（2）

要 素	$R(S_i)$	$A(S_i)$	$R(S_i)\cap A(S_i)$
1	1	1,2,7	1
2	1,2	2,7	2
3	3,4,5,6	3	3
4	4,5,6	3,4,5	4,6
5	5	3,4,5,6	5
6	4,5,6	3,4,6	4,6
7	1,2,7	7	7

需要说明的是，在实际系统分析中，如果存在两个以上的区域，则需要重新研究所判断的关系是否正确。因为对无关的区域共同进行研究是没有意义的，只能对各个相关的区域进行系统分析。

（2）级间划分。级间划分是将系统中的所有要素，以可达矩阵为准则，划分成不同级（层）次。

首先可以利用最高级集合的定义这一条件，确定多级结构的最高级要素。找出最高级要素后，即可从可达矩阵中划去最高级要素对应的行和列。接着，从剩下的可达矩阵中寻找新的最高级要素。以此类推，就可以找出各级包含的最高级要素集合，若用 $L_1, L_2,\cdots, L_k$ 表示从上到下的级次，则有 k 个级次的系统，级间划分 $L(n)$可以用下式来表示：

$$L(n) = [L_1, L_2,\cdots, L_k]$$

若定义第 0 级为空级，即 $L_0=\varnothing$，则可以列出求 $L(k)$的迭代算法：

$$L_k=\{S_i \in N- L_0- L_1-\cdots- L_{k-1}|\ R_{k-1}(S_i)= R_{k-1}(S_i)\cap A_{k-1}(S_i)\}$$

式中，$R_{k-1}(S_i)$和 $A_{k-1}(S_i)$分别是由 $N- L_0- L_1-\cdots- L_{k-1}$ 要素组成的子图求得的可达集合和先行集合。

即

$$R_{j-1}(S_i)=\{S_j \in N- L_0- L_1-\cdots- L_{j-1}|\ m_{ij}=1\}$$

$$A_{j-1}(S_i)=\{S_j \in N- L_0- L_1-\cdots- L_{j-1}|\ m_{ji}=1\}$$

由表 4-1 可知，该连通域中最高级要素为 $L_1 =\{3\}$。在可达矩阵 R 中去掉要素 S_3后，进行第 2 级划分，如表 4-3 所示。

表 4-3 数据表（3）

要 素	$R(S_i)$	$A(S_i)$	$R(S_i)\cap A(S_i)$
1	1,2,5,8	1	1
2	2	1,2,4,5,6,7,8	2
4	2,4	4,6,7	4
5	2,5,8	1,5,8	5,8
6	2,4,6	6	6

（续）

要　素	$R(S_i)$	$A(S_i)$	$R(S_i)\cap A(S_i)$
7	2,4,7	7	7
8	2,5,8	1,5,8	5,8

由表 4-3 可知，该表中的最高级要素也是可达矩阵中的第 2 级要素，即 $L_2=\{2\}$。同理，进行第 3 级划分和第 4 级划分，可得到：$L_3=\{4,5,8\}$；$L_4=\{1,6,7\}$。

这样，经过 4 级划分，可将系统中的 8 个要素划分在 4 级内：$L=[L_1, L_2, L_3, L_4]$。通过级间划分，可以得出按级间顺序排列的可达矩阵 $\boldsymbol{R}_1$。

$$\boldsymbol{R}_1=\begin{matrix}S_3\\S_2\\S_4\\S_5\\S_8\\S_1\\S_6\\S_7\end{matrix}\begin{bmatrix}1&0&0&0&0&0&0&0\\1&1&0&0&0&0&0&0\\1&1&1&0&0&0&0&0\\1&1&0&1&1&0&0&0\\1&1&0&1&1&0&0&0\\1&1&0&1&1&1&0&0\\1&1&1&0&0&0&1&0\\1&1&1&0&0&0&0&1\end{bmatrix}$$

（3）强连通块划分。在进行级间划分后，每级要素中可能有强连接要素。在同一区域内同级要素相互可达的要素称为强连通块。例如，{5, 8}就属于强连通块。

（4）求缩减可达矩阵 $\boldsymbol{R}_2$。由于在要素中存在强连通块，而且构成它的要素都是可达且互为先行的，它们就构成一个回路。在可达矩阵 $\boldsymbol{R}_1$ 中可以看出，第 3 级要素 S_5 和 S_8 行与列的相应元素完全相同，所以只要选择其中一个作为代表要素即可。现选 S_5 作为代表要素，得到经过排序的缩减可达矩阵 $\boldsymbol{R}'$。

$$\boldsymbol{R}'=\begin{matrix}S_3\\S_2\\S_4\\S_5\\S_1\\S_6\\S_7\end{matrix}\begin{bmatrix}1&0&0&0&0&0&0\\1&1&0&0&0&0&0\\1&1&1&0&0&0&0\\1&1&0&1&0&0&0\\1&1&0&1&1&0&0\\1&1&1&0&0&1&0\\1&1&1&0&0&0&1\end{bmatrix}$$

（5）做结构模型。经过排序的缩减可达矩阵 $\boldsymbol{R}'$ 应为下三角矩阵，因为上一级的要素不能到达下一级的要素，左下角的子矩阵表明级间的关系，即下级至上级的关系。由矩阵 $\boldsymbol{R}'$，依次处理 $L'_{i+1,i}, L'_{i+2,i}, \cdots, L'_{i+l-1,i}$（其中，$i$=1,2,⋯, l）。$L'_{i+1,i}$ 表明下一级至上一级的可达情况。在 $L'_{i+1,i}$ 中，凡是有 1 的元素，需要在下一级的要素至对应的上一级要素画一条有方向的线段。在 $L'_{i+2,i}, \cdots, L'_{i+l-1,i}$ 中，有 1 的要素表明了跨级间的联系，如果已有邻级间的有向线段可以替代，就不必画出该有向线段了。

例如，对上述可达矩阵 $\boldsymbol{R}'$，依次处理 $L'_{2,1}$、$L'_{3,2}$、$L'_{4,3}$、$L'_{3,1}$、$L'_{4,2}$、$L'_{4,1}$，对于跨级间的联系，如果已有邻级间的有向线段可以替代，就不必画出该有向线段。这样，得到可达矩阵对应的结构模型，如图 4-6 所示。

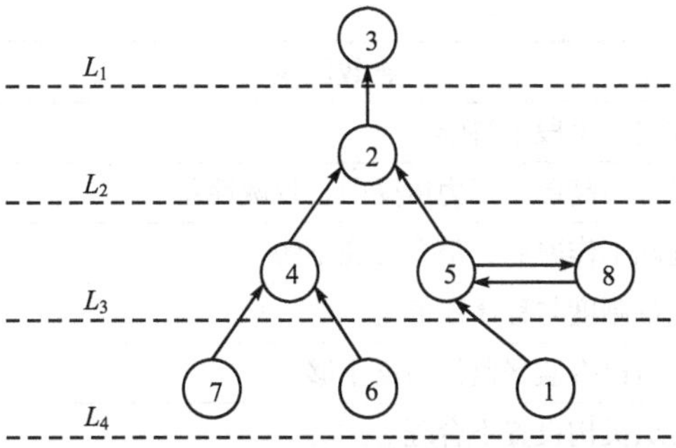

图 4-6 可达矩阵对应的结构模型

4.1.5 应用示例

下面通过具体实例来说明 ISM 的应用过程。

例 4-1 随着市场经济体制的建立和科研管理体制改革的深入，以及科学技术的迅猛发展，西安飞机试飞研究院科研技术装备的管理问题日渐突出，已成为制约科研管理水平提高、影响科研工作健康发展和科研管理体制深化改革的大问题。人们越来越深刻地认识到科研技术装备管理的重要性和迫切性。因此，研究和探讨科研技术装备的管理，找出影响科研技术装备管理职能充分发挥作用的因素，并据此制定有关措施和制度，已成为当前科研管理工作的一项重要课题。这里采用 ISM 的方法对其进行分析。

1. 成立 ISM 小组

经研究，由计划处、科技处、财务处、国资处、计量室等部门的十几位专家组成 ISM 小组，包括单位实际工作参与者、管理专家与主要管理部门的业务主管三部分人员。

2. 确定关键问题及导致因素，列举各导致因素的相关性

经过深入分析试飞研究院科研管理工作的实际情况，确定问题为科研技术装备管理职能未得到有效发挥。确定导致因素为 12 个，如表 4-4 所示。在此基础上，小组成员经多次分析讨论确定了它们之间的关系，并按照下面的影响关系最终确定了各要素之间的相互关系，其中空白处为 0，如图 4-7 所示。

表 4-4 导致因素

关键问题：科研技术装备管理职能未能有效发挥作用		S_0
导致因素		
1	对管理的地位认识不明确	S_1
2	缺乏系统化的全过程综合管理的现代思想	S_2
3	主管机构工作跟不上，管理中心作用不突出	S_3
4	各相关管理部门职责不明确，协调配合差	S_4
5	组织管理体系不健全，综合管理作用与职能受影响	S_5
6	管理人员素质跟不上工作发展需要	S_6

（续）

导致因素		
7	管理方法、手段不科学	S_7
8	管理者参与高层管理力度受限，权威性差	S_8
9	管理基础工作薄弱，信息传递不畅	S_9
10	管理规章制度与程序不健全	S_{10}
11	管理部门检查监督监控力度不够	S_{11}
12	管理组织机构设置不合理	S_{12}

	S_0	S_1	S_2	S_3	S_4	S_5	S_6	S_7	S_8	S_9	S_{10}	S_{11}	S_{12}
S_0	1												
S_1	1	1											
S_2	1		1										
S_3	1			1									
S_4	1			1	1								
S_5	1			1		1						1	
S_6	1	1	1				1	1	1				
S_7	1			1				1					
S_8	1			1					1				
S_9	1									1		1	
S_{10}	1				1	1				1	1		
S_{11}	1											1	
S_{12}	1				1	1		1	1	1			1

图 4-7　因素间的影响关系

（1）S_i 对 S_j 有影响，填 1；S_i 对 S_j 无影响，填 0(i, j=0, 1, 2,⋯, 12)。

（2）对于相互有影响的因素，取影响大的一方为影响关系，即有影响。

3. 建立可达矩阵

根据上述结果得到的可达矩阵如下：

	S_0	S_1	S_2	S_3	S_4	S_5	S_6	S_7	S_8	S_9	S_{10}	S_{11}	S_{12}
S_0	1	0	0	0	0	0	0	0	0	0	0	0	0
S_1	1	1	0	0	0	0	0	0	0	0	0	0	0
S_2	1	0	1	0	0	0	0	0	0	0	0	0	0
S_3	1	0	0	1	0	0	0	0	0	0	0	0	0
S_4	1	0	0	1	1	0	0	0	0	0	0	0	0
S_5	1	0	0	1	0	1	0	0	0	0	0	1	0
S_6	1	1	1	0	0	0	1	1	1	0	0	0	0
S_7	1	0	0	1	0	0	0	1	0	0	0	0	0
S_8	1	0	0	1	0	0	0	0	1	0	0	0	0
S_9	1	0	0	0	0	0	0	0	0	1	0	1	0
S_{10}	1	0	0	0	1	1	0	0	0	1	1	0	0
S_{11}	1	0	0	0	0	0	0	0	0	0	0	1	0
S_{12}	1	0	0	0	1	1	0	1	1	1	0	0	1

4. 进行区域划分和级间划分

根据可达矩阵进行区域划分、级间划分和强连通块划分。各要素的 $R(S_i)$、$A(S_i)$和 $R(S_i)\cap A(S_i)$如表 4-5 所示。

表 4-5 数据表（求 L_1）

S_i	$R(S_i)$	$A(S_i)$	$R(S_i)\cap A(S_i)$
S_0	0	0,1,2,3,4,5,6,7,8,9,10,11,12	0
S_1	0,1	1,6	1
S_2	0,2	2,6	2
S_3	0,3	3,4,5,7,8	3
S_4	0,3,4	4,10,12	4
S_5	0,3,5	5,10,12	5
S_6	0,1,2,6,7,8	6	6
S_7	0,3,7	6,7,12	7
S_8	0,3,8	6,8,12	8
S_9	0,9,11	9,10,12	9
S_{10}	0,4,5,9,10	10	10
S_{11}	0,11	5,9,11	11
S_{12}	0,4,5,7,8,9,12	12	12

由表可知，共同集合 $T=\{6,10,12\}$，且 $R(6)\cap R(10)\cap R(12)\neq\varnothing$，因此系统只有一个连通域。同时由表可知，$L_1=\{S_0\}$，依次可得，$L_2=\{S_1,S_2,S_3,S_{11}\}$，$L_3=\{S_4,S_5,S_7,S_8,S_9\}$，$L_4=\{S_6,S_{10},S_{12}\}$。

5. 建立结构模型与解释结构模型

根据上述级间划分结果和可达矩阵得到的结构模型如图 4-8 所示。将结构模型中的要素代号用实际代表的项目要素代替，可得解释结构模型，如图 4-9 所示。

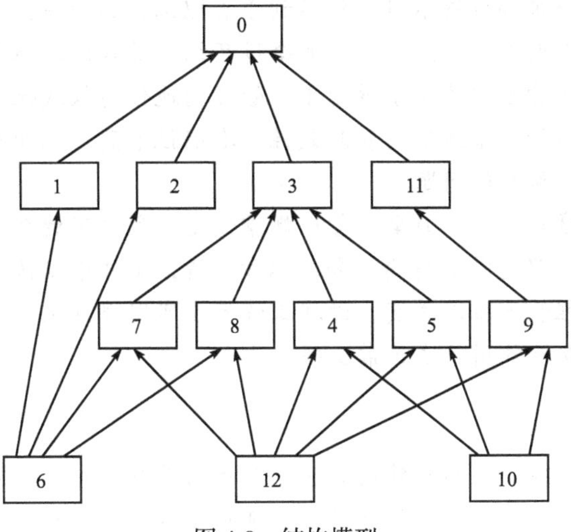

图 4-8 结构模型

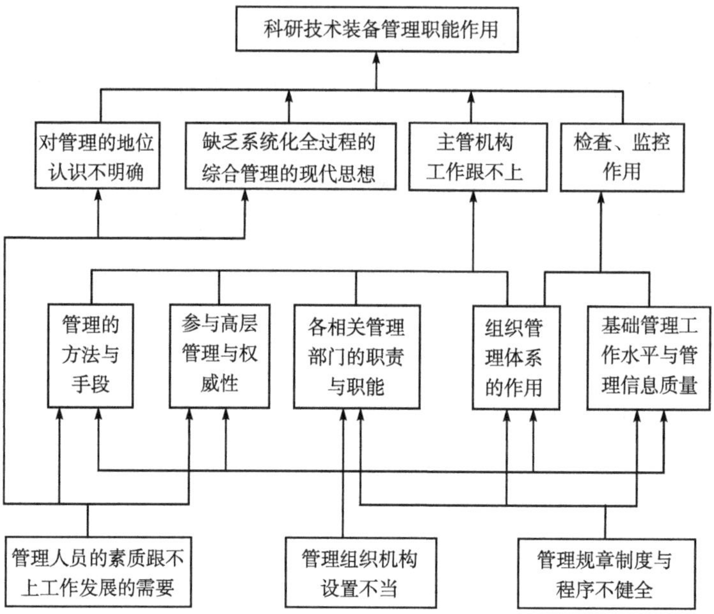

图 4-9　解释结构模型

6．根据解释结构模型进行分析

建立解释结构模型后，可据此进行分析。由图 4-9 可知，科研技术装备管理职能作用问题是一个具有四级（层）的多级递阶结构，最低一级的导致因素有以下三个：

（1）管理人员的素质跟不上工作发展的需要。这表现在对科研技术装备管理在科研管理工作中的地位认识不明确和缺乏系统化的全过程综合管理的现代思想，并且导致了不能很好地运用现代管理方法和手段，不具备参与高层管理的能力和在技术业务管理工作中的权威性，从而在思想上、方法上和技术业务水平上直接影响了单位技术装备管理职能作用的有效发挥。

（2）管理组织机构设置不当。对一个复杂、多层次且涉及多部门的科研技术装备管理工作来说，若管理组织机构设置不当，则不利于管理工作的开展，导致各相关管理部门的职责不明确，管理体系也不能依照系统化的全过程综合管理的思想建立，综合管理的作用也无法突出，进而导致管理方法与手段受限，管理的地位与权威性下降，协调与控制能力降低，管理信息来源与传递渠道不畅和时效性、准确性不高，不能及时了解和掌握实际管理状况，不能及时解决和处理问题。

（3）管理规章制度与程序不健全。管理规章制度、程序不健全必然导致管理工作的开展缺乏标准和依据，管理范围不明确，分工职责不清，工作难以协调，出现多头管理、各司其政，系统化全过程管理难以落实。管理工作无法实现规范化、标准化，必然致使基础管理工作混乱，管理职能作用无法正常发挥。

7．明确解决措施

试飞院科研技术装备管理职能作用的实例分析结果符合本文在前面的分析与论述，是科研单位普遍存在的共性问题，同时也进一步证明了本文论述的观点。因此，在解决此问题时，应遵循本文的管理思想、方法，并找出答案。开展科研技术装备的管理工作，必须提高对科研技术装备管理工作的认识，明确它的管理地位，坚持系统化全过程综合管理的思想和方法，重视管理组织机构的设置和组织管理体系的建立，建立健全管理规章制度，明确管理目标与职责，提高管理者的技术业务素质，实现管理工作的制度化、规范化、标准化、自动化，加强管理部门的检查、监督和监控力度，提高管理信息工作质量，积极探索适应市场经济和科研管理体制的价值规律，并充分发挥经济杠杆自我调节作用的经济管理方法和手段。这是解决目前科研技术装备管理薄弱最为有效的方法。

4.2 结构方程模型

4.2.1 结构方程模型的基本概念及原理

1. 结构方程模型的概念

结构方程模型（Structural Equation Modeling，SEM）是一门基于统计分析技术的研究方法学，可用来处理复杂的多变量数据的分析，是心理学、管理学、经济学、社会学、行为科学等研究领域中一个重要的统计方法范式。

社会科学中的许多研究都是在探讨变量之间的因果关系中来揭示客观事物发展、变化规律的，这中间涉及许多不能够直接观测的变量，这为直接研究这些变量与其他变量之间的关系造成了操作上的困难；同时，在许多实际问题中，变量之间的关系往往都比较复杂，并不一定都能够用一组自变量去解释一个因变量，因变量之间往往还存在着因果关系或关联关系。传统的统计计量方法（如线性回归）不能很好地处理这些问题，而结构方程模型正是一种分析不可直接观测的潜变量之间复杂结构关系的方法，它能够把不可观测的潜变量和可以直接观测的变量之间的关系表示在一组“结构”线性方程中，因此这个线性方程体系被称为结构方程模型。

2. 结构方程模型的变量与模型形式

结构方程模型主要用于分析研究潜变量之间的结构关系。由于潜变量不可直接测量，需要设定一些可测量的指标反映潜变量，因此模型中的变量分为潜变量与可测变量。同时，按照变量在模型中的因果关系，又可将变量分为外生变量和内生变量。在结构方程模型中，不同的变量及变量之间的关系需要使用不同的符号和图形进行表示，下面分别介绍。

（1）潜变量。潜变量（Latent Variable）也称隐藏变量，是指那些无法直接观测并测量的变量。比如，人们对于生活的“幸福感”就是一个无法直接测量的潜变量；又如，企业员工对于企业的“认同感”也是一个无法直接测量的潜变量。在结构方程中，潜变量需要通过设计若干指标去间接测量。

（2）可测变量。可测变量（Observable Variable）也称显变量，是指那些可以直接观测并测量的变量，通常也称指标。比如，住房面积的大小是一个可以直接测量的变量；再如，一个人的月收入也是一个可以直接测量的变量。

（3）外生变量。外生变量（Exogenous Variable）是指那些在模型或系统中只起解释作用的变量。它们在模型或系统中只影响其他变量，而不受其他变量的影响。

（4）内生变量。内生变量（Endogenous Variable）是指那些在模型或系统中受模型或系统中其他变量（包括外生变量和内生变量）影响的变量。

一个结构方程模型可以分为结构模型和测量模型。结构模型反映潜变量之间的因果关系，如图 4-10 所示。在结构方程模型路径图中，一般潜变量是用圆形或椭圆形表示的。外生变量用字母 ξ_k 表示，内生变量用字母 η_k 表示。变量之间的关系用箭头来表示，箭尾是因，箭头是果，如图 4-10 中，顾客的感知质量会影响顾客的满意度。对于两个变量，如果不知道哪个是因、哪个是果，只知道它们之间存在相关关系，则可以使用双向弧线箭头表示，如图 4-10 中的感知质量和感知价值两个变量。在结构方程模型路径图中，外生变量不被任何变量以单箭头所指，而内生变量则会存在单箭头指向它，同时它也可以影响其他内生变量。

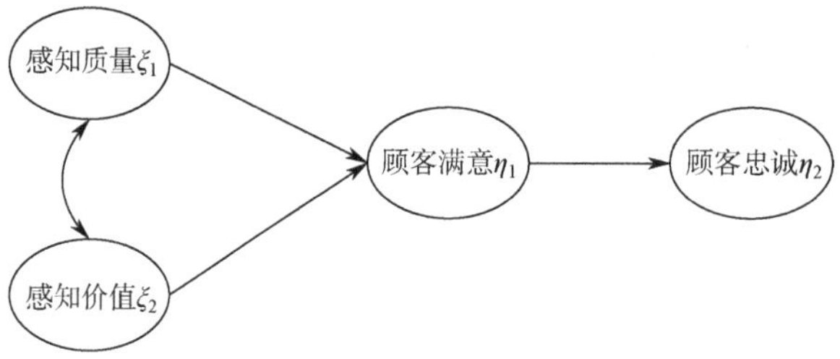

图 4-10　结构模型

根据结构方程模型路径图便可写出模型的具体表达式。图 4-10 所示路径图的表达式为：

$$\eta_1 = \gamma_{11}\xi_1 + \gamma_{12}\xi_2 + \zeta_1$$

$$\eta_2 = \beta_{21}\eta_1 + \zeta_2$$

一般外生变量对内生变量的影响都用 γ 表示，一个内生变量对另一个内生变量的影响用 β 表示。ζ 为残差项，表示因变量未能被解释的部分。

测量模型反映潜变量和可观测变量之间的关系。若潜变量被视作因子，则测量模型反映指标与因子之间的关系，所以也被称为因子模型。在结构方程模型的路径图中，用矩形表示可测变量或指标。图 4-11 给出了一个简单的测量模型示意图。因为测量项目 x_k 是潜变量 ξ_k 的具体反映和表现，因此潜变量是因，测量指标是果，箭头是从潜变量指向测量指标的，同时测量指标也受到误差项 δ_k 的影响。

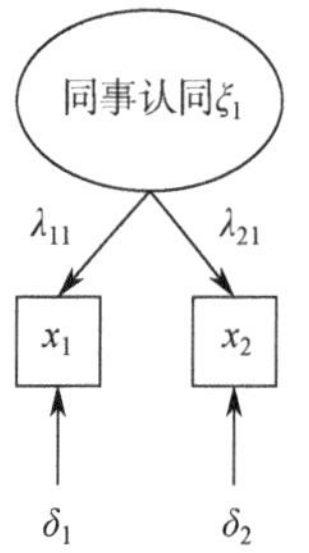

潜变量	测量项目	评分
同事认同	1.我的同事都是很棒的人	1 2 3 4 5
	2.我常常以我的同事为荣	1 2 3 4 5

图 4-11　测量模型

由测量模型路径图可以写出模型的具体表达式。图 4-11 所示路径图的表达式为：

$$x_1 = \lambda_{11}\xi_1 + \delta_1$$

$$x_2 = \lambda_{21}\xi_1 + \delta_2$$

式中，λ_{ik} 为测量指标 x_i 在潜变量 ξ_k 上的载荷系数；δ_k 为误差项。

当然在结构方程模型软件中绘制路径图时，会将结构模型和测量模型表示在一个图中，整个模型中变量的关系使用一个线性方程组加以描述。图 4-12 是一个电信的结构方程模型示例，该模型同时包括了测量模型和结构模型，有两个外源潜变量（ξ）（自变量）和两个内生潜变量（η）（因变量），每个潜变量各由 3 个观测指标来测量，其中 X 是外源潜变量的观察变量，Y 是内生潜变量的观察变量。潜变量和测量变量之间的关系分别构成了四个测量模型，而潜变量之间的结构关系形成了一个结构模型。

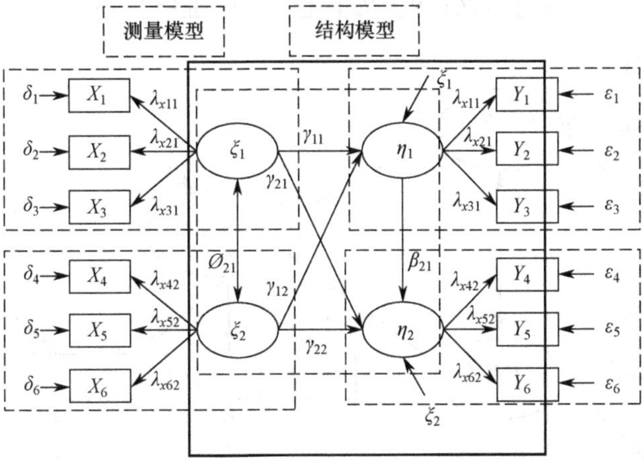

图 4-12　结构方程模型

一般化的结构方程模型方程组表示为：

$$x = \boldsymbol{\Lambda}_x \xi + \delta$$

$$y = \boldsymbol{\Lambda}_y \eta + \varepsilon$$

$$\eta = \boldsymbol{\Gamma}\xi + \boldsymbol{B}\eta + \zeta$$

式中，ξ 为外生潜变量；η 为内生潜变量；$\boldsymbol{\Lambda}_x$ 为负荷矩阵，是外生可测变量被外生潜变量解释的回归矩阵；$\boldsymbol{\Lambda}_y$ 为负荷矩阵，是内生可测变量被内生潜变量解释的回归矩阵；$\boldsymbol{B}$ 为内生潜变量被内生潜变量解释的回归系数矩阵；$\boldsymbol{\Gamma}$ 为内生潜变量被外生潜变量解释的回归系数矩阵；δ 为外生可测变量的测量误差；ε 为内生可测变量的测量误差；ζ 为内生潜变量无法被外生潜变量完全解释的残差。

模型假设：

（1）测量方程误差项 ε、δ 的均值为零。

（2）结构方程残差项 ζ 的均值为零。

（3）误差项 ε、δ 与因子 η、ξ 之间不相关，ε 与 δ 不相关。

（4）残差项 ζ 与因子 ξ、ε、δ 之间不相关。

图 4-13 是一个关于离职倾向的结构方程模型。其中，外源潜变量（自变量）为“同事关系”和“工作环境”，内生潜变量（因变量）为“工作满意度”和“离职倾向”。“工作满意

度”既受“同事关系”和“工作环境”的影响，又影响“离职倾向”。这四个潜变量都分别由三个测量变量来测量，包括：X_1——我与大部分同事互相欣赏；X_2——我与大部分同事间的交往是为了获得物质利益；X_3——我觉得自己有义务帮助遇到困难的同事；X_4——单位为我提供工作所需的人员支持；X_5——单位为我提供工作所需的信息支持；X_6——我的上司愿意倾听我在工作中遇到的困难；Y_1——我对自己的薪酬感到满意；Y_2——我对自己在单位中的人际关系感到满意；Y_3——我对自己在单位中的个人发展感到满意；Y_4——我时常想要辞掉当前的工作；Y_5——我正在计划寻找其他的工作机会；Y_6——我很可能在一年内跳槽。

根据模型，两个内生潜变量“工作满意度 η_1”和“离职倾向 η_2”可用方程表示为：

$$\begin{bmatrix}\eta_1\\\eta_2\end{bmatrix}=\begin{bmatrix}0 & 0\\\beta_{21} & 0\end{bmatrix}\begin{bmatrix}\eta_1\\\eta_2\end{bmatrix}+\begin{bmatrix}\gamma_{11} & \gamma_{12}\\0 & 0\end{bmatrix}\begin{bmatrix}\xi_1\\\xi_2\end{bmatrix}+\begin{bmatrix}\zeta_1\\\zeta_2\end{bmatrix}$$

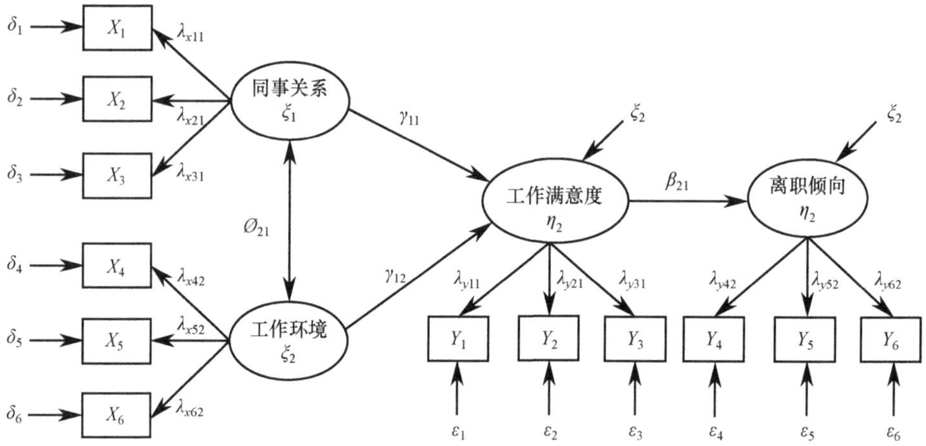

图 4-13　关于离职倾向的结构方程模型

观测变量 Y 可表示为：

$$\begin{bmatrix}Y_1\\Y_2\\Y_3\\Y_4\\Y_5\\Y_6\end{bmatrix}=\begin{bmatrix}\lambda_{y11} & 0\\\lambda_{y21} & 0\\\lambda_{y31} & 0\\0 & \lambda_{y42}\\0 & \lambda_{y52}\\0 & \lambda_{y62}\end{bmatrix}\begin{bmatrix}\eta_1\\\eta_2\end{bmatrix}+\begin{bmatrix}\varepsilon_1\\\varepsilon_2\\\varepsilon_3\\\varepsilon_4\\\varepsilon_5\\\varepsilon_6\end{bmatrix}$$

观测变量 X 可表示为：

$$\begin{bmatrix}X_1\\X_2\\X_3\\X_4\\X_5\\X_6\end{bmatrix}=\begin{bmatrix}\lambda_{x11} & 0\\\lambda_{x21} & 0\\\lambda_{x31} & 0\\0 & \lambda_{x42}\\0 & \lambda_{x52}\\0 & \lambda_{x62}\end{bmatrix}\begin{bmatrix}\xi_1\\\xi_2\end{bmatrix}+\begin{bmatrix}\delta_1\\\delta_2\\\delta_3\\\delta_4\\\delta_5\\\delta_6\end{bmatrix}$$

3．结构方程模型参数的估计与检验

在经典的线性回归模型中，模型参数的估计通常使用最小二乘法，即最优参数是使得模型的残差平方和达到最小的值。最小二乘法使用的前提是模型中的自变量和因变量都是可以测量的变量。比如，一元线性回归模型 $Y=\alpha+\beta X+\varepsilon$，其残差平方和为：

$$\sum\varepsilon^2=\sum(Y-\hat{Y})^2=\sum(Y-\alpha-\beta X)^2$$

使得上式达到最小的 α、β 的估计值 $\hat{\alpha}$ 和 $\hat{\beta}$ 就是最小二乘估计。但在结构方程模型中，所有潜变量是没有直接观测数据的，无法直接得到各个潜变量的数值，所以最小二乘法并不能用来估计结构方程模型中的所有参数。

在结构方程模型中，变量之间有一定的关系，故变量之间的方差—协方差矩阵也应该有一定的特点。比如，模型中的 3 个变量 A、B、C，它们之间的因果关系是 $A\to B\to C$，那么 A 与 C 的相关系数 r_{AC} 一定会小于 A 与 B 的相关系数 r_{AB}，以及 B 与 C 的相关系数 r_{BC}。因为 r_{AC} 在数学式上等于 $r_{AB}\cdot r_{BC}$，而 r_{AB} 和 r_{BC} 都小于等于 1。如果样本计算出的数据 r_{AC} 比 r_{AB} 和 r_{BC} 都大，那么模型就与数据不吻合了。结构方程模型对于参数的估计，借助的正是变量之间的方差—协方差矩阵。假设总体变量之间的方差—协方差矩阵为 $\boldsymbol{\Sigma}$，由于实际只能观测到有限的样本数据，在对参数进行估计时常使用样本观测值的方差—协方差矩阵 $\boldsymbol{S}$ 代替矩阵 $\boldsymbol{\Sigma}$。假设模型（带有参数）拟合的方差—协方差矩阵为 $\boldsymbol{\Sigma}(\theta)$，参数估计就是由假设模型得出的方差—协方差矩阵为 $\boldsymbol{\Sigma}(\theta)$ 与 $\boldsymbol{S}$ 尽可能“接近”。如果模型定义正确，总体方差—协方差矩阵与模型拟合的方差—协方差矩阵应该相等。

4.2.2　结构方程模型的应用步骤

应用结构方程模型进行实证研究可以大致分为模型开发与模型估计评鉴两个阶段。前者的主要目的是建立一个适用于结构方程模型分析概念与技术需要的假设模型（Hypothetic Model），后者主要通过产生结构方程模型的计量数据来评估模型的优劣。

1．模型开发阶段

模型开发阶段涉及结构模型设定和测量模型设定两个步骤。

（1）结构模型的设定。结构模型反映的是不同潜变量之间的结构关系，这些潜变量就是实际问题研究中的不同维度或不同方面。例如，研究大学生适应能力水平，首先需要明确适应能力的含义，以及适应能力包含哪些方面（生活适应能力、学习适应能力、环境适应能力等），而这些方面都是不可直接观测的潜变量，建立结构模型就要明确和界定这些方面。在研究实际问题时，潜变量可以根据对实际问题的理论或经验认识来确定，也可以借助探索性因子分析的结果来构造，但在使用因子分析确定潜变量时要注意，不能用全部指标变量得到几个公共因子来构造结构模型，因为因子分析得到的公共因子之间相互独立、不存在结构关系。

在进行潜变量的开发时，还需要考虑各个潜变量是否在同一层面上。如果在同一层面上，则需要考虑各个潜变量之间的关系是因果关系还是相关关系，这将决定后面构建模型的具体形式，同时也将决定如何绘制路径图。如果设计的潜变量不在一个层面上，则需要考虑它们之间的层次关系，即哪些潜变量在一个层面上、哪些潜变量在更高一个层面上。

（2）测量模型的设定。由于潜变量不可直接观测，为了能够量化不同潜变量之间的结构关

系，需要为潜变量寻找可以间接测量的方式。测量模型试图反映每一个潜变量如何通过可以直接观测的变量进行测量，建立潜变量间接测量的一种方式。一般可测变量来源于已公布的数据或研究者根据潜变量设计的量表。需要说明的是，可测变量一定要能够充分反映潜变量所涵盖的内容。可测变量过少，信息可能不足，不能全面反映潜变量的含义；可测变量过多，其相互之间的相关可能性增大，使信息相互交叉，模型会变得复杂而不易处理，同时也会给数据的准确采集带来麻烦。一般来说，一个潜变量带三个可测变量较为合适。当然，有时一个潜变量的含义很清晰，也可能只用两个甚至一个可测变量就能够很好地反映其含义。

2. 模型估计评鉴阶段

模型估计评鉴阶段主要包括数据的采集与处理、模型参数的估计和检验、模型评价、模型修正几个步骤。

（1）数据的采集与处理。一般来说，结构方程模型的数据来源于实地调查，即使用一手资料，在确定好结构模型和测量模型后仍需要进行数据采集。在进行数据采集前，研究者首先需要明确研究的总体，以及如何选取样本。研究的总体需要根据研究的对象和具体问题（研究假设）来确定，如研究企业的竞争力及影响因素，是研究上市公式还是非上市公司，是研究哪个行业。不同行业的经营方式不同，财务表现不同，影响因素也不会等同。不同的群体有着不同的特点，研究设计时需要考虑的方面也不同。当研究总体确定后，如何从总体中选取受访者（选取样本）也很重要。样本的选取需要对所研究的问题具有一定的代表性。样本量的多少取决于模型的复杂程度，一般来说，样本量至少是待估计参数的 5 倍。比如，模型有 10 个待估计参数，则至少需要 50 个样本，以保证正确估计参数。

当建立结构方程模型所使用的数据是由直接调查得到的结果时，调查数据是否能说明调查的结论，需要对数据的信度（reliability）和效度（validity）进行检验分析。效度是指测量工具能够正确测量出所要测量问题的程度，也就是所开发的量表能够正确测量潜变量的程度。效度检验是一个论证的过程，是指量表的开发者从各个方面采集有关的理论依据和实证证据，以说明该量表可以有效地测出目标潜变量。效度一般可以从内容效度（content validity）、效标效度（criterion validity）、构造效度（construct validity）和共轭效度（conjugate validity）四个方面进行度量。信度是指测量的稳定性的程度。经典的测量模型认为观测值由真实分数和随机误差两部分组成，所谓的信度可以理解为测量工具免于随机误差影响的程度。信度一般可以从重测信度、复本信度、内部一致信度等几个方面进行度量。

（2）模型参数的估计和检验。结构方程模型的参数可以分为自由参数、固定参数和限制参数三类。自由参数是未知的并需要估计的参数。固定参数是不自由的并固定于某个值的参数。例如，在测量模型中将某些测量变量的因子载荷设定为 1，在结构模型中将某些路径系数设定为 0。限制参数是未知的，但可以被规定等于另一个或另一些参数的值。结构方程模型能否识别取决于模型中自由参数的个数。在实际应用时，为了保证模型可识别，通常应尽量减少自由参数，只保留绝对必要待估计的参数，待模型可识别并能进行参数有效估计后，再考虑引入其他感兴趣的参数或替换掉某些参数，通过比较这些替换模型做出最后的选择。参数估计常使用的方法有最大似然估计、未加权最小二乘估计、广义最小二乘估计。不同的估计方法使用的拟合函数不一样，一般得到的结果也不一样。结构方程模型与其他统计模型一样，模型参数估计后，需要对其进行检验评价。模型参数的检验主要是参数的合理性检验和显著性检验。合理性检验就是检验参数估计值是否恰当。这一检验包括：参数的符号是否符合理论假设；参数的正负号是否正确；参数的取值范围是否恰当；参数是否可以得到合理的解释。显著性检验即对每一参数建立原假设：H0，参数等于 0，然后计算相关统计量，接受或否定原假设。若拒绝原假设，则表明参数显著不为 0，模型对该参数的估计是合理的；否则表明参数与 0 没有显著差异，可以考虑将该参数从模型中剔除，修正模型并重新对参数进行估计。

（3）模型评价。模型参数估计和检验后，还需要对模型拟合的效果进行评价。如果模型不能很好地拟合已有数据，用模型对实际问题加以说明和解释就会有问题。假设模型估计出的参数为 $\hat{\theta}$，根据参数 $\hat{\theta}$ 计算出的变量的方差–协方差矩阵为 $\boldsymbol{\Sigma}\left(\hat{\theta}\right)$，模型评价主要就是评价 $\boldsymbol{\Sigma}\left(\hat{\theta}\right)$ 与样本的方差–协方差矩阵 $\boldsymbol{S}$ 的接近程度。通常也称 $\boldsymbol{S}\text{-}\boldsymbol{\Sigma}\left(\hat{\theta}\right)$ 为样本的残差矩阵，残差越小，表明假设模型与真实模型越接近，假设模型越合理，拟合效果越好。一般对模型的评价会通过不同的拟合指数或适配度来计算，分析假设模型与实际观察数据的拟合情形。表 4-6 给出了一些常见的拟合指数。

表 4-6 SEM 整体适配度的评价指标及评价标准

指数名称		评价标准
绝对适配度指数	χ^2（卡方）	显著性概率值大于 0.05（未达到显著水平）
	χ^2/df	小于 2
	GFI	大于 0.9
	RMR	小于 0.05
	SRMR	小于 0.05
	RMSEA	小于 0.05
相对适配度指数	NFI	大于 0.9，越接近 1 越好
	TLI	大于 0.9，越接近 1 越好
	CFI	大于 0.9，越接近 1 越好
简约适配度指数	AIC	理论模型的 AIC 小于独立模型的 AIC，且小于饱和模型的 AIC
	CAIC	理论模型的 CAIC 小于独立模型的 CAIC，且小于饱和模型的 CAIC

影响样本残差的因素主要有三个：①模型设定。若假设模型与真实模型的差距较大，样本的残差就会比较大。②样本的容量。由于样本容量不合适，导致抽样误差过大。此时可以考虑增加一定数量的样本，减小误差。③指标测量单位未标准化。由于指标的测量单位不同，导致样本残差计算结果不正确。为了避免测量单位的影响，通常会将可测变量的测量结果进行标准化处理。

（4）模型修正。评价结构方程模型后，可能会发现假设模型并不合适，此时就面临着假设模型是否需要修正的问题。导致模型不合适的原因通常有两个：一是结构的假设有误，二是有关分布的假定不满足。结构的假定有误可能是由于外部界定有误或内部界定有误。外部界定有误是指遗漏了一些可测变量或潜变量；内部界定有误是指错误假定测量模型和结构模型的路径。分布的假定不满足主要表现为不满足正态分布的假定；测量尺度不满足，一般要求至少为定距尺度；不是线性关系。当模型不合适是由内部界定错误导致的时，模型可以通过不断修正加以改进；其他原因导致的不合适则无法仅通过修正模型改进，而应根据具体原因采取相应的措施加以改进。

模型修正就是试图寻找最适合数据结构关系的模型。模型修正有两个方向：一是向模型扩展方向修正，即放松一些路径的限制，提高模型的拟合程度，其主要依据修正指数的变化进行调整；二是向模型简约方向修正，即删除或限制一些路径，使模型变得简洁，其主要依据临界比率的大小变化进行调整。

4.2.3 应用示例

下面以一个沟通对项目满意度影响的研究为例，简要说明一下结构方程模型的应用。

1. 初始结构模型构建

在国内外学者相关研究的基础上（理论和假设推导过程略），为了深入研究各变量的作用机理，建立了沟通各维度与利益相关者满意度各维度的初始结构模型 M，信息传递质量、沟通氛围、互动性是三个外源潜变量，过程满意度和结果满意度是两个内生潜变量。这几个潜变量分别和观察变量组成了各自的测量模型，且五个潜变量之间的关系组成了结构模型，如图 4-14 所示。图中，$yjsy_1$，沟通时能实现多种附件的传送；$yjsy_2$，沟通时信息总能全面地被合作方接收；$yjsy_3$，沟通时总能方便地进行信息管理和积累；$yjsy_4$，感觉合作方很乐意倾听我方的观点；$yjsy_5$，感觉可以顺畅地与合作方交流；$yjsy_6$，可以很容易地得到对方的建议；$yisy_7$，当遇到问题时合作方鼓励我方使用电子邮件交流；$yjsy_8$，沟通时总能很方便地选择想要交流的对象；$yjsy_9$，沟通时可以得到合作方的迅速反馈；$yjsy_{10}$，沟通时可以实现双向的沟通。$gcmy_1$，项目各阶段任务的完成是有效率的；$gcmy_2$，项目各阶段任务的实施是协调的；$gcmy_3$，我方在项目实施过程中得到了公平的对待；$gcmy_4$，我方清晰地理解了项目各阶段所要完成的工作；$gcmy_5$，项目的完成过程是令人满意的；$jgmy_6$，项目完成时我方的投入得到了应有的回报；$jgmy_7$，我方对项目进行了全身心的投入；$jgmy_8$，我方坚信项目的最终交付成果是最优的；$jgmy_9$，我方认为个人对最终结果的好坏有影响；$jgmy_{10}$，项目最终的交付成果是令人满意的。

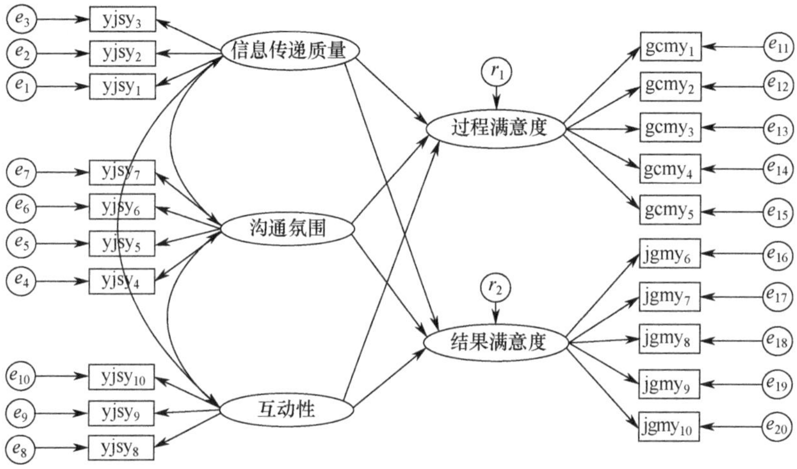

图 4-14 初始结构模型 M

2. 初始结构模型检验与评价

使用 Amos 软件对初始结构模型 M 进行拟合，初始结构模型 M 的路径系数及显著性如表 4-7 所示，拟合指数计算结果如表 4-8 所示。

表 4-7 初始结构模型 M 的路径系数及显著性

	路径系数 Estimate	标准差 S.E.	临界比率 C.R.	显著性 *P*
过程满意度 ← 信息传递质量	0.331	0.117	2.816	0.005
结果满意度 ← 信息传递质量	0.146	0.095	1.532	0.126
过程满意度 ← 沟通氛围	0.251	0.102	2.467	0.014
结果满意度 ← 沟通氛围	0.286	0.092	3.094	0.002
过程满意度 ← 互动性	0.195	0.081	2.403	0.016
结果满意度 ← 互动性	0.181	0.071	2.561	0.010

表 4-8 初始结构模型 M 拟合指数计算结果

拟合指数	卡方值（自由度）	CFI	NFI	IFI	RMSEA	AIC	GFI
结果	270.5（161）	0.897	0.783	0.899	0.057	368.534<420.000 368.534<1 288.750	0.885

从表 4-7 中可以看出初始结构模型拟合指数尚可。而显示初始结构模型的模拟结果中，信息传递质量→结果满意度的显著性概率为 0.126，没有通过 $P<0.05$ 的显著性检验，其他路径系数均通过了显著性检验。基于理论，可以尝试对原始模型进行修正，以提高模型的简洁性和拟合程度。

3. 修正模型的检验与评价

Amos 提供了两种模型修正指标：修正指数（M.I.）和临界比率（C.R.)。修正指数用于模型扩展，是指通过释放部分限制路径或添加新路径，使模型结构更加合理；临界比率用于模型限制，是指通过删除或限制部分路径，使模型结构更加简洁。考虑到信息传递质量对结果满意度的影响不显著，但是基于理论的合理性（略)，加之考察变量之间的相关系数，考虑它可能通过过程满意度来影响结果，所以考虑删除该条路径得到修正模型 M_1。对初始结构模型 M 进行修正后形成 M_1 模型。M_1 模型计算的修正指数（略）中，过程满意度→结果满意度的修正指数值最大，为 23.470，这表明如果增加过程满意度到结果满意度的路径，卡方值就会减少很多。相关理论指出，过程满意度是判断项目成功与否的重要因素，影响着项目的绩效，这表明过程满意度影响项目成功与否，利益相关者对项目的过程满意度高，结果满意度也会相应地提高。因此，考虑增加过程满意度到结果满意度的路径，得到修正模型 M_2，从实际情况考虑，使用沟通的互动性高低与结果满意度确实不存在直接的关系，其可能通过影响过程满意度间接影响结果满意度。删除该路径后，各路径系数均通过了显著性检验（$P<0.05$)。修正模型 M_3 拟合指数结果如表 4-9 所示，显示各拟合指数均达到了要求。

表 4-9 模型 M_3 拟合指数计算结果

拟合指数	卡方值（自由度）	CFI	NFI	IFI	RMSEA	AIC	GFI
结果	231.6（162）	0.934	0.815	0.936	0.045	327.579<420.000 327.579<1 288.750	0.901

修正后的最终模型如图 4-15 所示。

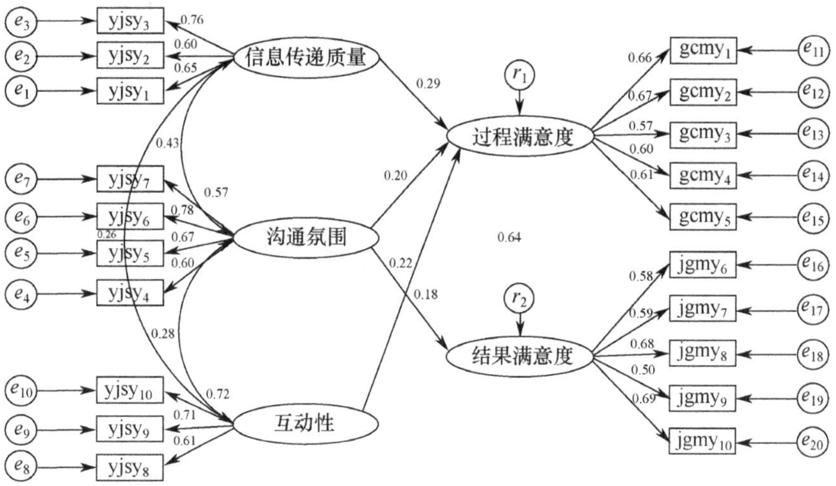

图 4-15 最终修正模型

从图 4-15 中可以看出，信息传递质量、沟通氛围、互动性对利益相关者过程满意度有显著的正向影响，沟通氛围对利益相关者结果满意度有显著的正向影响。与预期不同的是，过程满意度对结果满意度有显著的正向影响，沟通的各维度通过过程满意度的中介作用影响结果满意度。

4.3 主成分分析法

主成分分析（Principal Component Analysis，PCA）也称主分量分析或矩阵数据分析，是统计分析常用的一种重要方法，在系统评价、故障诊断、质量管理和发展对策等许多方面都有应用。它利用数理统计方法找出系统中的主要因素和各因素之间的相互关系，由于系统的相互关联性，当出现异常情况时或对系统进行分析时，抓住几个主要参数的状态，就能把握系统的全局。这几个参数反映了问题的综合指标，也是系统的主要因素。

主成分分析法是一种把系统中的多个变量（或指标）转化为较少的几个综合指标的统计分析方法，因而可将多变量的高维空间问题化简成低维的综合指标问题，能反映系统信息量最大的综合指标为第一主成分，其次为第二主成分。主成分的个数一般按需反映的全部信息的百分比来决定，几个主成分之间是互不相关的。主成分分析法在系统分析方面的主要作用是，发现隐含于系统数据内部的结构，找出存在于原有各变量之间的内在联系，并简化变量；对变量样本进行分类，根据指标的得分值在指标轴空间进行分类处理。复杂的大系统包含的因素或指标数量往往很大，这些因素（指标）之间常常存在着某种相关关系，而且很多是线性相关的。这就使得一些现代化管理方法，尤其是一些定量方法的应用面临很大困难，甚至无法使用。所以，必须找到一种方法，它能将这些众多线性相关的指标转换为少数的线性无关的指标，以便运用其对系统进行准确的分析估量。主成分分析法正是由于具备这些特点，常被用于多元分析中。

4.3.1 主成分分析法的原理

设有 n 个样本，每个样本都可用两个指标 x_1^0 和 x_2^0 表示，n 个样本是随机分布的。将原始数据进行标准化（或规格化）处理，这样可以消除各随机变量不同量纲引起的不可比性。例如，第 k 个样本的原始参数为 x_{1k}^0 和 x_{2k}^0，经过标准化处理后，其参数为：

$$x_{ik}=\frac{x_{ik}^0-\overline{x_i}}{\sigma_i}\qquad i=1,2;\ k=1,2,\cdots,n$$

其中
$$\overline{x_i}=\frac{1}{n}\sum_{k=1}^{n}x_{ik}^0\qquad \sigma_i^2=\frac{1}{n-1}\sum_{k=1}^{n}(x_{ik}^0-\overline{x_i})^2$$

标准化以后的参数有以下性质：

$$\sum_{k=1}^{n}x_{ik}=0\qquad \sum_{k=1}^{n}x_{ik}^2/(n-1)=1$$

即所有变量均取其平均值的偏差，且使其方差为 1。对于二维空间（i=1,2），n 个标准化后的样本在二维空间的分布大体为椭圆形，如图 4-16 所示。若将坐标系旋转一个角度 θ（见图 4-17），并取椭圆的长轴方向为新坐标系的 y_1 轴，短轴方向为新坐标系的 y_2 轴，则有：

$$y_{1k}=x_{1k}\cos\theta+x_{2k}\sin\theta$$
$$y_{2k}=x_{1k}(-\sin\theta)+x_{2k}\cos\theta\qquad k=1,2,\cdots,n$$

其矩阵表达形式为：

$$\boldsymbol{Y}=\begin{bmatrix}y_{11} & y_{12}\cdots y_{1n}\\ y_{21} & y_{22}\cdots y_{2n}\end{bmatrix}=\begin{bmatrix}\cos\theta & \sin\theta\\ -\sin\theta & \cos\theta\end{bmatrix}\begin{bmatrix}x_{11} & x_{12}\cdots x_{1n}\\ x_{21} & x_{22}\cdots x_{2n}\end{bmatrix}=\boldsymbol{UX}$$

式中，$\boldsymbol{U}$ 为坐标旋转变换矩阵，它是正交变换矩阵，即有：

$$\boldsymbol{U}'=\boldsymbol{U}^{-1}\quad \boldsymbol{U}'\boldsymbol{U}=\boldsymbol{I}$$

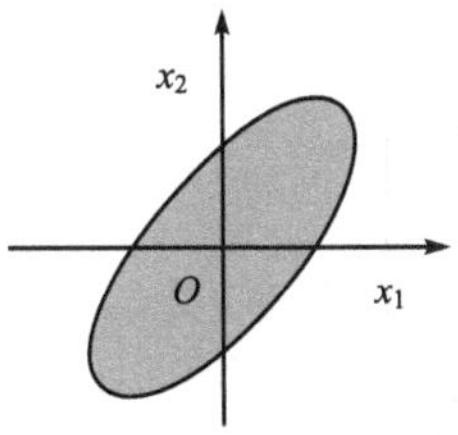

图 4-16 样本分布图

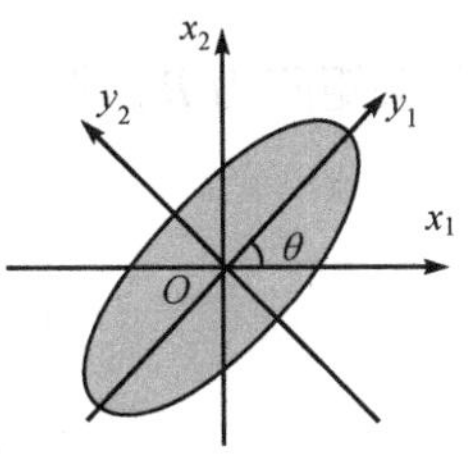

图 4-17 坐标系旋转 θ 角

转换后的坐标系 y_1, y_2 是正交的，n 个点在 y_1 轴上的方差较大，在 y_2 轴上的方差较小。因此，二维空间的样本点用 y_1 轴表示，损失的信息较少。可将 y_1 轴作为第一主成分轴；y_2

和 y_1 正交，且方差较小，可作为第二主成分轴。如果 y_2 轴上的方差为 0，全部样本均落在 y_1 轴上，则只用 y_1 轴就可完全反映所有样本信息。

一般来说，每个样本是 p 维的，略去样本号 k 后，样本可用 p 个变量（$x_1, x_2, \cdots, x_p$）表示 p 个指标。为进行主成分分析，将坐标变换到 p 个综合变量 $y_1, y_2, \cdots, y_p$，这 p 个变量形成新的坐标系，坐标轴相互正交。所以，可得到以下变换关系式：

$$
\begin{aligned}
y_1 &= l_{11}x_1 + l_{12}x_2 + \cdots + l_{1p}x_p \\
y_2 &= l_{21}x_1 + l_{22}x_2 + \cdots + l_{2p}x_p \\
&\vdots \\
y_p &= l_{p1}x_1 + l_{p2}x_2 + \cdots + l_{pp}x_p
\end{aligned}
$$

其矩阵表示形式为：

$$\boldsymbol{Y}=\boldsymbol{LX}$$

式中，$\boldsymbol{L}$ 为正交变换矩阵。

转换后的 y 坐标系也是一个正交坐标系。在新坐标系下，样本点对不同的 y_i 和 y_j 轴的协方差（$j \neq i$）为 0，方差最大的为第一主成分。由此可见，主成分是经变换后能反映样本主要成分的新变量。

根据正交矩阵的性质，因 $\boldsymbol{L}'=\boldsymbol{L}^{-1}$ 或 $\boldsymbol{L}'\boldsymbol{L}=\boldsymbol{I}$，故正交变换矩阵 $\boldsymbol{L}$ 的元素应满足以下性质：

$$\sum_{s=1}^{p} l_{is}l_{js} = \begin{cases} 1 & i=j, i=1,2,\cdots,p \\ 0 & i \neq j \end{cases} \qquad \sum_{s=1}^{p} l_{si}l_{sj} = \begin{cases} 1 & i=j, i=1,2,\cdots,p \\ 0 & i \neq j \end{cases}$$

例如，第一主成分轴应满足以下关系：

$$l_{11}^2 + l_{12}^2 + \cdots + l_{1p}^2 = 1$$

其中，$l_{11}, l_{12}, \cdots, l_{1p}$ 反映了第一主成分的梯度。

4.3.2 主成分的导出

假定 $\boldsymbol{X}$ 为已标准化的样本数据矩阵，对于 n 个样本，$\boldsymbol{x}$ 矩阵可表示为：

$$\boldsymbol{X} = \begin{bmatrix} x_{11} & x_{12} & \cdots & x_{1n} \\ x_{21} & x_{22} & \cdots & x_{2n} \\ \vdots & \vdots & & \vdots \\ x_{p1} & x_{p2} & \cdots & x_{pn} \end{bmatrix}$$

定义样本的相关矩阵为 $\boldsymbol{R}$，则

$$\boldsymbol{R} = \frac{1}{n-1}\boldsymbol{XX}' = \begin{bmatrix} r_{11} & r_{12} & \cdots & r_{1p} \\ r_{21} & r_{22} & \cdots & r_{2p} \\ \vdots & \vdots & & \vdots \\ r_{p1} & r_{p2} & \cdots & r_{pp} \end{bmatrix}$$

其中，$\boldsymbol{R}$ 矩阵中的元素 r_{ij} 与样本的方差和协方差有关，即

$$r_{ij} = \frac{1}{n-1}\sum_{k=1}^{n} x_{ik}x_{jk} \qquad i,j=1,2,\cdots,p$$

对于原始样本 x_{ik}^0 来说，方差和协方差的关系为：

$$V_{ij} = \sum_{k=1}^{n}(x_{ik}^0 - \overline{x_i})(x_{jk}^0 - \overline{x_j})/(n-1) \qquad i,j=1,2,\cdots,p$$

因此，可得相关系数

$$r_{ij} = V_{ij}/\sqrt{V_{ii}V_{jj}} = V_{ij}/\sigma_i\sigma_j \qquad i,j=1,2,\cdots,p$$

相关系数矩阵 $\boldsymbol{R}$ 的对角元素 r_{ii}（i=1,2,⋯,p）均为 1，且其和 $\sum_{i=1}^{p} r_{ii}$ 为 p。

相关矩阵 $\boldsymbol{R}$ 的特征值可由下式求得：

$$\begin{vmatrix} r_{11}-\lambda & r_{12} & \cdots & r_{1p} \\ r_{21} & r_{22}-\lambda & \cdots & r_{2p} \\ \vdots & \vdots & & \vdots \\ r_{p1} & r_{p2} & \cdots & r_{pp}-\lambda \end{vmatrix} = 0$$

即

$$|\boldsymbol{R} - \lambda \boldsymbol{I}| = 0$$

求出的 p 个特征值满足以下关系：

$$\lambda_1 > \lambda_2 > \cdots > \lambda_p \geqslant 0$$

$$\lambda_1 + \lambda_2 + \cdots + \lambda_p = p$$

式中，λ_j 为第 j 个主成分轴方向的方差。

由于 λ_1 最大，故由 λ_1 反映的综合指标为第一主成分轴。

一般取 q 个主成分，要求 $(\lambda_1 + \lambda_2 + \cdots + \lambda_q)/p = 0.6 - 0.8$，也就是说总方差的误差在 0.2 ~ 0.4，就能满足要求。$\sum_{s=1}^{q} \lambda_s / p$ 是 q 个主成分的累积贡献率。

相关矩阵 $\boldsymbol{R}$ 的特征向量为一个正交矩阵 $\boldsymbol{L}$，即

$$\boldsymbol{L} = \begin{bmatrix} l_{11} & l_{12} & \cdots & l_{1p} \\ l_{21} & l_{22} & \cdots & l_{2p} \\ \vdots & \vdots & & \vdots \\ l_{p1} & l_{p2} & \cdots & l_{pp} \end{bmatrix} = \begin{bmatrix} L_1 \\ L_2 \\ L_3 \\ L_4 \end{bmatrix}$$

其中，对应于 λ_1 的特征向量为 $L_1 = (l_{11}l_{12}\cdots l_{1p})$，其余依次类推。

经过坐标变换后得到的新变量（或主成分）y_p 的表达式如下：

$$y_1 = L_1 x;\ y_2 = L_2 x;\cdots;\ y_p = L_p x$$

一般来说，根据系统要求，只需求出 q（q<p）个特征值和特征向量就满足了。

定义主成分 y_j 和原变量 x_i 间的相关系数为 $\sqrt{\lambda_j} l_{ji}$，称为因子负荷量 α_{ji}，它表示第 j 个主成分 y_j 对变量 x_i 的贡献程度，一般有正有负。

如果取 q 个主成分，则对变量 x_i 的总贡献率 θ_i 为各因子负荷量 α_{ji} 的平方和，即

$$\theta_i = \sum_{j=1}^{q} \alpha_{ji}^2 = \sum_{j=1}^{q} \lambda_j l_{ji}^2$$

4.3.3 主成分分析法的主要作用

（1）主成分分析法能降低所研究数据空间的维数。即用研究 q 维的 Y 空间代替 p 维的 X 空间（$q<p$），而低维的 Y 空间代替高维的 X 空间所损失的信息很少。即使只有一个主成分 Y_l（$l=1$）时，这个 Y_l 仍是使用全部 X 变量（p 个）得到的。例如，要计算 Y_l 的均值也得使用全部 X 的均值。在所选的前 q 个主成分中，如果某个 X_i 的系数全部近似于零，就可以把这个 X_i 删除，这也是一种删除多余变量的方法。

（2）主成分分析法有时可通过因子负荷 α_{ij} 的结论，弄清 X 变量间的某些关系。

（3）主成分分析法是多维数据的一种图形表示方法。因为当维数大于 3 时便不能画出几何图形，而多元统计研究的问题大都多于 3 个变量，所以要把研究的问题用图形表示出来是不可能的。然而，经过主成分分析后，可以选取前两个主成分或其中某两个主成分，根据主成分的得分，画出 n 个样本在二维平面上的分布状况，由图形可直观地看出各样本在主分量中的地位，进而对样本进行分类处理，从而由图形发现远离大多数样本点的离群点。

（4）由主成分分析法可构造回归模型。即把各主成分作为新自变量代替原来自变量 x 做回归分析。

（5）用主成分分析法可筛选回归变量。回归变量的选择有着重要的实际意义。为了使模型本身易于做结构分析、控制和预报，便于从原始变量所构成的子集合中选择最佳变量，构成最佳变量集合，就需要用主成分分析法筛选变量，这样可以用较少的计算量来选择变量，获得选择最佳变量子集合的效果。

4.3.4 主成分分析法的应用步骤

（1）对数据样本进行标准化处理。

（2）计算样本的相关矩阵 $\boldsymbol{R}$。

（3）求相关矩阵 $\boldsymbol{R}$ 的特征根和特征向量。

（4）根据系统要求的累积贡献率确定主成分的个数。

（5）确定主成分的线性方程式。

（6）计算因子负荷量和累积贡献率（或总贡献率）。

（7）根据上述计算结果，对系统进行分析。

例 4-2 有 1 000 名学生进行课程考试，共有 4 门课，考试成绩按概率分布，原始数据经标准化处理后，求得的样本相关矩阵 $\boldsymbol{R}$ 如表 4-10 所示。

表 4-10 相关矩阵 $\boldsymbol{R}$

课　程	语　文	外　语	数　学	物　理
语文 x_1	1	0.44	0.29	0.33
外语 x_2	0.44	1	0.35	0.32
数学 x_3	0.29	0.35	1	0.60
物理 x_4	0.33	0.32	0.60	1

矩阵 $\boldsymbol{R}$ 的特征值为 $\lambda_1=2.17$，$\lambda_2=0.87$，$\lambda_3=0.57$，$\lambda_4=0.39$，如果要求主成分的方差累

积贡献率大于 75%，因 $(\lambda_1+\lambda_2)/\sum_i \lambda_i = 0.76$，故只需取两个主成分就够了。对应于 λ_1 和 λ_2 的特征向量如表 4-11 所示。

表 4-11　特征向量

Y	x_1	x_2	x_3	x_4	贡献率 λ_i/p
Y_1	0.460	0.476	0.523	0.537	0.543
Y_2	0.702	0.594	–0.582	–0.557	0.218

由此可得主成分的线性方程式：

$$y_1 = 0.460x_1 + 0.476x_2 + 0.523x_3 + 0.537x_4$$
$$y_2 = 0.702x_1 + 0.594x_2 - 0.582x_3 - 0.557x_4$$

用 y_1 和 y_2 表示学生的两类智力水平，使问题简单明了。因子负荷量和总贡献率如表 4-12 所示。

表 4-12　因子负荷量和总贡献率

x	x_1	x_2	x_3	x_4
y_1	0.678	0.702	0.770	0.791
y_2	0.655	0.554	–0.543	–0.520
对 x_i 的总贡献率 θ_i	0.889	0.798	0.888	0.896

由表 4-12 可以看出，第一行 y_1 对应的因子负荷量均为正数，表示各门课程成绩提高都可使 y_1 增加，可以认为主成分 y_1 全面反映了学生智力的整体情况。对应于 y_1 的所有因子负荷量 α_{ji} 数值相近，而且 α_{14} 最大，这表明 y_1 不仅能反映学生的全面智能，而且物理课的成绩在智力评价中占有重要位置。

第二主成分 y_2 的因子负荷量有正有负，语文和外语的为正，数学和物理的为负，这样变量被分成两组。由表可以看出各变量间相互关系的强弱，语文和外语反映文科类的课程水平，数学和物理反映理工科类的课程水平。

例 4-3　某市拟投资新建一个项目，项目建成后用于生产在该市较受欢迎的一类日常用品。拟从项目 1、项目 2……项目 6 六个项目中选择。通过进行风险评价，确定对哪个工程项目进行投资及采取措施对所选择的项目进行风险规避。

1．风险辨识与风险评估

对项目投资风险因素从不同角度的分析，考虑到我国的实际情况，根据全面性、可比性、可操作性等指标设计原则，结合方法的实际应用，通过对投资风险成因的分析，运用德尔菲法向多位有丰富实践经验的专家进行调查咨询，并参考大量以往有关研究资料，建立如图 4-18 所示的项目投资风险评价指标体系。

（1）政治风险。由于国家政策法规的变化，项目所在城市规划方针的变更、实施，以及受地区社会不稳定等社会因素影响而造成的风险，统称为政治风险，主要表现为政策法规风险、城市规划风险和社会风险。

（2）生产风险。生产风险主要是指在项目试生产阶段和生产运行阶段存在的技术、资

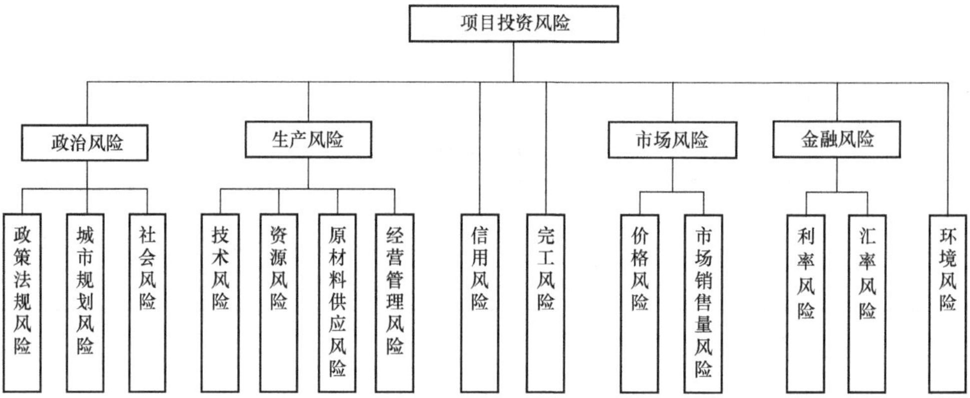

图 4-18　项目投资风险评价指标体系

源、投入品（原材料）供应、生产经营、劳动力状况等风险的总称，主要表现为技术风险、资源风险、材料供应风险和经营管理风险。

（3）信用风险。信用风险是指由于项目参与者各方的资信状况、技术和资金能力、经营业绩和管理水平及其变化对项目的影响。

（4）完工风险。完工风险存在于项目建设阶段和试生产阶段。其表现形式包括：项目建设延期；项目建设成本超支；项目不能达到设计要求所规定的技术经济指标；由于技术和其他方面的问题造成项目完全停工放弃。

（5）市场风险。项目最终产品的市场风险包含价格和市场销售量两个要素，即表现为价格风险和市场销售量风险。

（6）金融风险。金融风险主要表现为利率风险和汇率风险两个方面。利率风险是指在经营过程中，由于利率变动直接或间接地造成项目价值降低或收益受到损失；汇率风险涉及本国通货的自由兑换、经营收益的自由汇出及汇率波动所造成的货币贬值问题。

（7）环境风险。环境风险主要是指项目建设对环境造成的影响及周围环境对项目的影响。

项目评价指标值如表 4-13 所示。

表 4-13　项目评价指标值

评价指标		政策法规	城市规划	社　会	技　术	资　源	原材料供应	经营管理
项目	1	0.770 2	0.540 6	0.301 2	0.682	0.529 4	0.669	0.567 8
	2	0.374 4	0.470 2	0.423	0.613	0.393 6	0.410 6	0.464 2
	3	0.460 4	0.538 4	0.431 2	0.568 6	0.519 4	0.499 4	0.559 4
	4	0.485 4	0.596 2	0.474 4	0.645 6	0.573	0.495 2	0.597 2
	5	0.423 4	0.416 6	0.378 5	0.520 3	0.446 1	0.476 8	0.542 3
	6	0.400 1	0.497 6	0.442 3	0.510 2	0.486 8	0.476 2	0.510 7
评价指标		信　用	完　工	价　格	市场销售量	利　率	汇　率	环　境
项目	1	0.512 4	0.546 8	0.452 8	0.435 2	0.449 4	0.476 8	0.460 2
	2	0.397	0.303 4	0.416 7	0.440 2	0.341 8	0.321 5	0.325 4
	3	0.480 0	0.468 8	0.467 3	0.455 2	0.380 4	0.402 4	0.531 2
	4	0.499 4	0.486	0.510 2	0.502	0.491	0.487 8	0.575 8
	5	0.550 1	0.443 5	0.440 8	0.450 1	0.473 0	0.465	0.501 2
	6	0.500 3	0.402 1	0.421 3	0.442 5	0.398 6	0.412 8	0.552 3

2. 主成分分析法的应用

采用 MATLAB 软件进行主成分分析。经计算，求得 5 个非负特征根，其中λ_1= 7.686 7，λ_2=3.230 7，λ_3=2.186 0，λ_4=0.7369，λ_5=0.1596。由于

$$\frac{\lambda_1+\lambda_2+\lambda_3}{\sum_{i=1}^{5}\lambda_i}=\frac{7.686\,7+3.230\,7+2.186\,0}{7.686\,7+3.230\,7+2.186\,0+0.736\,9+0.159\,6}=0.935\,86>0.85$$

所以，只需取前 3 个主成分，得到的评价结果如表 4-14、表 4-15 和图 4-19 所示。

表 4-14 对应的单位化的特征向量、特征根和方差贡献率

Y	a_{i1}	a_{i2}	a_{i3}	a_{i4}	a_{i5}	a_{i6}	a_{i7}	a_{i8}
y_1	−0.237 5	−0.238 6	0.064 0	−0.156 5	−0.333 2	−0.253 2	−0.351 5	−0.241 8
y_2	−0.397 1	0.132 7	0.536 3	−0.197 2	0.111 7	0.381 1	0.073 4	−0.047 3
y_3	−0.155 0	−0.437 0	0.098 4	−0.523 2	−0.121 5	−0.052 4	0.011 4	0.498 5

Y	a_{i9}	a_{i10}	a_{i11}	a_{i12}	a_{i13}	a_{i14}	特征根	方差贡献率
y_{11}	−0.339 1	−0.296 1	−0.196 4	−0.294 9	−0.331 5	−0.250 6	7.686 7	54.905 2
y_{22}	−0.152 0	0.238 0	0.421 8	0.039 9	−0.025 7	0.270 1	3.230 7	23.076 3
y_{33}	0.052 9	−0.190 4	−0.138 5	0.240 4	0.227 0	0.260 7	2.186 0	15.614 5

表 4-15 各投资项目风险水平（大小）得分

主成分 Y	投资项目					
	1	2	3	4	5	6
y_1	−2.499 3	4.495 8	−0.243 7	−3.217 7	0.238 1	1.226 8
y_2	−3.156 2	−0.242 0	0.681 2	2.287 3	−0.200 7	0.630 4
y_3	−0.627 2	−1.497 1	−0.421 4	−0.980 6	2.448 4	1.077 9

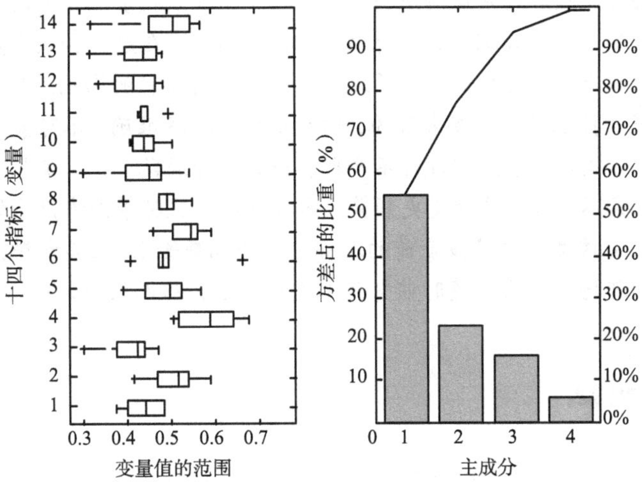

图 4-19 主成分分析计算机模拟图

由表 4-14 可得第一、第二、第三主成分分别为

$y_1=-0.2375x_1'-0.2386x_2'+0.0640x_3'-0.1565x_4'-0.3332x_5'-0.2532x_6'-0.3515x_7'-0.2418x_8'-0.3391x_9'-0.2961x_{10}'-0.1964x_{11}'-0.2949x_{12}'-0.3315x_{13}'-0.2506x_{14}'$

$y_2=-0.3971x_1'+0.1327x_2'+0.5365x_3'-0.1972x_4'+0.1117x_5'+0.3811x_6'+0.0734x_7'-0.0473x_8'-0.1520x_9'+0.2380x_{10}'+0.4218x_{11}'+0.0399x_{12}'-0.0257x_{13}'+0.2701x_{14}'$

$y_3=-0.1550x_1'-0.4370x_2'-0.0984x_3'-0.5232x_4'-0.1215x_5'-0.0524x_6'+0.0114x_7'+0.4985x_8'+0.0529x_9'-0.1904x_{10}'-0.1385x_{11}'+0.2404x_{12}'+0.2207x_{13}'+0.2607x_{14}'$

（其中，$x_1',x_2',\cdots,x_{14}'$是原特征向量标准化后的值）

3．主成分的意义和作用

项目投资风险评价主要是评价项目的总风险水平，而分析具体风险因素对项目风险的影响程度能够确定主要影响因素，从而为投资者进行风险规避提供信息。因此，用主成分分析法进行风险评价的评价结果意义和作用如下：

第一主成分 y_1 中，只有 x_3' 的系数为正，其他风险因素的系数都为负且比较均衡。但 x_3' 的系数较小，对 y_1 的影响小。因此，y_1 主要反映投资项目总风险水平大小。

第二主成分 y_2 中，x_1'、x_4'、x_8'、x_9'、x_{13}' 的系数都为负，因此这些风险因素对投资项目的总风险具有负影响。其中，x_1'（政策法规风险）取值越大，y_2 的值越小。因此，y_2 主要反映政策法规风险对项目总风险的影响程度。

第三主成分 y_3 中，x_1'、x_2'、x_3'、x_4'、x_5'、x_6'、x_{10}'、x_{11}' 的系数都为负，这表明这些风险因素对投资项目具有负影响。其中，x_4'（技术风险）的系数最小，对 y_3 具有明显的减值作用。因此，y_3 主要反映技术风险对投资项目风险的影响程度。

4．评价结果及风险规避

由 y_1 主成分反映项目总风险水平来看，项目 2 的风险水平得分最高，这表明项目 2 受风险因素的影响小，该市应该选取本项目作为生产日常产品的投资对象。同时注意在投资建设及生产阶段，要对政策法规风险和技术风险进行规避。其中，在未投资该项目时，投资者应该尽早聘请法律顾问对我国的政策法规风险进行系统、彻底的研究。在建设和试生产过程中注意国家政策实施和法律法规颁布，即可很好地降低政策法规风险对项目的影响。而对于在项目试运行和生产运作阶段出现的技术风险主要表现为，由于基础数据不准确、不可靠预测造成的可行性研究风险；由于施工方案不当、组织设计不合理、施工管理混乱、施工工艺落后造成的施工风险，以及由于设计方案不合理、设计变更频繁、图纸供应不及时等因素产生的影响形成的设计风险。因此，投资者应该做好项目投资前的准备（市场调查等），收集资料，做好市场预测，同时应该委派自己的现场施工代表随时监督施工设计进程，从而较好地规避技术风险。

4.4 因子分析法

因子分析法是指研究从变量群中提取共性因子的统计技术，最早由英国心理学家 C.E. 斯皮尔曼提出。他发现学生的各科成绩之间存在着一定的相关性，即一科成绩好的学生，

往往其他各科成绩也比较好，从而推想是否存在某些潜在的共性因子，或称某些一般智力条件影响着学生的学习成绩。因子分析可在许多变量中找出隐藏的具有代表性的因子。将相同本质的变量归入一个因子，可减少变量的数目，还可检验变量间关系的假设。

所谓因子分析，就是通过对一组事物（样本）的表象（往往由描述事物特征的变量 $x_1, x_2,\cdots, x_p$ 表示）的分析，揭示使事物具有这种表象的内在公因子与特殊因子。

因子分析法与主成分分析法都基于统计分析法，但二者有较大的区别。主成分分析法是通过坐标变换提取主成分，也就是将一组具有相关性的变量变换为一组独立的变量，将主成分表示为原始观察变量的线性组合。而因子分析法是要构造因子模型，将原始观察变量分解为因子的线性组合。所以，因子分析法是主成分分析法的发展。

狭义的因子分析法常与主成分分析法在处理方法上有类似之处，即都要对变量标准化，并找出原始变量标准化后的相关矩阵。其主要不同点在于建立线性方程组时考虑的方法，因子分析是以回归方程的形式将变量表示成因子的线性组合，而且要使因子数 m 小于原始变量维数 p，从而简化了模型结构。

4.4.1 因子分析法的模型

设某系统由 p 个变量描述 $x=(x_1, x_2,\cdots, x_p)$，如果有 m 个公因子（或称主因子）（$m<p$）$f_1,f_2,\cdots,f_m$，则因子模型的表达式如下：

$$\begin{aligned} x_1 &= \alpha_{11}f_1 + \alpha_{12}f_2 + \cdots + \alpha_{1m}f_m + \varepsilon_1 \\ x_2 &= \alpha_{21}f_1 + \alpha_{22}f_2 + \cdots + \alpha_{2m}f_m + \varepsilon_2 \\ &\vdots \\ x_p &= \alpha_{p1}f_1 + \alpha_{p2}f_2 + \cdots + \alpha_{pm}f_m + \varepsilon_p \end{aligned}$$

其中 $f=(f_1,f_2,\cdots, f_m)$，f_i 称为第 i 个公因子（或主因子），$\varepsilon=(\varepsilon_1, \varepsilon_2,\cdots,\varepsilon_p)$，$\varepsilon_i$ 称为第 i 个特殊因子。公因子和特殊因子是相互独立的变量，并服从正态分布 $N(0, \sigma^2)$。α_{ij} 称为因子载荷，它表示第 i 个变量在第 j 个主因子上的负荷，或者称为第 i 个变量在第 j 个主因子上的权，它反映了第 i 个变量在第 j 个主因子上的相对重要性。因子模型的矩阵式为：

$$x = Af + \varepsilon$$

4.4.2 因子分析法的计算过程

取上述类型的数据样本，其矩阵形式如下：

$$\boldsymbol{X} = \begin{bmatrix} x_{11} & x_{12} & \cdots & x_{1n} \\ x_{21} & x_{22} & \cdots & x_{2n} \\ \vdots & \vdots & & \vdots \\ x_{p1} & x_{p2} & \cdots & x_{pn} \end{bmatrix}$$

假定数据已经做了标准化处理。这样可认为公因子是均值为 0、方差为 1 的正态变量，特殊因子是均值为 0、方差为 σ^2 的变量。

对该数据求相关矩阵 $\boldsymbol{R}$, $\boldsymbol{R} = \dfrac{XX'}{n-1}$（由样本数据矩阵估计得到），再由特征方程$|\boldsymbol{R} - \lambda \boldsymbol{I}|=0$

求出特征值 λ_i（i=1, 2,⋯, p）。设特征值满足 $\lambda_1 > \lambda_2 > \cdots > \lambda_p \geqslant 0$，特征向量矩阵 $\boldsymbol{L}$ 为正交矩阵，则有

$$\boldsymbol{L}=\begin{bmatrix} l_{11} & l_{12} & \cdots & l_{1p} \\ l_{21} & l_{22} & \cdots & l_{2p} \\ \vdots & \vdots & & \vdots \\ l_{p1} & l_{p2} & \cdots & l_{pp} \end{bmatrix}$$

且有以下关系：

$$\boldsymbol{L}'\boldsymbol{L}=\boldsymbol{L}\boldsymbol{L}'=\boldsymbol{I}$$

$$\boldsymbol{R}=\boldsymbol{L}\begin{bmatrix} \lambda_1 & & & \\ & \lambda_2 & & \\ & & \ddots & \\ & & & \lambda_p \end{bmatrix}\boldsymbol{L}'$$

在因子分析中，通常只选 m 个（$m<p$）主因子。也就是说，根据变量的相关性先选出第一主因子，使其在各变量的公共因子方差中所占比重最大，再依次排列出第二主因子、第三主因子等。

一般来说，常按所选取的主因子信息量的和占总体信息量的 85%来确定 m 值，即由 $\sum_{i=1}^{m}\lambda_i / \sum_{i=1}^{p}\lambda_i \geqslant 85\%$ 来确定。

选出主因子并略去残余项 ε 后，因子模型的表达式为：

$$x_1 = l_{11}f_1 + l_{12}f_2 + \cdots + l_{1m}f_m$$
$$x_2 = l_{21}f_1 + l_{22}f_2 + \cdots + l_{2m}f_m$$
$$\vdots$$
$$x_p = l_{p1}f_1 + l_{p2}f_2 + \cdots + l_{pm}f_m$$

为使每个方程中的 m 个因子系数 l_{ij} 的平方和尽量接近 1，需再进行标准化处理。取因子负荷量 $l_{ij}\sqrt{\lambda_i}$ 为系数 α_{ij}，即令第 i 个变量在第 j 个主因子上的负荷为：

$$\alpha_{ij} = l_{ij}\sqrt{\lambda_j}$$

由此可得因子载荷矩阵 $\boldsymbol{A}$：

$$\boldsymbol{A}=(\alpha_{ij})=\begin{bmatrix} l_{11}\sqrt{\lambda_1} & l_{12}\sqrt{\lambda_2} & \cdots & l_{1m}\sqrt{\lambda_m} \\ l_{21}\sqrt{\lambda_1} & l_{22}\sqrt{\lambda_2} & \cdots & l_{2m}\sqrt{\lambda_m} \\ \vdots & \vdots & & \vdots \\ l_{p1}\sqrt{\lambda_1} & l_{p2}\sqrt{\lambda_2} & \cdots & l_{pm}\sqrt{\lambda_m} \end{bmatrix}$$

调整后的因子模型如下：

$$x_1 = \alpha_{11}f_1 + \alpha_{12}f_2 + \cdots + \alpha_{1m}f_m + \alpha_1\varepsilon_1$$
$$x_2 = \alpha_{21}f_1 + \alpha_{22}f_2 + \cdots + \alpha_{2m}f_m + \alpha_2\varepsilon_2$$
$$\vdots$$
$$x_p = \alpha_{p1}f_1 + \alpha_{p2}f_2 + \cdots + \alpha_{pm}f_m + \alpha_p\varepsilon_p$$

于是可得出因子模型的矩阵式为：

$$x = Af + \alpha\varepsilon$$

因子分析的主要目的是用来描述隐藏在一组测量到的变量中的一些更基本的，但又无法直接测量到的隐性变量。比如，如果要测量学生的学习积极性，可以用课堂中的积极参与、作业完成情况及课外阅读时间等变量。学习成绩可以用期中、期末成绩来反映，而学习积极性与学习成绩是无法直接用一个测度（如一个问题）测准的，它们必须用一组测度方法来测量，然后把测量结果结合起来，才能更准确地把握。换句话说，这些变量无法直接测量，可以直接测量的可能只是它所反映的一个表征或者它的一部分。在这里，表征与部分是两个不同的概念，表征是由这个隐性变量直接决定的。隐性变量是因，而表征是果，如学习积极性是课堂参与程度（表征测度）的一个主要决定因素。

因子分析是社会研究的一种有力工具，但不能肯定地说一项研究中含有几个因子，当研究中选择的变量变化时，因子的数量也要变化。此外，对每个因子实际含义的解释也不是绝对的，通常通过对主因子变量对原有变量的因子载荷系数进行归类，来确定主因子的客观解释含义，从而对主因子进行命名。一般来讲，主因子变量具有如下特点：

（1）主因子变量的数量远少于原有指标变量的数量，对主因子变量的分析能够减少分析中的计算工作量。

（2）主因子变量并不是原有变量的简单取舍，而是对原始变量的重新组构，它们能够反映原有众多指标的绝大部分信息，不会产生重要信息的丢失问题。

（3）主因子变量之间是线性无关的，因此对因子变量的分析能够为研究工作提供较大的便利。

（4）因子变量具有命名解释性。因子变量的命名解释性可以理解为某个因子变量是对某些原始变量的综合，它能够反映这些原始变量的绝大部分信息。因子命名解释性有助于对因子分析结果的解释评价，具有实际意义。

4.4.3 因子分析法的应用步骤

（1）对数据样本进行标准化处理。

（2）计算样本的相关矩阵 $\boldsymbol{R}$。

（3）求相关矩阵 $\boldsymbol{R}$ 的特征根和特征向量。

（4）根据系统要求的累积贡献率确定主因子的个数。

（5）计算因子载荷矩阵 $\boldsymbol{A}$。

（6）确定因子模型。

（7）根据上述计算结果，对系统进行分析。

例 4-4 假设某一社会经济系统问题，其主要特性可用 4 个指标表示，它们分别是生产、技术、交通和环境。其相关矩阵为：

$$\boldsymbol{R} = \begin{bmatrix} 1 & 0.64 & 0.29 & 0.1 \\ 0.64 & 1 & 0.7 & 0.3 \\ 0.29 & 0.7 & 1 & 0.84 \\ 0.1 & 0.3 & 0.84 & 1 \end{bmatrix}$$

相应的特征值、占总体百分比和累计百分比如表 4-16 所示。

表4-16　特征值、占总体百分比和累计百分比

序　　号	特 征 值	占总体百分比	累计百分比
1	2.49	62.25	62.25
2	1.13	28.25	90.50
3	0.35	8.74	99.24
4	0.031	0.76	100.00

对应特征值的特征向量矩阵为：

$$\boldsymbol{U}=\begin{bmatrix}0.38 & 0.67 & 0.62 & -0.14\\ 0.54 & 0.36 & -0.61 & 0.46\\ 0.59 & -0.3 & -0.2 & -0.72\\ 0.47 & -0.58 & 0.45 & 0.50\end{bmatrix}$$

假如要求所取特征值反映的信息量占总体信息量的90%以上，则从累计特征值所占百分比看，只需取前两项即可。也就是说，只需取两个主要因子。对应于前两列特征值的特征向量，可求得其因子载荷矩阵$\boldsymbol{A}$为：

$$\boldsymbol{A}=\begin{bmatrix}0.60 & 0.71\\ 0.85 & 0.38\\ 0.93 & -0.32\\ 0.74 & -0.40\end{bmatrix}$$

于是，该问题的因子模型为：

$$x_1=0.60f_1+0.71f_2$$
$$x_2=0.85f_1+0.38f_2$$
$$x_3=0.93f_1-0.32f_2$$
$$x_4=0.74f_1-0.40f_2$$

可以看出，两个因子中，f_1是全面反映生产、技术、交通和环境的因子；f_2却不同，它反映了对生产和技术这两项增长有利，而对交通和环境增长不利的因子。也就是说，按照原有统计资料得出的相关矩阵分析的结果是，如果生产和技术都随f_2增长，将有可能出现交通紧张和环境恶化的问题，f_2反映了这两方面的相互制约状况。

例4-5　第三产业包括的行业多，涉及的范围广。科学地评价一个城市第三产业的发展水平，不仅需要建立一套合理的指标体系，也应有一个科学的评价方法。现在多数评价方法主要运用数据对比，对第三产业的各个方面进行一般性的类比分析。这样虽对第三产业各单项指标有较为清楚的认识，但很难从综合性的角度给出一个满意的评价结论。本例运用因子分析法和主成分分析法，通过建立因子分析模型，对第三产业进行综合评判，并对我国主要城市的第三产业发展水平进行评测和分析。

1. 评估第三产业发展水平的指标体系

第三产业可以分为两大部分，即流通部门和服务部门。服务部门又可以分为为生产和生活服务的部门、为提高科学文化水平和居民素质服务的部门、为社会公共需要服务的部门。以此为基础，在确立第三产业评价指标体系时，应把握以下四个原则：一是系统性原

则。即指标体系的设置能全面反映城市第三产业的发展水平。二是导向性原则。即指标的确立应围绕第三产业，对第三产业的发展有直接影响。三是替换性原则。由于有些指标很难直接获得（如城市基础设施水平等），可通过其他直接可测的指标（如人均居住面积、城市人口用水普及率、城市人均拥有铺装道路面积等）进行替代。四是客观性原则。指标设置时应尽量采用量化指标，但考虑到有些指标很难量化，则按比较客观和公认的准则处理（如政策体制变量等），以提高评估的可信度。

依据上述原则，经过分析后选出 20 个指标构成了一个能综合反映城市第三产业发展水平的指标评价体系，即人口（POP）、国内生产总值（GDP）、第三产业增加值（TRP）、货运总量（FT）、批发零售贸易商品销售总额（SPWT）、外贸收购总额（TPC）、年末银行贷款余额（LBB）、社会零售物价指数（RPI）、实际利用外资额（FCA）、每万名职工所拥有科技人员数（NST）、旅游外汇收入（TR）、三产就业比重（TRET）、邮电业务总量（PTS）、人均工资（AS）、人均居住面积（PCLS）、城市人口用水普及率（PUWH）、城市煤气普及率（PUGH）、人均拥有铺装道路面积（PCRA）、人均公共绿地面积（PCGA）和政策体制变量（P）。

在这 20 个指标中，人口和国内生产总值表明了城市的总体经济规模；第三产业增加值和三产就业比重反映了城市第三产业产值水平和产业结构的高度；货运总量是一个城市公路运输量、铁路运输量、海运量和内河运输量 4 个统计指标之和；批发零售贸易商品销售总额标志着一个城市的市场容量和消费规模；外贸收购总额和实际利用外资额反映了城市对外贸易的水平，即表示城市外向型经济的发展水平和规模；年末银行贷款余额表明资金供给量；社会零售物价指数标志着地区货币的稳定程度；旅游外汇收入代表了一个城市的国际知名度和对外吸引程度；邮电业务总量反映了城市的信息通信能力；人均工资、每万名职工所拥有科技人员数分别表明了劳动力的价格和质量（科技含量）；人均居住面积、城市人口用水普及率、城市煤气普及率、人均拥有铺装道路面积和人均公共绿地面积标志着一个城市的基础设施发展水平；政策体制变量代表一个地区享有的经济自主权和国家给予的优惠政策。这里按东部、中部和西部地区来划分，即对于东部城市，属于经济特区和沿海开放的城市，取值 4，其余取值 3；位于中部和西部的城市政策体制变量分别取值 2 和 1。

2. 第三产业的基本因素模型和因子分析

在第三产业评价指标各样本值的选取中，由于数据来源可靠，避免了掺杂调查人的偏好等影响，因此特殊因子残余项ε_i予以忽略。

通过对北京等 44 个城市上述 20 个指标变量样本值（限于篇幅，此处略去）的标准化变换和相关矩阵分析，可得到主成分，然后根据最初 m 个因子总方差中的累计百分率大于或等于 75%的要求，决定因子数目。表 4-17 给出了因子特征值和每个因子可解释的总方差的比重。最初的 5 个因子可解释总方差的 79.7%，所以采用 5 个因子。

因子分析的目的不仅是找出主因子，更重要的是知道每个主因子的意义。为使各因子的典型代表变量更为突出，便于对因子进行解释，需要对因子载荷矩阵进行旋转，使得因子载荷的平方按列向 0 和 1 两极转化，达到其结构简化的目的。这里采取方差最大正交旋转法，使因子载荷矩阵中，各因子载荷值的总方差达到最大作为因子载荷简化的准则，从而得到旋转因子载荷矩阵 $\boldsymbol{R}$（见表 4-18）。

表 4-17　因子特征值及在总方差中的比重

因子	特征值	在总方差中的比重（%）	累计比重（%）	因子	特征值	在总方差中的比重（%）	累计比重（%）
1	7.991 3	40.0	40.0	11	0.292 8	1.5	96.8
2	3.734 7	18.7	58.7	12	0.181 1	0.9	97.7
3	1.731 3	8.7	67.4	13	0.167 0	0.8	98.5
4	1.495 3	7.5	74.9	14	0.130 0	0.6	99.1
5	0.985 7	4.9	79.8	15	0.078 9	0.4	99.5
6	0.812 4	4.1	83.9	16	0.045 1	0.2	99.7
7	0.718 3	3.6	87.5	17	0.036 2	0.1	99.8
8	0.626 1	3.1	90.6	18	0.028 4	0.1	99.9
9	0.591 0	3.0	93.6	19	0.015 3	0.1	100.0
10	0.336 6	1.7	95.3	20	0.002 8	0.0	100.0

表 4-18　因子载荷矩阵和旋转因子载荷矩阵

指标	因子载荷矩阵 A_0					旋转因子载荷矩阵 R				
	1	2	3	4	5	1	2	3	4	5
POP	0.59	−0.52	0.24	0.01	0.34	0.49	−0.18	−0.22	0.24	0.63
GDP	0.97	−0.14	0.07	0.06	0.06	0.94	−0.02	−0.06	0.08	0.30
TRP	0.98	−0.09	−0.02	0.07	0.02	0.96	−0.02	0.01	0.00	0.23
FT	0.63	−0.30	−0.06	−0.16	0.49	0.51	−0.19	0.01	−0.12	0.67
SPWT	0.95	−0.14	−0.04	0.08	0.01	0.94	−0.06	−0.04	0.00	0.23
TPC	0.80	0.11	0.13	−0.03	−0.17	0.78	−0.00	0.28	0.16	0.04
LBB	0.95	−0.11	−0.06	0.07	−0.05	0.94	−0.07	−0.01	−0.01	0.16
RPI	0.16	0.51	0.15	−0.59	−0.01	0.06	0.06	0.80	0.04	0.01
FCA	0.89	0.26	0.00	−0.12	−0.08	0.86	0.08	0.36	−0.03	0.07
NST	0.06	−0.60	0.33	0.53	0.04	0.10	0.01	−0.73	0.41	0.21
TR	0.84	0.10	−0.17	0.23	−0.26	0.90	0.08	−0.03	−0.10	−0.16
TRET	0.19	0.31	−0.80	0.15	0.01	0.26	0.03	−0.00	−0.81	−0.26
PTS	0.95	0.08	−0.09	0.09	−0.14	0.96	0.04	0.08	−0.05	0.02
AS	0.47	0.71	−0.11	−0.16	−0.03	0.45	0.35	0.60	−0.26	−0.14
PCLS	−0.09	0.59	0.03	0.57	−0.11	0.01	0.71	−0.10	−0.12	−0.40
PUWH	0.19	−0.27	0.56	0.03	−0.52	0.25	−0.12	−0.09	0.75	−0.22
PUGH	0.16	0.51	0.27	0.36	0.44	0.11	0.77	0.07	−0.06	0.27
PCRA	−0.17	0.65	0.48	0.22	0.06	−0.18	0.76	0.26	0.22	−0.11
PCGA	−0.05	0.74	−0.05	0.29	0.08	−0.03	0.68	0.20	−0.28	−0.23
P	0.33	0.59	0.46	−0.31	0.11	0.22	0.42	0.69	0.24	0.15

由表 4-18 可以确立因子分析模型为：

$$x = A_0 f$$

式中，x 为指标变量向量，$x=(x_1, x_2, \cdots, x_p)'$；$A_0$ 为主因子载荷矩阵，具体如表 4-18 所示；f 为主因子列向量，$f=(f_1, f_2, f_3, f_4, f_5)'$。

从主因子载荷矩阵 A_0 来看，人口、国内生产总值、第三产业增加值、货运总量、批发零售贸易商品销售总额、外贸收购总额、年末银行贷款余额、实际利用外资额、旅游外汇收入和邮电业务总量在第一因子上有较大的载荷；社会零售物价指数、人均工资、三产就业比重、人均居住面积、城市煤气普及率、人均拥有铺装道路面积、人均公共绿地面积和政策体制变量在第二因子上有较大载荷；城市用水普及率、人均公共绿地面积和政策体制变量在第三因子上有较大载荷；每万名职工所拥有高科技人员数和人均居住面积在第四因子上有较大载荷；货运总量和城市煤气普及率在第五因子上也表现出较大载荷。由此可知，除第一因子表明了城市第三产业的整体发展水平和经济基础外，其他因子意义含混不清，较难解释。

从方差极大正交旋转因子载荷矩阵 R 来看，人口和货运总量在第一因子和第五因子上均有较大载荷；国内生产总值、第三产业增加值、批发零售贸易商品销售总额、外贸收购总额、年末银行贷款余额、实际利用外资额、旅游外汇收入、邮电业务总量和三产就业比重只在第一因子上有较大载荷；人均居住面积、城市煤气普及率、人均拥有铺装道路面积、人均公共绿地面积在第二因子上有较大载荷；社会零售物价指数、人均工资、政策体制变量在第三因子上有较大载荷；每万名职工拥有科技人员数和城市用水普及率则在第四因子上有较大载荷。

综合上述分析，可将第三产业影响要素分为四大类。第一类包括人口、国内生产总值、第三产业增加值、货运总量、批发零售贸易商品销售总额、外贸收购总额、年末银行贷款余额、实际利用外资额、旅游外汇收入、三产就业比重、邮电业务总量和外贸收购总额，它表明一个城市第三产业的基本经济基础和整体发展水平，可称为第三产业的基本经济因子。第二类包括人均居住面积、城市煤气普及率、城市用水普及率、人均拥有铺装道路面积和人均公共绿地面积，它表明城市基本设施和市政建设情况，可称为基础环境因子。第三类包括社会零售物价指数、人均工资和政策体制变量，这些都属政府可控的变量，可称为政策性可控因子。第四类只包括每万名职工所拥有科技人员数，反映了劳动力素质，可称为劳动力质量因子。这样，影响第三产业的要素可归结为由基本经济因子、基础环境因子、政策性可控因子和劳动力质量因子构成。通过分类，得到影响第三产业发展不平衡的四个相互独立的构成因子，这样可以避免多个变量的相关性约束造成的部分重叠的指标变量被加大权重，从而进一步明晰了第三产业发展水平的要素构成，保证了评估的科学性。

3. 我国城市第三产业发展水平的综合评判

首先将原始数据标准化变换，用主成分分析法估计特征值和特征向量。决定主成分个数的原则是前 m 个主成分累计解释方差的比例大于或等于 75%（与因子分析法中新因子的确定方法相同）。在此基础上，构造评估第三产业发展水平的综合指数 E：

$$E=\alpha_1 Z(1)+\alpha_2 Z(2)+\alpha_3 Z(3)+\cdots+\alpha_m Z(m)$$

式中，$Z(1), Z(2), Z(3), \cdots, Z(m)$ 为第 $1,2,3,\cdots,m$ 个主成分表示式；$\alpha_1, \alpha_2, \alpha_3, \cdots, \alpha_m$ 为各主成分所

能解释方差占总方差的比例。

则由表 4-18 可以得到

$$E = 40\%Z(1) + 18.7\%Z(2) + 8.7\%Z(3) + 7.5\%Z(4) + 4.9\%Z(5)$$

$$Z(i) = \sum_{j=1}^{20} \mu_{ij} \cdot X'_j \qquad i = 1,2,3,4,5$$

式中，μ_{ij} 为第 i 个特征向量的第 j 个值；X'_j 为指标变量样本值的标准变换值［$Z(i)$的表示较为烦琐，在此省略］。

然后将各指标经过标准化变换后的数值代入，依次可测算出北京等 44 个主要城市第三产业的综合评价指数（见表 4-19）。

表 4-19　44 个主要城市第三产业发展水平（*E* 值）

序号	城市	*E* 值	序号	城市	*E* 值	序号	城市	*E* 值	序号	城市	*E* 值	序号	城市	*E* 值
1	上海	4.77	10	厦门	0.43	19	武汉	–0.19	28	南通	–0.49	37	西安	–0.92
2	北京	3.06	11	宁波	0.37	20	石家庄	–0.20	29	秦皇岛	–0.51	38	连云港	–0.93
3	广州	2.34	12	烟台	0.36	21	福州	–0.22	30	郑州	–0.54	39	南昌	–0.93
4	深圳	2.08	13	杭州	0.31	22	成都	–0.22	31	乌鲁木齐	–0.56	40	贵阳	–1.22
5	天津	0.90	14	沈阳	0.28	23	镇江	–0.26	32	长春	–0.57	41	兰州	–1.25
6	珠海	0.82	15	南京	0.26	24	北海	–0.26	33	昆明	–0.58	42	银川	–1.30
7	大连	0.78	16	海口	0.23	25	济南	–0.29	34	长沙	–0.66	43	呼和浩特	–1.44
8	威海	0.46	17	汕头	–0.05	26	哈尔滨	–0.43	35	太原	–0.66	44	西宁	–1.69
9	青岛	0.44	18	重庆	–0.81	27	温州	–0.46	36	南宁	–0.87			

E 值越高，表明该城市第三产业综合发展水平越高；反之，表明该城市第三产业综合发展水平越低。通过对 44 个主要城市 *E* 值测算可以看到，第三产业综合发展水平排在前 10 位的除北京外，均是沿海开放城市和经济特区城市，占 90%；从地理区位来看，前 10 位全部是东部城市，排在前 20 位的除重庆和武汉外，也全是东部城市，占 90%；而中部城市除武汉排第 19 位外，其余基本都处于中等水平；对西部城市来说，除西南的重庆和成都位次靠前，分别居第 18 位和第 22 位，其余均处于落后水平。因此，总体来看，我国城市第三产业综合发展水平也呈现出与经济发展水平相似的东高西低的态势，且与国家政策倾向关系密切。值得指出的是，并非所有的东部城市 *E* 值都高，如秦皇岛（29）、连云港（38）虽地理区位优越，亦属沿海开放城市，享受优惠政策，但由于总体基础薄弱，不能均衡发展，因此第三产业综合发展水平也处于落后地位。

将第三产业发展水平的测评综合指数 *E* 进行分解，可进一步了解、分析各城市第三产业的要素因子结构水平。重要城市样本（从第三产业发展水平好、中、差的样本中各选 5 名）第三产业因素结构分析如表 4-20 所示。

（1）第三产业发展水平越高的城市在基本经济因子和基础环境因子上的分值一般也相对较高，这说明第一、第二类因子是评价城市第三产业发展水平的基本构成要素。第三产业发展水平处于中等地位的城市在政策性可控因子上有相对较高分值，这说明第三产业相对发达的城市，尽管有国家的政策扶持，但由于这些地区经济市场化程度较高，价值规律起到很强的作用，从而削弱了政策性调控功能。相对来讲，对于第三产业发展水平中等的城市，第三产业有了较快发展，但市场发育程度还较低，因此在这种转换时期，政策性调控功能仍显得相对重要，如对物价的控制等。第三产业水平较低的城市在劳动力质量因子上却有相对较高的分值，这说明尽管这些地区经济相对落后，但由于过去国家计划布局的结果，劳动力的科技含量还是较高的，只是由于环境、体制和劳动力价格过低等原因没有得到应有的发挥。

表 4-20 重要城市样本第三产业因素结构分析

序号	城市	基本经济因子	基础环境因子	政策性可控因子	劳动力质量因子	总计
1	上海	5.007	–0.187	–0.002	–0.047	4.771
2	北京	2.912	0.013	–0.109	0.240	3.056
3	广州	2.496	0.043	–0.055	–0.140	2.344
4	深圳	1.272	0.845	–0.017	–0.025	2.075
5	天津	0.994	–0.159	0.063	0.005	0.903
21	福州	–0.258	0.093	0.004	–0.058	–0.219
22	成都	0.048	–0.418	0.042	0.108	–0.220
23	镇江	–0.268	0.112	0.083	–0.189	–0.262
24	北海	–0.821	0.511	0.195	–0.147	–0.265
25	济南	–0.300	–0.189	0.095	0.109	–0.285
40	贵阳	–1.004	0.026	–0.241	–0.004	–1.225
41	兰州	–0.852	–0.365	–0.076	0.042	–1.251
42	银川	–1.156	–0.221	–0.011	0.089	–1.299
43	呼和浩特	–1.051	–0.189	–0.197	–0.001	–1.438
44	西宁	–1.19	–0.398	–0.104	0.007	–1.685

（2）基本经济因子有决定性影响。由表 4-20 可知，每个样本的基本经济因子分值与总分值基本呈正高度相关关系，它能包含原始数据 40%以上的信息。一般来说，基本经济因子分值高，总分值也就高，该城市第三产业发展的水平也较高，这说明基本经济因子对城市第三产业的发展有着决定性影响。

4.5 聚类分析法

聚类分析（Cluster Analysis）是一种根据研究对象特征对研究对象进行分类的多元分析技术。它将样本或变量按照亲疏的程度，把性质相近的归为一类，使得同一类中的个体都具有高度的同质性，不同类之间的个体具有高度的异质性。描述亲疏程度通常有两种方法：一种是把样本或变量看成 p 维向量，把样本点看成 p 维空间的一个点，定义点与点之间的距离；另一种是用样本间的相似系数来描述其亲疏程度。有了距离和相似系数就可定量地对样本分组，根据分类函数将差异最小的归为一组，组与组之间再按分类函数进一步归类，直到所有样本归成一类为止。

聚类分析法根据分类对象的不同分为 Q 型和 R 型，Q 型是对样本进行分类处理，R 型是对变量进行分类处理。聚类分析的内容非常丰富。常用的聚类方法有系统聚类法、动态聚类法（逐步聚类法）、有序样本聚类法、模糊聚类法和图论聚类法等。

4.5.1 聚类分析法的应用步骤

应用聚类分析法的主要步骤如下。

（1）对数据样本进行标准化处理。设样本数为 n，变量数为 m，则原始观测数据 x_{ij} 表示第 i 个样本的第 j 个指标变量。用矩阵 $\boldsymbol{X}$ 表示样本矩阵并假设样本数据已进行标准化处理，则有

$$x=\begin{bmatrix} x_{11} & x_{12} & \cdots & x_{1m} \\ x_{21} & x_{22} & \cdots & x_{2m} \\ \vdots & \vdots & \vdots & \vdots \\ x_{n1} & x_{n2} & \cdots & x_{nm} \end{bmatrix}$$

（2）确定聚类方式，主要有两类。

① 距离聚类：定义并计算样本点之间的距离 d_{ij}。d_{ij} 表示第 i 个样本和第 j 个样本间的距离。d_{ij} 的表示方法有多种，如绝对距离、欧氏距离、明考夫斯基距离和切比雪夫距离等。常用的明考夫斯基距离的表达式如下：

$$d_{ij}^{(q)}=\left[\sum_{k=1}^{p}(x_{ik}-x_{jk})^q\right]^{\frac{1}{q}}$$

当 $q=2$ 时，得欧氏距离如下：

$$d_{ij}^{(2)}=\left[\sum_{k=1}^{p}(x_{ik}-x_{jk})^2\right]^{\frac{1}{2}}$$

此时，欧氏距离又称平方根距离。

② 相似性聚类：计算相似系数 r_{ij}。相似系数 r_{ij} 的计算公式：

$$r_{ij}=\frac{\sum_{k=1}^{n}(x_{ki}-\overline{x}_i)(x_{kj}-\overline{x}_j)}{\left\{\left[\sum_{k=1}^{n}(x_{ki}-\overline{x}_i)^2\right]\left[\sum_{k=1}^{n}(x_{kj}-\overline{x}_j)^2\right]\right\}^{1/2}}$$

式中，分子表示两个变量（或指标）的协方差，分母为标准差的积，r_{ij} 不受量纲的影响，当 $i\neq j$ 时，r_{ij} 的取值在 0 ~ 1 之间；当 $i=j$ 时，$r_{ij}=1$。

（3）将距离最近的（或相关系数最大）两类并成一新类，并计算新类与其他类的距离（或相似系数）。

（4）重复步骤（2）~（4），直至全部样本归成一类。

（5）并类时记下合并时的样本编号和并类时的水平（距离或相似系数的值），并由此画出聚类谱系图。

（6）由聚类谱系图和实际问题的意义确定最终分类和分类结果。

例 4-6 对 8 个企业技术创新能力进行综合评价打分，以确定各企业技术创新能力等级。根据在评分上的差异将它们分为适当的类，原始数据如表 4-21 所示。

表 4-21 原始数据表

指标		各企业原始数据							
总指标	分指标	企业 1	企业 2	企业 3	企业 4	企业 5	企业 6	企业 7	企业 8
研发能力	研发投入强度（万元）	180	200	120	250	175	117	230	192
	研发人员构成	0.79	0.82	0.57	0.8	0.83	0.68	0.85	0.81
	研发技术构成	0.65	0.82	0.59	0.71	0.72	0.69	0.83	0.79
	研发开发成功率	0.84	0.87	0.71	0.86	0.89	0.76	0.9	0.83
	新产品开发时间（年）	1.8	2	2.9	1.9	1.7	2.5	1.8	2.3
	新产品开发费用（万元）	123	100	125	105	158	103	109	101
投入能力	生产设备先进程度	0.51	0.85	0.43	0.83	0.81	0.73	0.86	0.82
	外界科技经费投入强度	0.27	0.2	0.19	0.3	0.23	0.28	0.26	0.21
	生产资源投入强度	0.82	0.85	0.94	0.8	0.76	0.88	0.81	0.83
	人员投入强度	0.23	0.16	0.09	0.2	0.31	0.19	0.25	0.17
管理能力	领导创新欲望	0.83	0.82	0.73	0.85	0.79	0.74	0.87	0.81
	激励机制	0.73	0.88	0.69	0.77	0.82	0.7	0.84	0.85
	技术创新活动评估能力	0.8	0.9	0.75	0.83	0.87	0.85	0.88	0.87
	与外界合作能力	0.74	0.72	0.68	0.71	0.68	0.8	0.76	0.71
营销能力	营销强度	0.07	0.05	0.08	0.06	0.09	0.1	0.07	0.06
	产品竞争性	0.82	0.75	0.72	0.84	0.79	0.68	0.87	0.8
	营销人员素质	0.75	0.88	0.69	0.83	0.85	0.79	0.86	0.87
	市场占有率	0.09	0.12	0.08	0.14	0.21	0.18	0.17	0.1
财务能力	技术创新资金获得能力	0.78	0.76	0.7	0.75	0.8	0.69	0.77	0.74
	投资回收期（年）	3.4	3.2	3.9	2.9	2.7	2.5	2.6	3
	投资收益率（%）	0.16	0.2	0.08	0.21	0.18	0.28	0.23	0.19
	新产品销售率（%）	0.51	0.52	0.47	0.5	0.63	0.68	0.54	0.53
	新产品利税率（%）	0.42	0.45	0.38	0.48	0.51	0.47	0.55	0.43

用 SPSS 统计分析软件对原始数据进行分析处理，得到样本间距离矩阵（见表 4-22）、聚类分析的详细步骤（见表 4-23）和聚类谱系图（见图 4-20）。

表 4-22 SPSS 输出的样本间距离矩阵

样本	欧氏平方距离							
	样本 1	样本 2	样本 3	样本 4	样本 5	样本 6	样本 7	样本 8
样本 1	0.000	31.572	51.410	16.522	36.778	51.175	34.705	23.528
样本 2	31.572	0.000	83.693	19.089	37.979	56.920	20.021	3.784

（续）

样本	欧氏平方距离							
	样本 1	样本 2	样本 3	样本 4	样本 5	样本 6	样本 7	样本 8
样本 3	51.410	83.693	0.000	86.304	111.155	71.458	127.612	66.995
样本 4	16.522	19.089	86.304	0.000	31.856	52.070	12.246	14.318
样本 5	36.778	37.979	111.155	31.856	0.000	59.190	25.655	35.449
样本 6	51.175	56.920	71.458	52.070	59.190	0.000	59.097	46.713
样本 7	34.705	20.021	127.612	12.246	25.655	59.097	0.000	20.709
样本 8	23.528	3.784	66.995	14.318	35.449	46.713	20.709	0.000

表 4-23　SPSS 输出的聚类分析详细步骤

步　骤	聚类组合		系　数	阶段聚类结果		下 一 步
	聚类 1	聚类 2		聚类 1	聚类 2	
1	2	8	3.784	0	0	3
2	4	7	12.246	0	0	3
3	2	4	18.534	1	2	4
4	1	2	26.582	0	3	5
5	1	5	33.543	4	0	6
6	1	6	54.194	5	0	7
7	1	3	85.518	6	0	0

从表 4-22 中可以看出，样本 2 与样本 8 之间的距离最小，为 3.784，因而先聚为一类；其次是样本 4 和样本 7 之间的距离为 12.246，聚为一类。依次类推，直到所有的样本聚为一类。

从表 4-23 中可以清楚地看到，第 1 步是 2 和 8 的合并，第 2 步是 4 和 7 的合并，第 3 步为 2 和 8 合并了 4 和 7，依次类推，直到全部合并为一类。

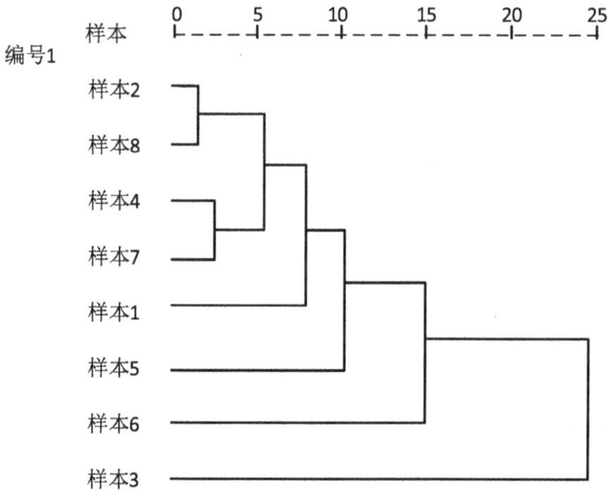

图 4-20　聚类谱系图

图 4-20 更清楚地表现出了各样本的聚类过程。根据原始数据对比分析，可以认为第 2、8、4 和 7 企业属于一类，其余 4 个企业由于在某些技术创新能力方面比较特殊，所以各自单独为一类。

4.5.2 模糊聚类分析

分析清楚客观事物间的界限或关系是进行聚类的基础，但往往客观世界中事物之间的界限不是很清晰。以科研机构为例，什么样的研究项目属于基础研究，什么样的项目为有经济效益，界限就不十分清楚。这就要求助于模糊数学来解决此类问题，从而产生了模糊聚类分析。下面先对模糊数学的基本知识做概要介绍。

1. 模糊数学基本知识

1）模糊集合

我们在研究具体问题时，总是对局限于一定范围内的事物进行讨论，所讨论的事物的全体称为论域，常用 U 表示。论域 U 中的每个事物 u 称为 U 的元素。具有共同特性的元素构成一个集合。

在普通集合中，若 $A \subset U$，即 A 是 U 的子集，对于空间任一元素 x，且 $x \in U$，要么 $x \in A$，要么 $x \notin A$。这一特征用函数表示为：

$$A(x)=\begin{cases}1 & x \in A \\ 0 & x \notin A\end{cases}$$

$A(x)$称为集合 A 的特征函数，只取 0 和 1。

有些模糊概念是无法用普通集合来描述的。例如，用 U 表示“人”这一概念，对其子集“有学问的人”而言，具体到甲这个人，我们不能简单地说他是属于这个集合还是不属于这个集合。像“有学问的人”“高个子”“年轻人”等这些边界不清楚的子集，称为模糊子集，可用 $\underset{\sim}{A},\underset{\sim}{B}$ 和 $\underset{\sim}{C}$ 等符号表示。

模糊数学是建立在集合论的基础上的。模糊集理论最早是由美国自动控制论专家、应用数学家、加利福尼亚大学教授札德（L. A. Zadeh）于 1965 年提出的。他对模糊集合下的定义为：

设给定论域 U，U 上的一个模糊子集 $\underset{\sim}{A}$，对于任意元素 $x \in U$，都能确定一个数 $\mu_{\underset{\sim}{A}}(x) \in [0,1]$，用以表示 x 隶属于 $\underset{\sim}{A}$ 的程度。

隶属函数表示论域 U 到[0,1]的映射，一般用 $\mu_{\underset{\sim}{A}}(x)$ 表示，可简化为 $\mu_A(x)$，记为：

$$\mu_A：U \to [0,1]$$

$$x \to \mu_A(x)$$

$\underset{\sim}{A}$ 是论域 U 上的模糊子集，且 $x \in U$，$\mu_A(x)$ 中的 x 值称为 x 对 $\underset{\sim}{A}$ 的隶属度。例如，$\mu_A(x)=0.9$，说明 x 有九成属于 $\underset{\sim}{A}$。

一般地，如果论域 U 为有限集，则其中的模糊子集 $\underset{\sim}{A}$ 可记为：

$$\underset{\sim}{A}=\sum_{i=1}^{n}\mu_A(x_i)/x_i$$

式中的 $\mu_A(x_i)/x_i$ 并不表示“分数”，而是表示论域中的元素 x_i 与其隶属度 $\mu_A(x_i)$ 之间的对应关系。符号∑也不表示“求和”，而是表示模糊子集在论域 U 上的整体。

例 4-7 论域 $U=\{x_1, x_2, x_3, x_4, x_5\}$ 表示某公司维修小组的 5 名工人。每个工人对于 U 上“维修技术熟练”这一模糊子集 $\underset{\sim}{A}$ 的隶属度分别为：

$$\mu_A(x_1)=0.85,\ \mu_A(x_2)=0.75,\ \mu_A(x_3)=0.9,\ \mu_A(x_4)=0.6,\ \mu_A(x_5)=0.5$$

则模糊子集 $\underset{\sim}{A}$ 可表示为

$$\underset{\sim}{A}=0.85/x_1+0.75/x_2+0.9/x_3+0.6/x_4+0.5/x_5$$

2）模糊关系和模糊矩阵

在普通关系中，如果两元素 U、V 有某种关系 R，则记作 $R(U,V)=1$；如果没有，则记作 $R(U,V)=0$。但当元素间的关系不宜用“有”或“无”回答时，就要用到模糊关系。

当 $U=(u_1,u_2,\cdots,u_m)$，$V=\{V_1,V_2,\cdots,V_n\}$ 均为有限集时，则从 U 到 V 的模糊关系 $\underset{\sim}{R}$ 可用 $m\times n$ 阶矩阵来表示，仍记为 $\underset{\sim}{R}$，即

$$\underset{\sim}{R}=(r_{ij}),\ r_{ij}=\mu_R(u_i,v_j)\quad r_{ij}\in[0,1]\quad i=1,2,\cdots,m\quad j=1,2,\cdots,n$$

满足上式的矩阵，称为模糊关系矩阵，简称模糊矩阵。

例 4-8 设产品质量的论域为 $U=\{x_1, x_2, x_3\}$，质量的状况论域为 $V=\{$好，较好，一般，较差$\}$，则确定一个产品质量到质量状况的模糊关系为

$$\underset{\sim}{R}=\begin{bmatrix}0.9 & 0.88 & 0.76 & 0.68\\ 0.75 & 0.92 & 0.7 & 0.55\\ 0.8 & 0.95 & 0.8 & 0.72\end{bmatrix}$$

3）模糊集合基本运算

在模糊集合中，常常采用的是札德算子（∨,∧），“∨”代表的是取加数中最大者为“和”，“∧”代表的是取乘数中最小者为“积”。

若 $\underset{\sim}{A}=(a_{ij})$，$\underset{\sim}{B}=(b_{ij})$ 为模糊矩阵，而模糊矩阵 $\underset{\sim}{C}=(c_{ij})$ 满足关系 $c_{ij}=\underset{k}{\vee}[a_{ik}\wedge b_{kj}]$，则称 $\underset{\sim}{C}$ 是 $\underset{\sim}{A}$ 和 $\underset{\sim}{B}$ 的积，记为 $C=\underset{\sim}{A}\circ\underset{\sim}{B}$。例如：

$$\underset{\sim}{A}=\begin{bmatrix}0.2 & 0.4\\ 0.6 & 0.9\end{bmatrix}\quad \underset{\sim}{B}=\begin{bmatrix}0.8 & 0.7\\ 0.5 & 0.3\end{bmatrix}$$

$$\underset{\sim}{C}=\underset{\sim}{A}\circ\underset{\sim}{B}=\begin{bmatrix}(0.2\wedge 0.8)\vee(0.4\wedge 0.5) & (0.2\wedge 0.7)\vee(0.4\wedge 0.3)\\ (0.6\wedge 0.8)\vee(0.9\wedge 0.5) & (0.6\wedge 0.7)\vee(0.9\wedge 0.3)\end{bmatrix}=\begin{bmatrix}0.4 & 0.3\\ 0.6 & 0.6\end{bmatrix}$$

2. 模糊聚类分析

1）模糊聚类分析原理

下面结合一简单例子来说明模糊聚类分析。现有三个家庭成员的一寸单人照片，照片上没有姓名和其他任何标记，让一个不相识的人根据照片上的容貌来判断哪些人是一家人，实际上就是要求他把这几张照片按家庭分成三类。由于容貌的遗传性，一般来说，一家人的容貌是比较接近的。实际上可以把照片两两比较，并用[0, 1]中的一个数来表示它们的相像程度。这个数称为相似系数。例如，第一张照片与第二张照片不太相像，可用 0.4 表示；第一张照片与第三张照片比较像，可用 0.8 表示；第一张照片与第 n 张照片根本不像，可用 0 表示。于是得到一个 $n\times n$ 的模糊关系矩阵，称为模糊关系。它是模糊聚类分析的基础，

具体表示如下：

$$\underset{\sim}{A}=\begin{bmatrix} 1 & 0.4 & 0.8 & \cdots & 0 \\ & 1 & & & \\ & & \ddots & & \vdots \\ & & & & \\ 0 & & & & 1 \end{bmatrix}$$

上述方法的模糊关系为模糊相容关系，具有自反性和对称性。在这种关系中，一般认为相似系数越高，分到一类的可能性就越大。实际上，父子、母子均有一定的相像度，而父母之间可能完全不像或基本不像。如果利用模糊相容关系，按照相似系数越大分到一类的可能性越大的原则直接分类，不但夫妻成为陌生人，子女还得分两家，因为他们既应分在父亲那一边又应分在母亲这一边。按照模糊关系进行分类时，除具有自反性和对称性外，还必须具有传递性。也就是说，模糊关系应为模糊等价关系。因为有了自反性才能保证任何一个样本不能同时属于不同的类，否则就会得出自己与自己不是同一类的荒谬结论。对称性能够保证如果甲、乙同类，则乙、甲同类。传递性能够保证如果甲、乙同类，乙、丙同类，则甲、丙同类。这样就能从父子相似、母子相似中得出父母同类（一家）的结论，从而较好地解决上述问题。现在的问题是如何根据模糊相容关系得出其对应的模糊等价关系。

如果 $\underset{\sim}{R}$ 是集合 x 上的模糊关系，则称 $\underset{\sim}{R}_2=\underset{\sim}{R}\cdot\underset{\sim}{R}$ 为综合 x 上 R 的二级模糊关系，称 $\underset{\sim}{R}_3=\underset{\sim}{R}_2\cdot\underset{\sim}{R}$ 为集合 x 上 R 的三级模糊关系。依此，称 $\underset{\sim}{R}_n=\underset{\sim}{R}_{n-1}\cdot\underset{\sim}{R}$ 为集合 x 上 R 的 n 级模糊关系。

在数学上可以证明，如果集合 x 含有 n 个元素，$\underset{\sim}{R}$ 是 x 上的模糊相容关系，则有

$$\underset{\sim}{R}_{n-1}=\underset{\sim}{R}_n=\underset{\sim}{R}_{n+1}=\cdots=\underset{\sim}{R}_{n+m}$$

式中，m 为任意自然数，且 $\underset{\sim}{R}_{n-1}$ 必具有自反性、对称性和传递性。

也就是说，一个 n 行 n 列的模糊相容关系矩阵，最多经过 $n-1$ 次复合后，即可得到相应的模糊等价关系，据此对其在一定聚类水平下进行分类。

对于模糊等价关系，给定一个聚类水平 λ。

令

$$r_{ij}=\begin{cases} 0 & r_{ij}<\lambda \\ 1 & r_{ij}\geqslant\lambda \end{cases}$$

则各行或列（因模糊等价关系具有对称性）中，元素为 1 的即为一类，于是可将样本按一定聚类水平划分成若干类。调整聚类水平，直到得到所要求的分类。

2）模糊聚类分析应用步骤

应用模糊聚类分析法的具体步骤如下。

（1）对样本进行标准化处理，消除量纲的影响。设具有 m 个指标 n 个样本的统计数据如表 4-24 所示，对其按下式进行处理：

$$A_j=\min_i\{y_{ij}\}$$

$$B_j=\max_i\{y_{ij}\}$$

$$X_{ij}=\frac{y_{ij}-A_j}{B_j-A_j}$$

表 4-24　*m* 个指标的 *n* 个样本数据

样　本	指　标				
	1	2	3	…	m
1	y_{11}	y_{12}	y_{13}	…	y_{1m}
2	y_{21}	y_{22}	y_{23}	…	y_{2m}
⋮	⋮	⋮	⋮	⋮	⋮
n	y_{n1}	y_{n2}	y_{n3}	…	y_{nm}

（2）计算样本之间的贴近度，建立模糊相容关系。样本之间的贴近度就是样本之间的接近程度或相似度，用[0, 1]之间的数表示。其计算方法有许多，其中最常用的方法为夹角余弦法，即

$$r_{ij}=\frac{\sum_{k=1}^{m}X_{ik}X_{jk}}{\sqrt{\sum_{k=1}^{m}X_{ik}^{2}\sum_{k=1}^{m}X_{jk}^{2}}}\qquad i,j=1,2,\cdots,n$$

通过计算任意两个样本之间的贴近度，即可得到一个模糊相容关系，即 $\underset{\sim}{R}=[r_{ij}]_{n\times n}$。

（3）对模糊相容关系进行复合，得出模糊等价关系。

（4）按照给定的聚类水平，对样本进行聚类。

例 4-9　某部门为了有效地对下属 6 个科研机构进行经费管理的改革，经过对所属科研机构的调查研究，得到了反映科研机构特征的 3 个指标，即研究工作性质、经济效益和工人、行政人员比重，如表 4-25 所示。现应用模糊聚类法对各科研机构进行经费改革的思路做系统的分析。

表 4-25　科研机构聚类分析数据

样　本	指标		
	研究工作性质（评分）	经济效益（万元）	工人、行政人员比重（%）
1	57	26	19
2	87	40	54
3	64	34	40
4	100	50	52
5	29	12	20
6	40	20	25
min	29	12	19
max	100	50	54

首先对数据进行标准化处理，结果如表 4-26 所示。

例如，其中

$$X_{21}=\frac{87-29}{100-29}=0.82$$

表 4-26 数据标准化处理结果

样 本	指 标		
	研究工作性质	经济效益	工人、行政人员比重
1	0.39	0.37	0.00
2	0.82	0.74	1.00
3	0.49	0.58	0.60
4	1.00	1.00	0.94
5	0.00	0.00	0.03
6	0.15	0.21	0.17

然后计算样本之间的贴近度，建立的模糊相容关系如下：

$$\underset{\sim}{R}=\begin{bmatrix} 1 & 0.74 & 0.78 & 0.83 & 0 & 0.82 \\ 0.74 & 1 & 0.99 & 0.98 & 0.67 & 0.98 \\ 0.78 & 0.99 & 1 & 0.99 & 0.62 & 0.99 \\ 0.83 & 0.98 & 0.99 & 1 & 0.55 & 0.99 \\ 0 & 0.67 & 0.62 & 0.55 & 1 & 0.55 \\ 0.82 & 0.98 & 0.99 & 0.99 & 0.55 & 1 \end{bmatrix}$$

例如，其中

$$r_{21}=r_{12}=\frac{0.39\times0.82+0.37\times0.74}{\sqrt{(0.39^2+0.37^2)\times(0.82^2+0.74^2+1^2)}}=0.74$$

接着对模糊相容关系进行复合，得出模糊等价关系：

$$\underset{\sim}{R}_2=\underset{\sim}{R}\cdot\underset{\sim}{R}=\begin{bmatrix} 1 & 0.83 & 0.83 & 0.83 & 0.67 & 0.83 \\ 0.83 & 1 & 0.99 & 0.99 & 0.67 & 0.99 \\ 0.83 & 0.99 & 1 & 0.99 & 0.67 & 0.99 \\ 0.83 & 0.99 & 0.99 & 1 & 0.67 & 0.99 \\ 0.67 & 0.67 & 0.67 & 0.67 & 1 & 0.67 \\ 0.83 & 0.99 & 0.99 & 0.99 & 0.67 & 1 \end{bmatrix}$$

$$\underset{\sim}{R}_4=\underset{\sim}{R}_2\cdot\underset{\sim}{R}_2=\begin{bmatrix} 1 & 0.83 & 0.83 & 0.83 & 0.67 & 0.83 \\ 0.83 & 1 & 0.99 & 0.99 & 0.67 & 0.99 \\ 0.83 & 0.99 & 1 & 0.99 & 0.67 & 0.99 \\ 0.83 & 0.99 & 0.99 & 1 & 0.67 & 0.99 \\ 0.67 & 0.67 & 0.67 & 0.67 & 1 & 0.67 \\ 0.83 & 0.99 & 0.99 & 0.99 & 0.67 & 1 \end{bmatrix}$$

可见 $\underset{\sim}{R}_4=\underset{\sim}{R}_2$，$\underset{\sim}{R}_2$ 为模糊等价关系。

当 λ=0.83 时，对样本聚类分析如下：

$$R=\begin{bmatrix}1&1&1&1&0&1\\1&1&1&1&0&1\\1&1&1&1&0&1\\1&1&1&1&0&1\\0&0&0&0&1&0\\1&1&1&1&0&1\end{bmatrix}$$

此时样本被分为两类，即{1,2,3,4,6}和{5}，这一点是符合实际的。从原始数据中可知，第 5 号样本的各项指标值均最低。

当λ=0.99 时，对样本聚类分析如下：

$$R=\begin{bmatrix}1&0&0&0&0&0\\0&1&1&1&0&1\\0&1&1&1&0&1\\0&1&1&1&0&1\\0&0&0&0&1&0\\0&1&1&1&0&1\end{bmatrix}$$

此时样本被分为 3 类，即{1}、{2,3,4,6}和{5}。

在上面工作的基础上，找出各类典型样本的某些特征，据此可以制定各类科研机构的科研经费的管理方法。比如，对样本 5 可以由国家全额给予预算拨款，对样本 1 可以实行差额预算拨款，对其他 4 个样本则可实行自负盈亏。

4.6 系统仿真模型

4.6.1 系统仿真的概念与步骤

1．系统仿真的概念

系统仿真是设计系统的计算机模型，利用它进行实验可以了解系统的行为或评估系统运用的各种策略的过程。仿真是建筑在模型基础上的。随着计算机的发展，仿真已成功地应用到很多领域中，如工程、管理、社会经济等领域，解决了以前不能解决的问题。

如果构成模型的关系相当简单，则可以用一般的数学方法（如代数、微积分或概率论等）求得问题的准确解，这称为解析解。但是，现实世界的很多系统非常复杂，不可能用解析方法来进行研究，所以必须借助仿真。在仿真中，应用计算在一定时间范围内从数值上评估模型，并收集数据以估计模型的真实特性。

仿真得到普遍应用主要有下列几个方面的原因：

（1）很多复杂的、带有随机因素的现实世界系统，不可能正确地用解析方法计算的数学模型来描述。此时，仿真常常是唯一可行的研究方式。特别是社会系统的大多数动态行为，如信息的取出，模型复杂得不可能有解析解，也唯有借助仿真。

（2）仿真允许人们在假设的一组运用条件下估计现有系统的性能。

（3）提出的可供选择的系统设计可通过仿真进行比较，以便找出最好的满足特定要求的一种设计。

（4）仿真使人们能在较短的时间内研究长时间范围的系统，或在扩展的时间内研究系统的详细运行情况。

这些实质上也是仿真的主要优点。

2. 系统仿真的一般步骤

仿真是解决问题的一种方法论，而不是一个特殊的算法，如单纯形法。仿真的一般步骤如下。

（1）定义问题。成功的仿真基于彻底了解系统的每个组成部分及其与系统中其他组成部分的相互作用，包括了解系统的目标和运用环境。目标要反映环境，环境要影响系统的运用行为，以及这些概念对系统的影响和作用。没有系统运行过程和系统特性的详细知识，是很难对系统进行仿真的。

（2）制定仿真模型。制定仿真模型包括下列五个步骤：

① 决定仿真的目标。首先，确定仿真应回答哪些问题，需要从仿真中得出哪些结论。其次，必须提供一定的准则以评估问题的解答。

② 决定状态变量。选择一些能达到仿真目标的关键因素，可以考虑那些反映待回答的问题的组成部分和相应的状态变量。

③ 选择模型的时间移动方法。这有两种方法，即固定时间增长（以一定时间间隔变化的时间）和可变时间增长（仅在一定的事件发生时变化的时间）。

④ 描述运用行为。应用状态变量和上述的时间移动方法，描述状态变量如何随时间变化，即系统状态是如何变化的。这种描述可以是数学形式或叙述形式，并需指明问题的概率分布。

⑤ 准备过程发生器。对于上一步中指明的概率分布，必须准备产生该分布的随机变量的数值。过程发生器由过程分布的积累分布和 0 与 1 之间的随机数列构成。

（3）证实模型。在这一点上，很容易了解为什么计算机常用于仿真。一些特殊的计算机编程的语言自动提供了各种过程发生器，控制仿真模型的时间，记录状态值，甚至帮助建立模型。例如，GPSS 有一些语句实际上是表示仿真模型的各个组成部分的。不管是否使用计算机，仿真模型都必须加以证实，即模型必须是现实世界系统的一个“良好”表示。在决定仿真模型的有效性时，要提出这样的问题：模型在技术上是否正确？在完成第 2 步时，有无差错？模型是否给出了合适的结果？对于后一问题的回答，常用模型的结果与历史资料加以比较。

（4）设计仿真试验。仿真一般包括随机事件、概率分布等，一系列仿真的运行实质上是统计试验，所以要加以设计。在各种系统间进行统计性比较，应形成零假设，建立置信度，决定采样大小，选择合适的试验（采样分布）等。因为这些牵涉统计学，故仿真成为管理科学的实验分支。这并不是说，不应用统计学仿真就不可能得到有意义的结果。从一个系统的仿真取得的经验是非常有用的。在被比较的各种方案中，仿真可以清楚地表明一种方案比其他方案优越。

（5）仿真运行并分析数据。根据实验设计，将仿真模型加以运行，并分析其结果。

4.6.2 蒙特卡罗法

蒙特卡罗法是一种适用于对静态离散系统进行仿真试验的方法。这种方法的基本思路是运用一连串随机数表示一项随机事件的概率分配，再利用任意取得的随机数从该项概率分配中获得随机变量值。

例 4-10 为了估算某路口每天的车流量，对路口每分钟通过的车辆数做了 100 次的统计，结果如表 4-27 所示。

表 4-27 数据统计

每分钟通过车辆数（辆）	30～39	40～49	50～59	60～69	70 及以上
发生次数（次）	5	25	40	28	2

由表 4-27 可知，每分钟车流量在 30～39 辆的次数，在 100 次中只有 5 次，占 5%；车流量在 40～49 辆的次数有 25 次，占 25%。据此，可以列出相应的概率分布，如表 4-28 所示。

表 4-28 概率分布

每分钟通过车辆数（辆）	概　率
30～39	0.05
40～49	0.25
50～59	0.4
60～69	0.28
70 及以上	0.02

若以随机数 01, 02,⋯, 98, 99 和 00 表示上述概率分布，则可将上述两表重新写成如表 4-29 所示的形式。

表 4-29 概率分布和随机数取值

每分钟通过车辆数（辆）	概　率	随机数取值
30～39	0.05	01～05
40～49	0.25	06～30
50～59	0.4	31～70
60～69	0.28	71～98
70 及以上	0.02	99～00

在做好上述准备工作后，就可以任意取随机数了。例如，取得随机数为 10，则从表 4-29 中可知，这一分钟的车流量在 40～49 辆之间，取平均数为 45 辆。例如，仿真次数定为 n 次，则平均每分钟的车流量就可以用仿真后的平均数求得。

通过上例可以看到，应用蒙特卡罗法，首先要知道仿真事件的概率分布，其次要确定随机数的取值。例如，上例中需要 100 个随机数，可以将其分别刻在 100 个小球上，并置于一袋中摇匀，然后从袋中任意取出一小球，如果取出的小球上刻的数字是 10，则表明随机数是 10；接着将该小球放回袋中摇匀后再取，直到取满规定的仿真次数。

下面通过具体例子说明如何应用蒙特卡罗法进行仿真。

例 4-11 某生产电子产品的企业，要对某种型号的产品平均无故障运行时间做出估计。该产品由 A、B 和 C 三个部件串联而成。因此，当这三个部件中任何一个部件发生故障而失效时，则该电子产品即告失效。如果根据该产品投入运行后再对其无故障运行时间做出估计，则费用比较高。现在企业已经得到每一种部件的有关运行试验记录资料，其中包括用来确定部件失效时间的概率分布，如表 4-30 所示。

表 4-30 部件失效概率分布和随机数取值 单位：月

A 部件			B 部件			C 部件		
失效时间	概率	随机数	失效时间	概率	随机数	失效时间	概率	随机数
4	0.1	01～10	2	0.05	01～05	6	0.2	01～20
5	0.2	11～30	3	0.1	06～15	7	0.3	21～50
6	0.3	31～60	4	0.2	16～35	8	0.25	51～75
7	0.2	61～80	5	0.3	36～65	9	0.15	76～90
8	0.15	81～95	6	0.25	66～90	10	0.1	91～00
9	0.05	96～00	7	0.1	91～00			

利用表 4-30 的随机数取值表，就可以产生该产品三种部件失效时间的随机变量值。表 4-31 为其失效时间仿真表。从表中可知，仿真共进行了 20 次，即对 20 个产品进行了仿真，仿真结果是该产品的平均失效时间为 4.6 个月，即平均无故障运行时间为 4.6 个月。

表 4-31 产品失效时间仿真表 单位：月

产品序列号	A 部件随机数	A 部件失效时间	B 部件随机数	B 部件失效时间	C 部件随机数	C 部件失效时间	产品失效时间
1	33	6	24	4	52	8	4
2	50	6	72	6	85	9	6
3	13	5	19	4	79	9	4
4	82	8	20	4	86	9	4
5	59	6	91	7	72	8	6
6	30	5	88	6	20	6	5
7	24	5	95	7	12	6	5
8	02	4	38	5	21	7	4
9	15	5	41	5	99	10	5
10	38	6	51	5	58	8	5
11	12	5	08	3	04	6	3
12	85	8	23	4	36	7	4
13	92	8	55	5	01	6	5

（续）

产品序列号	A 部件随机数	A 部件失效时间	B 部件随机数	B 部件失效时间	C 部件随机数	C 部件失效时间	产品失效时间
14	79	7	27	4	84	9	4
15	59	6	80	6	13	6	6
16	11	5	26	4	06	6	4
17	97	9	54	5	15	6	5
18	39	6	47	5	73	8	5
19	71	7	14	3	64	8	3
20	16	5	59	5	96	10	5

注：平均失效时间=92/20=4.6（月）

由表 4-31 可知，第 1 号产品的随机数 R_a=33，其失效时间为 6 个月。同样，在第 1 行第 4 列得 R_b=24，B 部件失效时间为 4 个月；在第 1 行第 6 列得 R_c=52，C 部件失效时间为 8 个月。由于产品由 A、B 和 C 三个部件串联而成，故其中任一部件失效，产品也随之失效，所以产品失效时间取部件失效时间的最小值，即第 1 个仿真的产品失效时间应为 4 个月，依次类推。最后，可得该电子产品的平均失效时间为 4.6 个月。

4.6.3 系统动力学

系统动力学是美国麻省理工学院教授 J. W. 福瑞斯特提出的一种计算机仿真技术。系统动力学综合应用控制论、信息论、决策论等有关理论和方法，建立 SD 模型，并以计算机为工具进行仿真试验，以便获得所需信息来分析和研究系统的结构与动态行为，为正确进行科学决策提供可靠的依据。

第二次世界大战后，随着科学技术和工业化的进展，一些国家存在的诸如环境污染、资源短缺等社会问题已日趋严重。如何来正确处理和妥善解决这些社会问题呢？尽管人们已掌握了不少知识和技能来讨论与分析这些问题的种种表现，然而却不能充分理解它们许多组成部分的起源、发展和相互关系，因而也就不能做出有效反应。原因在于人们在考察这个问题的某一部分时，不理解这一部分仅仅是整体的一个方面，也不理解一个问题的出现和变化会导致其他问题的出现和变化。同时，实践证明，许多问题仅仅进行定性分析或依靠运筹学等一类的优化技术，已不能被有效地处理和解决，所以迫切需要采用新的科学方法对这些社会问题进行综合分析和研究。系统动力学就是在这种背景下产生的一种分析和研究社会经济系统的有效方法，可以用于系统的动态仿真，它的突出优点是能处理高阶项、非线性、多重反馈的复杂时变系统问题。

1. 系统动力学的研究对象

系统动力学的研究对象主要是社会系统。社会系统的范围十分广泛，概括地说，凡涉及人类的社会和经济活动的系统都属于社会系统。除企业、事业、宗教团体是社会系统外，环境系统、人口系统、教育系统、资源系统、能源系统、交通系统和经营管理系统等也都属于社会系统。社会系统的核心是由个人或集团形成的组织，而组织的基本特征是具有明确的目的。人们通常可借助物理系统来弥补和增强其能力，如借助显微镜观察生物，乘坐火车、轮船或飞机等进行长途旅行，用电子计算机求解复杂的数学方程等。因此，在社会系统中总是包含物理系统。

社会系统和物理系统的另一根本区别是，社会系统中存在着决策环节。社会系统总是在经过采集信息并按照事先规定的某一规则（准则或政策等）对信息进行加工处理，最终在做出决策之后才出现系统行为的。决策是人类活动的基本特征，在处理日常生活中的一些问题时，人们往往会很容易地做出相应决策，但对系统边界远比个人要大的企业、城市、国家乃至世界来说，其决策环节所需采集的信息量是十分庞大的，而且其中既有看得见、摸得着的实体，又有看不见、摸不着的价值观念、伦理观念和道德观念，以及个人和集团偏见等因素，因此认识和掌握决策环节的决策机构是十分重要的。

系统动力学作为一种仿真技术具有如下一些特点：

（1）应用系统动力学研究社会系统，能够容纳大量变量，一般可以达到数千个，而这正好符合社会系统的需要。

（2）系统动力学模型，既有描述系统各要素之间因果关系的结构模型（以此来认识和把握系统结构），又有专门形式表示的数学模型（据此进行系统仿真试验和计算，以掌握系统未来的行为）。因此，系统动力学是一种定性分析和定量分析相结合的仿真技术。

（3）系统动力学的仿真试验能起到实际系统实验室的作用。通过人—机结合，既能发挥人（系统分析人员和决策人员）对社会系统的了解、分析、推理、评价和创造等方面的优势，又能利用计算机高速计算和迅速跟踪等功能，试验和剖析实际系统，从而获得丰富而深化的信息，为选择最优或满意的决策提供有力的依据。

（4）系统动力学通过模型进行仿真计算的结果，都采用预测未来一定时期内各种变量随时间变化的曲线来表示。也就是说，系统动力学能处理高阶次、非线性、多重反馈的复杂时变的社会系统的有关问题。

2．系统动力学的仿真步骤

构造系统动力学模型的一般工作步骤如下：

（1）明确系统构模目的。一般来说，系统动力学的构模目的在于研究系统的有关问题。例如，预测系统内部的反馈结构及其动态行为，以便为进一步确定系统结构和设计最佳运行参数，以及制定合理的政策等提供科学依据。当然，在涉及具体对象系统时，还要根据具体要求最终确定仿真构模的目的。

（2）确定系统边界。系统动力学研究的是封闭社会系统。在明确系统构模目的后，就要确定系统边界，这是因为系统动力学分析的系统行为是基于系统内部种种因素而产生的，并假定系统外部因素不给系统行为以本质的影响，也不受系统内部因素的控制。

（3）因果关系分析。确定了系统边界后，就要对系统内部的要素进行因果关系的分析，以明确各要素之间的因果关系，并用表示因果关系的反馈回路来描述，这是系统动力学至关重要的一步。要做到这一点，系统分析人员必须有丰富的实践经验，并对实际系统有敏锐的洞察力，这样才能比较正确地制定各要素间的因果关系反馈回路。决策是在一个或几个反馈回路中进行的，而且正是由于各种回路的耦合使系统的行为更为复杂。

（4）建模。系统动力学的建模包括流程图和结构方程式两个部分。

① 流程图。流程图是根据因果关系的反馈回路，应用专门设计的描述各种变量的符号绘制而成的。由于社会系统的复杂性，以致无法只凭语言和文字对系统的结构与行为做出准确的描述，而用数学方程也不能清晰地描述反馈回路的机理。为了便于掌握社会系统的结构及其行为的动态特性，以及讨论与沟通系统的特性，人们专门设计了流程图这种图像模型。

② 结构方程式。流程图虽然可以简明地描述社会系统各要素之间的因果关系和系统结构，但不能显示系统各变量之间的定量关系，即仅仅依据流程图还不能进行定量分析。而结构方程式是专门用来进行定量分析的数学模型，它是用专门的 DYNAMO 语言建立的。

（5）计算机仿真试验。根据 DYNAMO 语言建立的结构方程式在计算机上进行仿真。

（6）结果分析。为了了解仿真是否已达到预期目的，或者为了检验系统结构是否有缺陷（导致这种缺陷的原因往往是因果关系分析的判断错误），必须对其结果进行分析。

（7）模型修正。根据结果分析，对系统模型进行修正，其内容包括修正系统结构、运行参数、策略或重新确定系统边界等，以便使模型能更真实地反映实际系统的行为。

3. 因果关系图

因果关系图是构成系统动力学模型的基础，是社会系统内部关系的真实写照。在建立某个社会系统模型时，因果关系分析是建立正确模型的必要条件。因果关系可用因果关系图来描述，常用的因果关系图包括以下几种。

（1）因果箭。因果关系也称影响关系，用连接因果要素的有向边来描述，称为因果箭，如图 4-21 所示。因果箭的箭尾始于原因，箭头终于结果。因果关系按其影响作用的性质分为两种，即正因果关系和负因果关系，这称为因果关系的极性。用符号“+”或“−”表示正或负的因果关系。正因果关系表明当原因引起结果时，原因和结果的变化方向是一致的；负因果关系则相反，其原因和结果的变化方向是相反的。

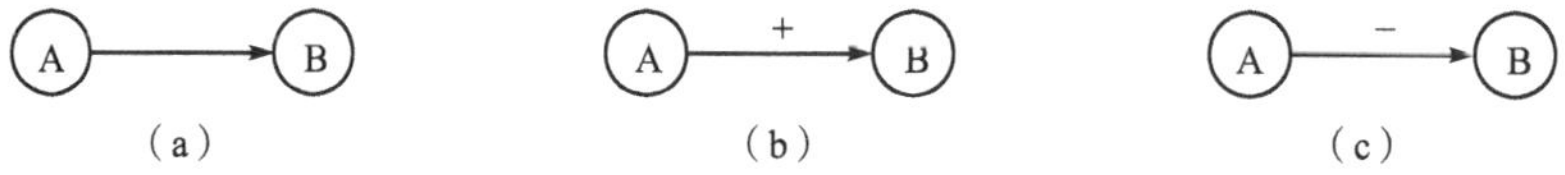

图 4-21　因果箭

（2）因果链。因果关系是一种具有递推性质的关系。例如，A 要素是 B 要素的原因，B 要素又是 C 要素的原因，则 A 要素也是 C 要素的原因；同样，从结果方面分析也可得到相同的结论。利用因果箭描述这些因果关系，就得到了因果链，如图 4-22 所示。因果链也有极性：如果因果链中所有因果箭都呈正极性，则因果链也呈正极性；如果因果链中含有偶数个负因果箭，则因果链呈正极性，即起始因果箭的原因和终止因果箭的结果呈正因果关系；如果因果链中含有奇数个负的因果箭，则因果链呈负极性。这种规律可以表述为，因果链的极性符号与因果箭的极性乘积符号相同。

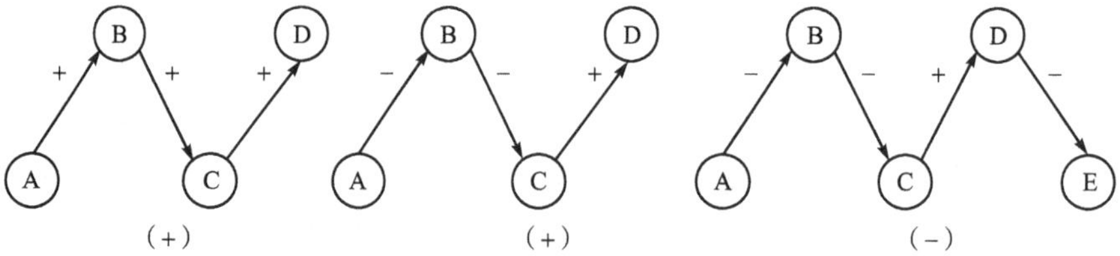

图 4-22　因果链

（3）因果关系的反馈回路。社会系统中经常存在着作用与反作用的相互关系。原因和结果总是相互作用，原因引起结果，而结果又作用于形成原因的环境条件，促使原因变化，这就形成了因果关系的反馈回路。社会系统中的反馈回路是系统中各要素间的因果关系本身所固有的。反馈回路的基本特征是，原因和结果的地位具有相对性，即在反馈回路中将哪个要素视作原因、哪个要素视作结果，要看分析问题的具体情况而定。仅从反馈回路本身来看，是很难区分出因和果的。如图 4-23 所示，人口总数和出生人数两个要素构成的一个反馈回路中，就很难区分出因与果的关系。

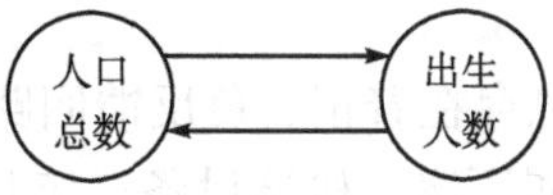

图 4-23　人口总数和出生人口构成的反馈回路

反馈回路也有正和负之分。在正反馈回路中，某个要素的属性发生变化，由于其中一系列要素属性递推作用的结果，将使该要素的属性沿着原先变化的方向继续发展下去，因此正反馈回路具有自我强化（或自我弱化）的作用，是系统中促进系统发展（或衰亡）、进步（或退步）的因素。如图 4-24（a）所示，由于国民收入增加，使购买力提高，从而导致商品数量减少，其结果就促使生产量增加，而生产量增加又会使国民收入增加，因此这一反馈回路具有自我强化的作用。在负反馈回路中，当某一要素发生变化时，由于回路中一系列要素属性递推作用的结果，将使该要素的属性沿着与原来变化方向相反的方向变化，因此具有内部调节器（稳定器）的效果。负反馈回路可以控制系统的发展速度和衰亡速度，是使系统具有自我调节功能的必不可少的因素。如图 4-24（b）所示，如果商店的库存量增加，就使得库存差额（期望库存量与实际库存量之差）减少，从而商店向生产工厂的订货速度也就放慢，订货速度放慢就会造成库存量减少，进而起到自我调节和平衡的作用。

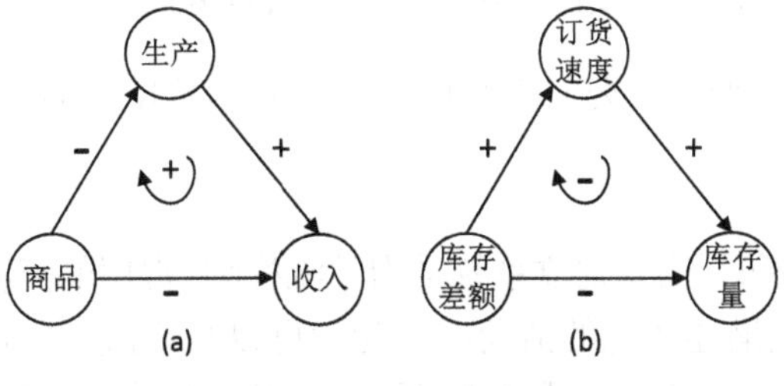

图 4-24　正、负反馈回路

系统性质和行为完全取决于系统中存在的反馈回路，系统的结构主要就是指系统中反馈回路的结构。因此，研究社会系统时，努力发现和解释系统中的反馈回路的机制与性质是一项重要的任务。

（4）多重反馈回路。在复杂的社会系统中存在着两个或两个以上的反馈回路，这称作多重反馈回路。在多重反馈回路中存在着相互促进或制约的关系，有时这个回路起主导作用，有时另一个回路起主导作用，从而显示出系统在不同时期的不同特性。如果对系统中的多重反馈回路认识不清，就不可能做出正确的决策。在社会系统中常常会遇到下面的情况：一些看来是有效的措施、行为常常不起作用，或对某些问题的预测结果往往和以后的实际情况相悖；一些试图用来克服困难的政策、措施，执行或采取后反而加重了困难。这主要就是没有认识或没有掌握系统中存在多重反馈回路作用的结果。

社会系统的动态行为是由系统本身同时存在着许多正、负反馈回路决定的。例如，人口系统中，人口总数的动态行为可以简化为如图 4-25 所示的两重反馈回路，年出生人数和人口总数之间存在着正反馈回路，而年死亡人数和人口总数之间存在着负反馈回路。人口总数的变化过程同时受到出生和死亡两个要素的影响，由于这两个要素的变化因素十分复杂，受到社会、政治、经济和环境等因素的影响，如果这样深究下去，就会发现更多重的反馈回路。

经济过程和人口过程一样，也存在着正、负反馈回路。以工业资本为例，如图 4-26 所示，当投入一定量的工业资本（如厂房、机器设备、工具）时，就会有一定的产出。如果在其他投入较为充分的条件下，投入较多的工业资本就会带来较多的产品，产品盈利收入的一部分作为投资扩大再生产，从而又形成了新的工业资本，这样工业资本和投资就形成了新的反馈回路；反之，工业资本的增加，使每年的折旧费用也相应增加，从而使工业资本减少，就形成了经济过程负的反馈回路。经济过程的动态变化是正、负反馈回路共同作用的结果，哪一个反馈回路起主导作用，则要分析具体情况后才能确定。

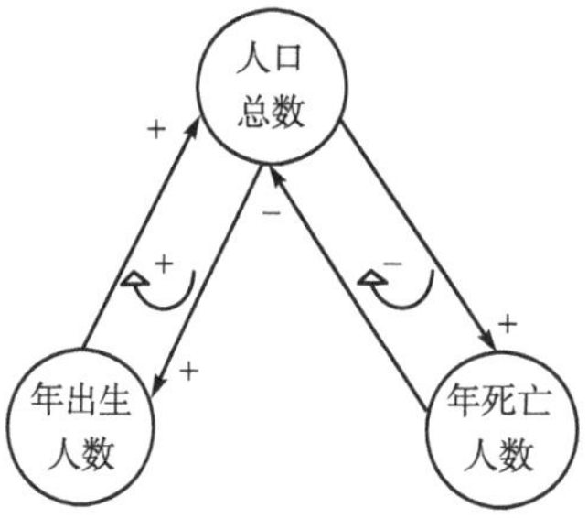

图 4-25　人口系统的两重反馈回路

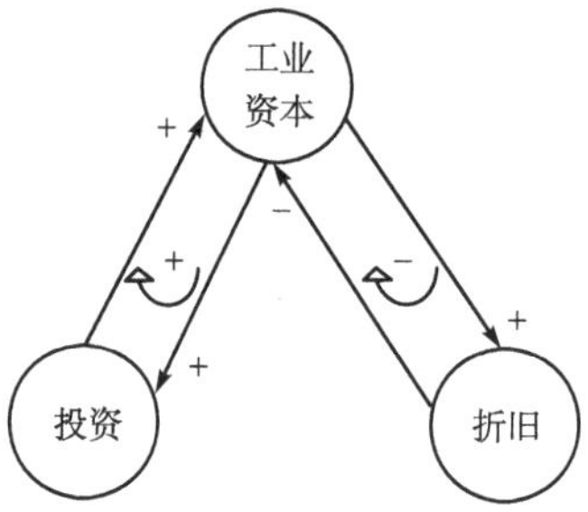

图 4-26　经济系统的两重反馈回路

在建立系统动力学模型前，要对系统内部存在的多重反馈回路做出详尽的分析。

4．流程图

应用系统动力学建模时，需要建立系统动力学流程图。常用的流程图符号如图 4-27 所示。

（1）流（Flow）。流描述系统的活动或行为，可以是物流、货币流、人流和信息流等，用带有各种符号的有向边描述。为了简便起见，通常只区分实体流（实线）和信息流（虚线）两种。

（2）水准（Level）。水准反映子系统或要素的状态，如库存量、库存现金、人口量等。水准是实体流的积累，用矩形框表示。水准的流有流入和流出之分。

（3）速率（Rate）。速率描述系统中流随时间变化的活动状态，如仓库的入库率和出库率、人口的出生率和死亡率等。速率变量是决策变量。

（4）参数（Parameter）。参数是系统在一次运行中保持不变的量，如调整生产的时间、计划满足缺货量的时间等。参数一旦确定，在同一仿真试验的计算中就保持不变，是一个常量。

（5）辅助变量（Auxiliary Variable）。辅助变量是建立结构方程式时 DYNAMO 方程中使用的一种变量，目的在于简化速率变量的方程，使复杂的函数易于理解。

（6）源（Source）与汇（Sink）。源指流的来源，相当于供应点；汇指流的归宿，相当于消费点。

（7）信息（Information）的取出。信息可以取自水准、速率等处，用带箭头的虚线表示，箭尾的小圆表示信息源，箭头指向信息的接收端。

（8）滞后（Delay）或延迟。由于信息和物质传递过程需要有一定的时间，于是就带来了原因和结果、输入和输出、发送和接收之间的滞后。滞后是造成社会系统非线性的另一个根本原因。一般滞后有物流滞后和信息流滞后之分。SD 中共有如下四种滞后情况：

① DELAY1——对实物流速率进行一阶指数延迟运算（一阶指数物质延迟）。

② DELAY3——三阶指数物质延迟。

③ SMOOTH——对信息流进行一阶平滑（一阶信息延迟）。

④ DLINF3——三阶信息延迟。

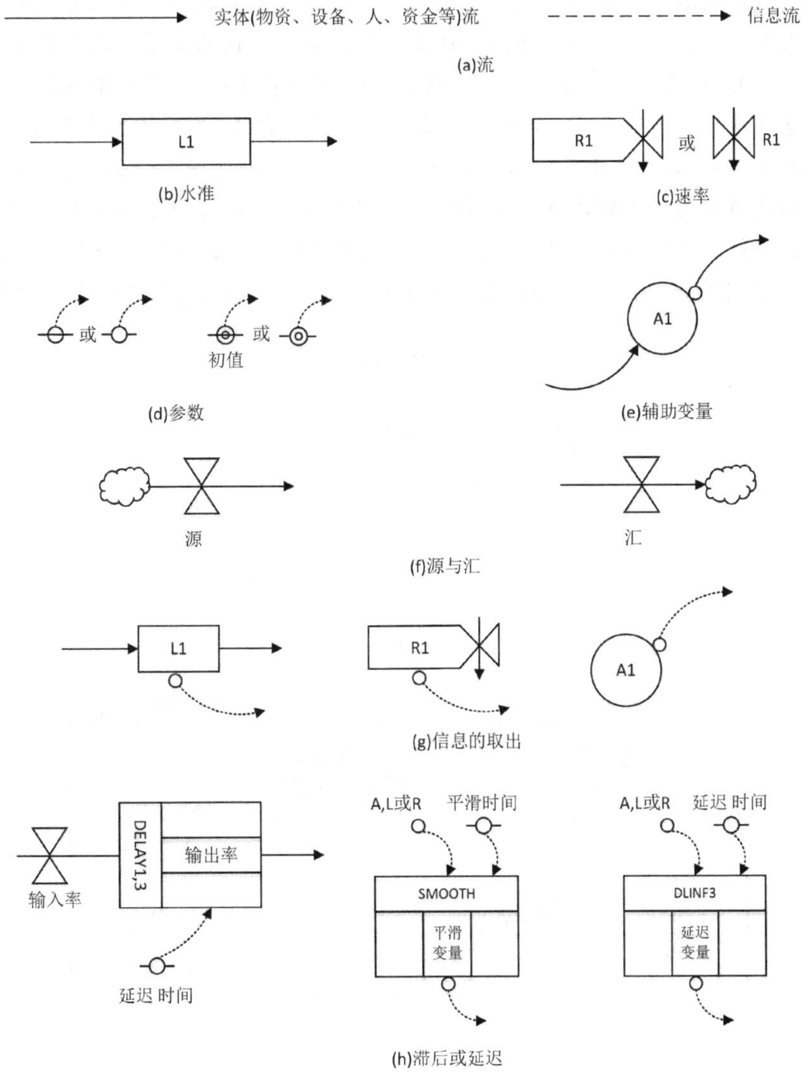

图 4-27　常用的流程图符号

下面通过分析某经营单一商品的零售店订货策略问题，说明系统动力学流程图的绘制。

例 4-12 零售店向顾客销售商品，使得零售店的库存量不断减少。为了补充库存，店方要向生产厂家提出订货，接受订货的厂家计划生产该种商品以满足订货要求，这时零售店的库存量又相应增加。这样，系统的边界由零售店和工厂两部分组成，如图 4-28 所示。系统边界外的顾客购买商品作为外生变量或扰动来处理。在确定系统边界后，就要确定系统内部的各种因素，以及它们之间的因果关系和形成的反馈回路。根据讨论的问题，零售店应考虑的因素有零售店的销售量（这是问题的起因）、零售店的库存量和零售店的订货量，工厂应考虑的因素有工厂未供订货量、工厂的生产量、工厂的生产能力和工厂的计划产量等。这两部分加起来共有 7 个要素，通过因果关系分析，建立它们之间的因果关系和反馈回路，如图 4-29 所示。零售店的销售量增加，向工厂的订货量就增加，这样工厂接受订货后的未供订货量就增加，于是计划产量就要增加，这就要求扩大生产能力，从而使产品产量增加，这又使零售店的库存量增加，而库存量增加，则向工厂的订货就会减少，所以它们之间形成了负反馈回路。在整个系统中有两种实体流：商品流和订货流。商品流是在零售店库房里积累形成的库存量（L_2），订货流是在工厂积累形成的未供订货量（L_1），这两个都属于水准变量。影响水准变量的速率变量有 3 个，即零售店的订货速率（R_1）、工厂的生产速率（R_2）和零售店的销售速率（R_3）。工厂的生产能力和计划产量则属于辅助变量，分别用 P_1 和 P_2 表示。根据因果关系和反馈回路，绘制该系统的流程图如图 4-30 所示。其中，（a）图表示工厂的部分流程图，（b）图表示零售店的部分流程图，（c）图表示该系统的总体流程图。图中 S_1 为平均销售量，D_1 为调整生产时间，D_2 为期望完成未供订货时间，D_3 为零售店平均订货时间。

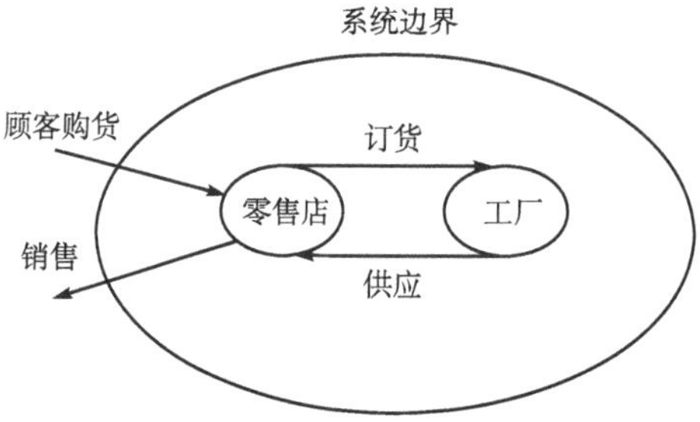

图 4-28 系统边界

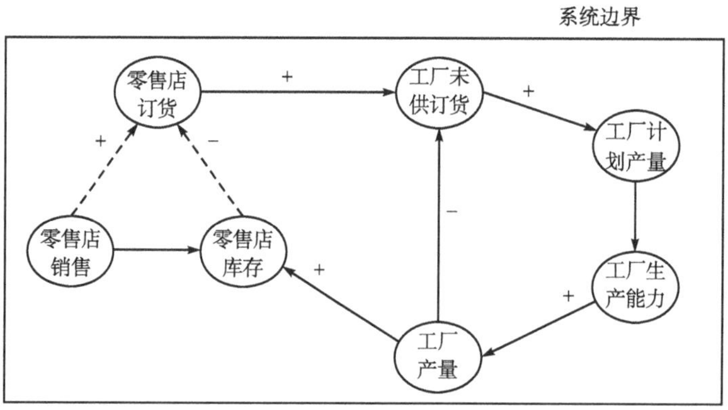

图 4-29 因果关系和反馈回路

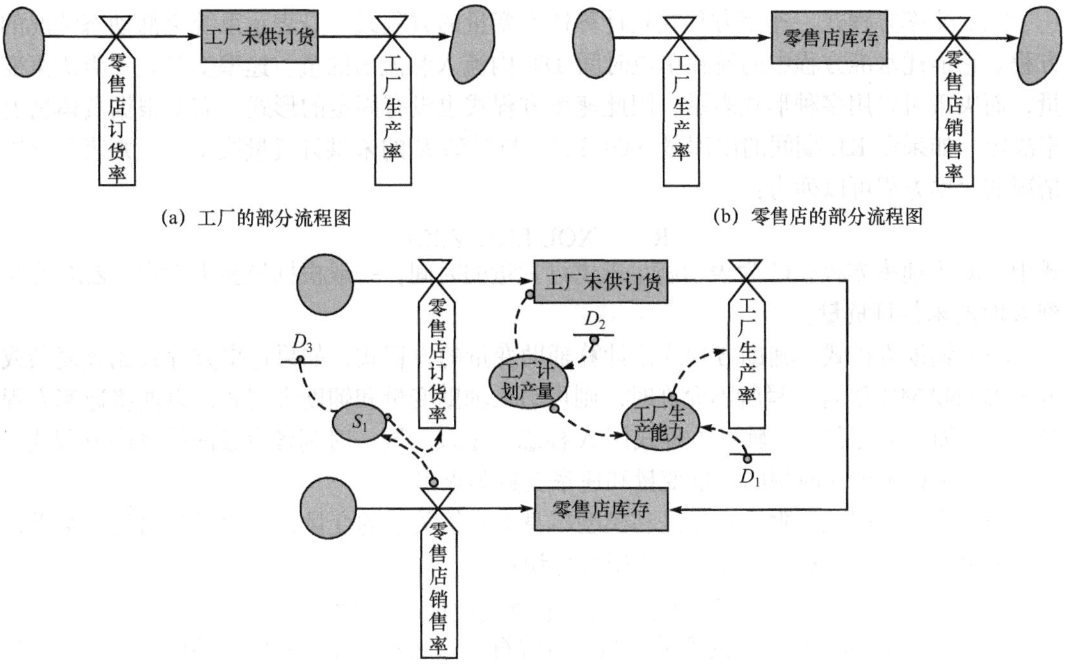

(a) 工厂的部分流程图　(b) 零售店的部分流程图

(c) 系统的总体流程图

图 4-30　系统流程图

5．结构方程式

仅仅依靠流程图还不能定量地描述系统的动态行为，而是需要应用专门的 DYNAMO 语言建立能够定量分析系统动态行为的结构方程式。DYNAMO 是 Dynamic Model 的缩写，意为动力学模型，它是由麻省理工学院有关人员专门为系统动力学设计的计算机语言。DYNAMO 的对象系统是随时间连续变化的，系统的状态变量是连续的且是对时间的一阶导数。在 DYNAMO 方程中，变量一般附有时间标号。系统变量的时间域标号如图 4-31 所示，*J* 表示过去时刻，*K* 表示现在时刻，*L* 表示未来时刻，JK 表示由过去时刻到现在时刻的时间间隔，KL 表示由现在时刻到未来时刻的时间间隔。系统动力学使用逐段仿真的方法，仿真时间步长记为单位时间 DT（Delta T)；DT 的单位可以是年、月、周或日等，必要时也可取更小的时间单位，用以逼近连续时间系统。建立 DYNAMO 方程时，一般要根据经验选择合适的步长。

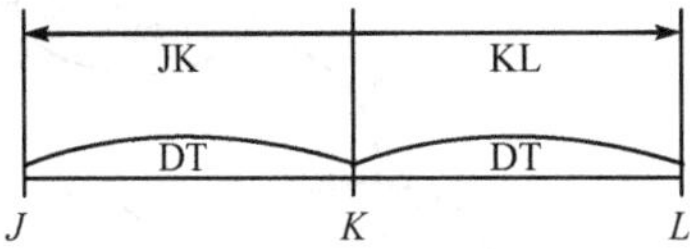

图 4-31　时间域标号

DYNAMO 模型中有 6 种基本的方程式，每种方程式的第一列都标以符号，说明这个方程的种类。

（1）水准方程式。计算水准变量的方程式叫水准方程式。比如，现在时刻 *K* 的库存量等于过去时刻 *J* 的库存量加上由过去时刻 *J* 到现在时刻 *K* 的入库量与出库量之差乘以单位时间 DT，用 DYNAMO 语言描述可记为：

L　　Y.K=Y.J+DT*(XIN.JK−XOUT.JK)

此方程式就是水准方程式，L 表示水准方程，一般在 DYNAMO 方程式一开始就要说明方程的类型。水准变量必须由初始方程赋给初始值。

（2）速率方程式。速率方程式是计算速率变量的方程式，是表示系统全部动态情况的方程。它描述水准方程中的流在单位时间 DT 内流入和流出的量。速率变量是一类决策变量，而决策可以用多种形式表示，因此速率方程式也没有固定的形式，需要根据具体情况来决定。如果设 KL 期间的出库量 XOUT.KL 与时刻 K 的未供订货量成正比，则表示出库情况的速率方程可以列为：

$$\text{R} \qquad \text{XOUT.KL=Z.K}/C$$

式中，R 为速率方程；C 为表示满足未供订货量的时间，一般根据经验来设定；Z.K 为时刻 K 时的未供订货量。

（3）辅助方程式。辅助方程式是计算辅助变量的方程式，如果速率方程式比较复杂或者为 DYNAMO 语言书写所不允许时，则可引入辅助变量和辅助方程式，以便将速率方程分为几个简单的方程式。辅助方程式用 A 标志，是表示同一时刻各变量间关系的方程式。辅助变量可以由现在时刻的水准变量和速率变量等求出。

（4）附加方程式。附加变量是和模型本身无直接关系的变量，是为了输出打印结果或测定需要而定义的变量。附加方程式用 S 标识：

$$\text{S} \qquad \text{TOTAL.K=IAR.K+IAD.K+IAF.K}$$

式中，TOTAL.K 为现在时刻的商品总量；右端符号为表示现在时刻的商品库存、销售库存和工厂库存。

（5）给定常量方程式。给定常量是指在一次仿真运行中保持不变的量，在不同次数的运行中可以采取不同的值。给定常量方程式的标志是 C。

（6）赋初值方程式。初值是指运行开始时各变量的取值。初值方程式是在仿真开始时刻给所有水准变量和部分辅助变量赋给初值的方程式，用 N 标识。

6. DYNAMO 仿真举例

（1）人才培养的系统仿真模型。例如，随着计算机技术的推广应用，迫切需要培养软件方面的技术人才，而人才的培养有一个过程。现某地区的几个高校有软件专业在校学生 5 000 名，毕业后主要满足该地区的需求，若有多余可供应其他地区。人才培养的因果关系图和流程图如图 4-32 所示。

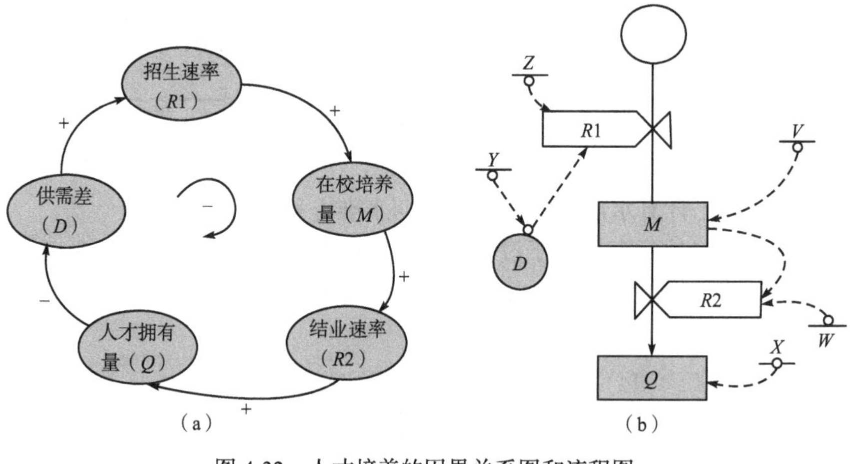

图 4-32　人才培养的因果关系图和流程图

设正在学校培养的人数 M=5 000，地区现有软件人才拥有量 X=1 000，而期望拥有量 Y=6 000，调整拥有量时间 Z=5 年，从招生到毕业时间 W=5 年，则可建立 DYNAMO 程序预测今后 5 年内该地区软件人才的拥有量。

L　M.K=M.J+DT*(R1.JK−R2.JK)

N　$M=V$

C　V=5 000

R　R1.KL=E.K/Z

A　E.K=Y−Q.K

C　Y=6 000

C　Z=5

R　R2.KL=M.K/W

C　W=5

L　Q.K=Q.J+DT*(R2.JK−0)

N　$Q=X$

C　X=1 000

手工仿真 5 年的人才拥有量结果显示两阶负反馈回路，如表 4-32 所示，其相应的变化曲线如图 4-33 所示。可以看出，两阶负反馈回路也具有追求目标的功能，在两阶负反馈回路的作用下，人才拥有量在达到期望值后还会继续增加，从而超出了拥有量期望值，而后在目标值附近以衰减振荡的形式逼近目标值。这是一般两阶负反馈回路的共同特征。

表 4-32　两阶负反馈回路仿真表

仿真步长（年）	M	ΔM	Q	D	R1.KL	R2.KL
0	5 000		1 000	5 000	1 000	1 000
1	5 000		2 000	4 000	800	1 000
2	4 800	−200	3 000	3 000	600	960
3	4 440	−360	3 960	2 040	408	888
4	3 960	−480	4 848	1 152	230	792
5	3 398	−562	5 640	360	72	680

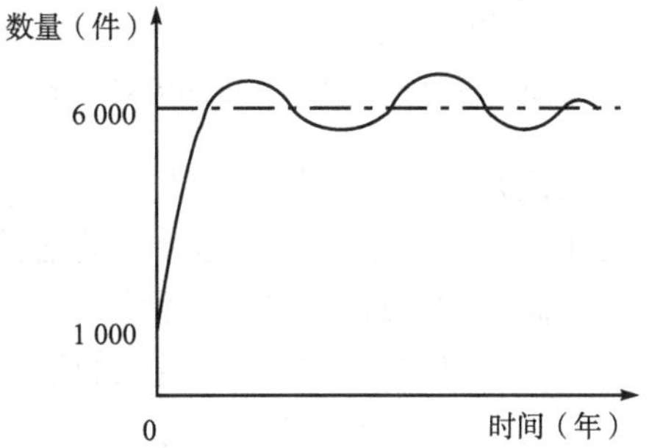

图 4-33　仿真结果变化曲线

（2）复杂系统动力学模型。这里介绍复杂的社会经济系统动力学模型：世界人口、经济与环境模型。20 世纪 70 年代初，来自 25 个国家的 75 名科学家与学者的罗马俱乐部共同讨论未来人类面临的问题，学者们困惑于世界工业生产均值近十年来呈指数增长趋势，而同时面临金融与经济呈周期性衰退、通货膨胀、就业困难、资源减少和生态环境恶化等一些难题。这些问题普遍发生于世界各区域，而且涉及社会经济、政治和技术因素，更重要的是这些因素是相互联系、相互作用的。罗马俱乐部试图探索产生这些问题的原因，寻求未来世界与人类摆脱困境的出路，但人们惯用的研究方法与工具都是从单因素开始的，既不能认识总体大于各部分之和的系统的整体性质，又在非线性、高阶次、多重反馈系统面前束手无策，所以难以回答这一复杂巨大系统的问题。

为此，福瑞斯特教授向俱乐部介绍了他所研究的世界模型。该模型认为世界系统是一个开放的系统，但在相对短期内（如 100 年）可考虑为封闭系统。他所领导的国际小组研究了世界范围内的人口、工业、农业、自然资源和环境污染等诸因素的相互联系、相互制约的作用，以及产生各种后果的可能性。这些因素的因果关系如图 4-34 所示，其中带正号的箭头表示因果链的正影响，带正号的回路为正反馈回路，反之为负影响和负反馈回路。该图描述了世界系统的基本反馈机制，人口、工业化和食物形成了一个正反馈环，工业化与自然资源形成负反馈环，工业化和污染形成负反馈环，工业化与污染、人口形成负反馈环，工业化、食物、占用土地、自然空间和人口形成负反馈环。由于这些反馈回路的相互作用，产生了世界社会经济环境这一复杂巨大系统的动态行为。为了用计算机进行系统仿真，还需建立系统的流程图，然后根据结构建立系统方程式。该世界模型的简化流程如图 4-35 所示，建立的方程式有 100 多个，用 DYNAMO 进行系统仿真的基本模拟结果如图 4-36 所示。

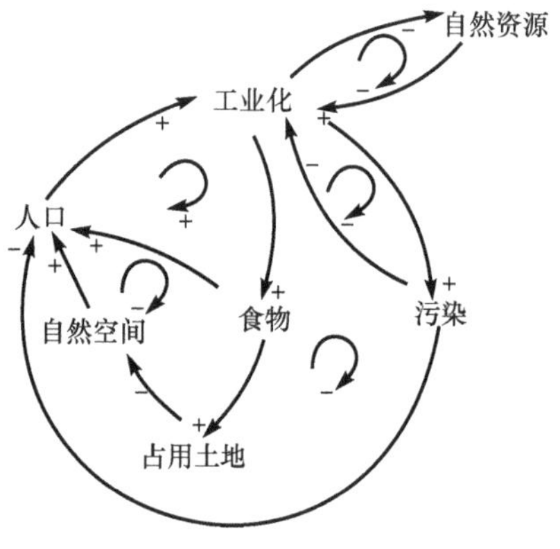

图 4-34　世界系统基本变量的因果关系

世界模型模拟结果的基本结论是，工业化伴随着人口膨胀、资源短缺和污染增长，因此人口、生产和环境的发展与相互制约的结果将使迄今持续增长的模式逐步过渡到一种新的均衡增长状态，人口达到一个高峰后将逐渐下降，环境污染严重到一定程度后也会随着人口和资产投资的下降而降低，过去世界上诸多指数增长的指标将有所改变。从长远的战略观点看，目前不发达国家按西方先进国家的模式进行的工业化努力未必是明智的，发展中国家应有自己的发展道路。

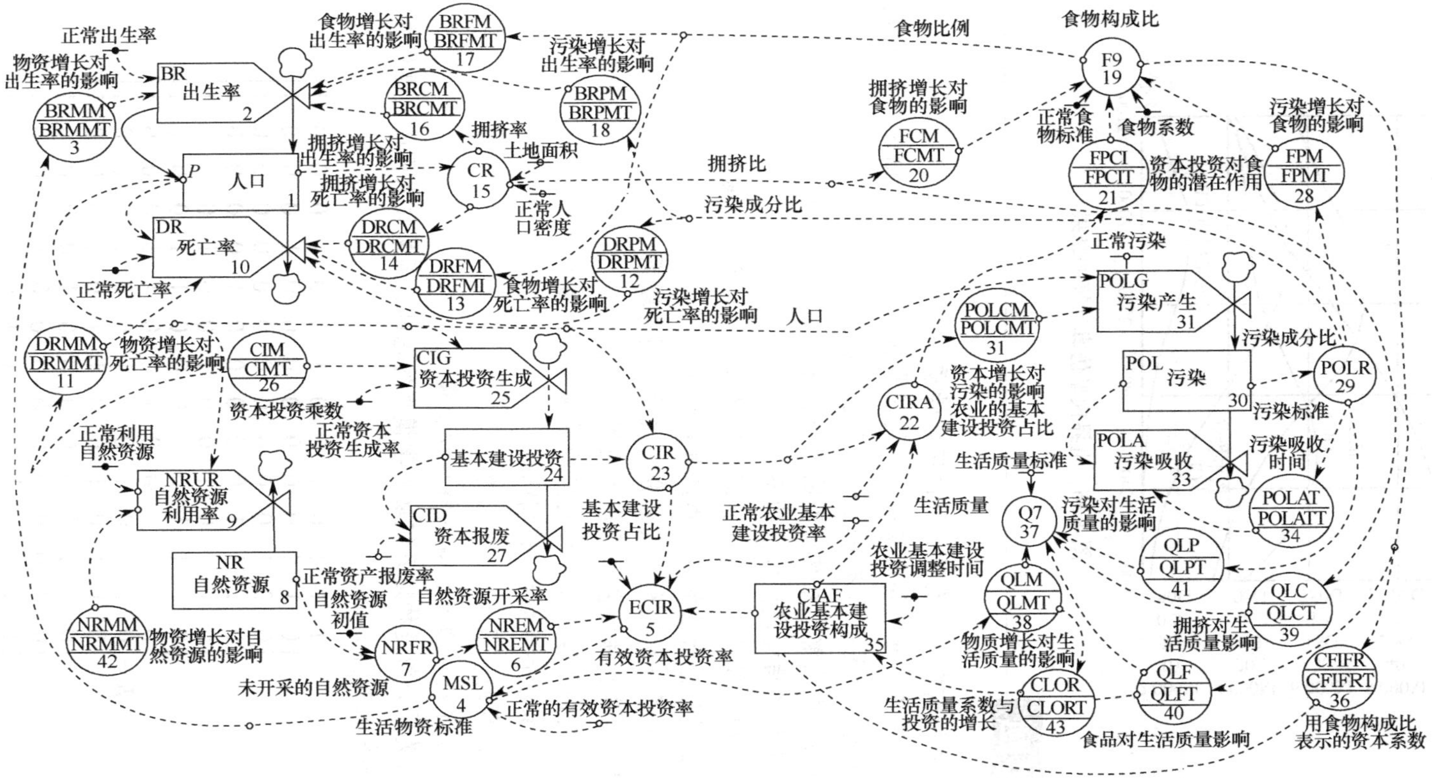

图 4-35 世界模型的简化流程

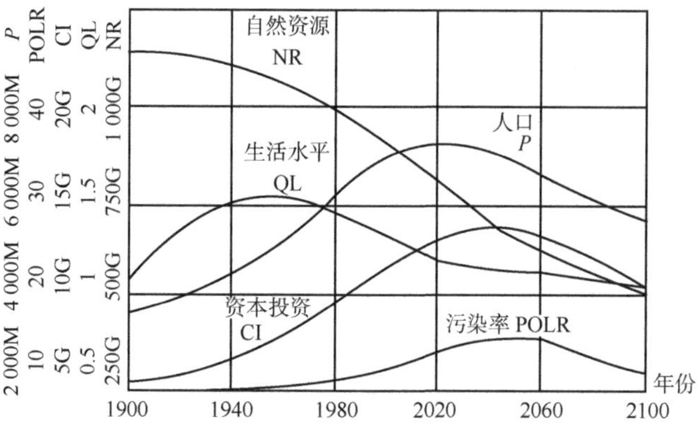

图 4-36　世界模型仿真计算的结果

复习思考题

1．试说明结构模型具有什么样的基本性质。

2．假如一系统由 n 个要素组成，我们任选其中一要素 S，则 S 与余下的其他要素的关系可归为哪几类？请用图示方法说明它们之间的关系。

3．结合实例说明解释结构模型的工作程序。

4．试说明解释结构模型方法的不足。

5．说明结构方程模型的基本原理，以及其解决问题的主要特征。

6．试述主成分分析法的基本思路和应用步骤。

7．试分析因子分析法和主成分分析法的区别与联系。

8．试述聚类分析法的基本原理和应用步骤。

9．如何由模糊相容关系得到对应的模糊等价关系？

10．试说明系统仿真的概念和特点。

11．系统仿真的一般步骤是什么？

12．试说明系统动力学仿真的特点和步骤。

13．因果关系分析是构建系统动力学模型的基础，因果关系图的主要构成要素有哪些？

14．已知邻接矩阵如下：

$$
\boldsymbol{R}=\begin{bmatrix}
1 & 1 & 1 & 0 & 1 & 0 & 0 & 1 & 0 & 0 & 1 & 0 & 0 & 0 & 1 \\
0 & 1 & 1 & 0 & 0 & 0 & 0 & 0 & 0 & 0 & 1 & 0 & 0 & 0 & 1 \\
0 & 0 & 1 & 0 & 0 & 0 & 0 & 0 & 0 & 0 & 0 & 0 & 0 & 0 & 1 \\
0 & 1 & 1 & 1 & 0 & 0 & 0 & 0 & 0 & 1 & 0 & 0 & 0 & 0 & 1 \\
0 & 1 & 1 & 0 & 1 & 0 & 0 & 1 & 0 & 0 & 1 & 0 & 0 & 0 & 1 \\
0 & 1 & 1 & 1 & 0 & 1 & 0 & 0 & 0 & 1 & 1 & 0 & 0 & 0 & 1 \\
0 & 1 & 1 & 1 & 0 & 0 & 1 & 0 & 0 & 1 & 1 & 0 & 0 & 0 & 1 \\
0 & 1 & 1 & 0 & 1 & 0 & 0 & 1 & 0 & 0 & 1 & 0 & 0 & 0 & 1 \\
0 & 1 & 1 & 0 & 1 & 0 & 0 & 1 & 1 & 0 & 1 & 0 & 0 & 0 & 1 \\
0 & 0 & 1 & 0 & 0 & 0 & 0 & 0 & 0 & 1 & 0 & 0 & 0 & 0 & 1 \\
0 & 0 & 0 & 0 & 0 & 0 & 0 & 0 & 0 & 0 & 1 & 0 & 0 & 0 & 1 \\
1 & 1 & 1 & 0 & 1 & 0 & 0 & 1 & 1 & 0 & 1 & 1 & 0 & 0 & 1 \\
0 & 1 & 1 & 1 & 1 & 1 & 0 & 1 & 1 & 1 & 1 & 0 & 1 & 0 & 1 \\
0 & 1 & 1 & 1 & 1 & 0 & 1 & 1 & 1 & 1 & 1 & 0 & 0 & 1 & 1 \\
0 & 0 & 0 & 0 & 0 & 0 & 0 & 0 & 0 & 0 & 0 & 0 & 0 & 0 & 1
\end{bmatrix}
$$

试求结构模型。

15. 教学型高校的在校本科生和教师人数（S和T）是按一定的比例相互增长的。已知某高校现有本科生 10 000 名，且每年以 SR 的幅度增加，每一名教师可引起本科生增加的速率是 1 人/年。学校现有教师 1 500 名，每个本科生可引起教师的增加率（TR）是 0.05 人/年。试用 SD 模型分析该校未来几年的发展规模。要求：

（1）画出因果关系图和流程图。

（2）写出相应的 DYNAMO 方程。

（3）列表对该校未来 3~5 年的在校本科生和教师人数进行仿真计算。

（4）该问题能否用其他模型方法来分析？如何分析？

第5章

系统评价

多方案选优是系统工程应用分析中最重要的工作之一，如何基于评价目标的属性指标科学合理地选择满足决策目标要求的最优方案，就是系统评价需要解决的问题，但做好系统评价与选择却是一项非常困难的工作。本章主要对系统评价的概念及常用的系统评价方法，包括层次分析法、网络层次分析法、模糊综合评价法、灰色评价法及DEA评价法给予介绍。

5.1 系统评价概述

5.1.1 系统评价的基本概念

系统工程是一门解决系统问题的技术，它通过系统工程的思想、程序和方法的应用，最终实现系统的综合最优化。在这个过程中，不仅通过系统分析提出了多种达到系统目的的替代方案，而且要通过系统评价从众多的替代方案中找出所需的最优方案。然而要决定哪一个方案最优并不是一件容易的事情。因为对于复杂的大系统来说，不仅由于系统的复杂性和多目标性，很难找到一致的评价指标来对系统进行评价，而且由于不同评价人员的价值观念各不相同，即使对于同一指标，不同的评价人员也会得出相异的评价结果，同时评价指标和评价是否为最优的尺度（标准）也会随着时间而变化和发展。例如，对城市交通系统进行评价，原来只从交通工具的动力等技术方面，以及交通系统的建设费用和日常经营费用等经济方面进行评价，但进入21世纪之后，除上述评价外，还要从交通工具的方便性、舒适性、安全性等使用方面进行评价，以及从环境保护、能源政策等国家利益方面进行评价等。由此可见系统评价的重要性和难度。

评价是指按照明确目标测定对象的属性，并把它变成主观效用（满足主体要求的程度）的行为，即明确价值的过程。系统评价就是评定系统的价值。在对系统进行评价时，要从明确评价目标开始，通过评价目标来确定评价对象，并对其功能、特性和效果等属性进行科学的测定，对系统方案所能满足人们主观需要的程度和所消耗占用的资源情况进行评定，最后根据评价标准和主观判断确定系统的综合评价值，选出适当且可能实现的优化方案。

在系统评价时涉及价值的问题。价值虽然自人类产生文化以来，就在宗教、社会、经济、哲学等广泛领域内引起人们的普遍关注和议论，但至今价值问题仍是一个无法彻底解决的难题。例如，人们经常会提出这样的一个问题：一杯水和一颗珍珠哪个更有价值？由于评价者所处的环境（是在沙漠里还是在现代城市）不同，其答案会截然不同。

价值，从哲学意义上来讲，就是评价主体（个人或集体）对某个评价对象（如待开发的系统、待评价的方案等）在理论上、实践上所具有的作用和意义的认识或估计；从经济意义上来讲，就是根据评价主体的效用观点对于评价对象能满足某种需求的认识或估计。

价值是评估主体主观感受到的，是人们对客观存在的事物从各种各样的观察和分析中主观抽象出来的。评价对象的价值不是对象本身固有的，而是评价对象和它所处的环境条件的相互关系相对规定的属性。由于价值不是孤立地附属于某一评价对象，因此不应该有衡量价值的绝对尺度（标准）。

对具体的评价问题来说，由于评价主体所处的立场、观点、环境和目的不同，所以对价值的评定就会有所不同。即使对同一评价主体来说，同一评价对象的价值也会随着时间的推移有可能发生变化，因而形成了个人价值观。同时，由于人类形成社会，过着群体生活，有机会经常交流对事物的认识，所以在价值观念上又会表现出某种程度的共同性和客观性，从而形成了社会价值观。如何把个人价值观和社会价值观合理地统一协调起来，是系统评价的重要任务。

5.1.2　系统评价与决策

系统评价是由评价对象、评价主体、评价尺度、评价指标、评价目的和评价时期等要素构成的一个综合性问题。在系统评价过程中，首先要引进和确定评价尺度（标准），然后才能对照评价尺度对评价对象进行测定，确定其价值。评价尺度的确定没有绝对的基准可循，常用的评价尺度大致可以分为以下 4 种。

（1）绝对尺度。即规定其原点尺度不变，以此测得的量，其数值具有重要意义。物理学中通常采用的就是绝对尺度。

（2）间隔尺度。有些情况只需要测得数值差即可，因为绝对值没有多大意义，其数值差就能够说明问题。例如，测量加工零件名义尺寸的上下偏差，评定学校教育的效果或文化的地区差别等，采用的就是间隔尺度。

（3）顺序尺度。有时用数字或反映顺序的字符（如 1、2、3 或 A、B、C 等）表示事物的顺序关系即可，这时就可用顺序尺度进行评价，如运动员的比赛名次、产品评奖的等级等。

（4）名义尺度。有时为了识别或分类需要用数字与对象相对应，这就是名义尺度，如学校班级的编号或运动员的编号等。

在评价中，要根据评价的目的、评价对象的性质等来确定评价尺度。评价主体从根据具体情况确定的、可能是模糊的评价尺度出发，进行首尾一贯的、无矛盾的价值测定，以获得对多数人来说均可以接受的评价结果，为正确决策提供所需的信息。

系统评价和决策是密切相关的。为了在众多的替代方案中做出正确的选择，就需要有足够丰富的信息，包括足够的评价信息。因此，系统评价只有与方案决策和行为决定联系起来才有意义。评价是为了决策，决策需要评价，评价过程也是决策过程，有时评价和决策可以作为同义词使用，但在实际问题中由于评价与决策的目的不同，两者仍有区别。

5.1.3 系统评价的步骤与内容

系统评价的步骤是进行有效评价的保证。一个较为完整的评价过程，一般包括从评价前提条件分析到综合评价等六个阶段的内容，如图 5-1 所示。下面将分别对其做简要介绍。

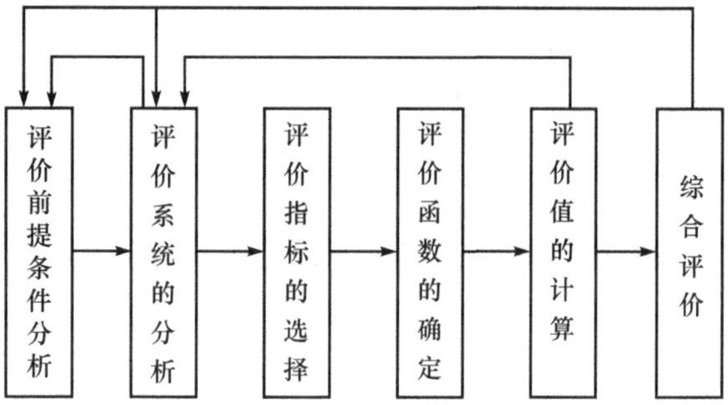

图 5-1 系统评价的步骤

1. 评价前提条件分析

在正式进行系统评价前，首先要对评价系统进行初步的了解与分析，明确评价系统的背景和所处的环境，这是做好系统评价的前提。具体内容包括以下四个方面。

（1）评价目的。为什么要进行系统评价？评价是为了选优和更好地进行决策。在进行系统开发时，为了使系统结构或技术参数达到最优，有必要用数值对系统各种替代方案进行评价。因此，评价的目的可从以下几个方面探讨：

① 使评价系统达到最优。系统的开发和实施常常有多种方案，为了使系统结构和参数达到最优，有必要用数值来评价系统各替代方案的价值。

② 对决策的支持。决策者有时会对问题的现状和要达到的真正目标的描述感到模糊不清，对各替代方案的价值感到迷惑不解。通过评价工作，可使这一切变得清晰、明朗，为决策提供参考信息。

③ 对决策行为的说明。决策者对于决定采取的行为和后果有比较明确、深刻的认识，但要让其他人也能很好地领会、了解，是一件不容易的事。为了使他人对决策的行为能够心悦诚服以便接受，需要对其进行评价。对于所要决策的问题，如果没有评价或评价过程模糊不清，无论是决策者还是其他人，都会对决策产生怀疑、误解乃至抵制。因此，为了形成统一意志，需要有某种程度的客观评价。

④ 对问题的剖析。评价的过程也是对问题分析的过程。通过评价技术可以把复杂问题分解成简单易懂的小问题，变复杂为简单，使模糊的问题变得清晰；然后再对这些明确的小问题进行分析评价，最终获得系统的综合评价。

对于一个系统的评价目的无非是以上四个方面：使评价系统达到最优是从某一系统可能实施的方案中选优；对决策的支持是对决策者或他人提出的实现某一问题的方案进行评价，供决策者参考；对决策行为的说明是对决策者实施政策、方案的行为的解释，以帮助他人理解；对问题的剖析则是为了更清楚地弄清问题的实质。

可以看出，评价就是让自己和他人能更好地认识某种人类行为的手段。

（2）评价范围。系统工程问题一般都是综合性的复杂问题，涉及面广，牵扯范围大。例如，一项大型水利工程往往涉及水利、交通、电力、旅游、移民等部门。在进行系统评价前，必须确定评价系统的边界和范围，也就是评价对象涉及哪些领域、哪些部门和哪些地区，充分考虑所有有关部门的利益并尽可能地组织有关各方面人员参与系统评价。评价系统的范围不应过小，以免忽略重要影响部门而有失系统性；同时不应过大，以免使评价问题过分复杂化。

（3）评价立场。在进行系统评价时，评价主体所处地位不同，看问题的角度就不一样。价值观念、责任感的不同，会直接影响评价结果。对同一问题，处于不同立场的人可能会得出相反的结论。因此，在系统评价前必须明确评价主体的立场，清楚评价主体是系统使用者、开发者抑或第三者等。这项工作对于以后评价方案的确定、评价指标的选择等都有很大的影响。例如，对铁路交通系统的评价，铁路乘客是评价主体，其关心的评价项目主要有快速性、准时性、低廉性、舒适性等；而对铁路建设部门来说，其评价项目主要有投资费用、制造费用、经营费用和收益等；铁路沿线居民关心的主要是环境污染程度、噪声的大小等评价项目；从地区的社会立场看，则主要考虑企业合理选点、沿线销售量的增加程度等评价项目；从国家角度出发，则主要考虑经济发展平衡与否、费用负担的地区差距调整等评价项目。如果要对系统进行综合评价，那么就要选择上述一些主要的评价项目构成一个综合评价的项目体系。

（4）评价时期。一般认为，系统也有生命周期。系统生命周期是从提出建立和改造一个系统时开始，到系统脱离运行并为新的系统替代之时终了。每个系统尽管各不相同，但大多经历了相似的阶段，包括从系统的初步研究开始，经历系统的分析、设计、建立、实施和运行，直到系统终了。在系统生命周期中的每个阶段都应该有评价问题，对每个阶段工作内容和完成情况进行评价。系统生命周期里各阶段的任务和侧重点不同，系统评价的内容也随之而异，每个阶段都有一系列相应的评价理论与评价方法。根据系统生命周期的不同阶段，按照评价时期的不同，可把系统评价划分为初期评价、期中评价、终期评价和跟踪评价。

① 初期评价是对系统做初步的可行性研究。即对系统的目标结构、价值观念、约束条件、备选方案、方案后果和人们对后果的反应做粗略的分析与评价。

② 期中评价是在系统设计过程中进行的评价。即对系统的各方面及为实现系统目标而设计的替代方案的优劣与正确性做总体、详细的分析和评价，并对评价中暴露的问题采取必要的措施。

③ 终期评价是指在系统的建立和实施阶段进行的评价。其内容是全面审查系统各项技术经济指标是否达到原定的各项要求。同时，通过评价为系统的正式运行做好技术和信息上的准备，并预防可能出现的其他问题。

④ 跟踪评价是为了考察系统的实际运行效果，每隔一定的时间对其进行的评价。其目的是总结经验、吸取教训，发现新现象、新规律，为更新改造或建造新系统收集数据和信息。

2．评价系统的分析

当评价的前提条件分析完毕后，就要对评价系统进行分析。对评价系统的各替代方案进行全面的考察和分析，看其是否实现了决策者的意图，是否达到了系统的目标要求；问题的边界是否清楚，约束条件是否恰当等。同时，由于每种方案的实施离不开具体的环境，各方案的后果也与环境密切相关，并且方案从决策到实施存在时滞，环境状态也总在变化，因此对系统环境（包括技术的、经济的、社会的等）也要进行分析和预测。另外，对评价系统的功能、费用、时间和使用寿命等也要进行预测与估计，并设定评价尺度，收集评价所需资料等。

3．评价指标的选择

为了衡量决策者对方案后果的满意程度，系统评价需要确定一组评价指标。评价指标要全面、合理、科学，能够反映达到目标的程度。以其作为依据，可以排列出方案的优先次序。系统评价的因素很多，但在选择评价指标时，不一定要把所有的因素都量化成评价指标，而应该选择主要的、能反映系统或系统方案优劣的因素，舍弃无关紧要的因素。评价指标的选择与评价主体和评价目的等有关，主要从政策性指标、技术性指标、经济性指标、社会性指标、资源性指标、时间性指标等几个方面考虑。确定的评价指标体系应确保评价指标的选择与系统的目标相联系、评价指标之间不出现重叠和交叉、多评价指标应对其层次关系进行分析，具体应满足以下要求：

（1）评价指标不能超出系统边界，必须在评价目的和目标有关的范围内进行选择，选择的评价指标必须与评价目的和目标密切相关。这样才能保证选择的评价指标确切地反映评价系统。

（2）评价指标应当构成一个完整的体系，全面地反映所需评价对象的各个方面。

（3）评价指标的大类和数量适宜。指标范围越宽，指标数量越多，则方案间的差异越明显，因而有利于判断和评价；同时，确定指标的大类和指标的重要程度也越困难，因而歪曲方案本质特性的可能性也越大。所以，指标大类和数量的确定是很关键的。经验表明，指标大类最好不超过 5 个，总的评价指标数以不超过 20 个为佳。

（4）评价指标间的相互关系要明确。如果用一个评价指标可以反映某个评价目标，就不允许用其他评价指标来反映，要避免重复。

4．评价函数的确定

评价函数是使评价定量化的一种数学模型。对于日常的决策，决策者总希望把依靠直觉进行的判断，能通过建立一种清晰的逻辑推理模型，用表格、图形、数字、数学关系式或计算机程序来表达行动和后果之间的关系。将决策的前因后果解释清楚，这样便于检验、讨论和判断。在进行系统评价时，选用何种函数最为合适，完全视问题性质而定，防止用问题去凑自己所偏好的函数。也不能说函数越复杂越好，原则是能简单尽量简单，需要复杂时也不排斥复杂。不同的问题使用的评价函数可能不同，同一评价问题也可以使用不同的评价函数。因此，对选用什么样的评价函数本身也必须做出评价。一般来说，应选择能更好地达到评价目的的评价函数。同时，由于评价函数本身是多属性、多目标的，评价函数的确定应在有关人员之间进行充分无拘束的讨论，否则难以获得有效评价。

5．评价值的计算

在评价函数、评价尺度确定后，还必须确定出各评价指标的权重，才能进行评价值的计算。评价尺度和评价指标的权重是能否使评价客观、正确、有效的重要因素。基于评价函数和评价权重确定方式的不同产生了不同的系统评价方法，最为常用和实用的方法是基于系统全生命周期所发生的费用与效益进行评判的费用—效益评价法，以及基于多指标简单加权的关联矩阵评价法。

6．综合评价

综合评价是对系统从技术（功能）、经济、社会等各方面进行的全面评价。它对评价系统的大类指标进行综合，对各替代方案的优劣得出总体结论。例如，对新产品进行综合评价的完整的指标体系大致包括以下几个方面：

（1）经营管理方面，从新产品是否符合企业的发展战略、对企业发展有什么贡献等方面进行评价。

（2）技术方面，包括对新产品的设计原理、技术参数、性能、可靠性等方面是否先进、合理和可靠等进行评价。另外，从企业现有技术、生产水平来看，对是否有能力进行开发研制、能否进行正常生产等也需要进行评价。

（3）市场方面，从新产品市场规模的大小、竞争能力的强弱、产品销路的好坏等方面进行预测和评价。

（4）时间方面，对新产品的开发动态（包括开发速度、开发周期长短等）、开发的紧迫程度、新产品处于生命周期的哪个阶段等进行预测和评价。

（5）经济方面，从新产品所需开发成本、生产费用、经营费用、机会成本、投资回收期、经济效益和无形收益等方面进行评价。

（6）体制方面，在现有的研究开发体制、生产体制、销售体制下，从是否能满足开发、生产、销售的要求等方面进行评价。

（7）社会方面，从是否能满足社会需要，是否能促进国民经济发展、社会进步和保护环境等方面进行评价。

综合评价的各个方面和评价指标不能一概而论，要根据具体评价对象而定。

在上述系统评价过程中，各步骤一次即顺利完成的可能性很小，需要在反馈信息的基础上反复迭代调整，评价过程的中间结果甚至最终结果都可能迫使决策者或评价主体改变最初的假设，修正原先的工作或收集新的数据。图 5-1 表示了主要的反馈回路。

5.2 层次分析法

系统评价对象常常是复杂的社会、经济系统或处在社会、经济环境中的系统。这类系统大都包含着政治、经济、技术和生态环境等诸方面的因素。对于这种复杂系统的分析评价，传统的方法是参数型的数学模型方法。人们期望对问题进行全面、精确、深入的分析，这不仅使得为建立大型复杂的数学模型付出巨大的代价，也造成可能陷入模型“泥潭”的危险。而且，有些因素特别是人们的判断起作用的因素，一般比较难于在数学模型中反映出来。同时，各种复杂因素对问题的分析有着不同的重要性，将这些因素条理化、层次化，并确定不同因素相对重要性的权值或次序，对整个系统分析评价来说是十分必要的。许多社会的、经济的及科学管理的问题分析和决策都可以看成某种意义上的排序问题，所以迫切需要寻找一种能把问题的内在层次与联系判断量化并能对系统的各替代方案进行排序的方法。正是在这种背景下，层次分析法（Analytic Hierarchy Process，AHP）被提出来，并得到了广泛的应用。

5.2.1 AHP 的基本原理

AHP 通过分析复杂问题包含的因素及其相互联系，将问题分解为不同的要素，并将这些要素归并为不同的层次，从而形成多层次结构。在每一层次可按某一规定准则，对该层要素进行逐对比较建立判断矩阵。通过计算判断矩阵的最大特征值和对应的正交化特征向量，得出该层要素对于该准则的权重，在这个基础上计算出各层次要素对于总体目标的组合权重，从而得出不同设想方案的权值，为选择最优方案提供依据。

层次分析法将决策者的思维过程数学化。它提供了一种能够综合人们不同的主观判断并给出具有数量分析结果的方法，最终把非常复杂的系统研究简化为各种因素间的成对比较和简单计算。由于层次分析法采用了成对比较的数量化标度方法，这就使得其可以很方便地用于目前还没有统一度量标尺的社会、政治、人的行为和科学管理等问题的分析中。

5.2.2 AHP 的基本步骤

1. 明确问题

通过明确问题的范围、提出的具体要求、包含的要素和各要素之间的关系，就可以明确要解决什么问题，达到什么样的目的。要弄清楚基于评价总目标要求的评价准则构成体系，就需要收集与问题性质相关的数据资料。

2. 建立多级递阶层次结构

根据对问题的了解和初步分析，将评价系统涉及的各要素按性质分层排列。可以根据类似于解释结构模型等方法建立多级递阶层次结构。最简单的层次结构可分为 3 级，如图 5-2 所示。第 1 级是目标层，该级是系统所要达到的目标。一般情况下只有一个目标，如果有多个分目标，可以在下一级设立一个分目标层。第 2 级是准则层，该级列出衡量达到目标的各项准则。如果某些准则还需具体化，即做进一步的解释说明，则可在下一级再设立一个准则层。第 3 级是方案（措施）层，该级排列了各种可能采取的方案或措施。不同层次的各要素间的关系用连线表示，如果要素间有连线，表示二者相关，否则表示不相关。

常见的多级递阶层次结构有三种类型。

（1）完全相关性结构。这种结构的特点是上一层次的每一要素与下一层次的所有要素完全相关。如图 5-3 所示，某企业拟购买一台新设备，希望设备功能强、价格低、维修容易，有三种型号设备供选择，而对于每一种型号都要用三个指标进行分析评价。也就是说，各层次间的要素都两两直接相关。

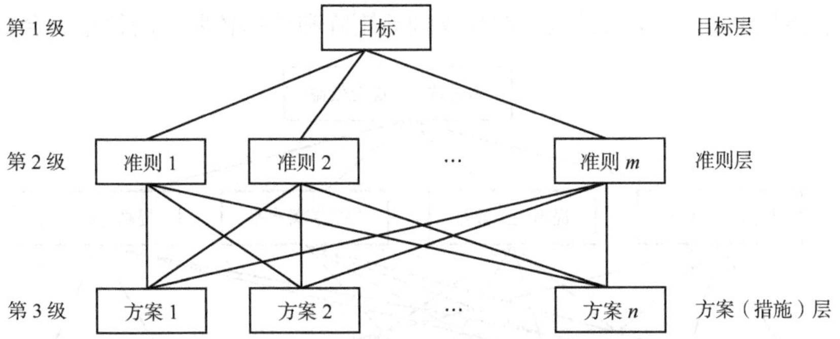

图 5-2 最简单的层次结构

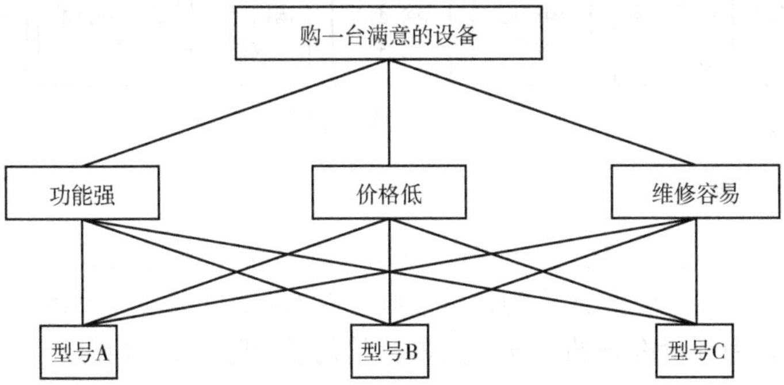

图 5-3 某企业购买设备方案的层次结构

（2）完全独立性结构。其特点是上一层次要素都各自有独立的、完全不同的下一层次要素。完全独立性结构如图 5-4 所示。

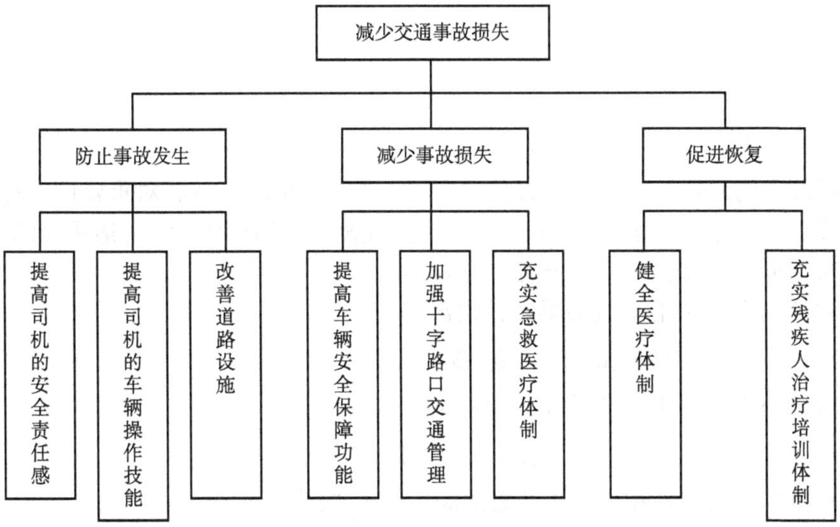

图 5-4 完全独立性结构

（3）混合结构。混合结构指上述两种结构的结合，是一种既非完全相关又非完全独立的结构，如图 5-5 所示。

不同类型的多级递阶层次结构，在建立判断矩阵和计算各要素的权重时会有所不同。

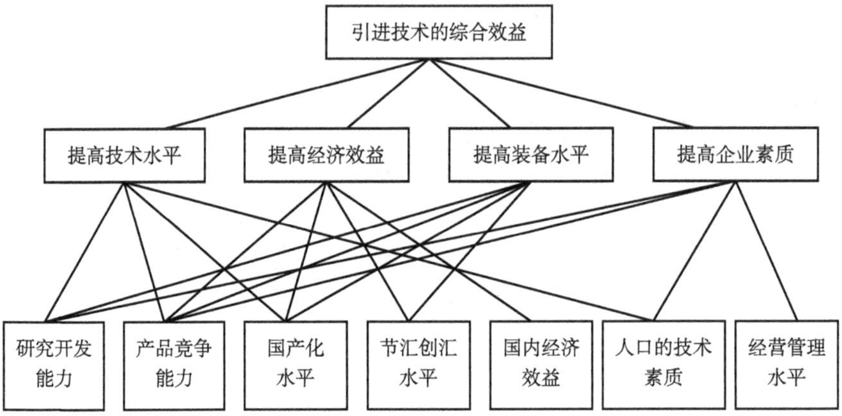

图 5-5　混合结构

3．建立判断矩阵

判断矩阵是 AHP 的基本信息，也是进行相对重要度计算、进行层次单排序的依据。判断矩阵是以上一级的某一要素 A 作为评价准则，对本级的要素进行两两比较来确定矩阵元素的。例如，以 A 为评价准则的有 n 个要素，其判断矩阵形式如下：

A	B_1	B_2	$\cdots$	B_j	$\cdots$	B_n
B_1	b_{11}	b_{12}	$\cdots$	b_{1j}	$\cdots$	b_{1n}
B_2	b_{21}	b_{22}	$\cdots$	b_{2j}	$\cdots$	b_{2n}
$\vdots$	$\vdots$	$\vdots$	$\vdots$	$\vdots$	$\vdots$	$\vdots$
B_i	b_{i1}	b_{i2}	$\cdots$	b_{ij}	$\cdots$	b_{in}
$\vdots$	$\vdots$	$\vdots$	$\vdots$	$\vdots$	$\vdots$	$\vdots$
B_n	b_{n1}	b_{n2}	$\cdots$	b_{nj}	$\cdots$	b_{nn}

判断矩阵中的元素 b_{ij} 表示依据评价准则 A，要素 b_i 相对 b_j 的相对重要性。b_{ij} 的值是根据资料数据、专家意见和评价主体的经验，经过反复研究后确定的。一般采用的尺度如下：

（1）对 A 而言，b_i 比 b_j 极为重要，则 $b_{ij}=9$。

（2）对 A 而言，b_i 比 b_j 重要得多，则 $b_{ij}=7$。

（3）对 A 而言，b_i 比 b_j 重要，则 $b_{ij}=5$。

（4）对 A 而言，b_i 比 b_j 稍重要，则 $b_{ij}=3$。

（5）对 A 而言，b_i 和 b_j 同样重要，则 $b_{ij}=1$。

如果 b_i 和 b_j 的重要性相比居于两者之间，则 b_{ij} 取值为 8、6、4 和 2。

如果两个要素相比属于不重要，根据不重要程度，取上述数值的倒数，即有 $b_{ji}=1/b_{ij}$。

在建立判断矩阵时，要对评价系统的要素及其相对重要性有深刻了解，保证被比较和被判断的要素具有相同的性质、具有可比性。在判断时，不能有逻辑上的错误。

对于购买设备的例子，如果 A 为购买一台满意的设备，B_1 为功能强，B_2 为价格低，B_3 为维修容易。通过对 B_1、B_2 和 B_3 的两两比较后做出的判断矩阵如下：

A	B_1	B_2	B_3
B_1	1	5	3
B_2	1/5	1	1/3
B_3	1/3	3	1

上述判断矩阵表明，该企业在设备的使用上首先要求功能强，其次要求维修容易，最后才是价格低。

4．相对重要度计算和一致性检验

在建立了判断矩阵后，要根据判断矩阵计算本级要素相对上一级某一要素来讲，本级与之有联系的要素之间相对重要性次序的权值，即进行层次单排序。它是对层次所有要素相对最高层次而言的重要性进行排序的基础。

1）相对重要度计算

对判断矩阵先求出最大特征根，然后求其相对应的特征向量 $\boldsymbol{W}$，即

$$\boldsymbol{BW}=\lambda\boldsymbol{W}$$

其中，$\boldsymbol{W}$ 的分量（$W_1,W_2,\cdots,W_n$）就是对应于 n 个要素的相对重要度，即权重系数。

常用的近似简便地计算权重系数的方法有和积法和方根法。

（1）和积法。其步骤有三步：

① 对 $\boldsymbol{B}$ 按列规范化。

$$\bar{b}_{ij}=\frac{b_{ij}}{\sum_{i=1}^{n}b_{ij}} \qquad i,j=1,2,\cdots,n$$

② 按行相加得和数 $\overline{W_i}$。

$$\overline{W_i}=\sum_{j=1}^{n}\bar{b}_{ij}$$

③ 进行归一化处理，即得权重系数 W_i。

$$W_i=\frac{\overline{W_i}}{\sum_{i=1}^{n}\overline{W_i}}$$

（2）方根法。计算步骤分为两步：

① 对 $\boldsymbol{B}$ 按行元素求积，再求 $1/n$ 次幂。

$$\overline{W_i}=\sqrt[n]{\prod_{j=1}^{n}a_{ij}} \qquad i,j=1,2,\cdots,n$$

② 归一化处理，即得权重系数 W_i。

$$W_i=\frac{\overline{W_i}}{\sum_{i=1}^{n}\overline{W_i}}$$

例如，某判断矩阵 $\boldsymbol{B}$ 为：

$$\boldsymbol{B}=\begin{bmatrix}1 & 2 & 1/3 & 3\\ 1/2 & 1 & 1/3 & 2\\ 3 & 3 & 1 & 4\\ 1/3 & 1/2 & 1/4 & 1\end{bmatrix}$$

用和积法计算权重系数：

$$\boldsymbol{B}\to\begin{bmatrix}0.207 & 0.308 & 0.174 & 0.300\\ 0.103 & 0.154 & 0.174 & 0.200\\ 0.621 & 0.462 & 0.522 & 0.400\\ 0.069 & 0.077 & 0.130 & 0.100\end{bmatrix}\to\begin{bmatrix}0.989\\ 0.631\\ 2.005\\ 0.376\end{bmatrix}\qquad W=\begin{bmatrix}0.25\\ 0.16\\ 0.51\\ 0.09\end{bmatrix}$$

用方根法求权重系数：

$$\boldsymbol{B}\to\begin{bmatrix}1.189\\ 0.760\\ 2.449\\ 0.452\end{bmatrix}\qquad W=\begin{bmatrix}0.25\\ 0.16\\ 0.51\\ 0.09\end{bmatrix}$$

2）一致性检验

衡量判断矩阵质量的标准是矩阵中的判断是否有满意的一致性，如果判断矩阵存在关系 $b_{ij}=\dfrac{b_{ik}}{b_{jk}}$（$i,j,k=1,2,\cdots,n$），则称判断矩阵具有完全一致性。然而，由于客观事物的复杂性和人们认识上的多样性，以及可能产生的片面性，要求每一个判断都具有一致性，显然是不可能的，特别是对因素多、规模大的系统更是如此。为了保证应用 AHP 得到的结果基本合理，需要对判断矩阵进行一致性检验。

当判断完全一致时，应该有 $\lambda_{\max}=n$；稍有不一致时，则有 $\lambda_{\max}>n$。因此，可以用 $\lambda_{\max}-n$ 来作为度量偏离一致性的指标。

一致性指标 C.I.为：

$$\text{C.I.}=\frac{\lambda_{\max}-n}{n-1}$$

一般情况下，若 $C.I.\leqslant 0.10$，就认为判断矩阵具有一致性，据此计算的值是可以接受的。

对于上例，其 $\lambda_{\max}$ 计算如下：

$$\boldsymbol{BW}=\begin{bmatrix}1 & 2 & 1/3 & 3\\ 1/2 & 1 & 1/3 & 2\\ 3 & 3 & 1 & 4\\ 1/3 & 1/2 & 1/4 & 1\end{bmatrix}\begin{bmatrix}0.25\\ 0.16\\ 0.51\\ 0.09\end{bmatrix}=\begin{bmatrix}\lambda_1 & 0 & 0 & 0\\ 0 & \lambda_2 & 0 & 0\\ 0 & 0 & \lambda_3 & 0\\ 0 & 0 & 0 & \lambda_4\end{bmatrix}\begin{bmatrix}0.25\\ 0.16\\ 0.51\\ 0.09\end{bmatrix}=\lambda\boldsymbol{W}$$

$$\begin{bmatrix}0.25\lambda_1\\ 0.16\lambda_2\\ 0.51\lambda_3\\ 0.09\lambda_4\end{bmatrix}=\begin{bmatrix}0.997\\ 0.627\\ 2.060\\ 0.375\end{bmatrix}$$

解得

$$\lambda_1 = 4.154, \lambda_2 = 3.919, \lambda_3 = 4.120, \lambda_4 = 4.167$$

可得

$$\lambda_{\max} = \lambda_4 = 4.167$$

$$C.I. = \frac{\lambda_{\max} - n}{n-1} = \frac{4.167-4}{4-1} \approx 0.056 < 0.10$$

故由判断矩阵计算所得结果的不一致性可以被接受，即所得的相对重要度或权重系数可以被接受。

显然，随着 n 的增加判断误差就会增加，因此判断一致性时应考虑到 n 的影响，使用随机/一致性比值 $C.R. = C.I./R.I.$，其中 R.I.为平均随机一致性指标，当 $C.R. \leqslant 0.1$ 时认为可通过一致性检验。表 5-1 给出了通过 500 个样本判断矩阵计算的平均随机一致性指标检验值。

表 5-1 平均随机一致性指标检验值

阶数	3	4	5	6	7	8	9	10	11	12	13	14	15
R.I.	0.52	0.89	1.12	1.26	1.36	1.41	1.46	1.49	1.52	1.54	1.56	1.58	1.59

5．综合重要度的计算

在计算了各级要素的相对重要度以后，即可从最上级开始，自上而下地求出各级要素关于系统总体的综合重要度（也称系统总体权重），即进行层次总排序。

假设上一级所有要素 $A_1, A_2, \cdots, A_m$ 的层次总排序已定出，即它们关于系统总体的重要度分别为 $a_1, a_2, \cdots, a_m$，则与 a_i 对应的本级要素 $B_1, B_2, \cdots, B_n$ 的相对重要度为：

$$(b_1^i, b_2^i, \cdots, b_n^i)^T$$

这里，若 B_j 与 A_i 无联系，则有 $b_j^i = 0$。要素 B_j 的综合重要度为：

$$b_j = \sum_{i=1}^{m} a_i b_j^i$$

即其综合重要度是以上一级要素的综合重要度为权重的相对重要度的加权和。本级全部要素的综合重要度的计算方式如下：

A_i / B_j	A_1 $A_2 \cdots A_m$ / a_1 $a_2 \cdots a_m$	b_j
B_1	b_1^1 $b_1^2 \cdots b_1^m$	
B_2	b_2^1 $b_2^2 \cdots b_2^m$	$b_j = \sum_{i=1}^{m} a_i b_j^i$
$\vdots$	$\vdots$ $\vdots$ $\vdots$ $\vdots$	
B_n	b_n^1 $b_n^2 \cdots b_n^m$	

综合重要度总是由最高级开始，依次往下递推计算的。因此，要计算某一级的综合重要度，必须先要知道其上一级的综合重要度。

例 5-1 某公司有一笔资金可用于四种方案：投资房地产、购买股票、投资工业和高技术产业。评价和选择投资方案的准则是，收益大、风险低和周转快。试对 4 种投资方案做出分析与评价。

根据题意建立AHP的多级递阶层次结构，如图5-6所示。

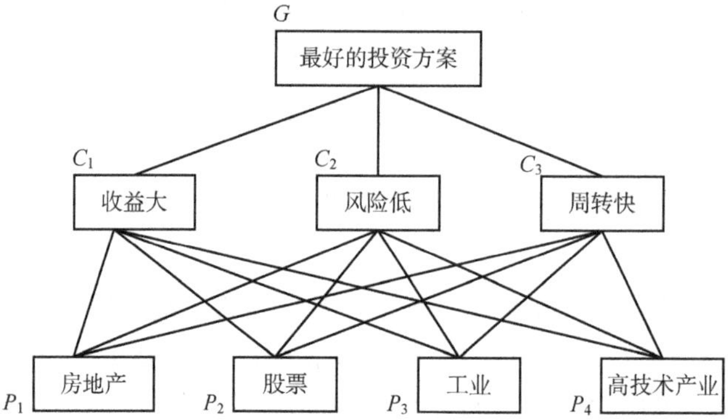

图5-6　AHP的多级递阶层次结构

建立判断矩阵，计算各级要素的相对重要度，并进行一致性检验。

G	C_1	C_2	C_3	W_i^0	C.I.
C_1	1	1/3	3	0.258	
C_2	3	1	5	0.636	0.027<0.10
C_3	1/3	1/5	1	0.106	

C_1	P_1	P_2	P_3	P_4	W_i^1	C.I.
P_1	1	1/3	3	2	0.217	
P_2	3	1	7	5	0.584	0.037<0.10
P_3	1/3	1/7	1	1/3	0.065	
P_4	1/2	1/5	3	1	0.135	

C_2	P_1	P_2	P_3	P_4	W_i^2	C.I.
P_1	1	5	3	7	0.569	
P_2	1/5	1	1/5	1/2	0.067	0.073<0.10
P_3	1/3	5	1	3	0.266	
P_4	1/7	2	1/3	1	0.099	

C_3	P_1	P_2	P_3	P_4	W_i^3	C.I.
P_1	1	1/2	3	2	0.25	
P_2	2	1	7	5	0.549	0.01<0.10
P_3	1/3	1/7	1	1/2	0.075	
P_4	1/2	1/5	2	1	0.127	

由以上计算可知，一致性指标都在允许误差范围内，故所有的相对重要度都是可以接受的。

计算综合重要度：

P_j	C_i			W_i
	C_1	C_2	C_3	
	0.258	0.636	0.106	
P_1	0.258×0.217 ≈0.056	0.636×0.569 ≈0.362	0.106×0.25 ≈0.027	0.445
P_2	0.258×0.584 ≈0.151	0.636×0.067 ≈0.043	0.106×0.549 ≈0.058	0.252
P_3	0.258×0.065 ≈0.017	0.636×0.266 ≈0.169	0.106×0.075 ≈0.008	0.194
P_4	0.258×0.135 ≈0.035	0.636×0.099 ≈0.063	0.106×0.127 ≈0.013	0.111

由以上所示各方案的相对重要性大小可知，选择投资房地产是最好的方案，投资股票次之，投资工业第三，投资高技术产业则最差。当然，如果构造的判断矩阵不同，会得出相异的结论。

5.3 网络层次分析法

网络层次分析法作为一种决策过程，提供了一种表示决策因素测度的基本方法。这种方法采用相对标度的形式，并充分利用了人的经验和判断力。在递阶层次结构下，它根据所规定的相对标度—比例标度，依靠决策者的判断，对同一层次有关元素的相对重要性进行两两比较，并按层次从上到下合成方案相对于决策目标的测度。这种递阶层次结构虽然给处理系统问题带来了方便，但同时也限制了它在复杂决策问题中的应用。AHP 没有考虑不同决策层或同一层次之间的相互影响，只是强调各决策层之间的单向层次关系，即下一层对上一层的影响。但在实际工作中对总目标层进行逐层分解时，时常会遇到各因素交叉作用的情况，此时系统的结构更类似于网络结构。网络层次分析法（Analytic Network Process，ANP）正是由 AHP 延伸发展得到的系统决策方法，弥补了 AHP 的缺陷。

5.3.1 ANP 的基本原理

ANP是1996年由美国匹兹堡大学的 T. L. Saaty 教授提出的一种适应非独立的递阶层次结构的决策方法，它是在 AHP 的基础上发展而成的一种实用决策方法。

ANP 实际上是以成对比较中的衍生度量单位来量测无形事物的方法，以导致未来结果的影响力和优先性结构方式来排列事物。利用专家知识实施有形量测和成对比较的无形量测，依据我们价值体系中的重要性原则，来量测每一事物的重要性和影响力。当涉及多个个人或组织时，应当结合大家的判断形成代表群体的代表性结论，也许还要依据这些判断的重要性来优化该结论。

ANP 涉及依赖和反馈问题，实际上现实中的问题均涉及依赖与反馈问题，这种现象仅用层次的结构是不能处理的，而必须用到具有优先权问题的网络结构。经过反馈后，可选项就如同在一个层次里一样依赖准则，也可能互相依赖。这些准则本身也能依赖那些可选项，也能互相依赖。反馈使衍生于各种判断的优先权问题得到改进，并使预测更准确。

1. ANP 的结构形式

1）网络循环结构

在系统问题中，系统中的某一层次既可处于支配地位，也可处于被支配地位，它们可以用有向连接图的网络结构表示。在一个网络中，组成的元素，是各种可能的属性或准则，它可以是人，另一组成中的元素也可以是人。考虑各种优先权问题时，它可以影响本组内的其他元素，称为内依赖；也可影响其他组的元素，称为外依赖。我们要确定所有元素的综合性影响，归类各种属性或准则。

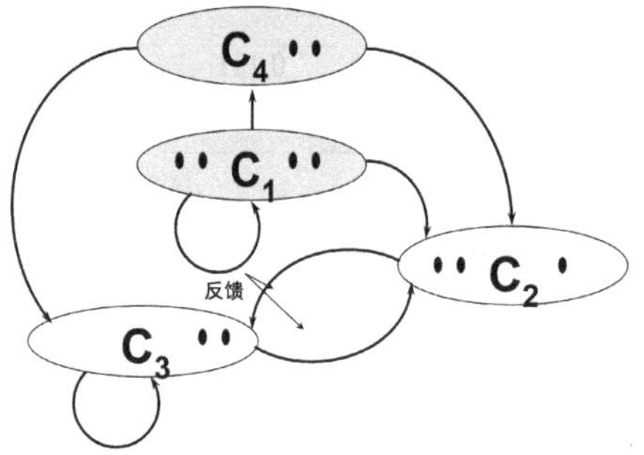

图 5-7　网络循环结构

带有分组的反馈网络具有组成元素间内依赖和外依赖，层次结构内部存在依赖性，这种系统结构具有反馈系统结构，也就是网络循环结构。如图 5-7 所示，从分组 C_4 到 C_2 的弧线表示，当考虑一个共同的特性问题时，分组 C_2 中的元素外依赖分组 C_4 中的元素。分组内的圈线表示，当考虑一个共同的特性问题时，该分组内的元素有内依赖性。

2）ANP 典型的层次结构

ANP 将系统元素划分为两大部分：第一部分为控制因素层，包括问题目标及决策准则。所有的决策准则都被视为相互独立且只受目标元素支配。在控制因素层中可以没有决策准则，但必须至少含有一个目标，控制因素层每个准则的权重可由 AHP 获得。第二部分为网络层，它是由所有受控制层支配的元素组成的网络结构，元素之间相互依存、相互支配、互相影响。典型的 ANP 层次结构，如图 5-8 所示。

在控制网络层中确定属性或准则的优先权序列，进行比较、综合分析，得到属性的优先权序列。在反馈系统中，各元素相互影响，需要推导出元素的影响，评估该影响，并得到每一个元素的综合性影响。

2. ANP 网络结构的超矩阵原理

人们会问，在 AHP 中谁更优先或者更重要？两者或多或少都是主观的、人为的。但在 ANP 中人们会问，哪个因素的影响较大？这需要实际观测和相关知识才能得出有效的回答，因此它是客观的。基于 ANP 的决策应该是比较稳定的。

ANP 的特点就是，在层次分析法的基础上，考虑到了各因素或相邻层次之间的相互影响，利用“超矩阵”对各相互作用并影响的因素进行综合分析得出其混合权重。而 ANP 模型并不要求像 AHP 模型那样有严格的层次关系，各决策层或相同层次之间都存在相互作用。用双箭头表示层次间的相互作用关系，若是同一层中的相互作用就用双循环箭头表示，箭头所指向的因素影响着箭尾的决策因素。基于这一特点，ANP 越来越受到决策者的青睐，成为企业在对许多复杂问题进行决策时的有效工具。ANP 中各因素的相对重要性标度的确定与 AHP 基本相同，也是通过对决策者进行问卷调查得到的，但有时也会出现一些不一致的现象（如 I 与 J 比，标度为 3；J 与 K 比，标度为 5；而 I 与 K 比，标度为 6）。

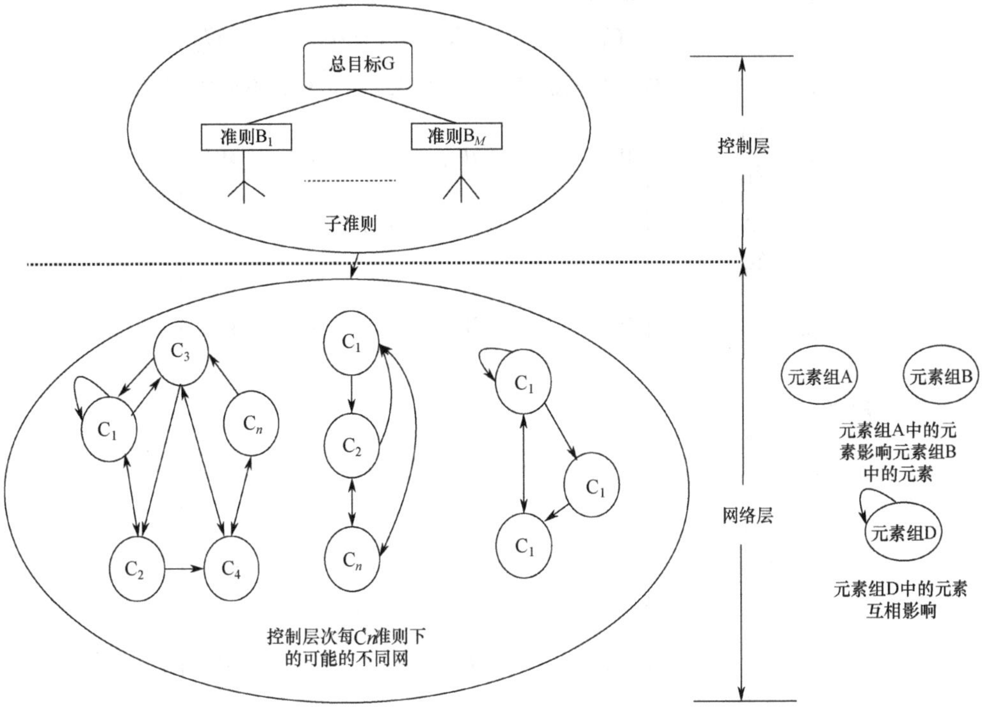

图 5-8 网络层次分析法的典型结构模型

构建 ANP 网络结构的超矩阵是 ANP 计算的重要内容，其原理和思想如下。

假设 ANP 网络结构中控制层有 M 个对应目标的准则，即有 $B_1, B_2, \cdots, B_M$ 个元素；网络层中有 N 个元素组 $C_1, C_2, \cdots, C_N$，其中 C_i 中有元素 $e_{i1}, e_{i2}, \cdots, e_{in_i}, (i=1,2,\cdots,N)$。

以控制层元素 B_s（S=1,2,⋯,M）为准则，以 C_j 中的元素 $e_{jl}(l=1,2,\cdots,n_j)$ 为次准则，元素组 C_i 中元素按其对 C_j 中元素 e_{jl} 的影响力大小进行间接影响排序，通过下述两两比较构造判断矩阵的方式进行。

e_{jl}	e_{i1} e_{i2} $\cdots$ e_{in_i}	归一化特征向量
e_{i1}		$W_{i1}^{(jl)}$
e_{i2}		$W_{i2}^{(jl)}$
$\vdots$		$\vdots$
e_{in_i}		$W_{in_i}^{(jl)}$

由 AHP 权重向量的计算方法可得到基于 C_i 对 C_j 中每一要素的影响矩阵，用 $\boldsymbol{W}_{ij}$ 表示：

$$\boldsymbol{W}_{ij}=\begin{bmatrix} W_{i1}^{(j1)} & W_{i1}^{(j2)} & \cdots & W_{i1}^{(jnj)} \\ W_{i2}^{(j1)} & W_{i2}^{(j2)} & \cdots & W_{i2}^{(jnj)} \\ \vdots & \vdots & \vdots & \\ W_{in_i}^{(j1)} & W_{in_i}^{(j2)} & \cdots & W_{in_i}^{(jnj)} \end{bmatrix}$$

$\boldsymbol{W}_{ij}$ 的列向量就是 C_i 中元素 $e_{i1},e_{i2},\cdots,e_{in_i}$ 对 C_j 中元素 $e_{jl}(l=1,2,\cdots n_j)$ 的影响程度排列向量，最终可获得在 B_s 准则下的超矩阵：

$$
\boldsymbol{W}=\begin{array}{cc}
 & \begin{array}{cccc} C_1 & C_2 & \cdots & C_N \\ e_{11}\ e_{12}\cdots e_{1n_i} & e_{21}\ e_{22}\cdots e_{2n_2} & \cdots & e_{N1}\ e_{N2}\cdots e_{Nn_N} \end{array} \\
\begin{array}{cc} & e_{11} \\ C_1 & e_{12} \\ & \vdots \\ & e_{1n_i} \\ & e_{21} \\ C_2 & e_{22} \\ & \vdots \\ & e_{2n_2} \\ \vdots & \vdots \\ & e_{N1} \\ & e_{N2} \\ & \vdots \\ C_N & \\ & e_{Nn_N} \end{array} &
\begin{bmatrix} W_{11} & W_{12} & \cdots & W_{1N} \\ W_{11} & W_{12} & \cdots & W_{2N} \\ \vdots & \vdots & & \vdots \\ W_{N1} & W_{N2} & \cdots & W_{NN} \end{bmatrix}
\end{array}
$$

这样的超矩阵有 M 个，它们都是非负矩阵，然而 $\boldsymbol{W}$ 却不是归一化的，$\boldsymbol{W}$ 超矩阵的子块 $\boldsymbol{W}_{ij}$ 是归一化的。在此以 B_s 为准则，在 B_s 下各元素组对准则 $C_j(j=1,2,\cdots,N)$ 的重要性进行比较。

C_j	$C_1 \quad \cdots \quad C_N$	归一化特征向量
C_1 $\vdots$ C_N	$j=1,2,\cdots,N$	a_{1j} $\vdots$ a_{Nj}

与 C_j 无关的元素组的排序向量分量为零，即可得到加权矩阵：

$$
\boldsymbol{A}=\begin{bmatrix} a_{11}\cdots & a_{1N} \\ \vdots & \vdots \\ a_{N1}\cdots & a_{NN} \end{bmatrix}
$$

对超矩阵 $\boldsymbol{W}$ 的元素加权，即得

$$
\overline{\boldsymbol{W}}=(\overline{\boldsymbol{W}}_{ij})
$$

式中，$\overline{\boldsymbol{W}}_{ij}=a_{ij}W_{ij}$；$i=1,2,\cdots,N$；$j=1,2,\cdots,N$。

则 $\overline{\boldsymbol{W}}$ 为加权超矩阵，其列和为 1，也称列随机矩阵。为简单起见，以下的超矩阵都是加权超矩阵，并仍用 $\boldsymbol{W}$ 表示。

显而易见：

（1）超矩阵的每一列，都是通过两两比较而得到的排列向量。

（2）超矩阵$\boldsymbol{W}$是通过元素两两比较而导出的，矩阵中的每一列都是以某个元素为准则的排序权重。

（3）为了计算方便，需要将超矩阵的每列归一化→用加权矩阵实现（$\overline{\boldsymbol{W}}_{ij}=a_{ij}W_{ij}$，即加权矩阵$a_{ij}\times$超矩阵$w_{ij}$）。

（4）内部独立的层次，除最后一层元素权值不再分配外（$W_{NN}=1$），其余均为$W_{ii}=0$。

设（加权）超矩阵$\boldsymbol{W}$的元素为W_{ij}，则W_{ij}的大小反映了元素i对元素j的一步优势度。i和j的优势度还可用$\sum_{k=1}^{n}W_{ik}W_{kj}$得到，称为二步优势度。它就是$W^2$的元素，$W^2$仍是列归一化的。当$W^{\infty}=\lim\limits_{t\to\infty}W^{t'}$存在时，$W^t$的第$j$列就是$B_s$下网络层中各元素对于元素$j$的极限相对排序向量。

3．ANP 的主要结构及超矩阵

ANP 主要结构有四种，分别是内部独立的递阶层次结构、内部依存的递阶层次结构、内部独立的循环系统结构、内部依存的循环系统结构。

1）内部独立的递阶层次结构超矩阵

内部独立的递阶层次结构如图 5-9 所示。

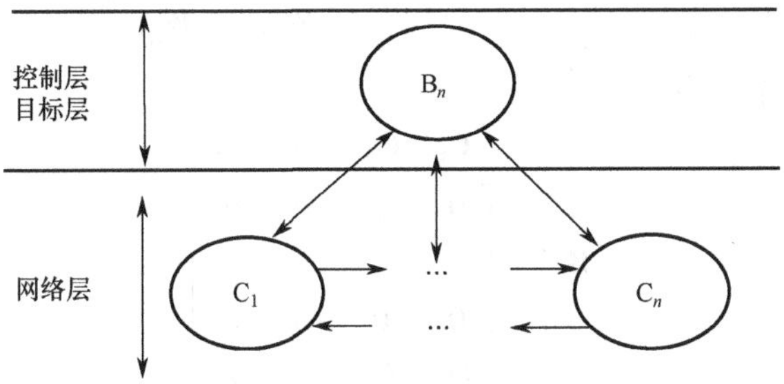

图 5-9　内部独立的递阶层次结构

其超矩阵为：

$$\boldsymbol{W}=\begin{bmatrix} 0 & & & & \\ W_{21} & 0 & & & \\ & & W_{32} & & \\ & & & \ddots & \\ & & & & W_{NN-1}T \end{bmatrix}$$

$$\begin{array}{c} \quad C_1 \qquad C_1 \qquad \cdots \qquad C_{N-1}C_N \\ \boldsymbol{W}^{N-1}=\begin{bmatrix} 0 & 0 & \cdots & 0 & 0 \\ \vdots & \vdots & & \vdots & \vdots \\ 0 & 0 & \cdots & 0 & 0 \\ \vdots & \vdots & & \vdots & \vdots \\ W_{N,N-1}W_{N-1,N-2} & \cdots & W_{21}W_{NN-1} & \cdots & W_{NN-1}I \end{bmatrix} \end{array}$$

且$W^N=W^{N-1}$，即$WW^{N-1}=W^{N-1}$，W^{N-1}每列都是 1 对应的特征向量，其第一列元素$W_{N,N-1}W_{N-1,N-2}\cdots W_{21}$为元素组 1 对目标层元素$B_1$的排列向量。

2）内部依存的递阶层次结构超矩阵

内部依存的递阶层次结构如图 5-10 所示。

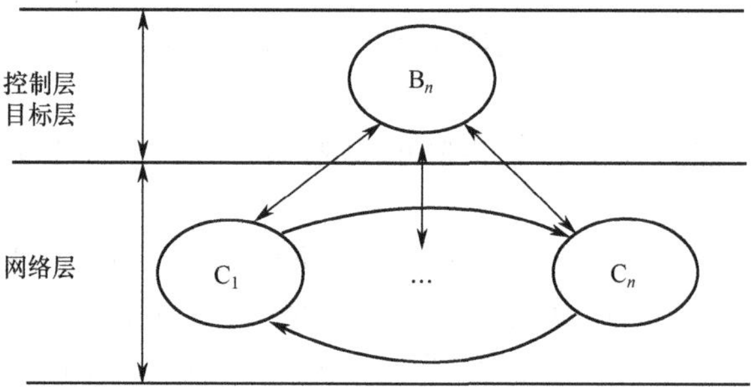

图 5-10　内部依存的递阶层次结构

其超矩阵为：

$$\boldsymbol{W}=\begin{bmatrix} W_{11} & & & & \\ W_{21} & W_{22} & & & \\ & W_{32} & W_{32} & & \\ & & \ddots & \ddots & \\ & & & W_{NN-1} & W_{NN} \end{bmatrix}$$

$W_{NN}^{\infty}=\lim\limits_{K\to\infty}W_{NN}^{K}$ 存在，则

$$\boldsymbol{W}^{\infty}=\begin{array}{c} \begin{matrix} C_1 & C_2 & \cdots & C_N \end{matrix} \\ \begin{bmatrix} 0 & 0 & \cdots & 0 \\ \vdots & \vdots & & \vdots \\ 0 & 0 & \cdots & 0 \\ D_1 & D_2 & \cdots & D_N \end{bmatrix} \end{array}$$

这里

$$D_N=W_{NN}^{\infty}$$
$$D_{N-1}=D_NW_{NN-1}(I-W_{N-1,N-1})^{-1}$$
$$\vdots$$
$$D_i=D_{i+1}W_{i+1,\ i}(I-W_{ii})^{-1}$$
$$\vdots$$
$$D_1=D_2W_{21}(I-W_{11})^{-1}$$

式中，D_1 为系统元素 C_1 的排列向量。当 $W_{11}=\cdots=W_{N-1,N-1}=\cdots=0$，而 $W_{NN}=I$，则为前面所定义超矩阵的结果。

3）内部独立的循环系统结构超矩阵

内部独立的循环系统结构如图 5-11 所示。

其超矩阵为：

$$\boldsymbol{W}=\begin{bmatrix} 0 & & & & W_N \\ W_1 & 0 & & & \\ & W_2 & & & \\ & & \ddots & \ddots & \\ & & & W_{NN-1} & 0 \end{bmatrix}$$

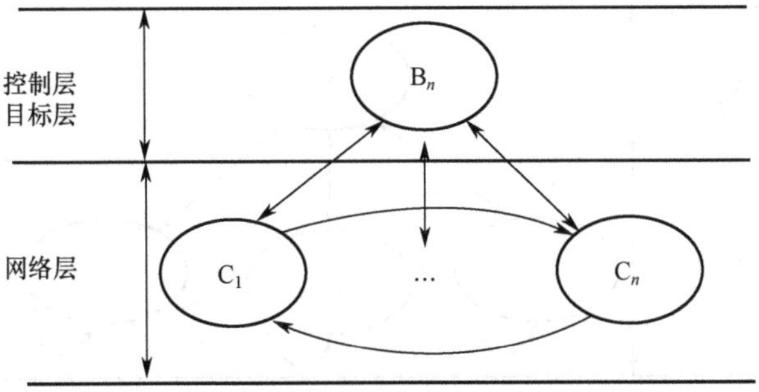

图 5-11 内部独立的循环系统结构

$$W^N = \begin{bmatrix} V_1 & & & \\ & V_2 & & \\ & & \ddots & \\ & & & V_N \end{bmatrix} W^{KN} = \begin{bmatrix} V_1^K & & & \\ & V_2^K & & \\ & & \ddots & \\ & & & V_N^K \end{bmatrix}$$

$$V_1 = W_N W_{N-1} \cdots W_1$$
$$V_2 = W_1 W_N \cdots W_2$$
$$\vdots$$
$$V_N = W_{N-1} W_{N-2} \cdots W_1 W_N$$

$$(W_N)^\infty = \begin{bmatrix} V_1^\infty & & & \\ & V_2^\infty & & \\ & & \ddots & \\ & & & V_N^\infty \end{bmatrix}$$

即

$$\lim_{K\to\infty} W^K = \lim_{K\to\infty} W^{KN+r} (W^N)^\infty W^r$$

其中，$K = K^1 N + r, 1 \leqslant r \leqslant N$。

极限值随 r 而变化，W^∞ 不存在。

取平均极限矩阵：

$$\overline{W^\infty} = \frac{1}{N} \sum_{r=1}^{N-1} W^r (W^N)^\infty$$

取 $I - W^N$ 为对角均非零的准对角阵，$I - W^N$，$I - W$ 可逆，即

$$\overline{W^\infty} = \frac{1}{N}(I - W^N)(I - W)^{-1}(W^N)^\infty$$

可见，$\overline{W^\infty}$ 的列向量就是 $\overline{W^\infty}$ 的归一化特征向量，即是元素的平均极限相对排序向量。

4）内部依存的循环系统结构超矩阵

内部依存的循环系统结构如图 5-12 所示。

超矩阵描述如下：

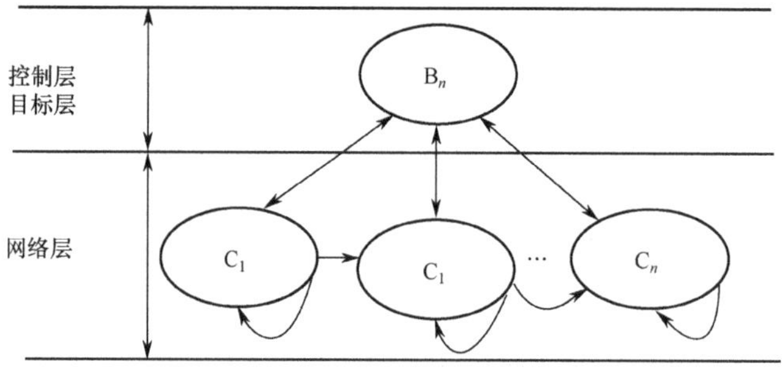

图 5-12　内部依存的循环系统结构

$$W=\begin{bmatrix} W_{11} & W_{12} & \cdots & W_{1N} \\ W_{21} & W_{22} & \cdots & W_{2N} \\ \vdots & \vdots & & \vdots \\ W_{N1} & W_{N2} & \cdots & W_{NN} \end{bmatrix}$$

对此矩阵，可以用幂法求极限超矩阵，即当 $W^n=W^{n-1}$ 时，$W^{\infty}=W^{n-1}$。

5.3.2　ANP 的基本步骤

1. 分析问题

分析问题即将需要决策的问题进行系统的分析、组合，形成元素和元素组。在进行分类的时候，通过分析判断元素层次是否内部独立、是否存在内部依存和反馈，辨别清楚准则和元素，分析问题的方法基本与 AHP 相同。

2. 构造 ANP 的典型结构

ANP 是一种网络结构。与 AHP 递阶层次结构不同，该结构既可能是元素组组成的网络结构，也可能是网络结构与递阶层次机构的结合，还可能是递阶层次机构。

ANP 的典型结构由控制层和网络层组成。首先构造控制层。控制层是典型的 AHP 的多级递阶层次结构，主要包含决策目标和决策准则，有些还可能有子准则。如果控制层包含两个以上的准则，则这些准则对上隶属于决策目标，对下则分别控制一个网络结构（若有子准则，向下类推）。当控制层只包含一个准则时，则该准则即决策目标。

3. 构造网络层次

要归类确定每一个元素组，就要分析其网络结构和相互影响关系：①内部独立的多级递阶层次结构，即层次之间相互独立；②内部独立，即元素之间存在循环的 ANP 网络层次结构；③内部依存，即元素内部存在循环的 ANP 网络层次结构。这几种都是 ANP 的特例情况。在解决实际决策问题中，面临的基本都是元素组之间不存在内部独立，而是既有内部依存又有循环的 ANP 网络层次结构。在网络结构中，元素组之间的联系是由组内元素决定的，两组之间只要有一对元素存在相关性，则这两个元素组之间就有联系。

4. 构造 ANP 的超矩阵计算权重

先对各相关组的判断矩阵进行两两比较，计算其权重；再对组内和组与组之间的相关元素逐个进行两两比较，计算单个判断矩阵的相对权重，按顺序构造出初始超矩阵。计算流程如图 5-13 所示。

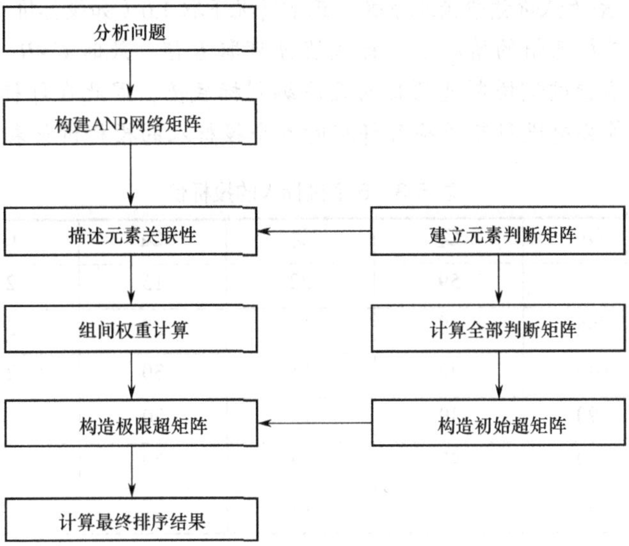

图 5-13　ANP 计算流程

例 5-2　某汽车外贸公司接到某国的钢桥制造项目，需对该项目进行招标。招标过程中需要对 5 个投标人的投标价（B1）、施工能力（B2）、施工组织管理（B3）、质量保证（ B4）、业绩和信誉（B5）进行评审。

1. 评标过程分析

首先确定评标因素的权值。其权重可按照《公路工程施工招标评标办法》第二十八条所推荐的评分值范围确定，最高分为 9，其他因素的权重与最高分两两比较而得，如表 5-2 所示。

表 5-2　评标因素的权值

评标因素	投标价	施工能力	施工组织管理	质量保证	业绩和信誉
权值	9	2.1	1.5	1.2	1.2

1）投标价

投标报价表上的价格应按下列方式分开填写：

（1）货物采购报价中必须包括制造和装配货物所使用的材料、部件及货物本身已支付或将支付的产品税、销售税和其他税费（C_1）。

（2）技术规格中特别要求的备件价格（C_2）。

（3）合同条款前附表上所有伴随服务的费用（C_3）。

（4）工程验收时的鉴定试验费（C_4）。

（5）至合同约定交货地点的运费（C_5）。

也可采用复合标底法对投标人投标价进行打分。根据与复合标底值的接近程度进行打分（以 1~9 为标度），越接近者分值越高。一般以低于标底 10%或复合标底 5%的投标价为最高分，即 9；高于或低于该投标价的按比例减分，最低分为 1。其中复合标底按下式计算：

$$C=(A+B\cdot K)/2$$

式中，C 为复合标底值；A 为招标人的标底值，也可取 B 值；B 为投标人的报价经评标人核实并纠正差错的平均值；K 为低价竞争校正系数，正常情况下取 1.0（如投标价普遍低，则取 1.1）。

在招标人不知道标底值的情况下，标底值 A 可取 B 值，此时 $C=B$。

由于该公司未承担过钢桥制造项目而无法编制标底值，因此在评标时采用平均投标价作为标底值。该外贸公司进行钢桥项目评标时 5 个投标人的投标价如表 5-3 所示。

表 5-3　5 个投标人的投标价　　单位：万元

投　标　人	C_1	C_2	C_3	C_4	C_5	投标价
投标人 M_1	1 170	59	22	15	21	1 287
投标人 M_2	955	48	18	30	30	1 081
投标人 M_3	840	42	15	30	23	950
投标人 M_4	790	39	15	30	26	900
投标人 M_5	930	47	15	30	30	1 052
平均值	937	47	17	27	26	1 054

2）施工能力

以拟投入本工程人力、财力和设备等因素定分（C_6）。

3）施工组织管理

以施工组织设计、关键工程技术方案和主要管理人员素质等因素定分（C_7）。

4）质量保证

以质量检测设备、质量管理体系等因素定分（C_8）。

5）业绩和信誉

以投标人近五年完成类似工程的质量、工期（C_9）和履约表现（C_{10}）等因素定分。

表 5-4 为本案例中 5 个投标人在各因素下的得分。评分标准：①投标报价越接近平均价者得分越高。一般以最接近平均价为最高分，即 9；高于、低于该投标价的按比例减分，最低分为 1。②至合同约定交货地点的运费（C_5），以最低价值得高分，即 9。比如，投标人 M_1 的该项得分为 9，每增加 3 万元减 1 分；投标人 M_5 的该项得分为 6。

表 5-4　5 个投标人在各因素下的得分

投　标　人	C_1	C_2	C_3	C_4	C_5	C_6	C_7	C_8	C_9	C_{10}
投标人 M_1	3.03	4.64	6.12	5.00	9.00	8.81	7.65	9.00	8.55	9.00
投标人 M_2	8.01	8.90	9.00	9.00	6.00	7.02	8.31	9.00	7.35	8.55
投标人 M_3	7.15	8.50	8.00	9.00	8.33	5.23	4.65	9.00	6.83	2.25
投标人 M_4	3.54	5.21	8.00	9.00	7.33	4.86	6.78	5.62	3.91	1.20
投标人 M_5	9.00	9.00	8.00	9.00	6.00	6.32	6.59	8.00	6.07	5.11

2. 建立评标模型

通过分析比较，建立了网络内部具有依赖关系的 ANP 模型，如图 5-14 所示。

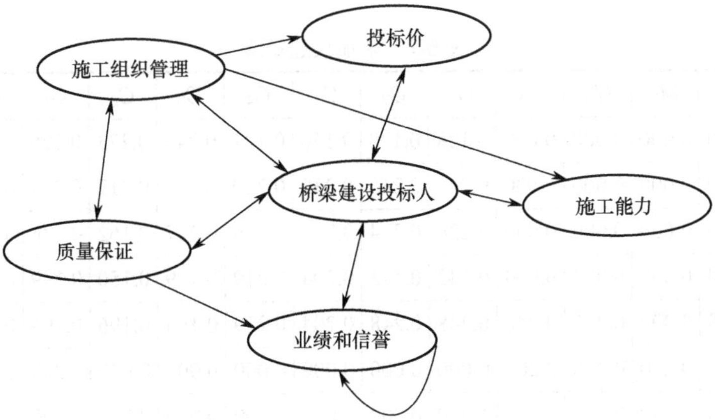

图 5-14　投标人评价的 ANP 模型

3．计算各因素下桥梁建设投标人的权重

所有计算过程由 Super Decision 来完成。该软件完全采用 Windows 界面，操作非常方便。先建立与图 5-14 相同的 ANP 模型，然后按要求输入评分值，就能完成所有的计算过程。表 5-5 是按表 5-2 计算的各投标因素的归一化权重。表 5-6 是按表 5-4 计算的各投标人在各因素下的归一化权重。

表 5-5　评标因素的权值

评标因素	投标价	施工能力	施工组织管理	质量保证	业绩和信誉
权值	0.600	20.140	0.100	0.080	0.080

表 5-6　各投标人在各因素下的权重

C_1	W	C_2	W	C_3	W	C_4	W	C_5	W
M_1	0.097	M_1	0.128	M_1	0.156	M_1	0.122	M_1	0.245
M_2	0.266	M_2	0.245	M_2	0.230	M_2	0.219	M_2	0.163
M_3	0.231	M_3	0.234	M_3	0.204	M_3	0.219	M_3	0.227
M_4	0.113	M_4	0.143	M_4	0.204	M_4	0.219	M_4	0.200
M_5	0.291	M_5	0.248	M_5	0.204	M_5	0.219	M_5	0.163
C_6	W	C_7	W	C_8	W	C_9	W	C_{10}	W
M_1	0.273	M_1	0.225	M_1	0.221	M_1	0.261	M_1	0.344
M_2	0.217	M_2	0.244	M_2	0.221	M_2	0.224	M_2	0.327
M_3	0.162	M_3	0.136	M_3	0.221	M_3	0.208	M_3	0.086
M_4	0.150	M_4	0.199	M_4	0.138	M_4	0.119	M_4	0.046
M_5	0.196	M_5	0.193	M_5	0.196	M_5	0.185	M_5	0.195

4．计算极限超矩阵

以下计算过程由 Super Decision 完成。首先确定未加权超矩阵（见表 5-7），然后计算加权超矩阵 $\boldsymbol{W}$（见表 5-8），最后计算极限超矩阵 $\lim\limits_{K\to\infty} W^K$（见表 5-9）。

表 5-7　未加权超矩阵

元素	M_1	M_2	M_3	M_4	M_5	C_1	C_2	C_3	C_4	C_5	C_6	C_7	C_8	C_9	C_{10}
M_1	0.000	0.000	0.000	0.000	0.000	0.128	0.128	0.156	0.121	0.245	0.273	0.225	0.221	0.261	0.344
M_2	0.000	0.000	0.000	0.000	0.000	0.245	0.245	0.230	0.219	0.163	0.217	0.244	0.221	0.224	0.327
M_3	0.000	0.000	0.000	0.000	0.000	0.234	0.234	0.204	0.219	0.227	0.162	0.136	0.221	0.208	0.086
M_4	0.000	0.000	0.000	0.000	0.000	0.143	0.143	0.204	0.219	0.199	0.150	0.199	0.138	0.119	0.045
M_5	0.000	0.000	0.000	0.000	0.000	0.248	0.248	0.204	0.219	0.163	0.196	0.193	0.196	0.185	0.195
C_1	0.200	0.200	0.200	0.200	0.200	0.000	0.000	0.000	0.000	0.000	0.000	1.000	0.000	0.000	0.000
C_2	0.200	0.200	0.200	0.200	0.200	1.000	0.000	0.000	0.000	0.000	0.000	0.000	0.000	0.000	0.000
C_3	0.200	0.200	0.200	0.200	0.200	0.000	0.000	0.000	0.000	0.000	0.000	0.000	0.000	0.000	0.000
C_4	0.200	0.200	0.200	0.200	0.200	0.000	0.000	0.000	0.000	0.000	0.000	0.000	0.000	0.000	0.000
C_5	0.200	0.200	0.200	0.200	0.200	0.000	0.000	1.000	0.000	0.000	0.000	0.000	0.000	0.000	0.000
C_6	1.000	1.000	1.000	1.000	1.000	0.000	0.000	0.000	0.000	0.000	0.000	1.000	0.000	0.000	0.000
C_7	1.000	1.000	1.000	1.000	1.000	0.000	0.000	0.000	0.000	0.000	0.000	0.000	1.000	0.000	0.000
C_8	1.000	1.000	1.000	1.000	1.000	0.000	0.000	0.000	0.000	0.000	0.000	1.000	0.000	0.000	0.000
C_9	0.500	0.500	0.500	0.500	0.500	0.000	0.000	0.000	0.000	0.000	0.000	0.000	0.000	0.000	1.000
C_{10}	0.500	0.500	0.500	0.500	0.500	0.000	0.000	0.000	0.000	0.000	0.000	0.000	1.000	1.000	0.000

表 5-8　加权超矩阵 $\boldsymbol{W}$

元素	M_1	M_2	M_3	M_4	M_5	C_1	C_2	C_3	C_4	C_5	C_6	C_7	C_8	C_9	C_{10}
M_1	0.000	0.000	0.000	0.000	0.000	0.064	0.128	0.078	0.121	0.245	0.273	0.056	0.073	0.130	0.172
M_2	0.000	0.000	0.000	0.000	0.000	0.122	0.245	0.115	0.219	0.163	0.217	0.061	0.073	0.112	0.163
M_3	0.000	0.000	0.000	0.000	0.000	0.117	0.234	0.102	0.219	0.227	0.162	0.034	0.073	0.104	0.043
M_4	0.000	0.000	0.000	0.000	0.000	0.071	0.143	0.102	0.219	0.199	0.150	0.049	0.046	0.059	0.022
M_5	0.000	0.000	0.000	0.000	0.000	0.124	0.248	0.102	0.219	0.163	0.196	0.048	0.065	0.092	0.097
C_1	0.120	0.120	0.120	0.120	0.120	0.000	0.000	0.000	0.000	0.000	0.000	0.250	0.000	0.000	0.000
C_2	0.120	0.120	0.120	0.120	0.120	0.500	0.000	0.000	0.000	0.000	0.000	0.000	0.000	0.000	0.000
C_3	0.120	0.120	0.120	0.120	0.120	0.000	0.000	0.000	0.000	0.000	0.000	0.000	0.000	0.000	0.000
C_4	0.120	0.120	0.120	0.120	0.120	0.000	0.000	0.000	0.000	0.000	0.000	0.000	0.000	0.000	0.000
C_5	0.120	0.120	0.120	0.120	0.120	0.000	0.000	0.500	0.000	0.000	0.000	0.000	0.000	0.000	0.000
C_6	0.140	0.140	0.140	0.140	0.140	0.000	0.000	0.000	0.000	0.000	0.000	0.250	0.000	0.000	0.000
C_7	0.100	0.100	0.100	0.100	0.100	0.000	0.000	0.000	0.000	0.000	0.000	0.000	0.3584	0.000	0.000
C_8	0.080	0.080	0.080	0.080	0.080	0.000	0.000	0.000	0.000	0.000	0.000	0.250	0.000	0.000	0.000
C_9	0.040	0.040	0.040	0.040	0.040	0.000	0.000	0.000	0.000	0.000	0.000	0.000	0.000	0.000	0.000
C_{10}	0.040	0.040	0.040	0.040	0.040	0.000	0.000	0.000	0.000	0.000	0.000	0.000	0.3088	0.000	0.000

表 5-9 极限超矩阵

元素	M_1	M_2	M_3	M_4	M_5	C_1	C_2	C_3	C_4	C_5	C_6	C_7	C_8	C_9	C_{10}
M_1	0.083	0.083	0.083	0.083	0.083	0.083	0.083	0.083	0.083	0.083	0.083	0.083	0.083	0.083	0.083
M_2	0.092	0.092	0.092	0.092	0.092	0.092	0.092	0.092	0.092	0.092	0.092	0.092	0.092	0.092	0.092
M_3	0.082	0.082	0.082	0.082	0.082	0.082	0.082	0.082	0.082	0.082	0.082	0.082	0.082	0.082	0.082
M_4	0.066	0.066	0.066	0.066	0.066	0.066	0.066	0.066	0.066	0.066	0.066	0.066	0.066	0.066	0.066
M_5	0.085	0.085	0.085	0.085	0.085	0.085	0.085	0.085	0.085	0.085	0.085	0.085	0.085	0.085	0.085
C_1	0.063	0.063	0.063	0.063	0.063	0.063	0.063	0.063	0.063	0.063	0.063	0.063	0.063	0.063	0.063
C_2	0.081	0.081	0.081	0.081	0.081	0.081	0.081	0.081	0.081	0.081	0.081	0.081	0.081	0.081	0.081
C_3	0.049	0.049	0.049	0.049	0.049	0.049	0.049	0.049	0.049	0.049	0.049	0.049	0.049	0.049	0.049
C_4	0.049	0.049	0.049	0.049	0.049	0.049	0.049	0.049	0.049	0.049	0.049	0.049	0.049	0.049	0.049
C_5	0.073	0.073	0.073	0.073	0.073	0.073	0.073	0.073	0.073	0.073	0.073	0.073	0.073	0.073	0.073
C_6	0.071	0.071	0.071	0.071	0.071	0.071	0.071	0.071	0.071	0.071	0.071	0.071	0.071	0.071	0.071
C_7	0.058	0.058	0.058	0.058	0.058	0.058	0.058	0.058	0.058	0.058	0.058	0.058	0.058	0.058	0.058
C_8	0.047	0.047	0.047	0.047	0.047	0.047	0.047	0.047	0.047	0.047	0.047	0.047	0.047	0.047	0.047
C_9	0.042	0.042	0.042	0.042	0.042	0.042	0.042	0.042	0.042	0.042	0.042	0.042	0.042	0.042	0.042
C_{10}	0.052	0.052	0.052	0.052	0.052	0.052	0.052	0.052	0.052	0.052	0.052	0.052	0.052	0.052	0.052

5. 合成排序

合成排序结果如图 5-15 所示，可以看出投标人 M_2 得分最高，即 M_2 就是第一中标人。

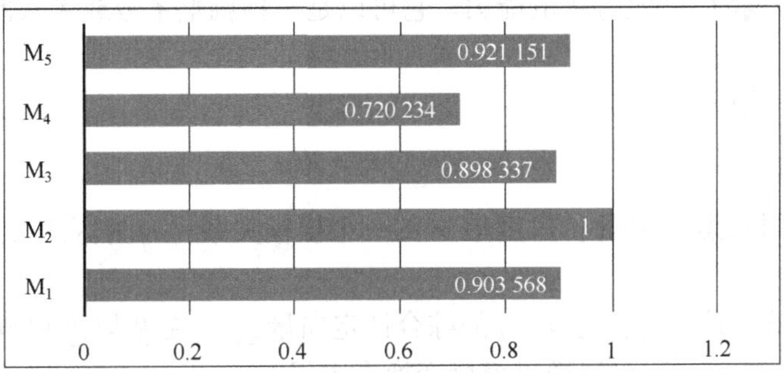

图 5-15 合成排序结果

5.4 模糊综合评价法

在对系统进行综合评价时，总会遇到一些不确定的、难以量化的因素。而对于这些因素，我们很难给出明确的判断，原因是其具有模糊性。例如，在对产品质量进行评价时，质量的“好”与“坏”就是模糊的概念。究竟产品的质量达到什么程度算“好”，什么程度算“坏”，是很难说清楚的。再如，我们对空调系统的要求是“冬天不冷，夏天不热”，其中“不冷”和“不热”就具有模糊性。对含有模糊性评价因素的系统进行评价，就要应用模糊综合评价法。

5.4.1 模糊综合评价法介绍

模糊综合评价法又称模糊评价法，它是模糊数学的一种具体应用方法。其特点是，数学模型简单，容易掌握，对多因素、多层次的复杂问题评判效果比较好，是其他的模型和方法难以替代的。由于模糊的方法更接近于我们的思维习惯和描述方法，因此模糊综合评价法更适合对社会经济系统和工程技术问题进行评价。

模糊综合评价法是一种应用模糊变换原理和最大隶属度原则，考虑评价系统的各个相关因素，对其进行综合评价的方法。其数学模型可分为一级评价模型和多级评价模型两类。

1. 一级评价模型

建立一级评价模型的主要步骤如下：

（1）邀请有关人员，成立一个专家评判小组。

（2）通过讨论，确定系统评价因素集（也称评价指标集）：

$$U=\{u_1,u_2,\cdots,u_n\}$$

并建立评价尺度集：

$$V=(v_1,v_2,\cdots,v_m)$$

（3）根据专家的经验或应用层次分析法等方法，确定各评价因素的相对重要度：

$$\underset{\sim}{W}=(w_1,w_2,\cdots,w_n)$$

它是 U 上的一个模糊子集。W_i 是单因素 U_i 在总评价中的影响程度大小，在一定程度上也代表根据单因素 U_i 评定等级的能力。它可以是一种调整系数或者限制系数，但一般为权重系数。

（4）找出评判矩阵：

$$U\times V\to[0,1],r_{ij}=\underset{\sim}{R}(u_i,v_j)$$

式中，$\underset{\sim}{R}$ 为评价因素集 U 到评价尺度集 V 的一个模糊关系；r_{ij} 为因素 U_i 对评价尺度 V_i 的隶属度。

（5）综合评价，计算替代方案 A_k 的综合评定向量 $\underset{\sim}{B}_k$。在 $\underset{\sim}{R}$ 与 $\underset{\sim}{W}$ 已确定后，A_k 的综合评定向量 $\underset{\sim}{B}_k=(b_1^k,b_2^k,\cdots,b_m^k)$ 可以通过模糊变换来求得。

$$\underset{\sim}{B}_k=\underset{\sim}{W}\circ\underset{\sim}{R}$$

这里，符号“∘”可以广义地理解为由任何一种模糊算子构成的合成运算，常用的为札德算子（$\vee,\wedge$）。

模糊综合评定向量描述了替代方案的所有评价因素隶属于评价尺度的加权和。

（6）计算替代方案 A_k 的优先度（综合评价值）：

$$P_k=\underset{\sim}{B}_k\cdot V^{\mathrm{T}}$$

替代方案的优先度 P_k，充分利用了综合评定向量 $\underset{\sim}{B}_k$ 所带的信息，并结合了评价尺度 V 的等级评价参数。根据它的大小，就可对各替代方案进行优先顺序的排列，为决策提供信息。

2. 多级评价模型

在系统评价时，当需要考虑的因素很多，且各因素间有级别、层次之分时，就要应用多级评价模型。否则，难以比较系统中各替代方案的优劣次序，得不出有意义的评价结果。

下面以二级为例介绍建立多级评价模型的一般步骤。

（1）划分因素集。设因素集$U=\{u_1,u_2,\cdots,u_n\}$，评价尺度集$V=(v_1,v_2,\cdots,v_m)$，根据 U 中各因素间的关系将 U 分成 k 份，设第 i 个子集$U_i=\{u_{i1},u_{i2},\cdots,u_{in_i}\}$，$i=1,2,\cdots,k$，即 U_i 中含有 n_i 个因素，则$\bigcup\limits_{i=1}^{k}U_i=U$，且$\sum\limits_{i=1}^{k}n_i=n$。

（2）一级评价。利用一级模型对每个 U_i 进行综合评价，计算其综合评定向量，得

$$\underset{\sim}{B}_i=W_i\circ\underset{\sim}{R}_i \qquad i=1,2,\cdots,N$$

式中，W_i 为 U_i 上的$1\times n_i$ 阶权向量；$\underset{\sim}{R}_i$ 为对 U_i 的 $n_i\times m$ 阶单因素评判矩阵；$\underset{\sim}{B}_i$ 为 U_i 上的$1\times m$ 阶一级综合评判结果矩阵。

（3）多级综合评价。将每个 U_i 作为一个元素，用 B_i 作为它的单因素评判，又可构成一个 $N\times m$ 阶评判矩阵。

$$\underset{\sim}{\boldsymbol{R}}=\begin{bmatrix}\underset{\sim}{B}_1\\ \underset{\sim}{B}_2\\ \vdots\\ \underset{\sim}{B}_N\end{bmatrix}$$

设关于$U=\{u_1,u_2,\cdots,u_k\}$的权重分配为$\underset{\sim}{W}=(w_1,w_2,\cdots,w_k)$，则可以得到 U 的二级评判结果：

$$\underset{\sim}{B}=\underset{\sim}{W}\circ\underset{\sim}{R}$$

（4）计算替代方案的优先度（综合评价值）。计算方法同一级评价模型中的步骤 6。

5.4.2 综合应用案例

例 5-3 现需要对教师的课堂教学质量进行评价。对于课堂教学质量来说，要考虑的因素有很多。为了简化，这里取 4 个因素，即 U={清楚易懂，熟悉教材，能力培养，板书整洁}。专家给出的因素的权重为$W=(0.5,0.2,0.2,0.1)$，评价分为 4 个等级，评价尺度集为 V={很好，较好，一般，不好}=（1.0,0.7,0.4,0.1）。现邀请各方面专家 10 人对教师甲进行评价，用打分的办法对该教师上的一堂课给出评判矩阵：

$$\underset{\sim}{\boldsymbol{R}}=\begin{bmatrix}0.4&0.5&0.1&0\\0.6&0.3&0.1&0\\0.1&0.2&0.6&0.1\\0.1&0.2&0.5&0.2\end{bmatrix}$$

于是有了该教师上课的综合评定向量：

$$\underset{\sim}{B}=\underset{\sim}{W}\circ\underset{\sim}{R}=(0.5,0.2,0.2,0.1)\circ\begin{bmatrix}0.4&0.5&0.1&0\\0.6&0.3&0.1&0\\0.1&0.2&0.6&0.1\\0.1&0.2&0.5&0.2\end{bmatrix}=(0.4,0.5,0.2,0.1)$$

教师甲的优先度：

$$N_1=(0.4,0.5,0.2,0.1)\times(1.0,0.7,0.4,0.1)^{\mathrm{T}}=0.84$$

同样的方法，对教师乙和教师丙重复上述过程进行评价，得 $N_2=0.64$，$N_3=0.78$。由此可以得出这 3 位教师的优先顺序为甲、丙、乙。此评判结果，就可以为决策者进行决策提供依据。

例 5-4 某部门为确定同一学科领域的同类科研项目 A_1、A_2、A_3、A_4 和 A_5 的优先顺序，邀请了 9 位专家对其进行评价。通过讨论确定评价因素集 U 由立题的必要性（u_1）、技术先进性（u_2）、实施可行性（u_3）、经济合理性（u_4）和社会效益（u_5）组成，并确定相应的权重。同时确定评价尺度 V 分为 5 级：非常必要（0.9）、很必要（0.7）、必要（0.5）、一般（0.3）和不太必要（0.1）。各位专家对 A_1 项目的评价要素 u_i 做出评价尺度 v_j 的评价人数如表 5-10 所示。试用模糊综合评价法进行评价。

表 5-10　对 A_1 项目的评价因素权重和评价尺度表

评价因素集（U）		u_1	u_2	u_3	u_4	u_5
权重（W）		0.15	0.20	0.10	0.25	0.30
评价尺度	0.9	0	5	0	0	4
	0.7	6	3	4	7	4
	0.5	3	1	4	2	1
	0.3	0	0	1	0	0
	0.1	0	0	0	0	0

由表 5-10 可知，对 A_1 项目的评价要素 u_1，有 6 位专家认为很必要，有 3 位专家认为必要，为此计算各评价尺度的隶属度如下：

$$r^1_{11}=d^1_{11}/d=0/9=0,\ r^1_{12}=6/9=0.67,\ r^1_{13}=3/9=0.33,\ r^1_{14}=0/9=0,\ r^1_{15}=0/9=0$$

所以

$$R^1_{K1}=(0,\ 0.67,\ 0.33,\ 0,\ 0)$$

由此可得 A_1 的隶属度矩阵：

$$\boldsymbol{H}_1=\begin{bmatrix} 0 & 0.67 & 0.33 & 0 & 0 \\ 0.56 & 0.33 & 0.11 & 0 & 0 \\ 0 & 0.44 & 0.44 & 0.12 & 0 \\ 0 & 0.78 & 0.22 & 0 & 0 \\ 0.44 & 0.44 & 0.12 & 0 & 0 \end{bmatrix}$$

计算综合评定向量：

$$\underset{\sim}{B}=\underset{\sim}{W}\circ\underset{\sim}{R}=(0.15,0.20,0.10,0.25,0.30)\circ\begin{bmatrix} 0 & 0.67 & 0.33 & 0 & 0 \\ 0.56 & 0.33 & 0.11 & 0 & 0 \\ 0 & 0.44 & 0.44 & 0.12 & 0 \\ 0 & 0.78 & 0.22 & 0 & 0 \\ 0.44 & 0.44 & 0.12 & 0 & 0 \end{bmatrix}=(0.3,\ 0.3,\ 0.22,\ 0.1,\ 0)$$

则 A_1 的优先度为：

$$N_1=(0.3, 0.3, 0.22, 0.1, 0)\times(0.9, 0.7, 0.5, 0.3, 0.1)^T=0.62$$

同样可求出 $A_2 \sim A_5$ 的优先度：

$$N_2=0.47, N_3=0.41, N_4=0.56, N_5=0.64$$

据此这 5 个项目的优先顺序为 A_5、A_1、A_4、A_2、A_3。

5.5 灰色评价法

灰色评价法是运用灰色理论将评价专家的分散信息处理成一个描述不同灰类程度的权向量，在此基础上再对其进行单值化处理，得到受评结果的综合评价值，进而可进行项目间的排序选优。这提高了评价的科学性和精确性。

5.5.1 灰色评价法介绍

图 5-16 是一个由多个评价指标按属性不同分组，每组作为一个层次，按照最高层（目标 W）、中间层（一级评价指标 U_i，$i=1,2,\cdots,m$）和最低层（二级评价指标 V_{ij}，$i=1, 2, \cdots, m$；$j=1, 2, \cdots, n_i$）的形式排列起来组成的三层评价指标体系。

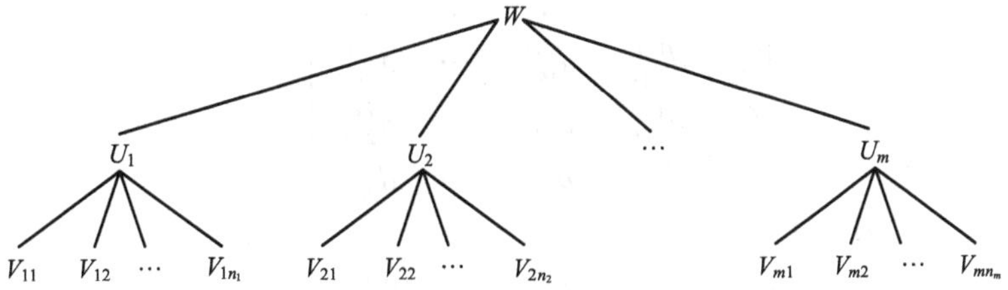

图 5-16 三层评价指标体系

假设评价对象的序号为 S（$S=1,2,\cdots,q$），$W^{(s)}$代表第 S 个被评价对象的优选评价值；U 代表一级评价指标 U_i 组成的集合，记为 $U=\{U_1, U_2,\cdots, U_m\}$；$V_i$（$i=1, 2,\cdots, m$）代表二级评价指标 V_{ij} 组成的集合，记为 $V_i=\{V_{i1}, V_{i2}, \cdots, V_{in_i}\}$。灰色评价法的具体步骤如下。

1. 制定评价指标 V_{ij} 的评分等级标准

评价指标 V_{ij} 是定性指标，将定性指标转化成定量指标，即定性指标量化可以通过制定评价指标评分等级标准来实现。考虑到思维最大可能分辨能力，将评价指标 V_{ij} 的优劣等级划分为 4 级，并分别赋值（评分）4、3、2、1 分，指标等级介于两相邻等级之间时，相应评分为 3.5、2.5 和 1.5 分。

2. 确定评价指标 U_i 和 V_{ij} 的权重

按上述评价指标体系评价时，评价指标 U_i 和 V_{ij} 对目标 W 的重要程度是不同的，即有不同的权重。这些评价指标权重的确定，可以利用层次分析法，通过两两成对的重要性比较建立判断矩阵，然后用解矩阵特征值的方法求出。

假设求得一级评价指标 U_i（i=1, 2, ⋯, m）的权数分配为 a_i（i=1, 2, ⋯, m），各指标权重集 $A=(a_1, a_2, \cdots, a_m)$，且满足 $a_i \geqslant 0$，$\sum_{i=1}^{m} a_i = 1$；二级评价指标 V_{ij}（i=1, 2, ⋯, m；j=1, 2, ⋯, n_i）的权数分配为 a_{ij}（i=1, 2, ⋯, m；j=1, 2, ⋯, n_i），各指标权重集 $A_i=(a_{i1}, a_{i2}, \cdots, a_{in_j})$，且满足 $a_{ij} \geqslant 0$，$\sum_{j=1}^{n_i} a_{ij} = 1$。

3. 组织评价专家评分

设评价专家序号为 k（k=1, 2,⋯, p），即有 p 个评价专家。组织 p 个评价专家对第 S 个项目按评价指标 V_{ij} 评分等级标准打分，并填写评价专家评分表。

4. 求评价样本矩阵

根据评价专家评分表，即根据第 k 个专家对第 S 个项目按评价指标 V_{ij} 给出的评分 $d_{ijk}^{(S)}$，求得第 S 个项目的评价样本矩阵 $\boldsymbol{D}^{(S)}$。

$$
\boldsymbol{D}^{(s)} = \begin{array}{c} \\ V_{11} \\ V_{12} \\ \vdots \\ V_{1n_1} \\ V_{21} \\ V_{22} \\ \vdots \\ V_{2n_2} \\ \vdots \\ V_{m1} \\ V_{m2} \\ \vdots \\ V_{mn_m} \end{array}
\begin{array}{c} \begin{array}{cccc} 1 & 2 & \cdots & p \end{array} \\
\begin{bmatrix}
d_{111}^{(s)} & d_{112}^{(s)} & \cdots & d_{11p}^{(s)} \\
d_{121}^{(s)} & d_{122}^{(s)} & \cdots & d_{12p}^{(s)} \\
\vdots & \vdots & \vdots & \vdots \\
d_{1n_1 1}^{(s)} & d_{1n_1 2}^{(s)} & \cdots & d_{1n_1 p}^{(s)} \\
d_{211}^{(s)} & d_{212}^{(s)} & \cdots & d_{21p}^{(s)} \\
d_{221}^{(s)} & d_{222}^{(s)} & \cdots & d_{22p}^{(s)} \\
\vdots & \vdots & \vdots & \vdots \\
d_{2n_2 1}^{(s)} & d_{2n_2 2}^{(s)} & \cdots & d_{2n_2 p}^{(s)} \\
\vdots & \vdots & \vdots & \vdots \\
d_{m11}^{(s)} & d_{m12}^{(s)} & \cdots & d_{m1p}^{(s)} \\
d_{m21}^{(s)} & d_{m22}^{(s)} & \cdots & d_{m2p}^{(s)} \\
\vdots & \vdots & \vdots & \vdots \\
d_{mn_m 1}^{(s)} & d_{mn_m 2}^{(s)} & \cdots & d_{mn_m p}^{(s)}
\end{bmatrix} \end{array}
= (d_{ijk}^{(s)})_{\sum_{i=1}^{m} n \times p}
$$

其中，i=1, 2, ⋯, m；j=1, 2, ⋯, n_m；k=1, 2, ⋯, p。

5. 确定评价灰类

确定评价灰类就是确定评价灰类的等级数、灰类的灰数和灰数的白化权函数。分析上述评价指标 V_{ij} 的评分等级标准，决定设定 4 个评价灰类，灰类序号为 e，即 e=1, 2, 3, 4。它们分别是“优”“良”“中”“差”，其相应的灰数和白化权函数如下。

第 1 灰类：“优”（e=1），灰数 $\otimes_1 \in [4,\infty)$，白化权函数为 f_1（见图 5-17）。

第 2 灰类：“良”（e=2），灰数 $\otimes_2 \in [0,3,6]$，白化权函数为 f_2（见图 5-18）。

第 3 灰类：“中”（e=3），灰数 $\otimes_3 \in [0,2,4]$，白化权函数为 f_3（见图 5-19）。

第 4 灰类：“差”（e=4），灰数 $\otimes_4 \in [0,1,2]$，白化权函数为 f_4（见图 5-20）。

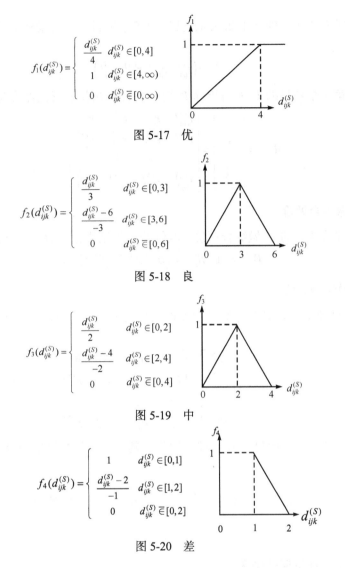

$$f_1(d_{ijk}^{(S)})=\begin{cases}\dfrac{d_{ijk}^{(S)}}{4} & d_{ijk}^{(S)}\in[0,4]\\ 1 & d_{ijk}^{(S)}\in[4,\infty)\\ 0 & d_{ijk}^{(S)}\overline{\in}[0,\infty)\end{cases}$$

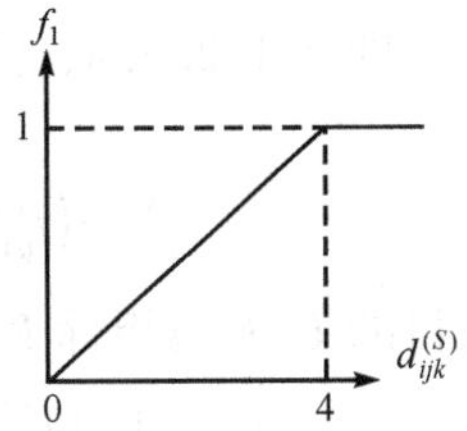

图 5-17　优

$$f_2(d_{ijk}^{(S)})=\begin{cases}\dfrac{d_{ijk}^{(S)}}{3} & d_{ijk}^{(S)}\in[0,3]\\ \dfrac{d_{ijk}^{(S)}-6}{-3} & d_{ijk}^{(S)}\in[3,6]\\ 0 & d_{ijk}^{(S)}\overline{\in}[0,6]\end{cases}$$

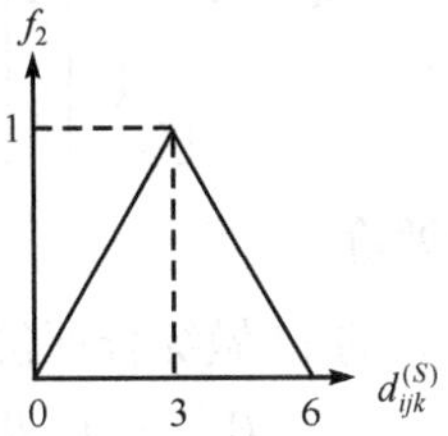

图 5-18　良

$$f_3(d_{ijk}^{(S)})=\begin{cases}\dfrac{d_{ijk}^{(S)}}{2} & d_{ijk}^{(S)}\in[0,2]\\ \dfrac{d_{ijk}^{(S)}-4}{-2} & d_{ijk}^{(S)}\in[2,4]\\ 0 & d_{ijk}^{(S)}\overline{\in}[0,4]\end{cases}$$

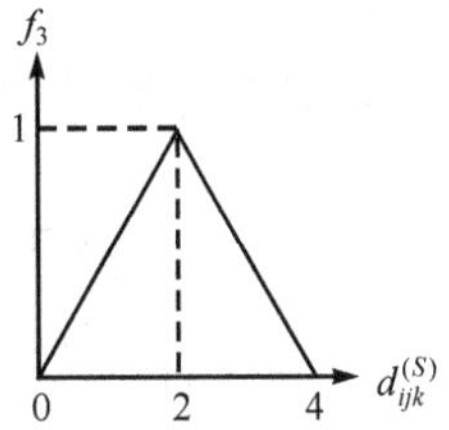

图 5-19　中

$$f_4(d_{ijk}^{(S)})=\begin{cases}1 & d_{ijk}^{(S)}\in[0,1]\\ \dfrac{d_{ijk}^{(S)}-2}{-1} & d_{ijk}^{(S)}\in[1,2]\\ 0 & d_{ijk}^{(S)}\overline{\in}[0,2]\end{cases}$$

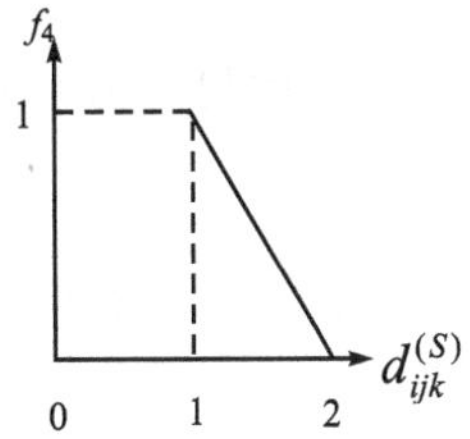

图 5-20　差

6. 计算灰色评价系数

对评价指标 V_{ij}，第 S 个项目属于第 e 个评价灰类的灰色评价系数记为 $x_{ije}^{(S)}$，则有

$$x_{ije}^{(S)}=\sum_{k=1}^{p}f_e(d_{ijk}^{(S)})$$

对评价指标 V_{ij}，第 S 个项目属于各个评价灰类的总灰色评价数记为 $x_{ij}^{(S)}$，则有

$$x_{ij}^{(S)}=\sum_{e=1}^{4}x_{ije}^{(S)}$$

7. 计算灰色评价权向量和权矩阵

所有评价专家就评价指标 V_{ij}，对第 S 个项目主张第 e 个灰类的灰色评价权记为 $r_{ije}^{(S)}$，则有

$$r_{ije}^{(S)}=\frac{x_{ije}^{(S)}}{x_{ij}^{(S)}}$$

考虑到灰类有 4 个，即 e=1, 2, 3, 4，便有第 S 个项目的评价指标 V_{ij} 对于各灰类的灰色评价权向量 $r_{ij}^{(S)}$：

$$r_{ij}^{(S)}=\left(r_{ij1}^{(S)},r_{ij2}^{(S)},r_{ij3}^{(S)},r_{ij4}^{(S)}\right)$$

从而得到第 S 个项目的 U_i 所属指标 V_{ij} 对于各评价灰类的灰色评价权矩阵 $\boldsymbol{R}_i^{(S)}$：

$$\boldsymbol{R}_i^{(S)}=\begin{bmatrix} r_{i1}^{(S)} \\ r_{i2}^{(S)} \\ \vdots \\ r_{in_i}^{(S)} \end{bmatrix}=\begin{bmatrix} r_{i11}^{(S)} & r_{i12}^{(S)} & r_{i13}^{(S)} & r_{i14}^{(S)} \\ r_{i21}^{(S)} & r_{i22}^{(S)} & r_{i23}^{(S)} & r_{i24}^{(S)} \\ \vdots & \vdots & \vdots & \vdots \\ r_{in_i1}^{(S)} & r_{in_i2}^{(S)} & r_{in_i3}^{(S)} & r_{in_i4}^{(S)} \end{bmatrix}$$

8．对 U_i 做综合评价

对第 S 个评价项目的 U_i 做综合评价，其综合评价结果记为 $\boldsymbol{B}_i^{(S)}$，则有

$$\boldsymbol{B}_i^{(S)}=A_i\cdot R_i^{(S)}=\left(b_{i1}^{(S)},b_{i2}^{(S)},b_{i3}^{(S)},b_{i4}^{(S)}\right)$$

9．对 U 做综合评价

由 U_i 的综合评价结果 $\boldsymbol{B}_i^{(S)}$ 得第 S 个评价项目的 U 所属指标 U_i 对于各评价灰类的灰色评价权矩阵 $\boldsymbol{R}^{(S)}$：

$$\boldsymbol{R}^{(S)}=\begin{bmatrix} B_1^{(S)} \\ B_2^{(S)} \\ \vdots \\ B_m^{(S)} \end{bmatrix}=\begin{bmatrix} b_{11}^{(S)} & b_{12}^{(S)} & b_{13}^{(S)} & b_{14}^{(S)} \\ b_{21}^{(S)} & b_{22}^{(S)} & b_{23}^{(S)} & b_{24}^{(S)} \\ \vdots & \vdots & \vdots & \vdots \\ b_{m1}^{(S)} & b_{m2}^{(S)} & b_{m3}^{(S)} & b_{m4}^{(S)} \end{bmatrix}$$

于是，对第 S 个评价项目的 U 做综合评价。其综合评价结果记为 $\boldsymbol{B}^{(S)}$，则有

$$\boldsymbol{B}^{(S)}=A\cdot R^{(S)}=\begin{bmatrix} a_1\cdot R_1^{(S)} \\ a_2\cdot R_2^{(S)} \\ \vdots \\ a_m\cdot R_m^{(S)} \end{bmatrix}=(b_1^{(S)},b_2^{(S)},b_3^{(S)},b_4^{(S)})$$

10．计算综合评价值并排序

设将各评价灰类等级按“灰水平”赋值，即第 1 灰类“优”取 4，第 2 灰类“良”取 3，第 3 灰类“中”取 2，第 4 灰类“差”取 1，则各评价灰类等级值化向量 C：

$$C=(4, 3, 2, 1)$$

于是，第 S 个评价项目的综合评价值 $W^{(S)}$ 按下式计算：

$$W^{(S)}=B^{(S)}\cdot C^{\mathrm{T}}$$

式中，C^{T} 为各评价灰类等级值化向量的转置。

求出综合评价值 $W^{(S)}$ 后，根据 $W^{(S)}$ 大小对 q 个被评价对象进行排序。

5.5.2　综合应用案例

例 5-5　运用多层次灰色评价模型对项目组合管理中需要进行评价的 3 个投资项目进行优选评价。

（1）建立项目优选的综合评价体系。经过分析建立的基于企业发展战略的项目投资组合管理评价体系。

（2）确定二级评价指标 V_{ij} 的评分等级标准。本例将评价指标 V_{ij} 的优劣等级划分为 4 级，并分别赋值（评分）4、3、2、1 分，如表 5-11 所示。指标等级介于两相邻等级之间时，相应评分为 3.5、2.5、1.5 分。

（3）运用层次分析法确定一级评价指标 U_i 和二级评价指标 V_{ij} 的权重，计算结果标注在图 5-21 中。

表 5-11 评分等级标准

指　标	评　分			
	4	3	2	1
财务回报	极高	高	一般	差
提高生产效率	效果非常明显	效果比较明显	效果一般	效果较差
降低运营成本	效果非常明显	效果比较明显	效果一般	效果较差
客户满意度提高	效果非常明显	效果比较明显	效果一般	效果较差
扩大企业生产能力	效果非常明显	效果比较明显	效果一般	效果较差
增加市场份额	效果非常明显	效果比较明显	效果一般	效果较差
企业品牌形象贡献	效果非常明显	效果比较明显	效果一般	效果较差
与发展战略目标的一致性	非常一致	一致	不一致	非常不一致
管理能力提升	非常有必要	有一定必要	有必要	不必要
竞争力提升	非常有必要	有一定必要	有必要	不必要
技术风险	基本无风险	风险较小	有一定风险	风险较大
市场风险	基本无风险	风险较小	有一定风险	风险较大
政策环境风险	基本无风险	风险较小	有一定风险	风险较大
项目与企业资源的协调性	协调性好	协调性较好	协调性一般	协调性差
项目与企业技术的协调性	协调性好	协调性较好	协调性一般	协调性差
外部紧迫性	非常紧急	紧急	一般	不紧急
内部紧迫性	非常紧急	紧急	一般	不紧急

项目投资组合管理评价体系
- 项目对于企业的回报 0.39
  - 财务回报 0.23
  - 提高生产效率 0.15
  - 降低运营成本 0.18
  - 客户满意度提高 0.13
  - 扩大企业生产能力 0.21
  - 增加市场份额 0.10
- 项目对于企业发展的支持作用 0.33
  - 与发展战略目标的一致性 0.36
  - 企业品牌形象贡献 0.15
  - 管理能力提升 0.18
  - 竞争力提升 0.31
- 项目实施的风险 0.18
  - 技术风险 0.17
  - 市场风险 0.22
  - 政策环境风险 0.11
  - 项目与企业资源的协调性 0.28
  - 项目与企业技术的协调性 0.22
- 项目紧迫性 0.1
  - 外部紧迫性 0.6
  - 内部紧迫性 0.4

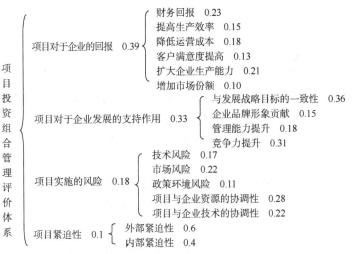

图 5-21 项目投资组合管理评价体系

（4）组织评价专家评分。组织 6 位评价专家分别对拟投资的 3 个项目按评价指标 V_{ij} 评分等级标准打分，并填写评价专家评分表。

（5）求评价样本矩阵。根据 6 位评价专家填写的评价专家评分表，求得评价样本矩阵 $D^{(1)}$、$D^{(2)}$和 $D^{(3)}$。$D^{(1)}$如下所示：

$$\boldsymbol{D}^{(1)}=\begin{bmatrix} 2.5 & 3 & 2 & 2.5 & 4 & 3 \\ 3 & 3 & 3 & 3 & 3.5 & 3 \\ 2 & 3 & 3 & 3 & 3 & 2.5 \\ 3 & 3.5 & 2.5 & 3.5 & 2 & 3.5 \\ 3.5 & 2.5 & 2 & 3 & 3 & 2.5 \\ 3 & 2.5 & 3 & 3 & 3 & 3 \\ 2.5 & 3.5 & 3 & 3 & 3 & 2 \\ 2.5 & 3 & 3 & 3 & 3 & 2.5 \\ 3 & 3 & 2.5 & 3 & 3 & 3 \\ 2 & 3.5 & 3.5 & 3 & 3.5 & 3.5 \\ 2 & 3.5 & 2.5 & 3 & 3.5 & 2 \\ 3.5 & 3.5 & 2.5 & 2 & 2 & 3 \\ 2 & 3.5 & 3.5 & 2 & 3.5 & 2 \\ 3.5 & 2.5 & 2 & 3.5 & 3.5 & 2 \\ 3.5 & 3.5 & 2 & 3.5 & 2 & 3.5 \\ 2 & 4 & 3.5 & 3.5 & 2 & 3.5 \\ 2 & 2.5 & 2.5 & 3 & 2 & 3 \end{bmatrix}$$

（6）确定评价灰类。根据评价指标 V_{ij} 的评分等级标准，设定 4 个评价灰类，灰类序号为 e，即 e=1, 2, 3, 4。它们分别是“优”“良”“中”“差”，其相应的灰数和白化权函数如图 5-17 至图 5-20 所示。

（7）计算灰色评价系数。对评价指标 V_{11}，项目 1 属于第 e 个评价灰类的灰色评价系数 $x_{11e}^{(1)}$ 为

$$e=1$$

$$\begin{aligned} x_{111}^{(1)} &= \sum_{k=1}^{6} f_1(d_{11k}^{(1)}) \\ &= f_1(d_{111}^{(1)}) + f_1(d_{112}^{(1)}) + f_1(d_{113}^{(1)}) + f_1(d_{114}^{(1)}) + f_1(d_{115}^{(1)}) + f_1(d_{116}^{(1)}) \\ &= f_1(2.5) + f_1(3) + f_1(2) + f_1(2.5) + f_1(4) + f_1(3) \\ &= 0.625 + 0.75 + 0.5 + 0.625 + 1 + 0.75 = 4.25 \end{aligned}$$

$$e=2$$

$$\begin{aligned} x_{112}^{(1)} &= f_2(2.5) + f_2(3) + f_2(2) + f_2(2.5) + f_2(4) + f_2(3) \\ &= 0.833\,3 + 1 + 0.666\,7 + 0.833\,3 + 0.666\,7 + 1 = 5 \end{aligned}$$

$$e=3$$

$$\begin{aligned} x_{113}^{(1)} &= f_3(2.5) + f_3(3) + f_3(2) + f_3(2.5) + f_3(4) + f_3(3) \\ &= 0.75 + 0.5 + 1 + 0.75 + 0 + 0.5 = 3.5 \end{aligned}$$

$e=4$

$$x_{114}^{(1)}=f_4(2.5)+f_4(3)+f_4(2)+f_4(2.5)+f_4(4)+f_4(3)=0$$

对评价指标 V_{11}，项目 1 属于各个评价灰类的总灰色评价数 $x_{11}^{(1)}$ 为：

$$x_{11}^{(1)}=\sum_{e=1}^{4}x_{11e}^{(1)}=x_{111}^{(1)}+x_{112}^{(1)}+x_{113}^{(1)}+x_{114}^{(1)}=12.75$$

（8）计算灰色评价权向量和权矩阵。所有评价专家就评价指标 V_{11}，对项目 1 主张第 e 个灰类的灰色评价权 $r_{11e}^{(1)}$ 为：

$$e=1\quad r_{111}^{(1)}=x_{111}^{(1)}/x_{11}^{(1)}=0.333$$
$$e=2\quad r_{112}^{(1)}=x_{112}^{(1)}/x_{11}^{(1)}=0.392$$
$$e=3\quad r_{113}^{(1)}=x_{113}^{(1)}/x_{11}^{(1)}=0.275$$
$$e=4\quad r_{114}^{(1)}=x_{114}^{(1)}/x_{11}^{(1)}=0$$

所以，项目 1 的评价指标 V_{11} 对于各灰类的灰色评价权向量 $r_{11}^{(1)}$ 为：

$$r_{11}^{(1)}=(r_{111}^{(1)},r_{112}^{(1)},r_{113}^{(1)},r_{114}^{(1)})=(0.333,0.392,0.275,0)$$

同理，可计算其他指标对于各灰类的灰色评价权向量 $r_{ij}^{(1)}$，从而得出项目 1 的二级指标相对其一级指标 U_i 的对于各评价灰类的灰色评价权矩阵 $\boldsymbol{R}_1^{(1)}$、$\boldsymbol{R}_2^{(1)}$、$\boldsymbol{R}_3^{(1)}$ 和 $\boldsymbol{R}_4^{(1)}$：

$$\boldsymbol{R}_1^{(1)}=\begin{bmatrix}r_{11}^{(1)}\\r_{12}^{(1)}\\r_{13}^{(1)}\\r_{14}^{(1)}\\r_{15}^{(1)}\\r_{16}^{(1)}\end{bmatrix}=\begin{bmatrix}0.333&0.392&0.275&0\\0.35&0.442&0.208&0\\0.308&0.411&0.281&0\\0.36&0.4&0.24&0\\0.292&0.389&0.319&0\\0.325&0.433&0.242&0\end{bmatrix}$$

$$\boldsymbol{R}_2^{(1)}=\begin{bmatrix}r_{21}^{(1)}\\r_{22}^{(1)}\\r_{23}^{(1)}\\r_{24}^{(1)}\end{bmatrix}=\begin{bmatrix}0.325&0.392&0.267&0\\0.317&0.422&0.261&0\\0.325&0.433&0.242&0\\0.37&0.384&0.246&0\end{bmatrix}$$

$$\boldsymbol{R}_3^{(1)}=\begin{bmatrix}r_{31}^{(1)}\\r_{32}^{(1)}\\r_{33}^{(1)}\\r_{34}^{(1)}\\r_{35}^{(1)}\end{bmatrix}=\begin{bmatrix}0.307&0.356&0.337&0\\0.301&0.429&0.27&0\\0.333&0.364&0.303&0\\0.342&0.376&0.282&0\\0.342&0.354&0.304&0\end{bmatrix}$$

$$\boldsymbol{R}_4^{(1)}=\begin{bmatrix}r_{41}^{(1)}\\r_{42}^{(1)}\end{bmatrix}=\begin{bmatrix}0.389&0.379&0.232&0\\0.283&0.377&0.34&0\end{bmatrix}$$

（9）对一级指标 U_i 进行综合评价。对项目 1 的 U_1、U_2、U_3 和 U_4 做综合评价，其综合评价结果 $B_1^{(1)}$、$B_2^{(1)}$、$B_3^{(1)}$ 和 $B_4^{(1)}$ 为：

$$B_1^{(1)} = A_1 \cdot \boldsymbol{R}_1^{(1)} = (0.325\,4, 0.411\,4, 0.263\,2, 0)$$
$$B_2^{(1)} = A_2 \cdot \boldsymbol{R}_2^{(1)} = (0.337\,4, 0.407\,4, 0.255\,2, 0)$$
$$B_3^{(1)} = A_3 \cdot \boldsymbol{R}_3^{(1)} = (0.326\,1, 0.378\,2, 0.295\,7, 0)$$
$$B_4^{(1)} = A_4 \cdot \boldsymbol{R}_4^{(1)} = (0.346\,6, 0.378\,2, 0.275\,2, 0)$$

（10）对项目优先级进行综合评价。由 $B_1^{(1)}$、$B_2^{(1)}$、$B_3^{(1)}$ 和 $B_4^{(1)}$ 得项目 1 的总灰色评价权矩阵 $\boldsymbol{R}^{(1)}$ 为：

$$\boldsymbol{R}^{(1)} = \begin{bmatrix} B_1^{(1)} \\ B_2^{(1)} \\ B_3^{(1)} \\ B_4^{(1)} \end{bmatrix} = \begin{bmatrix} 0.325\,4 & 0.411\,4 & 0.263\,2 & 0 \\ 0.337\,4 & 0.407\,4 & 0.255\,2 & 0 \\ 0.326\,1 & 0.378\,2 & 0.295\,7 & 0 \\ 0.346\,6 & 0.378\,2 & 0.275\,2 & 0 \end{bmatrix}$$

于是，对项目 1 做综合评价。其综合评价结果 $B^{(1)}$ 为：

$$B^{(1)} = A \cdot \boldsymbol{R}^{(1)} = (0.331\,6, 0.400\,8, 0.267\,6, 0)$$

（11）计算综合评价值并排序。项目 1 的综合评价值 $W^{(1)}$：

$$W^{(1)} = B^{(1)} \cdot C^{\mathrm{T}} = (0.331\,6, 0.400\,8, 0.267\,6, 0) \cdot (4, 3, 2, 1)^{\mathrm{T}} = 3.064$$

同理，可以计算项目 2、项目 3 的优选综合评价值 $W^{(2)}$和 $W^{(3)}$为：

$$W^{(2)} = 3.315$$
$$W^{(3)} = 3.137$$

因为 $W^{(2)} > W^{(3)} > W^{(1)}$，且当全体评价专家都认为项目 i 的每个指标 V_{ij} 评分都是 2 分（合格分）时，对应 $W^{(i)}$为 2.769 3。所以，当项目优选评价值大于 2.769 3 时，项目可以认为合格，即可实施项目。

综上可知，项目的评价结果是，三个项目均为目前可实施项目，其中项目 2 的优先级最高，项目 3 的次之，项目 1 的优先级最低。

将灰色评价法引入项目优选评价过程中，能够最大限度地利用所有基础数据，避免了信息丢失。同时，既可进行单指标评价排序，也可进行综合评价。

5.6 DEA 评价法

5.6.1 DEA 的概念与评价步骤

1. DEA 的概念

数据包络分析（Data Envelopment Analysis，DEA）是以相对效率概念为基础，根据多指标投入和多指标产出对相同类型的单位（部门或企业）进行相对有效性或效益评价的一种系统评价方法。自 1978 年，由著名运筹学家 A.Charnes、W.W.Cooper 和 E.Rhodes 提出 C^2R 模型并用于评价部门（决策单元）间的相对有效性以来，DEA 方法不断得到完善并在实际中被广泛运用，特别是在对非单纯盈利的公共服务部门（如学校、医院、某些文化设施等）的评价方面被认为是一个有效的方法。从生产函数角度看，这个 C^2R 模型是用来研究具有多个输入，特别是具有多个输出的“生产部门”同时为“规模有效”与“技术有效”的十分理想且卓有成效的方法。1984 年，R.D.Banker、A.Charnes 和 W.W.Cooper 给出了一个被称为 BC^2 的模型。1985 年，Charnes、Cooper 和 B.Golany、L.Seiford、J.Stutz 给出了一个被称为 C^2GS^2 的模型。这两个模型是用来研究生产部门间的“技术有效”性的。

一个决策单元（Decision Making Unit，DMU）在某种程度上是一种约定，它可以是学校、医院、空军基地，也可以是银行或企业。DMU 的特点是具有一定的输入和输出，在输入和输出过程中，努力实现自身的决策目标。确定 DMU 的主导原则是，就其“耗费的资源”和“生产的产品”来说，每个 DMU 都可以看作相同的实体，即在某一视角下，各 DMU 有相同的输入和输出。通过对输入输出数据的综合分析，DEA 可以评价每个 DMU 综合效率的数量指标，据此将各 DMU 定级排队，确定有效的（相对效率最高）DMU，并指出其他 DMU 非有效的原因和程度，给主管部门提供管理信息。DEA 还能判断各 DMU 的投入规模是否恰当，并给出了各 DMU 调整投入规模的正确方向和程度：应扩大还是应缩小，改变多少为好。

例 5-6 假设有 5 个生产任务相同的工厂（DEA 方法称它们为决策单元，即 DMU），如 5 个水泥厂或 5 个纺织厂等，每个工厂都有两种投入和一种产出，其具体数据如表 5-12 所示。如何对 5 个工厂生产情况的“好坏”进行评价呢？

表 5-12 各厂情况

工厂（DMU）	A	B	C	D	E
投入 1	10	5	1	3	1
投入 2	17	1	1	2	2
产出	120	20	6	24	10

为了便于比较，现把 5 个 DMU 的各项投入和产出按比例变化，使其产出相同，如表 5-13 所示，这样就可以只比较其投入了。

表 5-13 各厂调整后的情况

工厂（DMU）	A	B	C	D	E
投入 1	10	30	20	15	12
投入 2	17	6	20	10	24
产出	120	120	120	120	120

现以两项投入为坐标建立投入平面，如图 5-22 所示，5 个 DMU 分别对应于平面上 5 个等产出点。

凸包的边界上，C、E 位于其内部。将 C、E 与原点相连，分别交凸包边界于 H、I 点。H 由 A 和 D 组合而成，可以看作一个虚构的 DMU。经过简单的计算可知，H 是由 A 的 5/12 和 D 的 7/12 组合而成的，其投入和产出分别为

$$\text{投入1:}\quad \frac{5}{12}\times 10+\frac{7}{12}\times 15=12.92$$

$$\text{投入2:}\quad \frac{5}{12}\times 17+\frac{7}{12}\times 10=12.92$$

$$产出：\quad \frac{5}{12}\times 120+\frac{7}{12}\times 120=120$$

由于 H 是 A 和 D 的组合，因此在实际生产中是可以实现的，其两项投入均是 C 两项投入的 64.6%。

$$\frac{12.92}{20}\times 100\%=64.6\%$$

显然，C 不是相对有效的。同样，I 也可以看作一个虚构的 DMU，其投入分别为 10 和 20，产出为 120，其投入是 E 的 83.3%。因此 E 也不是相对有效的。很显然，越偏向右上方，有效性越差。相对而言，位于凸包边界上的 A、D、B 是有效的。

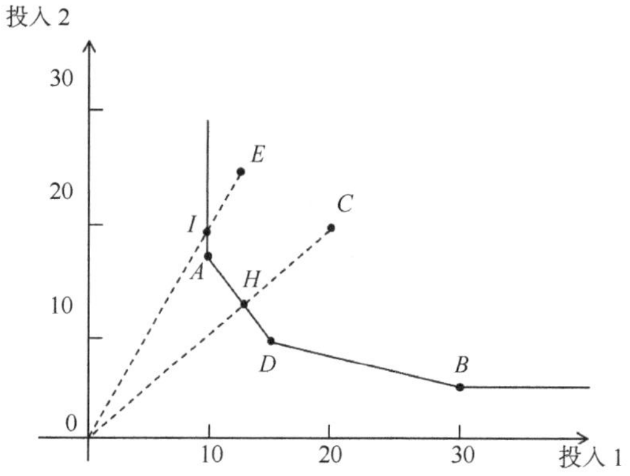

图 5-22　投入与产出图

在上面的例子中，DEA 方法评价的对象 DMU 是同类型的工厂，其基本特点是有相同种类的投入和产出，这些投入产出数据就是评价相对有效性的依据。

在判断某个 DMU 是否为相对有效的例子中，DEA 方法评价的对象 DMU 是同类型的工厂。事实上，DEA 方法评价的对象并不局限于这种真正的生产活动，它们可以是广义的“生产”活动。例如，多所大学、多家医院、多个空军基地，就是看是否有一个虚构的 DMU（它是实际观察到的 DMU 的某种组合）比它更“好”（相同产出条件下投入更少或相同投入情况下产出更多）。若有这样的 DMU，则原 DMU 不是相对有效的，否则是相对有效的，这是 DEA 方法评价的基本思路。

DEA 又可以看作处理多输入多输出问题的多目标决策方法，通过使用数学规划模型比较决策单元之间的相对效率，对决策单元做出评价。DEA 特别适用于具有多输入多输出的复杂系统。这主要体现在以下两点：DEA 以决策单元输入输出的权重为变量，从最有利于决策单元的角度进行评价，从而避免了确定各指标在优先意义下的权重；假定每个输入都关联到一个或多个输出，而且输入输出之间确实存在某种关系，使用 DEA 方法则不必确定这种关系的显示表达式。

2. DEA 评价的一般步骤

（1）明确评价目的。评价目的的确定有助于 DMU 和输入输出指标的选择。

（2）选择 DMU。DMU 是广义的“生产”活动，其基本特点就是有相同种类的投入和产出。评价对象是同种类型的 DMU，既可以横向对比，如以多个棉纺企业作为不同的 DMU；也可以纵向对比，如以不同年份的情况作为不同的 DMU。

（3）建立输入输出评价体系。输入输出指标的选择应根据评价目的确定，同时要能明确指标代表的意义，以及其计算方法。

（4）收集和整理数据。收集整理输入输出指标，并根据其计算方法，计算指标结果。

（5）选择适当的 DEA 模型。根据评价目的和输入输出评价体系，选择适当的 DEA 模型，如 C^2R 模型、C^2GS^2 模型、BC^2 模型等。

（6）进行计算、分析评价结果，并提出决策意见。评价结果可以给出 DMU 非有效性的原因和程度，进一步分析 DMU 非有效的原因及改进方向。

在实际应用中需要注意，由于 DMU 方法并不直接对指标数据进行综合，因此建立模型前无须对数据进行无量纲化处理。可以证明，某个 DMU 的相对有效性评价结果与各投入产出指标的量纲选取无关。通过对 DMU 模型求解可以将参评的多个 DMU 分成三类：第一类是 DEA 有效的 DMU，第二类是仅为弱 DEA 有效的 DMU，第三类是非 DEA 有效的 DMU。这三类显然已经序化，依次由“好”到“不好”。对于第一类 DMU，DEA 方法并不做出排序；对于第二类 DMU，也不做出排序；对于第三类 DMU，可按各 DMU 的相对有效性值来排序，e^* 越小其相对有效性越差。更为重要的是，对第二类和第三类 DMU 可以找出其“生产”过程中的问题所在，为管理提供更为丰富的信息。

5.6.2 C^2R 模型

C^2R 模型是 DEA 的最基本模型。假设有 n 个决策单元，每个决策单元都有 m 种类型的“输入”，以及 s 种类型的“输出”，分别表示该单元“耗费的资源”和“工作的成效”。它们可以由表 5-14 给出。

表 5-14 C^2R 模型数据

投入与产出		DMU					
		1	2	…	J	…	n
投入 1	v_1	x_{11}	x_{12}	…	x_{1j}	…	x_{1n}
投入 2	v_2	x_{21}	x_{22}	…	x_{2j}	…	x_{2n}
⋮	⋮	⋮	⋮		⋮		⋮
投入 m	v_m	x_{m1}	x_{m2}	…	x_{mj}	…	x_{mn}
产出 1	u_1	y_{11}	y_{12}	…	y_{1j}	…	y_{1n}
产出 2	u_2	y_{21}	y_{22}	…	y_{2j}	…	y_{2n}
⋮	⋮	⋮	⋮		⋮		⋮
产出 s	u_s	y_{s1}	y_{s2}	…	y_{sj}	…	y_{sn}

其中，x_{ij} 为第 j 个决策单元对第 i 种类型输入的投入量；y_{rj} 为第 j 个决策单元对第 r 种类型输出的产出量；v_i 为对第 i 种类型输入的一种度量（“权”）；u_r 为对第 r 种类型输出的一种度量（“权”）；而且 $x_{ij}>0$，$y_{rj}>0$；$v_i \geqslant 0$；$u_r \geqslant 0$；$i=1,2,\cdots,m$；$r=1,2,\cdots,s$；

$j=1,2,\cdots,n$。（x_{ij} 及 y_{rj} 为已知的数据，可以根据历史资料或预测得到，v_i 及 u_r 为“权”变量。）

记 $X_j=(x_{1j},\cdots,x_{mj})^{\mathrm{T}}$，$Y_j=(y_{1j},\cdots,y_{sj})^{\mathrm{T}}$，$j=1,2,\cdots,n$。则可用 (X_j,Y_j) 表示第 j 个决策单元 DMU_j。对应于权系数 $v=(v_1,\cdots,v_m)^{\mathrm{T}}$，$u=(u_1,\cdots,u_s)^{\mathrm{T}}$，每个决策单元都有相应的效率评价指数：

$$h_j=\frac{u^{\mathrm{T}}Y_j}{v^{\mathrm{T}}X_j}=\frac{\sum_{k=1}^{s}u_k y_{kj}}{\sum_{i=1}^{m}v_i x_{ij}}\qquad j=1,2,\cdots,n$$

$\mathrm{C^2R}$ 模型为（P^{--}）

$$\max h_{j_0}=\frac{\sum_{k=1}^{s}u_k y_{kj_0}}{\sum_{i=1}^{m}v_i x_{ij_0}}$$

$$\text{s.t.}\begin{cases}\dfrac{\sum_{k=1}^{s}u_k y_{kj}}{\sum_{i=1}^{m}v_i x_{ij}}\quad 1 & j=1,2,\cdots,n\\ u_k\quad 0 & k=1,2,\cdots,s\\ v_i\quad 0 & i=,2,\cdots,m\end{cases}$$

这个原始规划模型是一个分式规则。利用 Charnes-Cooper 变化，可以将其转化为一个等价的线性规划问题。令

$$t=1/v^{\mathrm{T}}x_{j0}\quad \omega=tv\quad \mu=tu$$

原分式规划转化为线性规划模型（P）

$$\max h_{j0}=\mu^{\mathrm{T}}y_{j0}$$

$$\text{s.t.}\quad \omega^{\mathrm{T}}x_j-\mu^{\mathrm{T}}y_j\quad 0\quad j=1,2,\cdots,n$$

$$\omega^{\mathrm{T}}x_{j0}=1$$

$$\omega\geqslant 0\quad \mu\geqslant 0$$

线性规划模型（P）对应的对偶规划模型（D^{--}）

$$\min\theta$$

$$\text{s.t.}\quad \sum_{j=1}^{n}\lambda_j x_j\leqslant\theta x_{j0}$$

$$\sum_{j=1}^{n}\lambda_j y_j\geqslant y_{j0}$$

$$\lambda\geqslant 0\quad j=1,2,\cdots,n\quad \theta\text{无约束}$$

对偶规划模型（D^{--}）可变形为对偶规划模型（D）

$$\min\theta$$

$$\text{s.t.}\quad \sum_{j=1}^{n}\lambda_j x_j+s^{-}=\theta x_{j0}$$

$$\sum_{j=1}^{n}\lambda_j y_j - s^+ = y_{j0}$$

$$\lambda \geqslant 0 \quad j=1,2,\cdots,n$$

$$\theta\text{无约束} \quad s^+ \geqslant 0 \quad s^- \geqslant 0$$

5.6.3　DEA 的有效性

1. DEA 的有效性概念

定义 1：若线性规划（P）的最优解 $h_{j_0}^* = 1$，则决策单元 DMU_{j_0} 为弱 DEA 有效。

定义 2：若线性规划（P）的解中存在 $\omega^* > 0$，$\theta^* > 0$ 且最优解 $h_{j_0}^* = 1$，则决策单元 DMU_{j_0} 为 DEA 有效。

由定义不难看出，若 DMU_{j_0} 为 DEA 有效，那么它也是弱 DEA 有效的。

定理 1：线性规划（P）和对偶规划（D）均存在可行解，所以都有最优解。假设它们的最优解分别为 $h_{j_0}^*$ 和 θ^*，则 $h_{j_0}^* = \theta^* \leqslant 1$。

定理 2：DMU_{j_0} 为弱 DEA 有效的充分必要条件为对偶规划（D）的最优解 $\theta^* = 1$。

定理 3：DMU_{j_0} 为 DEA 有效的充分必要条件为对偶规划（D）的最优解 $\theta^* = 1$，并且对于每个最优解 λ^*、s^{*-}、s^{*+}、θ^* 都有 $s^{*-} = 0$，$s^{*+} = 0$。

由定理 3 可知，若用模型（D）判定某个 DMU 为 DEA 有效的，则需要检查其所有的解 λ^*、s^{*-}、s^{*+}、θ^* 都满足 $s^{*-} = 0$，$s^{*+} = 0$。如果只有 $\theta^* = 1$，但并非所有的 $s^{*-} = 0$，$s^{*+} = 0$，还不能保证第 j_0 个 DMU 的 DEA 有效性。但对于（D）要判定所有的 $s^{*-} = 0$，$s^{*+} = 0$ 并不是很容易，因此在实际中经常直接使用的并非模型（D），而是一个稍加变化了的模型——具有非阿基米德无穷小 ε 的 C^2R 模型。

非阿基米德无穷小 ε 是一个小于任何正数而大于零的数（在实际使用中常取为一个足够小的正数，如 10^{-6}），具有非阿基米德无穷小 ε 的 C^2R 模型也有三种形式（P_ε^-）、（P）、（D_ε）。下面给出模型（D_ε）和判断定理：

$$\min\left[\theta - \varepsilon(\hat{E}^{\mathrm{T}} s^- + E^{\mathrm{T}} S^+)\right] = V_D$$

$$\text{s.t.}\sum_{j=1}^{n}\lambda_j x_j + s^- = \theta x_{j0}$$

$$\sum_{j=1}^{n}\lambda_j y_j - s^+ = y_{j0}$$

$$\lambda \geqslant 0 \quad j=1,2,\cdots,n$$

$$\theta\text{无约束} \quad s^+ \geqslant 0 \quad s^- \geqslant 0$$

其中，$\hat{E} = (1,\cdots,1)_{1xm}^{\mathrm{T}}$ 和 $\hat{E} = (1,\cdots,1)_{1xs}^{\mathrm{T}}$ 分别为元素全取 1 的 m 维和 s 维列向量。（D_ε）和（D）的区别在于目标函数不同，（D_ε）将松弛变量也放入目标函数中，由（D_ε）判定 DEA 有效性可依据如下定理。

定理 4：设 ε 为非阿基米德无穷小，模型（D_ε）的最优解为 λ^*、s^{*-}、s^{*+}、θ^*，则

（1）若 $\theta^* = 1$，则第 j_0 个 DMU 为弱 DEA 有效。

（2）若$\theta^*=1$，$s^{*-}=0$，$s^{*+}=0$，则第j_0个 DMU 为 DEA 有效。

由定理 4 可知，用模型（D_ε）判定某个 DMU 为 DEA 有效只需要检查一个解满足$\theta^*=1$且$s^{*-}=0$，$s^{*+}=0$即可，并不需要检查所有的解，因而模型（D_ε）在实际中经常使用。

例 5-7 设有四个决策单元，其投入和产出数据如表 5-15 所示，试用模型（D_ε）判定各 DMU 的 DEA 有效性。

表 5-15 投入产出数据

DMU	1	2	3	4
投入 1	1	3	3	4
投入 2	3	1	3	2
产出	1	1	2	1

对于 DMU_1 模型（D_ε）为：

$$\min[\theta-\varepsilon(s_1^-+s_2^-+s_1^+)]$$

$$\text{s.t.}\quad \lambda_1+3\lambda_2+3\lambda_3+4\lambda_4+s_1^-=\theta$$

$$3\lambda_1+\lambda_2+3\lambda_3+2\lambda_4+s_2^-=3\theta$$

$$\lambda_1+\lambda_2+2\lambda_3+\lambda_4-s_1^+=1$$

$$\lambda_j\geqslant 0\quad j=1,\cdots,4$$

$$s_1^-\geqslant 0\quad s_2^-\geqslant 0\quad s_1^+\geqslant 0$$

利用单纯形法可得如下最优解：

$$\lambda^*=(1,0,0,0)^T\qquad s_1^{*-}=s_2^{*-}=s_1^{*+}=0\qquad \theta^*=1$$

所以 DMU_1 为 DEA 有效。同样可以判定 DMU_2 和 DMU_3 为 DEA 有效。

对于 DMU_4 模型（D_ε）为：

$$\min[\theta-\varepsilon(s_1^-+s_2^-+s_1^+)]$$

$$\text{s.t.}\quad \lambda_1+3\lambda_2+3\lambda_3+4\lambda_4+s_1^-=4\theta$$

$$3\lambda_1+\lambda_2+3\lambda_3+2\lambda_4+s_2^-=2\theta$$

$$\lambda_1+\lambda_2+2\lambda_3+\lambda_4-s_1^+=1$$

$$\lambda_j\geqslant 0\quad j=1,\cdots,4$$

$$s_1^-\geqslant 0\quad s_2^-\geqslant 0\quad s_1^+\geqslant 0$$

由单纯形法可得如下最优解：

$$\lambda^*=\left(0,\frac{3}{5},\frac{1}{5},0\right)^{\mathrm{T}}\qquad s_1^-+s_2^-+s_1^+=0\qquad \theta^*=\frac{3}{5}$$

由于$\theta^*<1$，故 DMU_4 为非 DEA 有效。

2. DEA 有效性的经济含义

考虑投入量为$X=(x_1,\cdots,x_m)^{\mathrm{T}}$，产出量为$Y=(x_1,\cdots,x_s)^{\mathrm{T}}$的某种生产活动。我们的目的

是根据所观察到的生产活动 (x_j, y_j)，$j = 1, 2, \cdots, n$，去描述生产可能集，特别是根据这些观察数据去确定哪些生产活动是相对有效的。

生产可能集定义为

$$T = \left\{ (X, Y) \middle| \sum_{j=1}^{n} \lambda_j x_j \leqslant X, \sum_{j=1}^{n} \lambda_j y_j \geqslant Y,\ \lambda_j \geqslant 0 \right\}$$

（1）有效性定义。对任何一个决策单元，它达到 100%的效率是指：① 在现有的输入条件下，任何一种输出都无法增加，除非同时降低其他种类的输出；② 要达到现有的输出，任何一种输入都无法降低，除非同时增加其他种类的输入。一个决策单元达到了 100%的效率，该决策单元就是有效的，也就是有效的决策单元。

（2）无效性定义。

① 对任意 $(X, Y) \in T$，并且 $\hat{X} \geqslant X$，均有 $(\hat{X}, Y) \in T$；

② 对任意 $(X, Y) \in T$，并且 $\hat{X} \leqslant X$，均有 $(X, \hat{Y}) \in T$。

也就是说，以较多的输入或较少的输出进行生产总是可能的。

5.6.4 应用案例

本案例以某市市区各普通中学为评价对象，应用前面所介绍的 DEA 模型，对其办学情况进行相对有效性评价。考虑到该市各学校所处的经济、社会、文化环境，所选决策单元为该市市区 20 所普通中学。评估模型所用输入输出指标体系如下。

输出：Y_1：毕业生人数，按 2022 届毕业生人数考虑。

Y_2：毕业生平均成绩，以 2022 届毕业生毕业统考的人均成绩计算。

Y_3：毕业生的身体素质，以 2022 届毕业生的体育达标率计算。

输入：X_1：师资力量，$X_1 = 2z_1 + 1.5z_2 + 1.2z_3 + z_4$，其中 z_1、z_2、z_3 分别为学校在编的特级、一级、二级教师人数，z_4 为其他人数。

X_2：教育经费。按 2022 年度下拨教育经费计算。

X_3：仪器设备、图书资料总额，按截止到 2022 年 8 月普通初中所拥有仪器设备、图书资料总额计算。

以上各数据的统计与计算结果如表 5-16 所示。

表 5-16 数据统计与计算结果

学校编号	X_1	X_2	X_3	Y_1	Y_2	Y_3
1	92	25.2	2.82	354	412	1
2	80	24	2.87	227	368	1
3	72	18	3.57	120	378	1
4	68	14	2.75	181	376	1
5	90	15.4	2.38	174	341	1
6	98	21.95	10.3	223	323	1
7	98	21.95	10.3	223	323	1
8	45	2	1.4	139	441	1

（续）

学校编号	X_1	X_2	X_3	Y_1	Y_2	Y_3
9	34	14.5	2.22	91	409	0.87
10	66	8.5	2.54	174	356	1
11	57	6.3	1.83	140	360	1
12	57	13.8	7.47	158	296	0.98
13	71	12.8	1.7	137	345	0.91
14	61	12.7	2.2	145	342	1
15	61	22	3.75	129	362	0.85
16	69	4.5	3.8	118	345	1
17	34	10	1.5	128	349	1
18	29	12.6	8.42	76	248	0.94
19	43	11.54	3.42	43	288	1
20	46	15.2	5.56	167	409	1

利用 C^2R 模型，分别对上述各学校（各决策单元）建立相应的线性规划模型，求得各中学的评价结果如表 5-17 所示。

表 5-17　评价结果

DMU	对应 C^2R 模型最优解	结论	DMU	对应 C^2R 模型最优解	结论
1	$\theta^*=1.00$	**DEA 有效**	11	$\theta^*=0.78$	DEA 无效
2	$\theta^*=0.74$	DEA 无效	12	$\theta^*=0.75$	DEA 无效
3	$\theta^*=0.51$	DEA 无效	13	$\theta^*=0.76$	DEA 无效
4	$\theta^*=0.74$	DEA 无效	14	$\theta^*=0.69$	DEA 无效
5	$\theta^*=0.69$	DEA 无效	15	$\theta^*=0.57$	DEA 无效
6	$\theta^*=0.69$	DEA 无效	16	$\theta^*=0.64$	DEA 无效
7	$\theta^*=0.62$	DEA 无效	17	$\theta^*=1.00$	**DEA 有效**
8	$\theta^*=1.00$	**DEA 有效**	18	$\theta^*=1.00$	**DEA 有效**
9	$\theta^*=1.00$	**DEA 有效**	19	$\theta^*=0.81$	DEA 无效
10	$\theta^*=0.79$	DEA 无效	20	$\theta^*=0.96$	DEA 无效

普通中学相对有效性的评价结果既反映了学校内部的教学、管理等问题，也反映了上层管理部门在进行办学经费配置的其他决策上的问题。因此，对应非 DEA 有效的学校，一方面在现有的办学条件下要努力工作、提高教学质量、加强教学管理；另一方面上层管理部门应对该学校办学规模等进行适当的调整，使该学校成为 DEA 有效。

复习思考题

1．系统评价时会涉及价值问题，试说明如何理解价值。

2．系统评价中常用的评价尺度有哪几种？

3．系统评价是客观的还是主观的？如何理解系统评价的复杂性？

4．结合实例具体说明系统评价的步骤和内容。

5．试分析说明系统评价在系统工程中的作用。

6．结合实例具体说明层次分析法的应用步骤。

7．常见的多级递阶层次结构有哪几种类型？

8．在层次分析法中为什么要进行一致性检验？如何进行一致性检验？

9．试分析网络层次分析法与层次分析法的优缺点。

10．试比较分析模糊综合评价法的一级评价模型和多级评价模型的区别。

11．结合具体实例说明灰色评价法的原理和步骤。

12．试比较分析各种系统评价方法的适用条件和优缺点。

13．某企业在进行新产品开发时，拟订了 3 个产品方案 C_1、C_2 和 C_3，通过 B_1、B_2 和 $B_3$3 个准则进行评价，并通过专家讨论得到判断矩阵，如表 5-18 所示。试用层次分析法确定 3 个方案的优先顺序。

表 5-18 判断矩阵

目标	B_1	B_2	B_3	B_1	C_1	C_2	C_3	B_2	C_1	C_2	C_3	B_3	C_1	C_2	C_3
B_1	1	1/3	2	C_1	1	1/3	1/5	C_1	1	2	7	C_1	1	1/3	1/7
B_2	3	1	5	C_2	3	1	1/3	C_2	1/2	1	5	C_2	3	1	1/5
B_3	1/2	1/5	1	C_3	5	3	1	C_3	1/7	1/5	1	C_3	7	5	1

14．假设现在要对 A、B 和 C 3 个方案进行评价，特邀请 9 位专家应用模糊综合评价法对其进行评价。通过讨论，确定评价项目集 F 由 3 个项目组成，即先进性（F_1）、可行性（F_2）和经济性（F_3），且给出判断矩阵如表 5-19 所示。

表 5-19 判断矩阵

	F_1	F_2	F_3
F_1	1	1/3	2
F_2	3	1	5
F_3	1/2	1/5	1

确定评价尺度 E 分为 3 级，即 E=(0.7, 0.4, 0.1)，经专家评定后的评定矩阵如下：

$$\boldsymbol{D}_{\mathrm{A}}=\begin{bmatrix}0&6&3\\5&3&1\\4&4&1\end{bmatrix}$$

$$\boldsymbol{D}_{\mathrm{B}}=\begin{bmatrix}4&4&1\\0&7&2\\5&3&1\end{bmatrix}$$

$$\boldsymbol{D}_{\mathrm{C}}=\begin{bmatrix}7&1&1\\3&4&2\\4&3&2\end{bmatrix}$$

其中 d_{ij} 为各方案对评价项目 F_i 做出评价尺度 e_j 的评价人数。试确定各方案的优先顺序。

15．试就个人的职业发展问题建立合适的评价模型，并进行评价选择。

16．说明 DEA 评价方法的基本思想和评价思路，并分析 DEA 评价方法的主要应用对象。

第6章

系统决策

系统工程问题按照系统工程方法论的一般过程，经过系统分析、评价得到关于各种行动方案及其后果信息后，便进入系统决策环节，即决策者根据这些信息资料，凭经验和直觉做出决策。由于当今处理的管理系统规模越来越大，面临的决策问题也越来越复杂，往往涉及技术、经济、环境、心理和社会等诸多因素，对于复杂系统的决策问题，决策者难以单凭经验做出正确的优劣分析、判断与抉择，因此人们希望在决策过程中有科学理论为依据，有规范的方法和规则可循，尽可能保证决策成功。决策分析是一种探索有效决策的规律，提供有效决策的理论、方法和规则，以提高决策科学性的技术。

6.1 系统决策简介

在管理系统中需要解决的各种问题，往往具有复杂性和不确定性，因此决策分析不是选择方案的瞬间行动而是一个过程。决策过程是优化的过程，是一个反复分析、比较、综合并最后做出选择的复杂过程。决策的特点是“人”参与整个决策过程，包括收集可行方案，建立目标集合，进行多目标间的价值权衡，做出风险分析，进行优化分析和方案排序等，这些都需要依靠决策者和专家的知识、经验和胆识。决策分析的目的不是代替决策者去做决策，而是改进决策过程，澄清事物的内在复杂性，协助决策者做出满意的决策。决策的好坏依赖基本情况和基础数据的全面性与完整性，依赖系统分析人员的技巧，也依赖决策者的高瞻远瞩与魄力。

6.1.1 决策分析的概念

决策分析对各种所需决策的问题提出一套在进行决策时所必要的推理方法、逻辑步骤和科学手段，并根据所能取得的信息对各种替代方案在各种不同的客观状态下，做出科学的分析和定量的计算，供决策人员在决策过程中对要采用的替代方案做出合理的抉择。

决策分析的理论和方法从广义上说包括线性规划、非线性规划、动态规划、对策论、决策论等。下面主要介绍决策论中的有关内容，其中包括多目标决策和决策支持系统等。

6.1.2 决策分析类型

任何经营决策均有一定的形成过程。该过程视其所采用依据或技术方法的不同而有所区别。为便于归纳，可按目标、环境与模型三种方式来进行分类。

1）按目标分类

决策按目标可分为日常业务型决策、战术型决策与战略型决策。①日常业务型决策以解决一个经常性业务问题为主，如生产调度优化问题、产品成本优化问题、产品分配优化问题和订货方式优化问题等。从出现的次数上与发生的频率上来看，这类决策问题是大量的。由于此类决策大多具有经常性和重复性，所以它们均已形成一定的决策模型，其中大部分已被各种相应的具体管理制度程序化了。②战术型决策以解决日常经营业务活动中所出现的“偏差”问题为主，这类问题的发生多数是由设备、资金、资源等方面的约束造成的。它们既有可控制的方面，也有不可控制的方面，但是所有这类问题的决策都是在企业现有经营目标下进行的。这类决策发生的总次数与频率都比第一类少得多，其解决办法虽有“前车之鉴”可参考，但没有一个普遍的程序可以套用，从而具有相当的灵活性与弹性。③战略型决策以解决企业生产经营活动中带有长远性与战略性的问题为主，大多是涉及企业全局性的问题，如企业的经营目标、新产品开发研究规划和投资决策等，这类决策问题的政策性很强，策略性也很强，而且往往难以建立数学模型。这是企业经营决策的关键所在，只是这类决策并不需要经常进行，即出现的次数少、频率低。

2）按环境分类

一个决策问题中，待抉择的行动方案后果和未来环境密切相关，一般行动方案将会面临几种决策环境（客观状态），决策环境不同，决策过程或行动方案的后果也会有很大差别。一般按决策问题所处的环境不同，可以将决策问题分为以下三种类型。

（1）确定型决策。决策环境完全可知或可以预测，人们知道将来会发生什么情况，可以获得精确、可靠的数据作为决策依据。一般确定型决策分析问题具有如下四个条件：①存在着决策人希望达到的一个目标（如收益最大）；②只存在一个确定的客观状态；③存在着可供决策人选择的两个或两个以上的行动方案；④不同行动方案在确定的自然状态下的损益值，通过计算或估计可以定量地表示出来。例如，在计划经济机制下，企业开发某个新产品，由于产品包销、原料统一调拨，可以认为企业管理者是在确定环境下决策。实际中的确定型决策问题往往相当复杂，特别是当行动方案数量较多时，一般很难直观地找出其中的最优方案，而是必须借助规划论等有关方法。

（2）风险型决策。决策环境有几种可能的状态和相应后果，人们得不到充分可靠的有关未来环境的信息，但可以预测每种状态和后果出现的概率。一般风险型决策问题具有以下五个条件：①存在着决策人希望达到的一个目标（如期望损益值最大）；②存在着两个或两个以上不以决策人的主观意志为转移的客观状态；③存在着两个或两个以上可供决策人选择的行动方案；④不同行动方案在不同客观状态下的损益值，通过计算或估计可以定量地表示出来；⑤在几种客观状态中，未来究竟出现哪种客观状态，决策人无法肯定，但对各种客观状态出现的可能性（概率），决策人可以通过一定方法预先得到有关信息或估算出来。例如，引入市场经济机制后，企业开发新产品就要冒一定风险，销售状态、原材料供应情况都没有完全把握，但是根据市场调查、原材料供应的信息，能够对销售状态的好或坏和原材料供应充分或短缺的概率做出判断。

（3）不确定型决策。决策环境出现某种状态的概率难以估计，甚至连可能出现的状态和相应的后果都不知道。例如，设立跨国公司，外国的文化传统、法律、经营环境等都和国内截然不同，决策者是在不确定的环境下进行选择判断的。物价改革、住房改革、工资改革方案出台前也属于不确定型决策。一般越是高层和越关键的决策往往属于不确定型决策。

管理系统中有些问题（如车间的生产计划、存储问题等）可以近似地按确定型处理，但系统工程研究的问题多是涉及因素多、影响面广、决策层次高的问题，很少有确定型决策。像线性规划、非线性规划这类方法解决确定型环境下的最优选择问题，决策分析着重研究风险型和不确定型决策，即决策分析研究状态概率有可能估计的风险型决策，但不确定型和风险型很难有明确的界限。对于不确定状态，人们仍可以主观地给出概率，尽管很不精确。因此，不确定型决策和风险型决策在有些文献中有时相互通用。三种决策问题类型划分：①如果所面临的决策问题所依赖的未来环境的信息是明确已知的，则为确定型决策。②如果所面临的决策问题所依赖的未来环境可能有几种不确定状态，但其概率是可以预测的，则为风险型决策。③如果所面临的决策问题所依赖的未来环境难以预测，甚至连可能出现的状态和相应的后果都不知道，则为不确定型决策。

3）按模型分类

决策按模型可分为具有结构化模型问题的决策、具有非结构化模型问题的决策和具有边际模型问题的决策。①企业决策中符合下列三项条件的为具有结构化模型问题的决策（简称结构化问题的决策）：问题的结构能够用数学模型表示；有明确定义的一元目标函数；有能导出最佳解的方程式。这类决策问题的结构明确，问题中的各种变量和相互关系均以计量的形式来表达。例如，存储管理与资源约束下的生产计划安排等均属此类问题。②企业中待决策的问题缺乏上述三条之一者为具有非结构化模型问题的决策。非结构化模型问题的决策复杂，变量甚多，且因各种原因而无法以计量的形式表达。例如，企业中有关发展新产品的战略决策即属此类问题。这时除要考虑利润目标外，还要考虑企业总体发展目标、用户服务和投资等。③企业中决策问题虽具有多元目标，但可归结为一元目标函数从而可以构造数学模型者，属于具有边际模型问题的决策（简称边际问题的决策）。

可以看出，按目标的分类方法基本上是面向待决策问题的，按环境的分类方法基本上是面向决策条件的，而按模型的分类方法基本上是面向决策手段的。决策时究竟应以哪种方法为主，将取决于所研究问题的特征。

6.1.3 决策分析过程

决策分析不是选择方案的瞬间行动而是一个过程。一般决策分析过程大致可以分为以下几个活动阶段。

（1）信息活动。信息活动主要是为决策分析提供足够的、准确的信息，这是保证决策能够正确、顺利进行的基本前提。其主要工作包括：收集、整理已有的足够和准确的信息，为此需要对决策对象的有关问题进行必要的分析和预测；对各种客观状态可能出现的概率和各种行动方案在不同客观状态下的损益值进行估算，并收集相应的信息资料。

（2）设计活动。其主要内容是选择决策目标，即确定决策的依据和准则。这是一个很重要的工作，因为不同的决策准则会有不同的决策方法。此外，设计活动也是寻求多种途径解决所需决策问题的过程，即设计若干可供决策人员进行分析和比较的行动方案，如果仅仅只有一个行动方案且非采用不可，那就不需要进行决策分析了。

（3）抉择活动。抉择活动是指根据已经确定的决策准则，对各种行动方案进行分析、计算和评价，选出一个最优方案的活动过程。

（4）实施活动。实施活动是指对决策的方案进行实施、跟踪和学习等活动。实践表明，一旦抉择出一个较为满意的行动方案，若要付诸实施，并不是下达一个通知或指示就能顺利进行的，还要具体制订实施计划，并为决策实施的方案在各方面创造条件。同时，在实施过程中还要跟踪实施情况，如是否按制订的实施计划来执行、有哪些偏离、实施过程对哪些内外部环境有影响。最后还要总结回顾和比较所实施的决策与行动结果是否与预期目标一致等。这些工作是一个学习和改善决策分析的过程。

决策分析的实施步骤一般可归纳为七个环节，如图 6-1 所示。

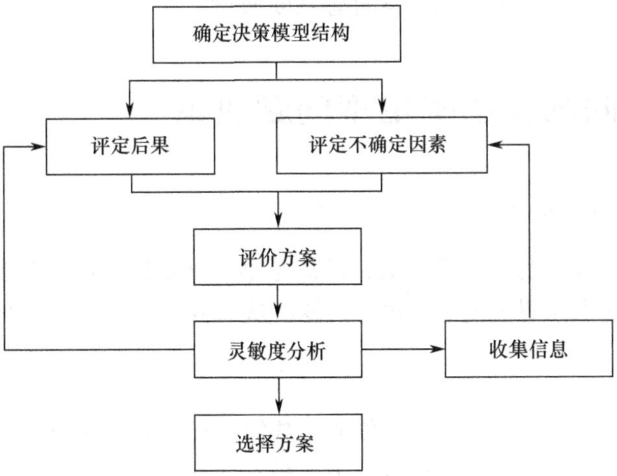

图 6-1　决策分析的实施步骤

（1）确定决策模型结构。决策模型大多数采用决策树的形式，逻辑地表达决策过程的各阶段和环境，以及相关的信息，为此要明确决策人（或组织）是谁。不同的决策人选用的决策准则不同，决策树的结构就不同。此外，还要考虑有哪些备选的行动方案，衡量方案后果的指标有哪些，关键的环境状态是什么。

（2）评定后果。根据有关统计资料和预测信息估计各种行动方案在不同环境状态下付出的代价和取得的效益，一般采用损益值或效用值指标作为准则。当然，还有其他衡量后果的指标。

（3）评定不确定因素。即估计未来环境中各种客观状态出现的概率值。

（4）评价方案。按估计的后果和概率值计算每种行动方案的准则指标期望值，取其中最大者为最优方案。

（5）灵敏度分析。由于评定后果和评定不确定因素两个环节的工作都含有主观臆断的成分，因而据此评定的最优方案是否正确可信就有待考证。灵敏度分析有助于改善这一情况，即按照一定规则改变决策树模型的有关参数，分析其对方案优劣的影响程度，直到方案原先的优先次序变更为止，这样就能找出各参数的允许变动范围。如果各参数在此变动范围内变动，则可认为原来选择的最优方案仍然有效。

（6）收集信息。若通过灵敏度分析发现行动方案的优先顺序对某些参数变化反应十分灵敏，则必须进一步收集有关信息加以慎重研究。一般收集信息要付出相应的代价，因此要进行信息价值分析。

（7）选择方案。上述各步骤完成后，便可选择方案，并准备组织实施。

上述各步骤之间相互联系，可能反复出现几次。决策分析是规范性技术，如果同意它的各种假设和推理程序，那就应接受决策分析选择的最优方案，但实际上决策者往往并不一定接受决策分析的结论。对于决策者来说，决策分析所起的作用犹如决策者的思维“拐杖”，使决策过程得到数据和定量分析的支持，直感判断容易遗漏的信息有可能系统而清晰地显示在决策者面前。此外，决策树提供了一种“语言”，便于人们相互沟通意见、集体讨论，也便于利用计算机进行人机对话，改善决策。如果决策者掌握了这种技术，即使自己无暇去系统地应用它，也有助于改善其直感判断质量。

6.2 确定型问题和不确定型问题决策

6.2.1 确定型问题决策

这种情况下的决策问题是最简单的，结局是唯一确定的，所以只要比较各行动方案的价值函数值（或准则指标期望值）即可。对这类决策问题的数学描述如下：

$$a_i^* = \max_{a_i \in A} V(a_i)$$

式中，A 为方案集合；$V(a_i)$为方案 a_i 的价值函数值；a_i^* 为最佳方案。

解决确定型决策问题常用的方法有以下三种：

（1）一般计量方法。一般计量方法是指在适当的数量标准的情况下，用来表示方案效果的计量方法。这种方法有一定的局限性，只能适用于较简单的确定型问题。

（2）经济分析方法。经济分析方法很多，包括投资回收期法、财务报表法、统计报表法、现金流量贴现法、净现值法、成本效益分析法、盈亏平衡法等。

（3）运筹学方法。运筹学方法是用数学模型进行决策的一类方法，主要包括线性规划、非线性规划、动态规划、存储论、排队论等。

6.2.2 不确定型问题决策

这种情况下的决策者对决策环境一无所知，只能根据自己的主观倾向进行决策，于是依据决策者持有的主观态度或处理观点不同，产生了下述几种处理准则。这里结合具体实例进行说明。

例 6-1 某工厂按批生产某产品并按批销售，每件产品的成本为 30 元，批发价格为每件 35 元。若每月生产的产品当月销售不完，则每件损失 1 元。工厂每投产一批是 10

件，最大月生产能力是 40 件，决策者可选择的生产方案为 0, 10, 20, 30 和 40 共 5 种。假设决策者对其产品的需求情况一无所知，试问这时决策者应如何决策？

决策者可选的行动方案有 5 种，这是他的策略集合，记作 $\{S_i\}, i=1,2,\cdots,5$。经分析他可断定将发生 5 种销售情况，即销量为 0, 10, 20, 30 和 40，但不知道它们发生的概率。这就是事件（或状态）集合，记作 $\{E_j\}, j=1,2,\cdots,5$。每个“策略—事件”都可以计算出相应的损益值。如果选择月产量为 20 件，而销量为 10 件，则收益额为

$$10\times(35-30)-1\times(20-10)=40\text{（元）}$$

损益值记作 a_{ij}，这些数据汇总后如表 6-1 所示。

表 6-1 损益值 a_{ij}（1）

		事 件（E_j）				
		0	10	20	30	40
策略（S_i）	0	0	0	0	0	0
	10	–10	50	50	50	50
	20	–20	40	100	100	100
	30	–30	30	90	150	150
	40	–40	20	80	140	200

（1）悲观主义（max-min）决策准则。悲观主义决策准则也称保守主义决策准则。当各事件的发生概率不清时，决策者考虑可能由于决策错误而造成重大经济损失。由于经济实力比较弱，他在处理问题时较谨慎。他分析各种最坏的可能结果，从中选择最好者，以它对应的策略为决策策略，表示为 max-min 决策准则。在损益值表中先从各策略对应的可能发生的“策略—事件”对的结果中选出最小值（见表 6-2），将它们列于表的最右列，再从此列的数值中选出最小者，以它对应的策略为决策者应选的决策策略。

表 6-2 损益值 a_{ij}（2）

		事 件（E_j）					min
		0	10	20	30	40	
策略（S_i）	0	0	0	0	0	0	0←max
	10	–10	50	50	50	50	–10
	20	–20	40	100	100	100	–20
	30	–30	30	90	150	150	–30
	40	–40	20	80	140	200	–40

根据 max-min 决策准则有：

$$\max(0,-10,-20,-30,-40)=0$$

它对应的策略为 S_1，即决策者应选的策略。在这里是“什么也不生产”，该结论似乎荒谬，但在实际中表示“先看一看，以后再做决定”。上述计算用公式表示为：

$$S_k^* \to \max_i \min_j (a_{ij})$$

（2）乐观主义（max-max）决策准则。持乐观主义决策准则的决策者对待风险的态度

与悲观主义者不同，当面临情况不明的策略问题时，他绝不放弃任何一个可获得最好结果的机会，以争取好中之好的乐观态度来选择他的决策策略。决策者在分析收益矩阵各策略的“策略—事件”对的结果中选出最大者（见表 6-3），记在表的最右列，再从该列数值中选择最大者，以它对应的策略为决策策略。

表 6-3　损益值 a_{ij}（3）

		事　件（E_j）					max
		0	10	20	30	40	
策略（S_i）	0	0	0	0	0	0	0
	10	−10	50	50	50	50	50
	20	−20	40	100	100	100	100
	30	−30	30	90	150	150	150
	40	−40	20	80	140	200	200←max

根据 max-max 决策准则有：

$$\max(0,50,100,150,200)=200$$

它对应的策略为 S_5，用公式表示为：

$$S_k^* \to \max_i \ \max_j (a_{ij})$$

（3）等可能性（Laplace）准则。等可能性准则是 19 世纪数学家 Laplace 提出的。他认为，当一人面临着某事件集合，在没有什么确切理由来说明这一事件比那一事件有更多发生机会时，只能认为各事件发生的机会是均等的，即每一事件发生的概率都是 1/事件数。决策者先计算各策略的期望损益值，然后在这些期望值中选择最大者，以它对应的策略为决策策略，如表 6-4 所示。用公式表示为：

$$S_k^* \to \max_i \{E(S_i)\}$$

表 6-4　损益值 a_{ij} 与期望损益值 $E(S_i)$

		事　件（E_j）					$E(S_i)=\sum_j Pa_{ij}$
		0	10	20	30	40	
策略（S_i）	0	0	0	0	0	0	0
	10	−10	50	50	50	50	38
	20	−20	40	100	100	100	64
	30	−30	30	90	150	150	78
	40	−40	20	80	140	200	80←max

$$\max\{E(S_i)\}=\max\{0,38,64,78,80\}=80$$

在本例中，它对应的策略 S_5 为决策策略。

（4）最小机会损失决策准则。最小机会损失决策准则也称最小遗憾值决策准则或 Savage 决策准则。首先将损益值表中各元素变换为每一“策略—事件”对的机会损失值（遗憾值、后悔值）。其含义是，当某一事件发生后，由于决策者没有选用收益最大的策略而形成的损失值。若发生 k 事件，各策略的收益为 $a_{ik}(i=1,2,\cdots,5)$，其中最大者为：

$$a_{ik}=\max_i(a_{ik})$$

这时各策略的机会损失值为：

$$a'_{ik}=\{\max_i(a_{ik})-a_{ik}\} \quad i=1,2,\cdots,5$$

本例的计算结果如表 6-5 所示。

表 6-5 机会损失值 a_{ij}

		事件（E_j）					max
		0	10	20	30	40	
策略（S_i）	0	0	50	100	150	200	200
	10	10	0	50	100	150	150
	20	20	10	0	50	100	100
	30	30	20	10	0	50	50
	40	40	30	20	10	0	40←min

从所有最大机会损失值中选取最小者，它对应的策略为决策策略。用公式表示为：

$$S_k^* \to \min_i \max_j a'_{ij}$$

本例的决策策略为：

$$\min(200,150,100,50,40)=40 \to S_5$$

在分析产品废品率时，应用本决策准则比较方便。

（5）折中主义准则。当用 max-min 决策准则或 max-max 决策准则来处理问题时，有的决策者认为这样太极端了，于是提出把这两种决策准则进行综合，令 α 为乐观系数，且 $0 \leqslant \alpha \leqslant 1$，并用以下关系式表示：

$$H_i=\alpha a_{i_{\max}}+(1-\alpha)a_{i_{\min}}$$

式中，$a_{i_{\max}}$ 和 $a_{i_{\min}}$ 为第 i 个策略可能得到的最大收益值与最小收益值。

设 $\alpha=1/3$，将计算得到的 H_i 值记在表的右端（见表 6-6），然后选择 $S_k^* \to \max_i\{H_i\}$。

表 6-6 损益值 a_{ij}（4）

		事件（E_j）					H_i
		0	10	20	30	40	
策略（S_i）	0	0	0	0	0	0	0
	10	–10	50	50	50	50	10
	20	–20	40	100	100	100	20
	30	–30	30	90	150	150	30
	40	–40	20	80	140	200	40←max

本例的决策策略为：

$$\max(0,10,20,30,40)=40 \to S_5$$

在不确定型问题决策中是因人、因地、因时选择决策准则的；在实际中，当决策者面临不确定型问题决策时，首先是获取有关各事件发生的信息，使不确定型决策问题转化为风险型决策，然后按照风险型决策问题的处理方法来解决。

6.3 风险型问题决策

在实际工作中遇到的决策分析问题，对于客观状态可能出现的概率信息一无所知的情况是极少见的。通常根据过去的统计资料和积累的工作经验，或通过一定的调查研究，总可以对各种客观状态的概率做出判断和估计。在实际工作中需要进行的决策分析的问题，多属于风险型决策分析类型的问题。风险型问题决策的基本特点是结果的不确定性和结果的效用性，即结果对决策者的风险和对结果赋予效用，是风险型问题决策分析中的两个关键问题。定量分析是风险型问题决策的主要方法，效用理论则确立了不同的决策准则。由于决策者的经历和所处的地位不同，在决策中评价方案结果的出发点也就有差异。这些差异构成了决策中方案评价的各种准则，常用的有最大期望收益准则、最小期望机会损失准则、最大可能决策准则、机会均等准则等。根据各种准则，出现了各种风险型决策方法，主要有最大可能决策法、期望值决策法、决策树法、矩阵决策法、贝叶斯决策法、灵敏性分析决策法、部分期望决策法、马尔可夫决策法和效用分析决策法等。在这些方法中，多数是以概率为基础的，但部分期望决策法则主要是基于概率密度函数的。虽然各种方法都有一定的应用场合，但是有时几种方法可以同时应用于同一决策问题上，并且可能由于随机性或决策准则的不同而得到不同的结果。因此，在实际应用中决策者进行决策时，可以采用不同方法分别计算，然后进行综合分析，以便减小决策的风险性。

6.3.1 风险型问题决策准则

常用的风险型问题决策准则有四种，现分述如下。

（1）最大期望收益准则（Expected Monetary Value, EMV）。它以决策问题构成的损益矩阵为基础，计算出问题在各种自然状态下的期望收益值，如下式所示：

$$E(\mathrm{A}_i)=\sum_{j=1}^{m}P(S_j)\cdot V_{ij}$$

然后从这些收益值中选取最大者，它对应的方案为最优策略，即

$$\max[E(\mathrm{A}_i)]\rightarrow \mathrm{A}^*$$

式中，A_i 为决策者的行动方案，也称策略，它可以理解为决策问题的各种备选方案，实际上也是决策者应对自然状态 S_j 所能采取的方案，因此又称决策变量；S_j 为风险问题的自然状态，简称状态，它是决策者无法控制的因素，一般由历史资料、主观经验或预测得到，又称状态变量；$P(S_j)$为状态变量发生的概率，一般由统计规律得出，在没有资料或资料很少的情况下，也可主观确定其发生概率；V_{ij} 为方案 A_i 在自然状态 S_j 发生时的收益值；$E(\mathrm{A}_i)$ 为方案 A_i 的期望收益值；A^*为决策者的最优方案。

例 6-2 某企业要确定下一年度的产品生产批量，根据以前的经验，并通过市场调查和预测，得知产品销路好、中等和不好三种情况的可能性，即概率分别为 0.3、0.5 和 0.2。产品生产可按大、中、小批量来组织，可能获得的利润如表 6-7 所示。试决策该企业的生产方案。

表 6-7 某企业在各种状态和生产方案下的效益值 V_{ij} 单位：万元

S_j（状态变量）		S_1（销路好）	S_2（销路中等）	S_3（销路不好）
P（Sj）		$P(S_1)$=0.3	$P(S_2)$=0.5	$P(S_3)$=0.2
A_i	A_1（大批量生产）	20	12	8
	A_2（中批量生产）	16	16	10
	A_3（小批量生产）	12	12	12

利用上述公式，计算各方案的期望值，如表 6-8 所示。

表 6-8 某企业采取各种生产方案的期望值 $E(A_i)$ 单位：万元

S_j		S_1	S_2	S_3	期望值
P（S_j）		$P(S_1)$=0.3	$P(S_2)$=0.5	$P(S_3)$=0.2	$E(A_i)$
A_i	A_1	20	12	13.6	13.6
	A_2	16	16	14.8	14.8
	A_3	12	12	12.0	12.0

其中，各期望值计算公式如下：

$$E(A_1)=20\times0.3+12\times0.5+8\times0.2=13.6$$

$$E(A_2)=16\times0.3+16\times0.5+10\times0.2=14.8$$

$$E(A_3)=12\times0.3+12\times0.5+12\times0.2=12.0$$

由上述计算可知，A_2 方案即中批量生产方案为最优。

（2）最小期望机会损失准则（Expected Opportunity Loss, EOL）。它同样以决策矩阵构成的损益矩阵为基础，计算出问题在各种自然状态下的条件机会损失值，再由各种自然状态的发生概率计算出期望机会损失值，取其最小者为最优方案。

① 计算在不同自然状态下各方案的条件机会损失值。条件机会损失值为各种自然状态下，不同方案由于没有把握住最好机会而引起的最大损失值。用各自然状态下的最大条件盈利值减去该自然状态下该方案的条件盈利值就可得到条件机会损失值。

仍以上例为例。例如，对销路好的自然状态，不同方案的条件机会损失值计算如下：

A_1 方案（大批量生产）20−20=0（万元）

A_2 方案（中批量生产）20−16=4（万元）

A_3 方案（小批量生产）20−12=8（万元）

在其他各种自然状态下，不同方案条件机会损失值的计算方法同上。在各种自然状态下，不同方案的全部条件机会损失值计算如表 6-9 所示。

表 6-9 三种方案的条件机会损失值 V_{ij} 单位：万元

S_j		S_1	S_2	S_3
$P(S_j)$		$P(S_1)=0.3$	$P(S_2)=0.5$	$P(S_3)=0.2$
A_i	A_1	0	4	4
	A_2	4	0	2
	A_3	8	4	0

② 计算在不同自然状态下各方案的期望机会损失值。不同自然状态下各方案的期望机会损失值等于其对应条件机会损失值与相对应发生概率的乘积，即

期望机会损失值=条件机会损失值×发生概率

例如，在销路好的自然状态下，三种方案的期望机会损失值计算如下：

A_1 方案（大批量生产）0×0.3=0（万元）

A_2 方案（中批量生产）4×0.3=1.2（万元）

A_3 方案（小批量生产）8×0.3=2.4（万元）

在其他各自然状态下，各方案的期望机会损失值的计算方法同上。于是得到在自然状态下，不同方案的全部期望机会损失值如表 6-10 所示。

表 6-10 三种方案的期望机会损失值 $E(A_i)$ 单位：万元

S_j		S_1	S_2	S_3	方案总期望机会损失值
$P(S_j)$		$P(S_1)=0.3$	$P(S_2)=0.5$	$P(S_3)=0.2$	$E(A_i)$
A_i	A_1	0	2	0.8	2.8
	A_2	1.2	0	0.4	1.6
	A_3	2.4	2	0	4.4

将各方案在各自然状态下的期望机会损失值相加，即可得到各方案的总期望机会损失值如下：

$E(A_1)=0+2+0.8=2.8$（万元）

$E(A_2)=1.2+0+0.4=1.6$（万元）

$E(A_3)=2.4+2+0=4.4$（万元）

③ 比较各方案的总期望机会损失值，选择其最小总期望机会损失值的方案为最优方案，即

$$\min(E(A_1),E(A_2),E(A_3)) \to A^*$$

由此可得

$$\min(2.8, 1.6, 4.4)=1.6$$

即采用中批量生产方案的总期望机会损失值最小，所以决策应按中批量生产规模制订生产计划，这与按照最大期望收益准则计算所得的结果是一致的。

（3）最大可能决策准则。根据概率论的理论可知，一个事件，其概率越大，发生的可能性就越大。在风险型问题决策中，我们考虑只选择一个概率最大的自然状态，也就是可

能性最大的自然状态，而把其他概率较小的自然状态予以忽略，这就是最大可能决策准则。其基本原理是根据各备选方案在概率最大自然状态下损益值的比较结果来进行决策。其实质是在“大概率事件可看成必然事件（出现概率为 1），小概率事件可看成不可能事件（出现概率为 0）”的假设条件下，将风险型问题决策转变成确定型问题决策。

最大可能决策准则在实际中应用较多，但应注意的是，在一组自然状态中，只有某一自然状态出现的概率比其他自然状态出现的概率大很多，而且它们相应的损益值差别不很大时，应用这种方法的效果较好；如果各自然状态发生的概率相差很小，而损益值相差又较大，则应用这种方法的效果不好，有时甚至会引起很大偏差。

仍以上例为例，由表 6-7 中可以看出，S_2（销路中等）状态概率最大，$P(S_2)=0.5$，而这一状态下，效益值最大的为方案 A_2（中批量生产），$V_{22}=16$ 万元，所以可以选定 A_2 为最优方案。

（4）机会均等准则。当缺乏资料或者资料很少时，可以主观地假定各种自然状态发生的概率相等，如果有 n 种自然状态，那么每种状态发生的概率值就为：

$$P(S_j)=1/n \qquad j=1, 2, 3, \cdots, n$$

然后计算各方案的期望收益值，从中取最大者为最优方案。

仍用上例的数据，假定由于资料不足，市场前景难以预测，于是可以认为 $P(S_1)=P(S_2)=P(S_3)$，有关计算数据如表 6-11 所示。

表 6-11 某企业在机会均等情况下各生产方案的期望值 单位：万元

S_j		S_1	S_2	S_3	期望值
$P(S_j)$		$P(S_1)=0.33$	$P(S_2)=0.33$	$P(S_3)=0.33$	$E(A_i)$
A_i	A_1	20	12	8	13.2
	A_2	16	16	10	13.9
	A_3	12	12	12	12.0

根据计算结果，以方案 A_2 中批量生产的期望值最大，故 A_2 为最优方案。

6.3.2 决策树法

决策树法是应用图论中树图概念进行决策的工具，它以树的生长过程中的分支来表示事件发生的各种可能性，以分支和修剪来寻优进行决策。其主要特点是整个决策分析过程直观、简要、清晰，便于决策人员思考和集体讨论，因而是一种形象化的决策方法。它是应用了最大期望收益准则和最小期望机会损失准则的另一种决策方法。

决策树法按照它所利用的决策树的层次多少可分成两种：一种是单级决策树法，另一种是多级决策树法。单级决策树法只需进行一次决策就可以选出最优方案，达到决策目的。它只包括一个决策点，即只包括一级决策的决策树。一个决策问题，如果需要进行两次或两次以上的决策，才能选出最优方案，达到决策目的，则该种决策称为多级决策。多级决策树实际上是单级决策树的复合，即把第一阶段决策树（单级决策树）的每一个末梢，作为下一阶段决策树（下一个单级决策树）的根部，依次类推，从而形成多枝多叶的多阶段，即多级决策树。

1）决策树图

决策树由决策点、方案分支、方案节点、概率分支和自然状态结果点等几部分组成，如图 6-2 所示为决策树结构图。

（1）□——决策点，以方形框表示。方框中的数字表示决策点的位置，从它引出的分支称为方案分支，用线段表示。为了表明方案的差别，可在线段上注明方案序列和方案的内容。

（2）○——方案节点，以圆圈表示。在圆圈中标注方案序列，圆圈上方 $E(\mathrm{A}_i)$为该方案的期望损益值。从方案节点分出全部自然状态分支，称为状态分支，用线段表示，通常在线段上标注各个自然状态的名称和发生概率，故这些线段又称概率分支。

（3）△——自然状态结果点，以小三角表示。它画在概率分支的末端，通常在结果点右侧要标注该方案在该自然状态下的损益值 v_{ij}。

一般决策问题有多个行动方案，每个方案又常常出现多种自然状态，因此决策图形是由左向右、由简入繁地组成的一个树形网络图。

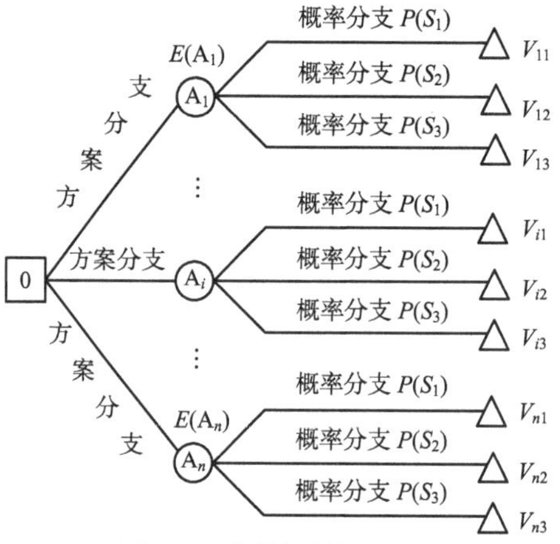

图 6-2　决策树结构图

2）分析步骤

运用决策树法进行决策，首先，要按书写顺序从左向右横向展开，画出决策树图；其次，从右向左逐一计算各个方案的期望损益值；最后，从左到右分级比较各方案的期望损益值，并进行方案选优。计算步骤如下：

（1）绘制决策树图。绘图前必须预先确定有哪些方案可供决策时优选，以及各方案的实施，将会发生何种自然状态，如遇多级决策，还要预先确定二级和三级的决策点等。然后，从左向右，由决策点开始，逐级展开方案分支、方案节点、概率分支和自然状态结果点等。

（2）计算期望损益值。期望损益值的计算要从右向左依次进行。根据各自然状态的发生概率和相应的损益值，将它们相乘得到各自然状态的期望损益值。当遇到方案节点时，计算其各个概率分支的期望损益值之和，并将它标注在方案节点上方。当遇到决策点时，比较方案节点的期望损益值的大小，并将其最大值标注在决策点上。

（3）剪枝选定方案。剪枝是方案的比较选优过程，它在前两步的基础上，从左向右对决策点的各个方案分支逐一比较，凡是方案节点的数值不大于各方案数值最大值的方案分支，一律剪掉。对于被剪掉的方案分支，若其以后还有二级、三级决策点，都不再考虑剪枝。最后，只剩下一条贯穿始终的方案分支，它所表明的方案为选定的最优方案。

例 6-3 某修理厂拟建立机修车间，有两个方案：一是建大规模车间，需投资 300 万元；二是建小规模车间，需投资 160 万元。预测建成后维修任务好的概率是 0.7，维修任务差的概率为 0.3。在任务好的情况下，大车间每年可获益 100 万元，小车间每年可获益 40 万元。在任务差的情况下，大车间每年将亏损 20 万元，小车间每年将亏损 5 万元。假设在今后 10 年内维修任务情况基本保持稳定，试为该工厂选择建设方案。

（1）根据已知或预测数据列出表格，如表 6-12 所示。

表 6-12 某修理厂建设车间选择方案的期望值

S_j		S_1	S_2
$P(S_j)$		$P(S_1)$=0.7	$P(S_2)$=0.3
A_i	A_1	100	–20
	A_2	40	–5

（2）依据表格数据画决策树图，如图 6-3 所示。

（3）计算各方案的期望损益值。应用各种状态出现的概率及其收益值计算方案的期望损益值，即

方案 A_1 的期望损益值：$E(A_1)=0.7\times100\times10+0.3\times(-20)\times10-300=340$（万元）

方案 A_2 的期望损益值：$E(A_2)=0.7\times40\times10+0.3\times(-5)\times10-160=105$（万元）

（4）分别将计算所得的期望损益值记到节点上。

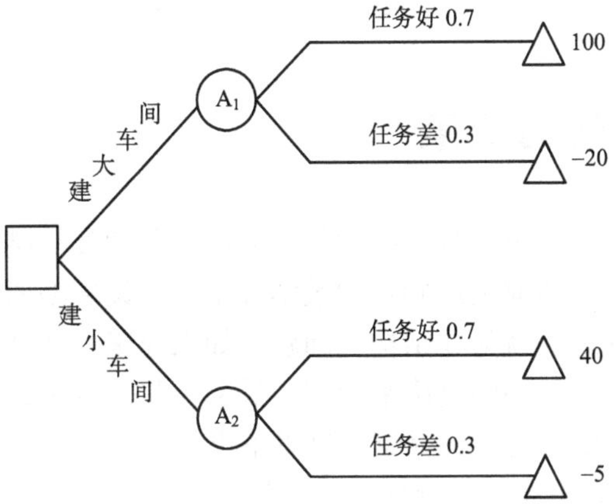

图 6-3 决策树（例 6-3）

（5）比较各方案的期望损益值，取其大者作为决策方案。上述两种方案中，大车间的期望损益值较高，于是选择建大车间方案，在小车间方案分支上画出删除线。

例 6-4 某企业为开发一种市场需要的新产品考虑筹建一个分厂，经过调查研究取得以下有关资料：建造大厂和小厂的投资费用分别为 300 万元和 120 万元，使用期限均考

虑 10 年；新产品前三年销路好的概率为 0.7，销路差的概率为 0.3；三年后销路好的概率为 0.9，销路差的概率为 0.1。若建大厂，销路好每年可获利 100 万元，销路差每年要损失 20 万元。同时，若建大厂，前三年销路差，以后没有转机；若建小厂，销路好每年可获利 40 万元，销路差每年仍可获利 30 万元。若先建小厂，当销路好时三年后再扩建，需要扩建投资 200 万元，扩建后销路好每年可获利 95 万元，扩建后销路差每年损失 20 万元；当销路差时不再扩建。试用决策树法进行决策。

根据题意画出决策树，并进行相应计算，结果如图 6-4 所示。由图可知该问题的决策为先建小厂，三年后扩建，相应的期望损益值最大为 323.2 万元。

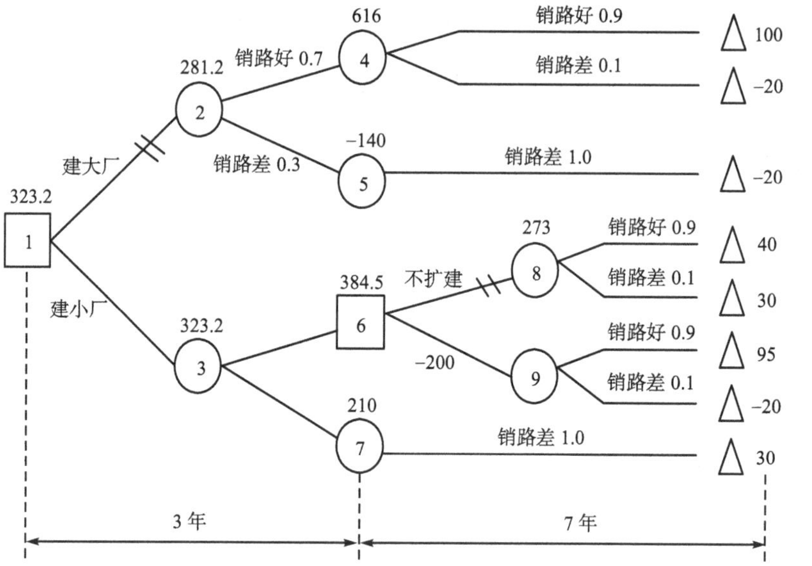

图 6-4　决策树（例 6-4）

6.4　非结构化问题决策

决策问题按照“模型”可以分为结构化和非结构化两类。结构化问题，简单地说，就是在决策过程开始之前，能够运用确定的数学模型或决策模型通过计算机或其他手段得到满意解的决策问题。反之，就为非结构化问题。如果介于二者之间，则为半结构化问题。对于结构化问题，决策者关心的是决策制定的效率，其求解可以通过运用运筹学等数学方法实现，这在其他书籍中已有详细介绍，这里不再赘述。

非结构化问题在管理系统中大量存在且占有十分重要的地位。在企业经营决策中，大部分战略级决策，如经营目标、产品组合和市场开发等都属于非结构化问题。非结构化问题的决策过程极其复杂，它们的目标虽然明确，但是无法建立既能用数学方程描述又能用数学手段求出其最优解的结构化或边际类问题的模型。因此，有必要研究一种定性分析与定量判断相结合的决策最优化技术，即非结构化问题决策技术。常用的非结构化问题决策技术有定性推理决策法、系统分析决策法、可行性研究、规划决策与导向、软科学决策法等。

6.4.1 定性推理决策法

定性推理决策法是一种建立在决策者丰富实践经验与高深技术造诣基础上的一种直觉判断决策方法，既可用于非结构化问题的最终决策，也可用于各种定量化决策分析的初期与检定阶段。

长期从事管理工作的人都有一种体会，即依靠直觉判断有时也能做出成功的决策。决策者把与问题有关的各种资料、思考与辩论都装进头脑里去，做试探性解释，倘若不能立即获得可期望的结果，则将其暂且搁置一旁，从事其他工作，以期进一步酝酿。在这个潜伏性酝酿期中，只要思想上的负荷不太重，不过于渴望与焦虑，经过一段时间后，一种纲要式或雏形认识就会像灵感一样突然闪现出来。当然，视问题之难易与经验之丰歉，这一过程所需时间也不大相同，快则一瞬间，慢则数日，甚至长久不得其解。这种直觉判断过程在国外称为创造性思想，它实质上是决策者对各种输入信息在大脑中直接进行优化处理的定性推理过程，是能够通过训练和实践而获得提高的一种工作能力。这一过程可以分为 11 个具体的创造与思维逻辑程序，如表 6-13 所示。

表 6-13 定性推理决策的程序

系统观念		创造与思维逻辑的程序		
措施	要素	序号	名称	思维方式
反馈	输入	1	发现问题	有意识
		2	实地调查	
		3	提高认识	
		4	分析研究	
	处理	5	潜伏酝酿	潜意识
		6	质的飞跃	
		7	形成概念	
	输出	8	充实发展	有意识
		9	验证落实	
		10	反馈控制	
		11	纳入常规	

（1）发现问题。创造性思想的萌生是一种特殊警觉状态，往往起源于对企业某方面（或某项）工作不满的感觉。由于这种不满，认识到现状与理想状态之间存在有待改革之处，便会进一步产生改革的动机。

（2）实地调查。针对发现的问题，深入现场进行调查研究，初步探测其涉及因素的方面与范围。

（3）提高认识。这是一个结合收集资料将感性认识上升为理性认识的过程，包括考证、绘制图表等一切依靠决策者个人能力从事的辅助思维深化的活动。

（4）分析研究。这是一种具有高度意志的思维逻辑活动，如问题分类、归纳、分析与综合等。该项活动中，视其强调的侧重点不同而分成两个学派，即创造性思想学派（强调潜意识支配下的灵感）和逻辑思维学派（强调有意识的逻辑推理）。一般来说，如果问题不太复杂或决策者有丰富的阅历，则有可能在短暂的时间内找到解决问题的新途径，即“眉头一皱，计上心来”，这时以下程序便无须进行。

（5）潜伏酝酿。若在分析研究阶段中遇到难以克服的困难，最好暂且搁置，让思想有一个潜伏酝酿的过程。事实上，这是人们认识问题常使用的方法，只是人们未意识到这是一种创造性思想活动的规律。

（6）质的飞跃。在认识不断发生量变的过程中，某种对策方案已潜伏存在，不过人们不易提前察觉。直到某一时刻（特别精细深刻而有意识的研究活动暂停一段后），一种解决问题的端倪呈跳跃性显现出来。假如经过相当长的时间仍未出现质的飞跃，表明所掌握的输入信息不足，应重新调查研究，为再次酝酿培育新的认识条件。

（7）形成概念。一旦出现了解决问题的初步方案，便应立即用记录或重复思考的方式予以巩固，防止新概念消失。

（8）充实发展。通过各种分析工作对已形成的概念进行深化，直至可正式提出。

（9）验证落实。通过科学试验与征询意见等方式验证所提方案的可行性。

（10）反馈控制。对已通过验证的方案，即可付诸实施。这时应密切观察其效果，以充实决策者的经验。

（11）纳入常规。将新决策纳入常规管理。

由以上可知，直觉判断能力并非凭空产生的，而是有以整体优化观念为指导的、以科学实践经验为依据的一整套思维逻辑基础。为了防止疏忽，并有助于认识的深化，决策者进行决策时可以借助一些可视化的图表和曲线模型。

6.4.2　系统分析决策法

宏观经济战略研究中所包含的不确定性因素甚多，以致数理统计与运筹学等决策技术在使用上受到一定限制。为此，美国兰德公司研究了一种对复杂系统进行优化分析的新方法，广泛用于对国家级长期规划、短期预算，甚至大型武器系统论证、军事战略决策等课题进行咨询研究，被称为系统分析。该方法在大型复杂问题的决策中发挥了积极作用，迅速发展为一项热门的决策技术，并扩展至企业界，这就是系统分析决策法。通常研究系统的方法有两种：侧重于研究因某项输入而得到某项输出的关系者称为外部构造研究；侧重于研究系统内部的组成者（如人员、设备和组织等）称为内部构造研究。已知内部构造推求外部构造者称为分析（Analysis），已知外部构造推求内部构造者称为综合（Synthesis）。系统分析是在现有内部构造的基础上对外部构造进行研究，尽管研究的最终结果可能会引起外部构造对内部构造的影响，即企业改革，但仍然以外部构造为主要目标。这与经营决策的观念是完全一致的。

系统分析的基本形式有三种，如表 6-14 所示。通常用于非结构化问题决策的多属兰德型。

凡属需要做系统分析的问题常是复杂而紧迫的任务，决策者往往因急于获得答案而导致判断错误。通常系统分析时易出现以下错误，这需要决策者在实践中加以避免。

（1）忽视明确目标。即对所分析的问题的构成极不重视，尚未弄清楚究竟是什么问题，就急于开始分析。

表6-14 系统分析的基本形式

序号	形　式	分析目标	方法观念	适用范围
1	兰德型（Research And Development, RAND）	优化决策	准确地追究问题，探索有关因素间的关系，重视建立模型与经济效益评价，实行多方案筛选	政府部门的经济与社会问题，企业经营管理问题
2	索普型（Study Organization Plane, SOP）	改善事务管理	严格地分析现状，扩大电子计算机资料处理系统的适用范围	企事业等业务管理系统
3	事务分析型	管理方法通用化	精细地分析现状，改进事务管理的工作程序，优化工作分派	程序性强的事务管理

（2）过早得出结论。系统分析是一个反复的过程，若仅进行一次分析循环就得出结论，往往有失于周密和妥当。

（3）过分强调模型。由于不恰当地夸大了模型的作用，反而忽视了问题本身，造成所提建议脱离客观实际。

（4）抓不住重点。分析者往往希望面面俱到，使模型变得越来越复杂，反而使重点得不到突出。

（5）误用模型。每一模型都有一定的适用范围，超越了范围，将失去其相应的意义与价值。

（6）忽略人的主观能动性。分析人员往往只重视数量化的分析结论，却忽视了精神对物质的反作用，导致了未来的机会损失。

6.4.3 可行性研究

一般一个大型复杂的建设项目提出来后，不是立即做出决定，而是组织一个专业小组，对该项目进行详细、周密、全面的调查，并在此基础上应用系统分析的方法，反复研究拟议中的方案，进行尽可能精确的计算，预测其经济效果，经过反复比较和调整，最后做出是否投资与投资多少的决策。这个过程为“可行性研究”。任何一个项目都必须先做可行性研究，后进行决策，才能保证决策的正确、科学和合理。可行性研究是一种系统分析方法，目前已成为一门综合运用多种学科的成果，保证实现工程建设最佳经济效果的综合性技术。关于可行性研究，很多文献中都有详细论述，这里不再赘述。

6.4.4 规划决策与导向

制定规划是工业企业战略级决策的重要方面，又是一项较典型的非结构化问题决策；而科学的、严谨的和具有预见性的规划则是对企业其他战略级问题进行决策的重要依据；这里称前者为规划决策，后者为规划导向。目前，一些企事业单位非常重视规划决策，设有专门进行规划研究的部门，其中集中了一批熟悉产品、熟悉工艺、熟悉经济和熟悉国内外企业动态的专家，以对本单位的未来进行深入的调查、研究和预测，并认为做好规划工作是决定企业未来前途与生存的大事。规划期一般为 5 年、10 年、20 年甚至 50 年，当然规划期越长，其准确性相应越差，越需加强预测工作。而进行性加强的预测工作，将逐步上升为企业的目标导向活动，通过由规划而体现的目标导向，以期极力保持当前所做决策的正确方向。在实际中可以采用滚动式规划法，这既能保持当前决策方向的正确性，又有利于今后决策的继承性。

6.4.5 软科学决策法

软科学是一门应用于非结构化问题决策的新兴学科。科学技术正在从所谓的硬技术时代转向软技术时代，无论是科学技术问题还是社会服务问题，都在错综复杂地同其他领域发生联系。一个领域问题的决策常涉及另一个领域问题的产生，因此对这些问题做出决策，就有必要把技术问题和人文、环境问题综合地予以考虑。软科学起源于美国，却在日本获得迅速发展。对软科学通用的概念是，“软科学是解决各种社会问题的综合技术”，或“软科学是知识、理论、方法的综合技术”。无论从哪一个概念出发，软科学都以阐明现代社会复杂的政策课题为目的，它应用信息科学、行为科学、系统工程、社会工程和工业工程等与决策科学化有关的各个领域的方法，对包括人和社会现象在内的广泛对象进行跨科学的研究工作。软科学在决策的科学化、社会开发方面的研究发展工作计划化、研究与发展工作的系统化与效率化，以及人与自然协调基础上的技术发展四个领域越来越显示出它的重要性。

可以看出，软科学不只是以自然现象和科学技术作为研究对象，而是把包括以人和社会因素在内的各种问题作为研究对象。它以软的智能性技术为主，对待解决的复杂问题从信息和系统方面去把握并研究其解决方法，并将宽广领域中的知识有机地结合起来，使其成为为不同目的服务的理论与方法的总和。软科学方法的实质是在采用归纳法的同时，以“规范”设定目标，通过研究其可行性来谋求价值的调整和问题的解决。软科学决策法的基本步骤如下：

（1）发现问题。所有解决问题的步骤，均从发现问题开始，但这不是漫不经心地等待，而是根据既定的目的积极地收集和整理情报，并确认问题。

（2）对问题定义化。问题得到确认以后，应进一步确定解决问题的范围、目的与方针。要注意的是，若问题不明确，其后阶段是得不出结果的，特别是有关社会问题。

（3）明确最佳解决方案。问题确定之后应按一定的准则考虑什么是最佳解决方案，这时一定要明确是以什么条件来考虑问题的，以及如此考虑的理由。

（4）调查研究。进一步研究该方案具有的现实意义，至少要搞清楚该方案不在空想范围内。

（5）现状分析。搞清问题的现状和形成问题的根源，同时着重认真解决问题的现实情况。

（6）拟订解决办法。在进行第 3 ~ 5 项工作的同时要做出各个备选方案的模型，并通过求解各个模型拟定相应的办法。

（7）分析与评价。通过试验比较结果。

（8）解的选定。第 6 项和第 7 项所做的研究与评价，只是给定问题的一部分，还需要把在分析中未提到的情况考虑在内，以对解进行选择，并研究实现所得解的条件和当条件有了变化时解的适应性。

（9）解的实施。明确实施的程序，以便实施解的人能够具体执行。

当然，并不是所有问题都要经过以上几个步骤，对实际问题要根据具体情况来对待。可以看出，软科学解决问题的范围更加宽广，解决问题的过程更加强调从现状出发与依靠人的逻辑推理能力。

复习思考题

1．决策分析有哪几种类型？各类型的构成条件是什么？

2．结合实例说明决策分析的过程。

3．不确定型问题决策中常见的决策准则有哪几种？它们各自的原理是什么？

4．什么是非结构化问题？常用的非结构化问题的决策技术有哪些？并说明它们各自的原理。

5．某决策问题有 4 个可行方案（A_1、A_2、A_3、A_4），每个方案在实施中可能出现三种状态（S_1、S_2、S_3），已知损益值如表 6-15 所示。试分别用乐观法、悲观法和后悔值法讨论应选哪个方案。

表 6-15　方案在不同状态的损益值

状态 S_j		S_1	S_2	S_3
方案 A_i	A_1	7	10	9
	A_2	6	8	11
	A_3	5	9	6
	A_4	9	12	−1

6．某企业在产品开发中经过调查研究，取得的资料如下：一开始有引进新产品和不引进新产品两种方案。在决定引进新产品时，估计需投入科研试制费 7 万元，估计其他企业以相同产品投入市场参与竞争的概率为 0.6，无竞争的概率为 0.4。在无竞争的情况下，该企业有大、中和小三种生产规模方案，其收益分别为 20 万元、16 万元和 12 万元。在有竞争的情况下，该企业和竞争企业都有上述三种规模的生产方案，有关数据如表 6-16 所示。试用决策树法进行决策。

表 6-16　数据表

竞争企业生产规模			大	中	小
本企业生产规模	大	概率	0.5	0.4	0.1
		收益/万元	4	6	12
	中	概率	0.2	0.6	0.2
		收益/万元	3	5	11
	小	概率	0.1	0.2	0.7
		收益/万元	2	4	10

第7章

系统工程综合应用案例

7.1 XK 公司企业盈利能力分析

7.1.1 问题概述

企业的盈利能力，是指通过对现有企业资源的充分利用，争取获得最大利润的能力，具体包括销售能力、赚取现金能力、压缩成本能力和规避风险能力。企业的盈利能力是其各个部门经营成果的最终表现，是企业经营水平的最好体现。在通常情况下，企业盈利能力越强，获取的利润水平就越高；反之，就越差。只有通过对企业的盈利能力进行准确、全面、客观的分析，才能对企业的经营业绩、投资价值及发展前景等做出客观评价与预测，并为投资者规避投资风险、获取投资收益提供有效的帮助。通过对盈利能力进行分析，可以反映和评价公司某一期间内的经营成果，发现经营管理中存在的问题，分析问题形成的原因，进而采取措施解决问题，总结经验教训，并以此提高公司的整体获利水平。因此，全面、正确地分析公司的盈利能力是财务分析的重点内容，不但可以为各类财务报表使用者和利益相关者做出正确财务决策提供依据，还有助于公司管理者找到公司管理存在的问题。

XK 公司是国内最大的住宅开发企业之一，这里基于层次分析法对该公司盈利能力进行定性和定量分析。

7.1.2 基于 AHP 的盈利能力评价模型建立

1. 多级递阶层次结构建立

构建评价企业盈利能力指标体系的多级递阶层次结构。盈利能力分析体系由总目标、子目标、具体指标构成，如表 7-1 所示。

2. 企业盈利能力评价模型建立

通过专家打分法，对两两指标的相对重要程度进行赋值打分，建立各级判断矩阵并计算各因素优先级权重，如表 7-2 至表 7-5 所示。

表 7-1 盈利能力分析体系

总目标	子目标	具体指标	指标含义
企业盈利能力分析体系 A	经营盈利能力 B_1	营业毛利率 C_1	（营业收入−营业成本）/营业收入×100%
		营业净利率 C_2	净利润/营业收入×100%
		成本费用利润率 C_3	利润总额/成本费用总额×100%
	资本盈利能力 B_2	净资产收益率 C_4	净利润/平均净资产×100%
		资本收益率 C_5	净利润/平均资本×100%
		每股收益 C_6	净利润/普通股平均股数
		市盈率 C_7	普通股每股市价/普通股每股收益
	资产盈利能力 B_3	总资产利润率 C_8	利润总额/平均资产总额×100%
		总资产报酬率 C_9	息税前利润总额/平均资产总额×100%
		总资产净利率 C_{10}	净利润/平均资产总额×100%
	收益质量 B_4	盈余现金保障倍数 C_{11}	经营现金净流量/净利润

表 7-2 二级要素权重计算

判断矩阵 $\underline{B}=\{b_{ij}\}$					特征向量 W		一致性检验	
A	B_1	B_2	B_3	B_4	$W_i=(b_{i1}b_{i2}b_{i3}b_{i4})^{1/4}$	优先级权重 ($W^o_i=W_i/\sum W_i$)	λ_i	C.I.=(λmax−4)/(4−1)
B_1	1	2	3	5	8.972	0.473	4.05	(4.05−4)/3=0.017 <0.10
B_2	1/2	1	2	4	6.727	0.284	4.05	
B_3	1/3	1/2	1	3	0.841	0.170	4.05	
B_4	1/5	1/4	1/3	1	0.167	0.073	4.05	

表 7-3 三级要素权重计算（1）

判断矩阵 $\underline{C}=\{c_{ij}\}$				特征向量 W		一致性检验	
B_1	C_1	C_2	C_3	W_i	W^o_i	λ_i	C.I.
C_1	1	1/3	3	1	0.258	3.04	(3.04−3)/2=0.02 <0.10
C_2	3	1	5	2.466	0.637	3.04	
C_3	1/3	1/5	1	0.405	0.105	3.04	

表 7-4 三级要素权重计算（2）

判断矩阵 $\underline{C}=\{c_{ij}\}$					特征向量 W		一致性检验	
B_2	C_4	C_5	C_6	C_7	W_i	W^o_i	λ_i	C.I.
C_4	1	4	3	5	2.783	0.541	4.11	(4.11−4)/3=0.037 <0.10
C_5	1/4	1	1/2	3	0.783	0.153	4.11	
C_6	1/3	2	1	3	0.189	0.230	4.11	
C_7	1/5	1/3	1/3	1	0.386	0.076	4.11	

表 7-5　三级要素权重计算（3）

判断矩阵 $\underline{C}=\{c_{ij}\}$				特征向量 **W**		一致性检验	
B_3	C_8	C_9	C_{10}	W_i	W^o_i	λ_i	C.I.
C_8	1	1/5	1/2	0.464	0.122	3.01	(3.01−3)/2=0.00 5 <0.10
C_9	5	1	3	2.466	0.648	3.01	
C_{10}	2	1/3	1	0.874	0.230	3.01	

根据表 7-2 至表 7-5 所示数据，可以计算三级指标的综合权重，如表 7-6 所示。

表 7-6　盈利能力分析三级指标综合权重计算

	B_1	B_2	B_3	B_4	综合权重
	0.473	0.284	0.170	0.073	
C_1	0.26	0	0	0	0.123 0
C_2	0.64	0	0	0	0.302 7
C_3	0.10	0	0	0	0.047 3
C_4	0	0.54	0	0	0.153 4
C_5	0	0.15	0	0	0.042 6
C_6	0	0.23	0	0	0.065 3
C_7	0	0.08	0	0	0.022 7
C_8	0	0	0.12	0	0.020 4
C_9	0	0	0.65	0	0.110 5
C_{10}	0	0	0.23	0	0.039 1
C_{11}	0	0	0	1	0.0730

根据表 7-6 可以看出，影响企业盈利能力最明显的因素是营业净利率、净资产收益率和营业毛利率，并可得到企业综合盈利能力评价模型如下:

$$Y=0.123C_1+0.3027C_2+0.0473C_3+0.1534C_4+0.0426C_5+0.0653C_6+0.0227C_7+0.0204C_8+0.1105C_9+0.0391C_{10}+0.073C_{11}$$

7.1.3　XK 公司盈利能力应用分析

通过计算 XK 公司 2019—2021 年的相关财务指标，运用前面建立的企业综合盈利能力评价模型对其盈利能力做出评析，如表 7-7 所示。

表 7-7　XK 公司盈利能力评价

指　标	年　份		
	2019	2020	2021
营业毛利率 C_1（%）	15.87	21.95	20.98
营业净利率 C_2（%）	10.9	14.4	13.4
成本费用利润率 C_3（%）	22.7	34.6	32.3

（续）

指　　标	年　份		
	2019	2020	2021
净资产收益率 C_4（%）	15.37	17.79	19.83
资本收益率 C_5（%）	14.3	16.5	18.2
每股收益 C_6（%）	0.48	0.66	0.88
市盈率 C_7（%）	20.83	12.77	12.72
总资产利润率 C_8（%）	3.37	6.76	12.31
总资产报酬率 C_9（%）	4.22	8.51	15.58
总资产净利率 C_{10}（%）	2.08	4.12	7.49
盈余现金保障倍数 C_{11}	1.74	0.31	0.35
盈利能力综合评价结果	0.73	0.49	0.51

从以上结果可以看出，该公司 2019—2021 年的盈利能力综合评价结果分别是 0.73、0.49 和 0.51。所以，该公司在 2019 年的盈利能力最强，2020 年盈利能力最弱。在 11 个指标中，对企业盈利能力影响最明显的因素是营业净利率、净资产收益率和营业毛利率。该公司的营业毛利率和营业净利率总体来说是逐年上升的，净资产收益率也呈上升趋势，这说明企业的获利能力逐年提高。同时，企业的成本费用利润率也在逐年增加，说明企业的经营成本控制较好。在 11 个指标中，有 9 个指标呈上升趋势，包括营业毛利率、营业净利率、成本费用利润率、净资产收益率、资本收益率、每股收益、总资产利润率、总资产报酬率、总资产净利率。但是，企业的市盈率和盈余现金保障倍数呈下降趋势，所以该公司在盈利能力管理方面要注意收益质量的管理，同时要管理好资本收益能力。总体来看，2019—2021 年，该公司在经营盈利能力、资本盈利能力、资产盈利能力和收益质量四个方面的表现良好，说明公司具有良好的盈利能力，财务状况良好。

7.1.4　分析和决策

（1）2019—2021 年，该公司经营盈利能力的各项指标（包括营业毛利率、营业净利率和成本费用利润率等）数据虽有波动，但总体趋势是上升的，所以经营盈利能力是不断提高的。

（2）2019—2021 年，衡量该公司资本盈利能力的净资产收益率、资本收益率、每股收益这三个指标都是上升的，说明公司的资本盈利能力是不断提高的；但公司的市盈率这三年呈下降趋势，说明公司的股价越来越稳定。

（3）2019—2021 年，该公司的总资产利润率、总资产报酬率和总资产净利率都有很大的涨幅，说明公司的资产管理能力很强，公司的资产盈利能力不断提高。

（4）2019—2021 年，该公司的盈余现金保障倍数是不断下降的。盈余现金保障倍数是从现金流入和流出的动态角度，对企业收益的质量进行评价，充分反映出企业当期净收益中多少是有现金保障的。盈余现金保障倍数不断下降说明公司在收益质量管理方面存在问题，公司要提升盈利能力，就要加强收益质量管理。

7.2　某企业A部门生产系统柔性综合评价分析

7.2.1　问题的提出

1. 企业生产系统柔性评价的提出

企业在进行生产系统投资时必须考虑未来变化的环境对生产系统提出的柔性需求，以确保企业在进行产品调整时，现有的生产系统不会由于刚性太强、调整费用过高和调整时间过长而面临淘汰。因此，企业在进行生产系统投资决策时，必须考虑生产系统的柔性问题，因为生产系统的柔性是企业获得竞争优势的重要资源。

柔性对企业生产系统的意义在于：①有利于不同品种、批量产品的生产；②系统可以经济快速地转换生产对象；③减少了产品生产前的等待时间；④可以减少库存，加速资金周转；⑤可以提高设备利用率。

生产系统柔性评价可以概括为确定评价指标体系、量化标准、设定权重、确定评价方法、进行综合评价并对结果进行分析。

2. 企业生产系统柔性评价的方法与思路

柔性管理是一种倡导企业主动适应环境变化的管理思想，“以人为中心”是提升效率的核心思想，依据信息共享、虚拟整合、合作竞争、差异性互补、虚拟实践等实现隐性知识到显性知识的转化，为企业创造竞争优势。因此，生产系统的柔性管理在企业管理中举足轻重，生产系统管理处于生产类企业管理的“龙头”地位。生产在价值链中的重要性最强，好的生产系统可以促进企业生产项目的成功，提高企业业绩；反之，不合理的生产系统，轻者导致生产项目夭折，重者阻碍企业长久发展。

由于生产系统柔性本身固有的属性，使其在生产系统柔性评价中有很大的模糊性，其中存在一些不可确定的因素。对这类问题的研究，过去只是进行定性分析和逻辑判断，即运用依赖生产经验的专家评判方法，这样评价主体的素质直接影响评价结果，使得评价结论具有很大的局限性和片面性。

现代评价理论的发展，为生产系统柔性评价提供了丰富的技术和方法，如层次分析法和模糊综合评价法。作为一种新的定性与定量分析相结合的评价决策方法，层次分析法把复杂问题分解为若干有序层次，并根据对一定客观事实的判断就每一层次的相对重要性给予定量表示，利用数学方法确定出表达每一层次的全部元素相对重要性次序的数值，并通过对各层次的分析导出对整个问题的分析。模糊综合评价法是一种针对评价系统中有大量非定量化因素而提出的评价方法，它在确定评价指标及其权重和评价尺度的基础上，用模糊隶属度的方式来度量评价分析对象，从而获得评价系统各替代方案优先顺序的有关信息。

根据生产系统柔性评价的特点，这里应用模糊综合评价法和层次分析法对企业生产系统柔性进行评价。

7.2.2 评价指标体系建立

在建立生产系统柔性评价指标时一般应遵循以下原则：①简洁、完备性原则。生产系统柔性评价指标体系应能全面反映生产系统运作效率的情况，但指标数目要尽可能少，各指标之间不应有强相关性。②客观、可考核原则。指标设定过程尽量不受主观因素的影响，数据来源要真实可靠以确保结果的真实性和可考核性。③可扩充原则。评价指标应能根据企业不同阶段的要求对指标体系进行修改、增加和删除，并可根据具体情况将效率指标进一步具体化。在上述原则指导下，综合考虑各方面因素的影响，运用德尔菲法，建立的生产系统柔性评价指标体系如表 7-8 所示。

表 7-8　企业生产系统柔性评价指标体系

目标层	准则层	评价指标层	含　义
企业生产系统柔性 A	反应柔性 B_1	供需柔性 C_1	企业对市场变化的反应速度
		生产柔性 C_2	生产系统对不确定性、复杂性的反应速度
	应变柔性 B_2	设备柔性 C_3	为系统奠定强有力的硬基础、减小生产批量、缩短作业交换时间、提高设备利用率
		交货期柔性 C_4	生产系统对缩短交货期、对交货期变化进行调整的能力
		改进柔性 C_5	产品质量改进时，生产系统能加工出新质量水平的质量改进的柔性
		产品组合柔性 C_6	生产系统具有在同一生产线上加工多种产品的组合柔性
		人员柔性 C_7	人能快速有效地处理多种任务和工作的能力
		生产组织柔性 C_8	组织系统、生产计划、人员技能、人员安排等适应各种变化有机运行的能力
	缓冲柔性 B_3	品种柔性 C_9	具有应对由于产品生命周期缩短造成的新产品引入的适应能力
		产量柔性 C_{10}	系统在不同产出水平上可经济地运行的能力
		扩展柔性 C_{11}	具有应对市场需求增长的能力扩张的柔性
		路径柔性 C_{12}	当不可预知事件发生时，系统使用替代工序进行加工的能力

生产系统柔性具有反应柔性、应变柔性、缓冲柔性三个方面的含义。所谓反应柔性，主要是指生产系统对外界环境变化的感受速度。如果外界环境变化已经影响到了生产系统，而生产系统迟钝，则其反应柔性差。应变柔性主要是指生产系统中的生产要素和生产组织管理应当具备随市场需求变化而迅速更新或重新组合的能力。缓冲柔性主要是指生产系统中生产要素和生产组织管理应当具备吸收或减弱市场需求变化对生产系统正常运行影响的能力。

7.2.3 评价方法的应用

根据 AHP 的 1~9 级标度法，把指标体系中同一层次指标的重要程度进行两两比较，进而构造判断矩阵。如果遇到定量指标，可用 1 ~ 9 级标度法构造判断矩阵，也可用指标量值直接相比来构造。由于各指标重要程度的模糊性及定量指标值的误差使得构造的判断矩阵真实性不够好，所以得到判断矩阵后需要进行一致性检验。

依据 1~9 级标度法设计了同一层次指标相应的判断矩阵的表格，为了使结果既贴近生产实践又具有理性化的思考，特别邀请了制造企业的一线员工、管理人员及部分资深专家进行问卷调查，并对问卷数据结果进行加权，得到指标判断矩阵。

（1）计算其相对重要度并进行一次性检验。

A	B_1	B_2	B_3	W	C. I.
B_1	1	2/3	3	0.387	
B_2	3/2	1	3	0.444	0.037<0.1
B_3	1/3	1/2	1	0.169	可以接受

B_1	C_1	C_2	W_1	C. I.
C_1	1	1/2	0.333	0<0.1
C_2	2	1	0.667	可以接受

B_2	C_3	C_4	C_5	C_6	C_7	C_8	W_2	C. I.
C_3	1	2	5	3	7	5	0.386	
C_4	1/2	1	3	5	5	7	0.306	0.07<0.1
C_5	1/5	1/3	1	2	3	2	0.117	
C_6	1/3	1/5	1/2	1	3	2	0.092	
C_7	1/7	1/5	1/3	1/3	1	1	0.046	可以接受
C_8	1/5	1/7	1/2	1/2	1	1	0.053	

B_3	C_9	C_{10}	C_{11}	C_{12}	W_3	C. I.
C_9	1	4	1/3	5	0.293	
C_{10}	1/4	1	1/5	3/2	0.096	0.071<0.1
C_{11}	3	5	1	5	0.537	可以接受
C_{12}	1/5	2/3	1/5	1	0.074	

（2）计算评价指标的综合权重（见表 7-9）。

表 7-9　综合权重数据表

C 层	B 层			C 层综合权重
	B_1	B_2	B_3	
	0.387	0.444	0.169	
C_1	0.387×0.333			0.129
C_2	0.387×0.667			0.258

（续）

C 层	B 层			C 层综合权重
	B_1	B_2	B_3	
	0.387	0.444	0.169	
C_3		0.444×0.386		0.171
C_4		0.444×0.306		0.136
C_5		0.444×0.117		0.052
C_6		0.444×0.092		0.041
C_7		0.444×0.046		0.021
C_8		0.444×0.053		0.024
C_9			0.169×0.293	0.049
C_{10}			0.169×0.096	0.016
C_{11}			0.169×0.537	0.091
C_{12}			0.169×0.074	0.012

7.2.4 综合评价与分析

（1）对于某企业的生产部门 A，企业组织 9 名专家根据生产系统柔性评价指标体系和 A 部门生产实际情况，在对评价指标分为 5 个评价等级（很好/0.9，良好/0.7，中等/0.5，一般/0.3，差/0.1）的基础上，对部门 A 的评价指标进行打分。9 名专家对部门 A 的评价指标做出各等级评价的人数统计如表 7-10 所示。

表 7-10 9 名专家对部门 A 的打分统计表

C 层评价要素		C_1	C_2	C_3	C_4	C_5	C_6	C_7	C_8	C_9	C_{10}	C_{11}	C_{12}
综合权重 W		0.129	0.258	0.171	0.136	0.052	0.041	0.021	0.024	0.049	0.016	0.091	0.012
评价尺度	0.9	2	2	0	0	0	1	0	6	0	0	0	3
	0.7	6	2	4	6	1	6	4	2	0	1	6	2
	0.5	1	5	3	3	5	1	4	1	3	3	3	3
	0.3	0	0	2	0	3	1	1	0	6	5	0	1
	0.1	0	0	0	0	0	0	0	0	0	0	0	0

（2）根据表 7-10 的数据得到部门 A 的隶属度矩阵：

$$\boldsymbol{R}=\begin{bmatrix} 0.22 & 0.67 & 0.11 & 0 & 0 \\ 0.22 & 0.22 & 0.56 & 0 & 0 \\ 0 & 0.45 & 0.33 & 0.22 & 0 \\ 0 & 0.67 & 0.33 & 0 & 0 \\ 0 & 0.11 & 0.56 & 0.33 & 0 \\ 0.11 & 0.67 & 0.11 & 0.11 & 0 \\ 0 & 0.44 & 0.44 & 0.12 & 0 \\ 0.67 & 0.22 & 0.11 & 0 & 0 \\ 0 & 0 & 0.33 & 0.67 & 0 \\ 0 & 0.11 & 0.33 & 0.56 & 0 \\ 0 & 0.67 & 0.33 & 0 & 0 \\ 0.33 & 0.22 & 0.33 & 0.12 & 0 \end{bmatrix}$$

（3）部门 A 的综合评定向量 $\boldsymbol{S}_1$ 为：

$$\boldsymbol{S}_1=WR_1=(0.129\ 0.258\ 0.171\ 0.136\ 0.052\ 0.041\ 0.021\ 0.024\ 0.049\ 0.016\ 0.091\ 0.012)\times$$

$$\begin{bmatrix} 0.22 & 0.67 & 0.11 & 0 & 0 \\ 0.22 & 0.22 & 0.56 & 0 & 0 \\ 0 & 0.45 & 0.33 & 0.22 & 0 \\ 0 & 0.67 & 0.33 & 0 & 0 \\ 0 & 0.11 & 0.56 & 0.33 & 0 \\ 0.11 & 0.67 & 0.11 & 0.11 & 0 \\ 0 & 0.44 & 0.44 & 0.12 & 0 \\ 0.67 & 0.22 & 0.11 & 0 & 0 \\ 0 & 0 & 0.33 & 0.67 & 0 \\ 0 & 0.11 & 0.33 & 0.56 & 0 \\ 0 & 0.67 & 0.33 & 0 & 0 \\ 0.33 & 0.22 & 0.33 & 0.12 & 0 \end{bmatrix} =(0.110\quad 0.424\quad 0.361\quad 0.105\quad 0)$$

（4）部门 A 的生产系统柔性综合评价结果 N 为：

$$N = SE^{\mathrm{T}} = (0.110\quad 0.424\quad 0.361\quad 0.105\quad 0)\times\begin{pmatrix} 0.9 \\ 0.7 \\ 0.5 \\ 0.3 \\ 0.1 \end{pmatrix} = 0.587$$

从评价结果看，部门 A 的生产系统柔性综合评价结果处于 0.5 和 0.7 之间，也就是评价结果在良好和中等之间。

可以看出，运用模糊综合评价法对企业生产系统柔性进行评价具有很大的灵活性，弥补了其他方法的不足，既可用于主观指标的评价，又可用于客观指标的评价。模糊综合评价结果以向量形式呈现，可以较为准确地刻画事物本身的模糊状况。同时，模糊综合评价结果为进一步深入分析问题本质提供了一系列综合信息，可以按某一评价准则或评价指标确定被评对象的对应等级，可以按照模糊向量对应的单点值等从层次性角度分析复杂事物的状况，有利于最大限度地客观分析被评价对象的特征。AHP 与模糊综合评价法的结合，有利于尽可能准确地确定评价指标权数，能较好地解决多变量、多层次、多目标研究难以定量化的问题，所以模糊综合评价法应用范围广，特别是在主观指标的综合评价中使主观判断变为客观描述，能够更好地反映被评价对象的评价特性，除便于应用外评价效果更为实用。

7.3 KD 乳品公司内外部经营环境分析

7.3.1 问题的提出

KD 乳品公司前身是位于兴平市店张镇的店张棉绒厂，1978 年创办时员工仅有十余人，总资产为 5 万元，资产负债率为 60%。如今的 KD 在 40 余年生产加工经验的基础上，继续深耕羊乳领域，生产包括全脂羊奶粉、益生菌配方羊奶粉、中老年高钙配方羊奶粉、牦牛奶粉等多品类产品。如今的 KD 固定资产过亿元，拥有两条乳粉生产线，年生产能力达 1 200 吨，其系列乳制品已成为陕西的名牌产品，形成了以陕西为腹地，南下云南、贵州、四川，北上内蒙古，辐射山西、甘肃、河南、湖北、天津、上海等地的市场格局，并出口到缅甸、越南等东南亚国家。

作为民营企业，KD 乳品公司自 1978 年至 2021 年，始终以兴平为根据地，采取一业为主多元化发展的战略，以创陕西名牌产品为目标，并完成了资本的原始积累。企业进入新的发展阶段，但面临的环境也更为复杂，产权结构、产品结构和经营管理等企业内部深层次的问题凸显出来，并成为制约企业发展的主要矛盾。因此，需要运用系统工程的有关方法，对公司面临的内外部环境进行分析，以期为公司下一步制定发展战略提供依据。

7.3.2 陕西乳品业概况和竞争分析

乳品制品的生产与销售是乳品公司的主业，为此需要对乳品业的概况和竞争因素进行分析。

1. 乳品业概况

乳品和乳制品加工是经济发展的一个重要组成部分。目前，全国有乳品企业 1000 余家，规模以上乳品企业 580 家左右。2021 年，全国乳制品产量约 3000 万吨。陕西目前共有 70 多家乳品厂，但生产上规模的仅有 30 家左右。小企业也不乏好产品，但大多只在本地销售。改革开放以来，我国的乳品产业发展迅速，据中国乳制品协会统计，1979 年牛奶产量为 135.1 万吨，到 2020 年达 3 440 万吨，40 多年增长了约 25 倍。我国乳品产业在迅速发展的同时也存在不少问题，主要有以下几个。

（1）生产规模小，行业集中度低。我国目前千余家乳制品企业中，日处理鲜奶在 100 万千克以下的小规模企业占大多数。国内乳品行业十大企业产量总和约占国内总产量的 50%。与国外相比，我国乳品行业的集中度较低。多数乳品企业由于规模小，投入不够，实力有限，在设备更新、技术进步、产品升级换代、结构调整和营销广告等方面都力不从心，难以与国外品牌抗衡。

（2）产业同构化严重。我国乳品产业同构化现象严重，生产技术、产品结构趋同，因此相互间竞争激烈，竞争方式往往是价格战，2016—2021 年行业平均利润率水平不断下滑。

（3）行业协会职能发挥不力。乳品协会的职能是规划行业发展方向、监督协调乳品企业的市场行为、进行信息交流、增强行业自律、寻找共同发展等。但实际上，行业协会的职能与作用发挥得远远不够，同行业企业间的恶性竞争仍然存在，市场上乳制品的假冒伪劣现象时有发生。

（4）乳品企业与奶农间缺乏有效利益连接机制。乳制品的产量和质量很大程度上取决于鲜奶的供给量与质量。我国乳品企业中自有奶牛养殖场的不多，多数企业奶源来自分散的、小规模奶牛养殖户。乳品企业与奶农间很难建立起稳定、有效的利益连接机制，奶农交奶往往根据不同企业的收购价格趋高而避低，流动性大，掺假现象近年来虽明显减少，但仍偶有发生。

2. 陕西乳品企业竞争态势分析

以 KD 乳品公司作为目标公司，以 2020 年销售收入排名居前的陕西乳品企业西安 YQ、西安 DF、HSM、咸阳 SWT、宝鸡 DLK、陕西 GS 等为竞争者，分析它们在陕西乳品市场上的竞争地位和竞争能力，以便确定 KD 乳品公司目前在市场中的地位和主要竞争对手。

（1）确定评价因素。经过与业内专家和公司内部人员的讨论，归纳了以管理水平（F_1）、员工士气（F_2）、市场份额（F_3）、价格竞争力（F_4）、财务状况（F_5）、产品质量（F_6）和用户忠诚度（F_7）为代表的七项因素作为评价因素，来评价各企业的竞争能力。

（2）因素权重计算。为简化问题，各因素权重确定应用两两比较法，各企业相对于各因素的评分值，在综合三位专家意见的基础上做出判断，如表 7-11 所示。

表 7-11　竞争力因素权重计算

	F_1	F_2	F_3	F_4	F_5	F_6	F_7	α_i	ω_i
F_1	1	1	1	1	0	1	1	6	0.214
F_2	0	1	0	1	0	1	1	4	0.143
F_3	0	1	1	1	1	0	1	5	0.179
F_4	0	0	0	1	0	1	1	3	0.107
F_5	1	1	0	1	1	1	1	6	0.214
F_6	0	0	1	0	0	1	1	3	0.107
F_7	0	0	0	0	0	0	1	1	0.036

注：F_1、F_2、F_3、F_4、F_5、F_6 和 F_7 分别代表评价因素：管理水平、员工士气、市场份额、价格竞争力、财务状况、产品质量与用户忠诚度；α_i 为 F_i 因素与其他因素重要度比较得分合计（重要得 1 分，不重要得 0 分）；ω_i 为 F_i 因素权重（i=1,2,3,4,5,6,7）；$\omega_i=\alpha_i/\sum\alpha_i$。

（3）乳品企业竞争态势分析。在得到各要素的权重和各企业相对于各评价因素的评分值后，可得到各企业竞争能力评价的综合评分值，如表 7-12 所示。

表 7-12　陕西乳品企业竞争能力综合评分值

企业名称		KD		YQ		DF		SWT		HSM		DLK		GS	
关键因素	ω_i	A_{ij}	B_{ij}	A_{ij}	B_{ij}	A_{ij}	B_{ij}	A_{ij}	B_{ij}	A_{ij}	B_{ij}	A_{ij}	B_{ij}	A_{ij}	B_{ij}
管理水平	0.214	3	0.642	3	0.642	3	0.642	2	0.428	3	0.642	2	0.428	2	0.428
员工士气	0.143	4	0.572	3	0.429	3	0.429	4	0.572	3	0.429	3	0.429	3	0.429
市场份额	0.179	2	0.358	4	0.537	3	0.537	2	0.358	3	0.537	2	0.358	1	0.179
价格竞争力	0.107	3	0.321	3	0.321	3	0.321	3	0.321	2	0.214	2	0.214	2	0.214
财务状况	0.214	2	0.428	3	0.642	3	0.642	3	0.642	3	0.642	3	0.642	3	0.642
产品质量	0.107	4	0.428	4	0.428	4	0.428	4	0.428	4	0.428	4	0.428	4	0.428
用户忠诚度	0.036	2	0.072	3	0.108	3	0.108	2	0.072	2	0.072	2	0.072	2	0.072
总　计	1.00	2.821		3.286		3.107		2.821		2.964		2.571		2.392	

注：A 为评分值，其中 1 代表弱，2 代表次弱，3 代表次强，4 代表强；B 为加权分数，$B_{ij}=\omega_i \cdot A_{ij}$。

根据表 7-12 可知，陕西乳品企业总体竞争能力排序如下：

第 1 名：西安 YQ。

第 2 名：西安 DF。

第 3 名：HSM。

第 4 名：KD、咸阳 SWT。

第 5 名：宝鸡 DLK。

第 6 名：陕西 GS。

这个排名与陕西乳品业的现状是吻合的。KD 乳品公司目前的直接竞争对手是 SWT 与宝鸡 DLK，三家企业实力接近、竞争激烈。由于 KD 乳品公司已树立了战略管理的思想，更容易合理地集中与利用资源，系统而理性地参与竞争，因而胜出的可能性较大。KD 乳品公司欲成为全国性企业，必须先成为陕西乳品行业中的强势企业。

7.3.3 KD 乳品公司面临的外部机会与威胁

1．外部机会与威胁因素的判定

为了判断外部因素对 KD 乳品公司的影响，我们选出了 20 个外部因素，并将外部因素对 KD 的影响分为重要机会 X_1、一般机会 X_2、一般威胁 X_3 和严重威胁 X_4 四种，分别赋值 4、3、2 和 1，由来自 KD 乳品公司内部和外部的五位专家进行选择评判。在每个因素的四种影响中，每人只能选择一种，对因素 i 做出影响 j 判断的专家人数统计结果（A_{ij}），以及在此基础上按照下式对各因素进行综合评定，结果如表 7-13 所示。

$$Z_i=\sum B_i=\sum\frac{1}{5}A_{ij}\boldsymbol{X}_j$$

表 7-13 影响 KD 乳品公司的外部因素综合评判

外部因素	重要机会 X_1		一般机会 X_2		一般威胁 X_3		严重威胁 X_4		加权分数 Z_i
	A_{i1}	B_i	A_{i2}	B_i	A_{i3}	B_i	A_{i4}	B_i	
西部大开发	1	（0.8）	4	（2.4）					3.2
加入 WTO			1	（0.6）	2	（0.8）	2	（0.4）	1.8
二板市场	2	（1.6）	2	（1.2）	1	（0.4）			3.2
经销商不易控制					3	（1.2）	2	（0.4）	1.6
城市居民可支配收入增长 9.3%	1	（0.8）	4	（2.4）					3.2
农村居民可支配收入增长 3.8%	3	（2.4）	2	（1.2）					3.6
人口老龄化	1	（0.8）	3	（1.8）	1	（0.4）			3.0
降息	1	（0.8）	3	（1.8）	1	（0.4）			3.0
开征利息税			3	（1.8）	2	（0.8）			2.6
降低投资方向调节税	1	（0.8）	4	（2.4）					3.2
费改税的改革			3	（1.8）	2	（0.8）			2.6
技术进步	1	（0.8）	1	（0.6）	1	（0.4）	1	（0.2）	2.0

（续）

外部因素	重要机会 X_1		一般机会 X_2		一般威胁 X_3		严重威胁 X_4		加权分数 Z_i
	A_{i1}	B_i	A_{i2}	B_i	A_{i3}	B_i	A_{i4}	B_i	
供应商议价力量					4	（1.6）	1	（0.2）	1.8
乳品企业竞争加剧			2	（1.2）	2	（0.8）	1	（0.2）	2.2
民企贷款难					4	（1.6）	1	（0.2）	1.8
总需求不足			1	（0.6）	4	（1.6）			2.2
人均奶消费量偏低	2	（1.6）	3	（1.8）					3.4
国人饮食习惯			1	（0.6）	3	（1.2）	1	（0.2）	2.0
成品油价与国际接轨			2	（1.2）	3	（1.2）			2.4
失业率上升			2	（1.2）	1	（0.4）	1	（0.2）	1.8

根据加权分数，得分大于2.5的为机会因素，得分小于2.5的为威胁因素。

（1）构成机会的关键外部因素包括：①农村居民可支配收入增长3.8%；②人均奶消费量偏低；③西部大开发；④二板市场；⑤城市居民可支配收入增长9.3%；⑥降低投资方向调节税；⑦人口老龄化；⑧降息；⑨开征利息税；⑩费改税的改革。

（2）构成威胁的关键外部因素包括：①经销商不易控制；②加入WTO；③供应商议价力量；④民企贷款难；⑤失业率上升；⑥国人饮食习惯；⑦技术进步；⑧总需求不足；⑨乳品企业竞争加剧；⑩成品油价与国际接轨。

2. KD乳品公司面临的机会与威胁分析

机会因素和威胁原因权重的确定是进行综合评价分析的基础，这里仍采用两两比较法进行分析，同时综合专家意见。考虑到外部环境对KD乳品公司而言机会大于威胁，因此确定机会因素的总权重为0.6，威胁因素的总权重为0.4，具体计算结果如表7-14和表7-15所示。

表7-14 构成机会的关键外部因素权重计算

	O_1	O_2	O_3	O_4	O_5	O_6	O_7	O_8	O_9	O_{10}	α_i	ω_i
O_1	1	1	0	0	1	0	1	0	0	0	4	0.044
O_2	0	1	0	0	0	0	1	0	0	1	3	0.033
O_3	1	1	1	1	0	0	1	1	1	1	8	0.087
O_4	1	1	0	1	0	0	1	0	0	1	5	0.055
O_5	0	1	1	1	1	0	0	0	0	0	4	0.044
O_6	1	1	1	1	1	1	1	0	0	1	8	0.087
O_7	0	0	0	0	1	0	1	0	0	1	3	0.033
O_8	1	1	0	1	1	1	1	1	1	0	8	0.087
O_9	1	1	0	1	1	1	1	0	1	0	7	0.075
O_{10}	1	0	0	0	1	0	0	1	1	1	5	0.055

注：O_1～O_{10}分别代表农村居民可支配收入增长3.8%、人均奶消费量偏低和费改税的改革等机会因素；α_i为O_i因素与其他因素重要度比较的得分合计（重要得分为1，不重要得分为0）；$\omega_i=(\alpha_i/\sum\alpha_i)\times0.6$ $(i=1,2,\cdots,10)$。

表 7-15 构成威胁的关键外部因素权重计算

	T_1	T_2	T_3	T_4	T_5	T_6	T_7	T_8	T_9	T_{10}	α_i	ω_i
T_1	1	0	0	0	1	1	0	1	0	1	5	0.036
T_2	1	1	0	1	1	1	1	1	0	1	8	0.058
T_3	1	1	1	1	1	1	0	1	0	1	8	0.058
T_4	1	0	0	1	1	1	0	1	0	1	6	0.044
T_5	0	0	0	0	1	1	0	0	1	0	3	0.022
T_6	0	0	0	0	0	1	0	1	0	1	3	0.022
T_7	1	0	1	1	1	1	1	1	0	1	8	0.058
T_8	0	0	0	0	1	1	0	1	0	1	3	0.022
T_9	1	1	1	1	0	1	1	1	1	1	9	0.066
T_{10}	0	0	0	0	1	0	0	0	0	1	2	0.014

注：T_1、T_2、T_3、T_4、T_5、T_6、T_7、T_8、T_9和T_{10}分别代表经销商不易控制、加入 WTO、供应商议价力量、民企贷款难、失业率上升、国人饮食习惯、技术进步、总需求不足、乳品企业竞争加剧、成品油价与国际接轨等威胁因素；α_i为T_i因素与其他重要因素重要度比较的得分合计（重要得分为 1，不重要得分为 0）；$\omega_i=(\alpha_i/\sum\alpha_i)\times 0.4$。

在确定各因素权重后，请专家对 KD 乳品公司是否对各因素做出了有效反应进行评判打分：反应很好为 4 分，反应超过平均水平为 3 分，反应为平均水平为 2 分，反应很差为 1 分；然后对 KD 乳品公司整体情况做出判断。KD 乳品公司外部因素评价矩阵如表 7-16 所示。

表 7-16 KD 乳品公司外部因素评价矩阵

关键外部因素	权重ω_i	评分A_i	加权值Z_i
机　会			
（1）农村居民可支配收入增长 3.8%	0.044	2	0.088
（2）人均奶消费量偏低	0.033	3	0.099
（3）西部大开发	0.087	2	0.174
（4）二板市场	0.055	3	0.165
（5）城市居民可支配收入增长 9.3%	0.044	2	0.088
（6）降低投资方向调节税	0.087	3	0.261
（7）人口老龄化	0.033	2	0.066
（8）降息	0.087	2	0.174
（9）开征利息税	0.075	2	0.150
（10）费改税的改革	0.055	3	0.165
威　胁			
（1）经销商不易控制	0.036	3	0.108
（2）加入 WTO	0.058	3	0.174
（3）供应商议价力量	0.058	3	0.174

（续）

关键外部因素	权重 ω_i	评分 A_i	加权值 Z_i
（4）民企贷款难	0.044	3	0.132
（5）失业率上升	0.022	2	0.044
（6）国人饮食习惯	0.022	2	0.044
（7）技术进步	0.058	3	0.174
（8）总需求不足	0.022	2	0.044
（9）乳品企业竞争加剧	0.066	4	0.264
（10）成品油价与国际接轨	0.014	2	0.028
总计	1.000		2.616

注：$Z_i=\omega_i \cdot A_i$。

由外部因素评价矩阵可知，KD 乳品公司总加权分数为 2.616，高于平均值 2.500，说明 KD 乳品公司对外部机会与威胁的反应能力较好。

7.3.4 KD 乳品公司内部的优势与弱点分析

1. KD 乳品公司的优势与弱点

通过内部分析，可列出 KD 乳品公司的优势与弱点。

（1）KD 乳品公司的优势：①确立了战略管理的思想；②员工士气高昂；③用人机制、报酬机制基本合理；④工作说明、岗位描述明确；⑤企业市场份额提高；⑥销售渠道基本可靠；⑦销售人员整体素质良好；⑧通过增资扩股可筹到长期资金；⑨财务管理者受过良好教育，经验丰富；⑩生产与质量管理良好。

（2）KD 乳品公司的弱点：①高级管理人才不足；②组织结构很不合理；③对经销商的激励不够有效；④市场调查、推广工作薄弱；⑤产品价格偏低；⑥研发力量薄弱；⑦当前产品在技术上竞争力不强；⑧鲜奶供应稳定性略差；⑨资金不足，短期偿债压力大；⑩风险控制不力，应收账款过多。

2. 内部因素评价矩阵

内部各因素的权重确定过程和综合评定同外部因素，表 7-17 和表 7-18 给出了各因素的权重。这里认为 KD 乳品公司总体上优势大于弱点，因此确定其优势因素总权重为 0.6，弱点因素总权重为 0.4。

表 7-17 构成内部优势因素权重计算

	S_1	S_2	S_3	S_4	S_5	S_6	S_7	S_8	S_9	S_{10}	α_i	ω_i
S_1	1	1	1	1	0	1	1	0	1	0	7	0.076
S_2	0	1	1	1	0	0	1	0	1	0	5	0.055
S_3	0	0	1	1	0	1	1	0	1	0	5	0.055
S_4	0	0	0	1	0	0	1	0	1	0	3	0.033

（续）

	S_1	S_2	S_3	S_4	S_5	S_6	S_7	S_8	S_9	S_{10}	α_i	ω_i
S_5	1	1	1	1	1	1	1	0	1	1	9	0.097
S_6	0	1	0	1	0	1	1	0	1	0	5	0.055
S_7	0	0	0	0	0	0	1	0	1	1	3	0.033
S_8	1	1	1	1	1	1	1	1	1	1	10	0.109
S_9	0	0	0	0	0	0	0	0	1	0	1	0.011
S_{10}	1	1	1	1	0	1	0	0	1	1	7	0.076

注：S_1～S_{10}分别代表 10 项优势因素之一；α_i为 S_i因素与其他因素重要度比较得分合计（重要得分为 1，不重要得分为 0）；ω_i为 S_i权重；$\omega_i=(\alpha_i/\sum\alpha_i)\times 0.6$。

表 7-18　构成内部弱点因素权重计算

	W_1	W_2	W_3	W_4	W_5	W_6	W_7	W_8	W_9	W_{10}	α_i	ω_i
W_1	1	1	1	0	0	1	1	0	0	1	6	0.044
W_2	0	1	1	0	1	0	1	0	0	1	5	0.036
W_3	0	0	1	0	0	0	0	1	1	1	4	0.029
W_4	1	1	1	1	1	1	1	1	0	1	9	0.065
W_5	1	0	1	0	1	0	0	0	0	1	4	0.029
W_6	0	1	1	0	1	1	0	1	0	1	6	0.044
W_7	0	0	1	0	1	1	1	1	0	1	6	0.044
W_8	1	1	0	0	1	0	0	1	0	0	4	0.029
W_9	1	1	0	1	1	1	1	1	1	0	8	0.058
W_{10}	0	0	0	0	0	0	0	1	1	1	3	0.022

注：W_1～W_{10}分别代表 10 项弱点之一；α_i为 W_i弱点与其他弱点重要度比较得分合计（重要得分为 1，不重要得分为 0）；ω_i为 W_i权重；$\omega_i=(\alpha_i/\sum\alpha_i)\times 0.4$。

进一步计算，可得出 KD 乳品公司内部因素评价矩阵，如表 7-19 所示。

表 7-19　KD 乳品公司内部因素评价矩阵

关键内部因素	权重ω_i	评分 A_i	加权值 Z_i
优　势			
（1）确立了战略管理思想	0.076	3	0.228
（2）员工士气高昂	0.055	4	0.220
（3）用人机制、报酬机制基本合理	0.055	4	0.220
（4）工作说明、岗位描述明确	0.033	3	0.099
（5）企业市场份额提高	0.097	3	0.291
（6）销售渠道基本可靠	0.055	3	0.165
（7）销售人员整体素质良好	0.033	3	0.099
（8）通过增资扩股可筹到长期资金	0.109	4	0.436
（9）财务管理者受过良好教育，经验丰富	0.011	3	0.033
（10）生产与质量管理良好	0.076	4	0.304

（续）

关键内部因素	权重 ω_i	评分 A_i	加权值 Z_i
弱　　点			
（1）高级管理人才不足	0.044	2	0.088
（2）组织结构很不合理	0.036	2	0.072
（3）对经销商的激励不够有效	0.029	2	0.058
（4）市场调查、推广工作薄弱	0.065	1	0.065
（5）产品价格偏低	0.029	2	0.058
（6）研发力量薄弱	0.044	1	0.044
（7）当前产品在技术上竞争力不强	0.044	2	0.088
（8）鲜奶供应稳定性略差	0.029	2	0.058
（9）资金不足，短期偿债压力大	0.058	1	0.058
（10）风险控制不力，应收账款过多	0.022	2	0.044
总计	1.000		2.728

注：评分值中，1 表示重要弱点，2 表示次要弱点，3 表示次要优势，4 表示重要优势；$Z_i = A_i \cdot \omega_i$。

由内部因素评价矩阵可知，KD 乳品公司总加权分数为 2.728，略高于平均分 2.500，说明 KD 乳品公司内部情况处于微弱强势。

7.3.5　KD 乳品公司战略方案的建立、评价与选择

这里运用 SWOT 矩阵和定量战略计划矩阵（Quantitative Strategic Planning Matrix，QSPM）对 KD 乳品公司的战略方案进行建立、评价与选择。

1．KD 乳品公司战略方案的建立

建立 KD 乳品公司的 SWOT 矩阵，如表 7-20 所示。

表 7-20　KD 乳品公司 SWOT 矩阵

	优势—S	弱点—W
	（1）确立了战略管理的思想 （2）员工士气高昂 （3）用人机制、报酬机制基本合理 （4）工作说明、岗位描述明确 （5）企业市场份额提高 （6）销售渠道基本可靠 （7）销售人员整体素质良好 （8）通过增资扩股可筹到长期资金 （9）财务管理者受过良好教育，经验丰富 （10）生产与质量管理良好	（1）高级管理人才不足 （2）组织结构很不合理 （3）对经销商的激励不够有效 （4）市场调查、推广工作薄弱 （5）产品价格偏低 （6）研发力量薄弱 （7）当前产品在技术上竞争力不强 （8）鲜奶供应稳定性略差 （9）资金不足，短期偿债压力大 （10）风险控制不力，应收账款过多

（续）

威胁—T	ST 战略	WT 战略
（1）经销商不易控制 （2）加入 WTO （3）供应商议价力量 （4）民企贷款难 （5）失业率上升 （6）国人饮食习惯 （7）技术进步 （8）总需求不足 （9）乳品企业竞争加剧 （10）成品油价与国际接轨	（1）兼并或控股竞争企业，实行横向一体化（S_1 S_5 S_{10} T_7 T_9） （2）建立挤奶站或办养殖场，实行后向一体化（S_5 S_8 S_{10} T_3） （3）市场渗透（S_2 S_6 S_7 T_9） （4）市场开发、开辟新区域市场（S_1 S_2 S_7 T_9）	进入非乳制品市场，进行混合多元化经营（W_3 W_8 O_1 O_6）
机会—O	**SO 战略**	**WO 战略**
（1）农村居民可支配收入增长 3.8% （2）人均奶消费量偏低 （3）西部大开发 （4）二板市场 （5）城镇居民可支配收入增长 9.3% （6）降低投资方向调节税 （7）人口老龄化 （8）降息 （9）开征利息税 （10）费改税的改革	新建或扩建生产线，扩大生产规模（S_5 S_8 S_{10} O_1 O_2 O_5 O_6）	（1）招聘人才（W_1 O_3） （2）推出较高价位的中高档品种（W_3 W_5 O_1 O_5 O_8 O_9）

由矩阵得出 KD 乳品公司对应四种战略，共有八种方案。

（1）SO 战略。新建或扩建生产线，扩大生产规模，即发挥公司市场份额提高、通过增资扩股可获得长期资金及生产与质量管理良好的优势，利用居民可支配收入增长、我国人均奶消费量偏低因而增长空间大及国家调低投资方向调节税的机会，新建或扩建生产线，扩大生产能力，满足市场需求。

（2）ST 战略，共有四种方案。

① 横向一体化发展，兼并或控股竞争的同业企业，即利用公司确立了战略管理的思想、市场份额扩大及生产与质量管理良好的优势，减轻同业企业竞争威胁，借助同业企业技术优势，兼并或控股竞争对手，实行横向一体化发展。

② 建立挤奶站或自办奶牛养殖场，实行后向一体化，即利用公司市场份额增加、通过增资扩股可获得长期资金及生产与质量良好的优势，回避鲜奶供应商议价力量强的威胁，建立挤奶站或自办奶牛养殖场，实行后向一体化发展。

③ 市场渗透，即利用公司员工士气高昂、现有销售渠道基本可靠、销售队伍整体素质良

好等优势，为应对同业企业间的激烈竞争，通过增加销售人员、增加广告开支、采取广泛的促销手段、加强公共宣传等更强大的市场营销方案，提高现有产品在现有市场的市场份额。

④ 市场开发，即利用公司确立了战略管理的思想、员工士气高昂、销售人员整体素质良好等优势，为应对激烈的竞争，将现有产品打入新的地区市场。

市场渗透战略与市场开发战略又统称为市场战略。

（3）WO 战略，共有两种方案。

① 招聘人才，即利用西部大开发的机会，招聘人才，弥补公司高级管理人才的不足。

② 推出较高价位的商品，即利用居民可支配收入增长、购买力提高和降息、开征利息税等刺激消费需求货币政策影响的机会，弥补产品价格偏低及对经销商激励不够有效的弱点，适时推出较高价位的中高档乳制品。

（4）WT 战略。进入非乳制品市场，进行混合多元化经营，即为减少对经销商激励不够有效和鲜奶供应稳定性略差的弱点，回避经销商不易控制、国人不习惯喝牛奶、在吸收上感到困难（据了解，我国居民中有 36%的人对奶中含有的乳糖缺乏消化能力，饮奶后会引起不同程度的腹胀、腹泻）等不利因素，进入非乳制品市场，进行混合多元化经营。

2. KD 乳品公司战略方案的评价与选择

通过 SWOT 矩阵共得出八种备选战略，其中招聘人才、推出较高价位的中高档乳品上市目前可以实施，其余六种备选战略可以归纳为市场战略、横向一体化战略、后向一体化战略和混合多元化战略四种。下面运用 QSPM（见表 7-21）对这四种战略按重要程度排序。

表 7-21　KD 乳品公司的 QSPM

关键因素	权重 ω_i	战略							
		市场战略（市场开发、市场渗透）		横向一体化战略		后向一体化战略		混合多元化战略	
		AS	TAS	AS	TAS	AS	TAS	AS	TAS
机会—O									
（1）农村居民可支配收入增长 3.8%	0.044	3	0.132	3	0.132	3	0.132	3	0.132
（2）人均奶消费量偏低	0.033	3	0.099	3	0.099	3	0.099	2	0.066
（3）西部大开发	0.087	2	0.174	2	0.174	1	0.087	3	0.261
（4）二板市场	0.055	—	—	—	—	—	—	2	0.11
（5）城镇居民可支配收入增长 9.3%	0.044	3	0.132	3	0.132	3	0.132	3	0.132
（6）降低投资方向调节税	0.087	—	—	3	0.261	2	0.174	3	0.261
（7）人口老龄化	0.033	—	—	—	—	—	—	2	0.066
（8）降息	0.087	2	0.174	—	—	—	—	2	0.174
（9）开征利息税	0.075	2	0.15	—	—	—	—	2	0.15
（10）费改税的改革	0.055	—	—	—	—	—	—	—	—

（续）

关键因素	权重 ω_i	战略							
		市场战略（市场开发、市场渗透）		横向一体化战略		后向一体化战略		混合多元化战略	
		AS	TAS	AS	TAS	AS	TAS	AS	TAS
威胁—T									
（1）经销商不易控制	0.036	3	0.108	—	—	—	—	3	0.108
（2）加入 WTO	0.058	4	0.232	4	0.232	2	0.116	2	0.116
（3）供应商议价力量	0.058	—	—	—	—	4	0.232	2	0.116
（4）民企贷款难	0.044	—	—	2	0.088	—	—	2	0.088
（5）失业率上升	0.022	2	0.044	2	0.044	—	—	—	—
（6）国人饮食习惯	0.022	3	0.066	3	0.066	3	0.066	2	0.044
（7）技术进步	0.058	2	0.116	3	0.174	—	—	2	0.116
（8）总需求不足	0.022	2	0.044	2	0.044	—	—	—	—
（9）乳品企业竞争加剧	0.066	4	0.264	4	0.264	4	0.264	4	0.284
（10）成品油价与国际接轨	0.014	—	—	—	—	—	—	—	—
优势—S									
（1）确立了战略管理的思想	0.076	4	0.304	4	0.304	4	0.304	3	0.228
（2）员工士气高昂	0.055	4	0.22	2	0.11	—	—	—	—
（3）用人机制、报酬机制基本合理	0.055	3	0.165	—	—	—	—	—	—
（4）工作说明、岗位描述明确	0.033	3	0.099	—	—	—	—	—	—
（5）企业市场份额提高	0.097	2	0.194	4	0.388	4	0.388	—	—
（6）销售渠道基本可靠	0.055	3	0.165	3	0.165	3	0.165	—	—
（7）销售人员整体素质良好	0.033	3	0.099	3	0.099	3	0.099	—	—
（8）通过增资扩股可筹到长期资金	0.109	3	0.327	3	0.327	3	0.327	4	0.436
（9）财务管理者素质良好，经验丰富	0.011	—	—	—	—	—	—	2	0.022
（10）生产与质量管理良好	0.076	2	0.152	3	0.228	2	0.152	—	—
弱点—W									
（1）高级管理人才不足	0.044	2	0.088	3	0.132	—	—	2	0.088
（2）组织结构很不合理	0.036	2	0.072	2	0.072	—	—	—	—
（3）对经销商的激励不够有效	0.029	2	0.058	2	0.058	2	0.058	3	0.087

（续）

关键因素	权重 ω_i	战略							
		市场战略（市场开发、市场渗透）		横向一体化战略		后向一体化战略		混合多元化战略	
		AS	TAS	AS	TAS	AS	TAS	AS	TAS
（4）市场调查、推广工作薄弱	0.065	2	0.13	2	0.13	2	0.13	3	0.195
（5）产品价格偏低	0.029	2	0.058	2	0.058	2	0.058	2	0.058
（6）研发力量薄弱	0.044	2	0.088	3	0.132	—	—	2	0.088
（7）当前产品在技术上竞争力不强	0.044	2	0.088	3	0.132	—	—	2	0.088
（8）鲜奶供应稳定性略差	0.029	—	—	2	0.058	3	0.087	2	0.058
（9）资金不足，短期偿债压力大	0.058	3	0.174	—	—	3	0.174	—	—
（10）风险控制不力，应收账款过多	0.022	3	0.066	—	—	—	—	—	—
总计			4.282		4.103		3.244		3.572

注：AS 表示吸引力分数，其中 1 表示不可接受，2 表示有可能被接受，3 表示很可能被接受，4 表示最可能接受；$TAS = w_1 \times AS$，表示吸引力综合分数。

由 QSPM 得知，KD 乳品公司各备选战略排序如下：

（1）市场战略。公司年产 5000 吨奶粉生产线建成后，有可能生产能力过剩，公司应通过市场开发，建立新的、可靠的、经济的和高质量的销售渠道；通过市场渗透，提高现有市场的市场份额；全面实施市场战略。

（2）横向一体化战略。兼并或控股竞争的同业企业。

（3）混合多元化战略。进入非乳制品行业经营。

（4）后向一体化战略。兼并或控制鲜奶供应商。

当前最佳战略为包括市场开发和市场渗透的市场战略。

3. KD 乳品公司战略方案适应性评价

关于 KD 乳品公司的八种战略方案和当前最佳战略方案的确定是在充分考虑企业内外部环境的基础上，通过 SWOT 和 QSPM 等技术分析得出的，是符合企业实际的。方案就知识经济、中国加入 WTO、实行现代企业制度等对企业发展有重大影响的因素做了充分考虑与深入分析，如果未来 3～5 年内，企业面临的内外部因素不发生剧烈的变化，KD 乳品公司的战略方案是适用的和可行的。KD 乳品公司二次经营战略方案不仅是经营者提出的，而且也得到了所有者的认可，因此不存在因经营者更换致使战略实施中断的风险。公司将分阶段依次实施市场战略、横向一体化战略、混合多元化战略和后向一体化战略，其中的市场开发、市场渗透、产品开发的市场战略是战略重点，也是目前最紧迫的战略。

为了保证战略方案对外部环境和企业内部发生的关键变化做出适应性反应，KD 乳品公司应对构成现行战略基础的外部机会与威胁和内部优势与弱点的变化进行不断的审视。需要审视的问题包括：企业的内部优势是否仍是优势；内部优势是否有所加强，如果是，体现在何处；企业的内部弱点是否仍为弱点；是否有了其他新的内部弱点，如果有，体现在何处；企业的外部机会是否仍为机会；是否又有了其他新的外部机会，如果是，体现在何处；企业的外部威胁是否仍为威胁；是否又有了其他新的外部威胁，如果是，体现在何处。

4．结论

（1）通过 SWOT 分析得出 KD 乳品公司的八种战略方案：新建乳品生产线，扩大生产能力；兼并或控股竞争企业，实现横向一体化发展；加强对鲜奶供应商的控制或自办养殖场，实行后向一体化发展；市场开发；市场渗透；推出较高档次、较高价位的产品；进入非乳制品市场，进行混合多元化经营；招聘人才。

（2）通过 QSPM 分析得知，当前最佳战略是包括市场开发、市场渗透和产品开发等内容的市场战略。

（3）通过适应性评价认为，KD 乳品公司战略方案在内外部环境不发生剧烈变化的情况下是适用的和可行的。

7.4 基于聚类分析和灰色模型的固体火箭发动机价格模型研究

从事武器系统研制生产管理的部门不仅要提高系统的战术技术性能，而且应特别注意控制及降低武器的研制生产成本。目前，我国实行的大多为确定的固定价格合同，在签约时确定价格，以后不管实际成本如何，合同价格都保持不变。而研制方利润与实际成本直接相关，因此签约前必须做好充分的价格估算。于是，运用现代科学技术和计算技术，寻找型号研制过程中价格发生的规律，建立科学、可信、反应迅速的发动机价格估算模型，对于企业适应新形势的要求和经费管理的科学化有着重要的现实意义。

固体火箭发动机参数费用模型的建立方法通常有三种，即回归法、灰色系统预测法和神经网络法。回归法和神经网络法适用于有大量样本数据的情况，且回归法对于多变量的参数模型误差较大。对于固体火箭发动机样本数较少、参变量多的情况，适合运用灰色系统预测理论建立费用模型，具有较高的准确度。

7.4.1 提取参数

固体火箭发动机的结构性能参数在很大程度上决定了它的价格，当一切外在因素可忽略时，对发动机要求什么样的指标，就可基本估算出它是什么样的价格。固体火箭发动机要满足一定的技术和战术要求，必须使发动机的总体性能结构参数满足特定的要求。在进行发动机各主要部件的研制及生产中，涉及的主要性能及结构参数如表 7-22 所示。

表 7-22　固体火箭发动机主要性能及结构参数

主 要 部 件	主要性能及结构参数
推进剂	比冲、装药量、推进剂类型
壳体	最大压强、外径、壳体材料
喷管	喷管类型、裙端间距、喉衬材料、喷管出口外径、膨胀比
点火装置	点火延迟时间、工作时间
发动机总体	总冲、最大推力、发动机质量、总长、质量比

1. 价格修正和数据标准化

在发动机的结构性能参数中，有一些不能用数学表示的参数，如壳体材料、喉衬材料、推进剂类型、喷管类型等。我们只能从定性及经验方面分析它们对发动机价格的影响。

一般情况下，喉衬材料的造价较高，但喉衬材料已基本固定，这里认为各发动机使用的喉衬材料差价不大。同样，为简化起见，暂不考虑不同类型推进剂的差价。喷管主要有固定喷管和活动喷管两类。这里仅建立固定喷管发动机的价格模型，各种活动喷管发动机价格可以按其乘以一定的调整系数得到。

固体发动机的壳体材料有金属的，也有非金属的。一般来说，壳体为金属材料的发动机总价较壳体为非金属材料的发动机低。根据经验，一般壳体材料占发动机材料费的比例大致为 25%，这样就得到了发动机的壳体材料费 $c_i\,(i=1,\cdots,6)$。用 c_i 除以它对应的发动机价格，可以得到各型号发动机的壳体材料在发动机单价中的比例 q_i，由此可算出一般化的、无差异的壳体材料在单价中的比例 q=10.16%。

根据现实价格情况，A 材料的单价为 4 万元/吨，B 材料的单价为 2.5 万元/吨。样本中壳体材料为 A 的发动机有四种，为 B 的有两种，所以对应这样的样本，其壳体材料的综合价格为(4×4+2.5×2)/6=3.5 万元/吨。由此可以推出，当壳体材料由综合材料变为其他材料时的价格变动率。A 材料价格变动率 m 为 0.33；B 材料价格变动率 m 为–0.167。设发动机综合价为 p_1，在其他条件一定时，当壳体材料发生改变后，发动机的现价为 p_2，则 $p_2 = p_1 + p_1 \times q \times m$，于是就得到了没有壳体材料差异的修正单价。

根据原始样本资料及修正后的发动机单价，我们对发动机项目研制单价和有关参数进行了标准化处理。标准化后的样本资料如表 7-23 所示。

表 7-23　固体火箭发动机标准化参数数据

参　数	型　号					
	1	2	3	4	5	6
总冲	0.763 0	0.181 0	0.011 0	0.001 0	0.010	1
最大推力	0.205 5	1	0.359 6	0.024 0	0.124 4	0.282 0
最大压强	0.484 6	1	0.923 1	0.9	0.846 1	0.615 4
点火延迟时间	1	0.666 7	0.666 7	0.3	0.266 7	1
工作时间	0.921 1	0.059 2	0.018 4	0.011 8	0.027 6	1
比冲	0.982 6	0.893 7	0.893 7	0.893 7	0.971 8	1

（续）

参数	型号					
	1	2	3	4	5	6
发动机质量	0.771 9	0.320 9	0.035 5	0.003 0	0.015 2	1
质量比	0.988 6	0.625 0	0.409 1	0.340 9	0.670 5	1
总长	0.823 9	0.706 0	0.233 1	0.107 7	0.263 0	1
外径	1	0.704 0	0.362 0	0.136 0	0.260 0	1
裙端间距	0.788 7	0.758 7	0.272 0	0.128 7	0.054 9	1
装药量	0.781 0	0.202 6	0.014 8	0.001 0	0.010 0	1
膨胀比	0.948 7	0.692 3	0.828 5	0.347 8	0.721 8	1
喷管出口外径	1	0.721 1	0.352 2	0.124 8	0.500 9	1
材料费	0.418 5	1	0.473 2	0.091 9	0.185 7	0.517 0
修正单价	0.880 9	1.65	1.093 7	0.165 9	0.308 2	1

2．参数相关性分析

为了解各个参数与单价的相关程度，以便缩小用于估价模型的参数范围，需要进行相关分析。于是在样本修正的基础上，利用统计分析软件 SPSS，分别对上述 15 个发动机参数同修正单价之间的相关性加以研究。当显著水平小于 0.05 时，认为该参数与修正单价显著相关。通过相关分析，可以发现总冲、比冲、发动机质量、装药量、外径、膨胀比、喷管出口外径与修正单价的相关性较明显，而其他参数与修正单价的相关性不显著。从实际情况来看，这些与价格相关性较强的参数也是进行发动机总体设计时所要确定的参数，它们的大小必然决定了发动机的价格。

3．参数聚类分析

聚类分析可以将变量按相似程度归类，这样就可以选出较少的、有代表性的变量作为建立模型的参数，且损失信息少、精度较高。借助统计软件 SPSS，对总冲、比冲、发动机质量、外径、装药量、膨胀比、喷管外径出口这些参数数据进行聚类分析。聚类结果如图 7-1 所示。

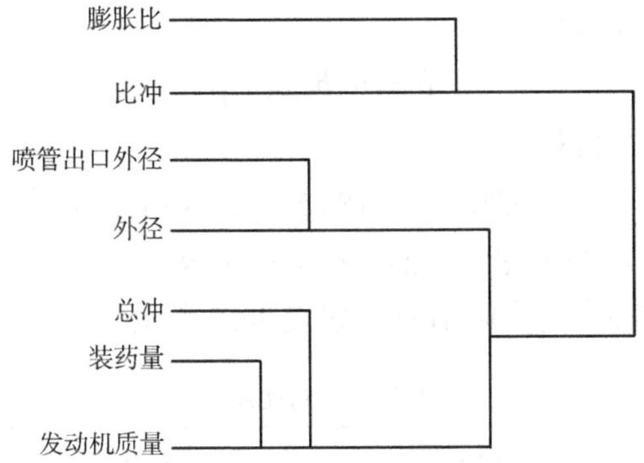

图 7-1 树形聚类结果

根据获得的分类结果可知，第三类中有三个参数。为了找出一个参数与另外两个参数最相似、最具代表性，根据公式 $r^2=\sum_i r_i^2/(k-1)$（r_i 为相关系数，k 为此类变量的个数），分别计算这三个参数与同类的其他参数的相关系数的均值。经分析可知，装药量的均值最大，所以把装药量($x_4^{(0)}$)作为典型参数。至于第一类和第二类，因为各类只有两个参数，互为代表，第一类取比冲($x_2^{(0)}$)，第二类取外径($x_3^{(0)}$)。

7.4.2 灰色建模

1. 模型建立

灰色系统通过原始数据的整理来寻求数据的变化规律，这种整理方式叫灰色序列生成。累加生成是灰色序列生成的一种重要方法，即将原始数据列依次累加以后得到的新的数据序列。一般的非负准光滑序列经累加生成以后，都会减少随机性，呈现出近似的指数增长规律。灰色系统建模的任务是用原始样本数据作为灰色序列生成后的数据序列建立微分方程模型，通过微分方程的求解可得所需参数的估算模型。

从分类的结果中选出具有代表性的参数后，对于原始模型采用 GM(0, N)模型，根据式 $x_i^{(1)}(k)=\sum_{j=1}^{k}x_i^{(0)}(j)$，（$i=1,\cdots,4$；$k=1,\cdots,5$），进行累加生成数据，如表 7-24 所示。

表 7-24　累加生成数据

变　量	序　号					
	1	2	3	4	5	6
修正单价 $x_1^{(1)}$	0.880 9	2.530 9	3.624 6	3.790 5	4.098 7	5.098 7
比冲 $x_2^{(1)}$	0.982 6	1.876 3	2.770	3.663 7	4.635 5	5.635 5
装药量 $x_3^{(1)}$	0.781	0.983 6	0.998 4	0.999 4	1.009 4	2.009 4
外径 $x_4^{(1)}$	1	1.704	2.066	2.202	2.462	3.462

可建立如下关系式：

$$x_1^{(1)}=b_1x_2^{(1)}+b_2x_3^{(1)}+b_3x_4^{(1)}+a$$

记模型中的参数为 $\hat{a}$，则

$$\hat{a}=[b_1,b_2,b_3,a]^{\mathrm{T}}$$

根据最小二乘算法，可得

$$\hat{a}=(-0.705\,8-3.184\,5\quad 4.804-1.156\,8)^{\mathrm{T}}$$

即 $\hat{x}_1^{(1)}=-0.705\,8x_2^{(1)}-3.184\,5x_3^{(1)}+4.804x_4^{(1)}-1.156\,8$。

由模型求得的预测值 $\hat{x}_1^{(1)}$ 与实际值对比如表 7-25 所示。

表 7-25　对比结果

实际原始值 $x_1^{(1)}$	还原后的模型值 $\hat{x}_1^{(1)}$	残差 $q^{(0)}$	残差百分比/%
0.880 9	0.466 6	0.414 3	47

（续）

实际原始值 $x_1^{(1)}$	还原后的模型值 $\hat{x}_1^{(1)}$	残差 $q^{(0)}$	残差百分比/%
2.530 9	2.572 6	−0.041 7	−1.6
3.624 6	3.633 8	−0.009 2	−0.25
3.790 5	3.653 2	0.137 3	3.8
4.098 7	4.184 5	−0.085 8	2.1
5.098 7	5.098 2	0.000 5	0.01

由此可见，通过从众多的变量中选取少量有代表性的作为模型参数（除第一个样本外），开始就可以达到较高的精度，平均误差绝对值仅为 9.13%。

2. 模型修正

通过从众多的变量中选取少量有代表性的参数建立模型，虽然精度较高，但并不能满足要求。这时可建立 GM(1, 1)的残差模型 $(q^{(0)}(k) = x_1^{(1)}(k) - \hat{x}_1^{(1)}(k))$，用残差模型的结果补充原始模型的精度不足。由于所得残差异号，不能直接进行灰色模型的修正，故要同时加上残差最小值的绝对值的 2 倍（$2\times|0.0858| = 0.1716$）。经计算，建立如下一次累加生成数列的残差模型：

$$\hat{q}_1^{(1)}(k+1) = 43.6115e^{0.0039k} - 43.0256, k = 0 \sim 5$$

将残差模型得到的数列 $\hat{q}_1^{(1)}$ 进行累减计算后减去 0.1716 得到 $\hat{q}_1^{(0)}$，对由 GM(0, 4)模型得到的 $\hat{x}_1^{(1)}$ 数列进行残差修正——加上 $\hat{q}_1^{(0)}$，即得到经修正的固体火箭发动机价格累加预测序列，由得到的经一次修正的固体火箭发动机价格累加预测序列进行累减计算即得到一次修正后的固体火箭发动机的价格 $\hat{c}_1(k+1)$。模型求得的预测值与实际值对比如表 7-26 所示。

表 7-26　一次修正后的结果

实际原始值 $x_1^{(0)}$	还原后的模型值 $\hat{c}_1(k+1)$	残差 $q^{(0)}$	残差百分比/%
0.880 9	0.880 9	0	0
1.65	1.690 5	−0.040 5	2.5
1.093 7	1.061 9	0.031 8	2.9
0.165 9	0.020 1	0.145 8	87.9
0.308 2	0.531 9	−0.223 7	−72.6
1	0.914 4	0.085 6	8.6

可以看出，经修正后的模型的后三个数据精度不能满足预测要求，需要对其进行二次残差修正。由于残差异号，故同时加上 1，经计算后三个残差建立的累加模型如下：

$$\hat{q}_2^{(1)}(k+1) = 1.9486e^{0.3322k} - 0.8028, k = 0 \sim 2$$

对 $\hat{q}_2^{(1)}$ 进行累减计算并同时减去 1 得到 $\hat{q}_2^{(0)}$，于是二次修正的固体火箭发动机的价格模型如下：

$$\hat{c}_2(k+1) = \hat{c}_1(k+1) + \delta(k)\hat{q}_2^{(0)}(k-3), \quad \delta(k) = \begin{cases} 0, k = 0,1,2 \\ 1, k = 3,4,5 \end{cases}$$

由二次修正得到的价格模型预测值与实际值对比如表 7-27 所示。

表 7-27　二次修正后的结果

实际原始值 $x_1^{(0)}$	还原后的模型值 $\hat{c}_2(k+1)$	残差 $q^{(0)}$	残差百分比/%
0.880 9	0.880 9	0	0
1.65	1.690 5	−0.040 5	−2.45
1.093 7	1.061 9	0.031 8	2.91
0.165 9	0.165 9	0	0
0.308 2	0.299 7	0.008 5	2.76
1	0.984 8	0.015 2	1.52

可以看出，经二次修正后的模型精度较高，平均残差百分比绝对值为 1.61%，满足预测要求。

案例通过对已知数据的相关分析和聚类分析得到少数有代表性的参数变量，然后用灰色建模理论建立了固体火箭发动机的单价模型，经二次修正后具有较高精度，平均残差百分比绝对值仅为 1.61%。在小样本建模的情况下，灰色模型建模精度比回归法高，因此适用于固体火箭发动机的单价预测。需要指出的是，本研究结论是在不考虑喉衬材料和推进剂差价的基础上，仅对固定喷管发动机建立的无差异壳体材料的单价预测模型，如何将模型应用于实际预测工作还有待进一步研究。

7.5　基于主成分分析的城市交通拥堵治理研究①

交通是制约城市发展的因素。城市交通作为一种城市公共基础设施，是现代城市的心血管系统，担负着城市社会生产、流通、分配和交换等重要环节的运转任务，为城市发展提供了必不可少的条件，在城市经济社会生活中体现着特殊的地位和作用。

7.5.1　城市交通拥堵问题

1. 问题的提出

在我国大城市快速发展面临的种种问题中，道路交通拥堵问题已经成为重大问题之一。在荷兰交通导航服务商 TomTom 发布的全球拥堵城市排名中，中国的城市可以算是这一名单中的大户：全球最拥堵的 100 个城市中，中国（不包含港、澳、台地区）有 21 个城市上榜。随着我国人均汽车保有量持续增加、城市人口不断增长、城市面积不断扩大、机动车数量快速增加，加上部分地区公共交通和道路基础设施发展相对滞后、居民出行峰值集中，使得交通拥堵问题尤为突出。

尽管城市交通拥堵具有普遍性，但处于不同城镇化和机动化进程的城市、同一城市不同区域出现的交通拥堵特点都不尽相同，大致可分为以下四类：

① 本案例选自西北工业大学 2020 级研究生原梦雪（组长）、周思佳、郑贺、胡文杰、杨晗、乔亚蕊提交的系统工程课程应用报告。

（1）交通拥堵呈常态化和区域蔓延趋势。这种现象主要集中在千万人口以上的超大城市，其主要特点是拥堵呈常态化，并逐步由中心城区蔓延至市区外围，拥堵的时段、范围不断扩大。

（2）通勤时间主干路严重拥堵。这种现象在人口超过百万以上的大城市最为突出，其主要特点是潮汐性，即拥堵问题主要出现于早、晚高峰时段通勤需求比较集中的交通走廊，且基本为单方向的交通拥堵。

（3）部分路网节点的局部拥堵。这种状况在中等城市及大城市较为普遍，具体表现为少数交叉口拥堵严重，成为路网交通运行的瓶颈。

（4）交通秩序混乱、机非混行造成道路通行能力下降。这一现象在中小城市中尤为突出，其主要特点是汽车、自行车、摩托车及行人等多种方式混行，相互干扰，影响城市道路畅通。

以上四类交通拥堵问题在表现特征、影响范围、影响程度及形成原因等方面都存在显著差别。

本案例选取了 2019 年全国最拥堵的城市排行榜中前十名，结合已有文献，将通过分析这十座城市 2019 年城市发展、交通需求、交通供给的各项指标，提炼出 13 个可能与交通拥堵相关的指标数据，然后利用相关分析法和主成分分析法，提出影响城市交通拥堵的综合拥堵指数。

2．指标选取和数据收集

通过相关文献资料查询，结合我国城市发展的具体情况，从城市发展、交通供给、交通需求方面选取 2019 年的 13 个影响交通因素的指标，包括高峰行程延时指数、城市面积、道路密度、汽车保有量、常住人口、人均 GDP、城市 GDP、阴雨雪雾天气数量、公共汽车数量、出租车数量、地铁线路数、地铁线路长度、地铁客运强度，各项数据如表 7-28 所示。

表 7-28　影响交通的主要因素指标（原始数据）

指标	高峰行程延时指数	城市面积/平方公里	道路密度/千米/平方千米	汽车保有量/万辆	常住人口/万人	人均 GDP	城市 GDP/亿元	阴雨雪雾天气数量/天	公共汽车数量/辆	出租车数量/辆	地铁线路数/条	地铁线路长度/公里	地铁客运强度/万人次/日公里
重庆	1.964	82402	6.7	630.21	3562.31	75554.9	23605.8	177	9088	14602	7	230	0.73
哈尔滨	1.916	53100	5	182.6	1068.39	48345.9	5249.4	115	7519	16572	2	30.3	0.94
北京	1.909	16410.54	5.7	574	2153.5	164242.7	35371.3	74	25624	66648	20	637.6	1.69
长春	1.848	20593	5.5	172	868.9	76906.34	5904.1	117	4387	15432	2	38.7	0.82
呼和浩特	1.827	17224	4.5	120.7	306.3	89286.72	2791.46	87	2335	6568	1	21.7	0.31
大连	1.819	12573.85	6.1	158.3	714.9	100210.4	7001.7	57	5453	12929	2	54.1	0.71
济南	1.802	10244	4.9	216.1	846.62	106869.3	9443.4	73	7157	8138	2	47.7	0.1
沈阳	1.800	12948	4.9	231.2	827.7	77805.44	6470.3	81	5902	17844	2	87.2	1.23
兰州	1.795	13100	4.2	109.5	384.55	75590.37	2837.36	111	3034	9602	1	25.5	0.66
西宁	1.794	7660	5.4	65	238.71	57931.8	1382.89	143	1703	5556	0	0	0

7.5.2 主成分分析过程

1. 数据标准化处理

为了方便描述，将上述 13 个关于城市交通拥堵的指标分别表示为：

X_1——高峰行程延时指数；X_2——城市面积/平方公里；X_3——道路密度/千米/平方千米；X_4——汽车保有量/万辆；X_5——常住人口/万人；X_6——人均 GDP/元；X_7——城市 GDP/亿元；X_8——阴雨雪雾天气数量/天；X_9——公共汽车数量/辆；X_{10}——出租车数量/辆；X_{11}——地铁线路数/条；X_{12}——地铁线路长度/公里；X_{13}——地铁客运强度/万人次/日公里。

主成分分析过程利用 SPSS 软件进行计算，由于各评价指标量纲不同，为了消除量纲不同的影响，首先将原始数据进行标准化处理，得到的标准化数据如表 7-29 所示。

表 7-29 影响交通的主要因素指标（标准化数据）

指标	X_1	X_2	X_3	X_4	X_5	X_6	X_7	X_8	X_9	X_{10}	X_{11}	X_{12}	X_{13}
重庆	1.91907	2.40444	1.87879	1.97522	2.41243	−0.3640	1.24879	2.00666	0.27117	−0.1562	0.52078	0.58145	0.02160
哈尔滨	1.12906	1.18500	−0.38642	−0.3257	−0.02818	−1.2092	−0.4367	0.31397	0.04338	−0.0458	−0.3191	−0.4486	0.43397
北京	1.01385	−0.3418	0.54632	1.68627	1.03373	2.39092	2.32912	−0.8053	2.67187	2.76223	2.70470	2.68402	1.90670
长春	0.00988	−0.1678	0.27982	−0.3801	−0.2234	−0.3220	−0.3766	0.36857	−0.4113	−0.1097	−0.3191	−0.4053	0.19833
呼和浩特	−0.3357	−0.3080	−1.0526	−0.6439	−0.7739	0.06251	−0.6624	−0.4504	−0.7092	−0.6068	−0.4871	−0.4930	−0.8031
大连	−0.4674	−0.5015	1.07931	−0.4506	−0.3741	0.40184	−0.2758	−1.2695	−0.2565	−0.2501	−0.3191	−0.3259	−0.0176
济南	−0.7472	−0.5985	−0.5196	−0.1535	−0.2452	0.60869	−0.0516	−0.8327	−0.0091	−0.5187	−0.3191	−0.3589	−1.2154
沈阳	−0.7801	−0.4859	−0.5196	−0.0758	−0.2637	−0.2941	−0.3246	−0.6142	−0.1913	0.02551	−0.3191	−0.1551	1.00342
兰州	−0.8624	−0.4796	−1.4524	−0.7014	−0.6974	−0.3629	−0.6582	0.20476	−0.6077	−0.4366	−0.4871	−0.4734	−0.1158
西宁	−0.8788	−0.7060	0.14657	−0.9302	−0.8401	−0.9114	−0.7917	1.07841	−0.8009	−0.6635	−0.6551	−0.6049	−1.4118

2. 相关系数矩阵及特征值

相关系数矩阵 $\boldsymbol{R}=(r_{il})_{m\times m}$

$$r_{il}=\frac{\sum_{k=1}^{n}x_{ki}\cdot x_{kj}}{n-1}(i,j=1,2,\cdots,m)$$

其中，$r_{ii}=1$，$r_{ij}=r_{ji}$，r_{ij} 为第 i 个指标与第 j 个指标的相关系数。
由此可得到相关系数矩阵，如表 7-30 所示。

由 $|R-\lambda I|=0$，可以计算出每个主成分的特征值 λ，如表 7-31 所示。

方差贡献率=$\dfrac{\lambda_i}{\sum_{k=1}^{m}\lambda_k}(i=1,2,\cdots,m)$，累计贡献率=$\dfrac{\sum_{k=1}^{i}\lambda_k}{\sum_{k=1}^{m}\lambda_k}(i=1,2,\cdots,m)$。

表 7-30 相关系数矩阵

指标	X_1	X_2	X_3	X_4	X_5	X_6	X_7	X_8	X_9	X_{10}	X_{11}	X_{12}	X_{13}
X_1	1.000	0.867	0.610	0.795	0.867	0.115	0.685	0.457	0.557	0.455	0.575	0.553	0.468
X_2	0.867	1.000	0.529	0.600	0.787	−0.300	0.351	0.680	0.129	−0.008	0.151	0.142	0.159
X_3	0.610	0.529	1.000	0.649	0.735	0.177	0.569	0.337	0.353	0.263	0.400	0.406	0.208
X_4	0.795	0.600	0.649	1.000	0.955	0.515	0.940	0.250	0.771	0.657	0.811	0.822	0.563
X_5	0.867	0.787	0.735	0.955	1.000	0.272	0.817	0.451	0.589	0.450	0.631	0.639	0.433
X_6	0.115	−0.300	0.177	0.515	0.272	1.000	0.737	−0.564	0.803	0.784	0.809	0.807	0.467
X_7	0.685	0.351	0.569	0.940	0.817	0.737	1.000	0.028	0.926	0.845	0.953	0.956	0.630
X_8	0.457	0.680	0.337	0.250	0.451	−0.564	0.028	1.000	−0.218	−0.266	−0.119	−0.112	−0.228
X_9	0.557	0.129	0.353	0.771	0.589	0.803	0.926	−0.218	1.000	0.964	0.978	0.968	0.737
X_{10}	0.455	−0.008	0.263	0.657	0.450	0.784	0.845	−0.266	0.964	1.000	0.958	0.951	0.817
X_{11}	0.575	0.151	0.400	0.811	0.631	0.809	0.953	−0.119	0.978	0.958	1.000	0.997	0.713
X_{12}	0.553	0.142	0.406	0.822	0.639	0.807	0.956	−0.112	0.968	0.951	0.997	1.000	0.716
X_{13}	0.468	0.159	0.208	0.563	0.433	0.467	0.630	−0.228	0.737	0.817	0.713	0.716	1.000

表 7-31 特征值主成分提取表

主成分	初始特征值			提取载荷平方和		
	λ	方差贡献率/%	累积贡献率/%	λ	方差贡献率/%	累积贡献率/%
1	8.023	61.712	61.712	8.023	61.712	61.712
2	3.244	24.956	86.669	3.244	24.956	86.669
3	0.719	5.527	92.196			
4	0.452	3.477	95.672			
5	0.326	2.504	98.176			
6	0.184	1.414	99.591			
7	0.039	0.301	99.892			
8	0.010	0.077	99.969			
9	0.004	0.031	100.000			
10	4.195E−17	3.227E−16	100.000			
11	−1.864E−16	−1.434E−15	100.000			
12	−4.050E−16	−3.115E−15	100.000			
13	−7.490E−16	−5.761E−15	100.000			

在表 7-31 中，第一个主成分解释了方差的 61.712%，第二个主成分解释了方差的 24.956%，前两个主成分解释了整个方差的 86.889%，说明提取的 2 个主成分能够代表原来 13 个交通拥堵指标信息的 86.889%，即对提取的主成分评价城市道路拥堵问题已有一定的把握。因此，提取 2 个主成分，分别为 Y_1 和 Y_2。

3. 特征向量及因子载荷

由 $RL_i = \lambda_i L_i (i=1,2,\cdots,m)$，可得到每个主成分的相应的特征向量 $\boldsymbol{L}_i=(l_{i1},l_{i2},\cdots,l_{im})$，以

特征向量分量值作为权值，可得到主成分的线性方程。

则主成分 1 和主成分 2 的线性方程分别为：

$$Y_1 = 0.093X_1 + 0.050X_2 + 0.072X_3 + 0.116X_4 + 0.102X_5 + 0.085X_6 + 0.123X_7 + 0.004X_8 + 0.116X_9 + 0.109X_{10} + 0.119X_{11} + 0.119X_{12} + 0.091X_{13}$$

$$Y_2 = 0.174X_1 + 0.266X_2 + 0.146X_3 + 0.082X_4 + 0.163X_5 - 0.195X_6 - 0.008X_7 + 0.268X_8 - 0.093X_9 - 0.127X_{10} - 0.077X_{11} - 0.077X_{12} - 0.075X_{13}$$

可以通过因子载荷量计算公式 $a_{ij} = \sqrt{\lambda_i} l_{ij} (i, j = 1, 2, \cdots, m)$，得到主成分的因子载荷量矩阵，这里利用 SPSS 软件求得结果，如表 7-32 所示。

表 7-32　因子载荷量矩阵表

指标	X_7	X_{11}	X_{12}	X_9	X_4	X_{10}	X_5
Y_1	0.985	**0.954**	0.953	0.935	0.932	0.875	0.820
Y_2	−0.026	−0.249	−0.249	−0.301	0.266	−0.413	0.528
指标	X_1	X_{13}	X_6	X_3	X_8	X_2	
Y_1	0.749	0.728	0.683	0.577	0.533	0.403	
Y_2	0.564	−0.244	−0.633	0.473	0.871	0.865	

表中指标 7、11、12、9、4、10、5、1、13 在第一主成分上有较高的载荷，说明主成分 1 基本反映了城市 GDP、地铁线路数、地铁线路长度、公共汽车数量、汽车保有量、出租车数量、常住人口、高峰行程延时指数及地铁客运强度 9 个指标的信息；而主成分 2 基本反映了人均 GDP、道路密度、阴雨雪雾天气数量及城市面积 4 个指标的信息。主成分 1 主要反映了交通工具在城市交通拥堵中的重要影响作用，因此如何控制和管理交通工具的数量、类型及运营方式以缓解交通拥堵问题是十分重要的；主成分 2 则主要反映了城市的基本建设及天气对交通的影响，因此如何对城市的道路建设进行改进以缓解交通不畅、提高车辆行驶效率是十分必要的。

7.5.3　城市综合拥堵指数计算

将每个样本标准化后的数据分别代入主成分 1 和主成分 2 的线性方程中，得到每个样本对应的主成分得分，综合拥堵指数定义为：

综合拥堵指数=主成分 1 方差贡献率（61.712）×主成分 1 的得分+主成分 2 方差贡献率（24.956）×主成分 2 的得分

各城市的综合拥堵指数得分如表 7-33 所示。

例如，重庆交通拥堵情况的综合拥堵指数=61.712×1.18 911+24.956×2.31 147 = 131.0 674，是所有十个城市总拥堵指数最高的城市。

由表 7-33 可知，十个城市交通拥堵指数的排名由高到低依次为重庆、北京、哈尔滨、长春、大连、沈阳、济南、西宁、呼和浩特和兰州。显然，重庆的道路建设问题是十分突出的，而北京则是因为交通工具管控的问题。因此，治理交通拥堵需要重点考虑从城市道路建设、公共交通效率及私人交通工具管控等方面，根据不同城市的具体情况，制订更加有效的方案。

表 7-33 各城市的综合拥堵指数

指 标 得 分	主成分 1 得分	主成分 2 得分	综合拥堵指数得分
重庆	1.18 911	2.31 147	131.0 674
哈尔滨	−0.11 071	0.77 614	12.53 709
北京	2.33 064	−1.38 678	109.2 198
长春	−0.25 455	0.18 790	−11.0 193
呼和浩特	−0.69 247	−0.32 199	−50.7 697
大连	−0.22 221	−0.46 583	−25.3 384
济南	−0.38 659	−0.54 922	−37.5 638
沈阳	−0.22 265	−0.51 946	−26.7 039
兰州	−0.71 574	−0.33 516	−52.5 341
西宁	−0.91 481	0.30 293	−48.8 952

7.5.4 结论

案例以 2019 年国内最拥堵的城市排行榜中的前十名作为研究对象，提炼出了影响城市交通拥堵的城市面积、道路密度、汽车保有量、常住人口等 13 个指标，运用相关分析法和主成分分析法将 13 个影响指标简化综合为两个主成分，并定义了城市交通拥堵指数作为城市拥堵的评价指标。

交通在城市发展中的战略地位极为重要，一个便捷、高效、畅通的交通系统是城市可持续发展的重要保障，也是衡量城市现代化水平的重要标志。交通问题是关系群众切身利益的重大民生问题，也是各国大城市普遍遇到的难题。结合所得出的结论，针对各城市所面临的普遍交通拥堵问题提出以下建议。

1. 加强道路规划与道路建设

很多城市老城区的很多道路由于路口狭窄、车辆通行能力不高、路口渠化设计不完善，导致下雨天或上下班高峰时段路面拥堵。因此，在进行城市交通拥堵治理时，应该大力疏通断头路，在条件允许的情况下做到路口全部拓宽、渠化，建设立体行人过街设施，提高道路可选择性，从而减轻主干路路面的交通出行压力。

2. 加强地铁周边公交线路及基础设施建设

相比其他交通出行工具而言，地铁交通具有价格相对便宜、不受路面车流影响、线路运量大等优势，因此地铁交通是最适合城市干线客流运输的重要方式。在进行交通拥堵治理时，应尽量做到公交与地铁的换乘衔接。

3. 增加停车泊位，鼓励发展立体停车

“停车难”目前已成为大城市面临的一个普遍问题，如果不能更好地解决“停车难”问题，城市交通的可持续发展也将面临巨大挑战。因此，各城市应加大住宅区的停车场配置力度，在不影响交通通行及交通安全的道路上规划临时停车泊位，建设公共停车场，从而

改善市区停车秩序。与此同时，各城市应鼓励发展立体式停车优势，支持和鼓励企业和个体投资者修建立体式停车库或地下停车场。

4．优化客运结构，优先发展公共交通

公共交通是体现城市交通公平程度的重要标志，也是缓解城市交通拥堵的重要方式，因此各城市应积极建设公交网络，加快形成结构合理、运能与需要相匹配的公共交通体系。

7.6 突发事件下网络谣言传播演化的系统动力学分析①

互联网的匿名性、开放性、即时性、聚集性、自由性等特点，以及信息传播技术的革新和社会复杂性的提高，对网络舆情治理和引导提出了新的挑战。网络舆情是社会的“晴雨表”，负面信息过多会引起网民对政府执政能力和公信力的质疑，容易造成社会恐慌。因此，对突发事件的网络舆情传播机理和传播主体行为的深入研究已经成为一个重要的研究课题。这里利用系统动力学建模，在定性分析突发事件网络谣言因果关系的同时，定量分析影响网络谣言热度的主要因素，准确把握各因子对网络谣言热度的影响程度，为政府部门治理网络谣言提供针对性强的决策思路。

7.6.1 影响网络谣言传播的参与主体

1．网民

在网络谣言传播过程中，网民是主要传播群体。在不了解事实的情况下，网民会根据自己的学识和见识对网络谣言进行判断。同时，在突发事件发生后，由于事件本身所带有的敏感度，很容易引起媒体的注意，媒体通过互联网进行报道后，就会引起网民的关注。然而，在传播的过程中，由于信息的裂变和政府处置的滞后性容易形成谣言信息，在媒体的权威度和影响率的作用下，网民的传播将加大网络谣言的传播率，同时增加网络谣言热度。影响网民发帖意愿的因素包括网民讨论频率、网民关注度、猎奇心理、从众心理、意见领袖关注度、网民判断力等。

2．政府及官方媒体

政府是突发事件网络谣言的监控者、引导者与处置者，其影响力贯穿谣言信息萌芽、发展与沉寂始终，是网络谣言消退的重要因素，也是决定性因素。在突发事件引起的谣言传播中，政府扮演着两个角色，即事故的处理者和权威信息的发布者。换言之，在突发事件发生之后，政府一方面要及时对事故进行处理，抢救伤员，防止事故的进一步恶化，逐步降低事故的影响力。另一方面，政府及官方媒体也要密切监视舆情动向，并迅速开展调查和数据收集，第一时间向公众传达事态进展、事故原因等公众急切需要知道的信息，防止在权威信息缺位的情况下谣言泛滥。影响政府在谣言传播过程中发挥作用的因素包括政府处理能力、政府响应速度、信息透明度、政府公信力、政府官方新闻量等。

---

① 本案例选自西北工业大学 2020 级研究生杨莹、刘书含、乌瑞珍、谢岚、孙诗萌提交的系统工程课程应用报告。

3. 网络媒体

网络媒体是互联网中通过向广大网民提供包括新闻报道在内的各类信息服务从而达到吸引用户访问、赚取用户流量的网络站点或移动平台。当权威信息未能及时发布的时候，谣言本身对于网民具有较强的吸引力，网络媒体为了迎合网民的心理，对谣言进行大量报道，虽然媒体并没有造谣，但由于网络媒体具备较强的传播效应，如果没有足够的证据证明谣言的虚假性，那么媒体对谣言的报道就构成了谣言的二次传播。影响网络媒体在谣言传播过程中的因素包括网络媒体的新闻数量、网络媒体的传播效用、媒体影响力、媒体的权威性、官方信息的全面性等。

7.6.2 网络谣言传播因果关系分析

突发事件发生后，网络谣言的发生、发展、成熟和消亡表现出一定的规律，这种规律是在影响网络谣言演变各个因素之间的因果作用关系下产生的。突发事件对社会的破坏程度决定了事件的初始影响力，这种影响力会随着政府的介入和时间的演化逐步减小。同时，事件影响力的大小直接影响网络新闻媒体、政府及官方媒体、网民对此事的关注度，进而为谣言的产生提供契机。对于突发事件的关注，不同作用主体会表现出不同的行为。例如，当权威信息发布滞后、信息不透明时，网民可能因为恐慌、好奇等心理，容易相信谣言进而成为谣言的传播者。网络媒体则为了抢在第一时间发布网民关心的信息，不可避免地会发布一些具有谣言功能的不实信息，或者为了迎合受众的需要对谣言进行大量报道，造成谣言的二次传播。而政府及官方媒体为了降低事件的影响、平息谣言，一方面会积极参与事故的处理，另一方面会发布大量的新闻报道，试图引导舆论的走向。因此，网民和网络媒体的行为推动了谣言的发展，而政府和官方媒体的行为则能够降低谣言热度。根据突发事件发生后不同作用主体的行为和产生的效果，以及事故、谣言自身的发展规律，可以得到如图 7-2 所示的因果关系图。

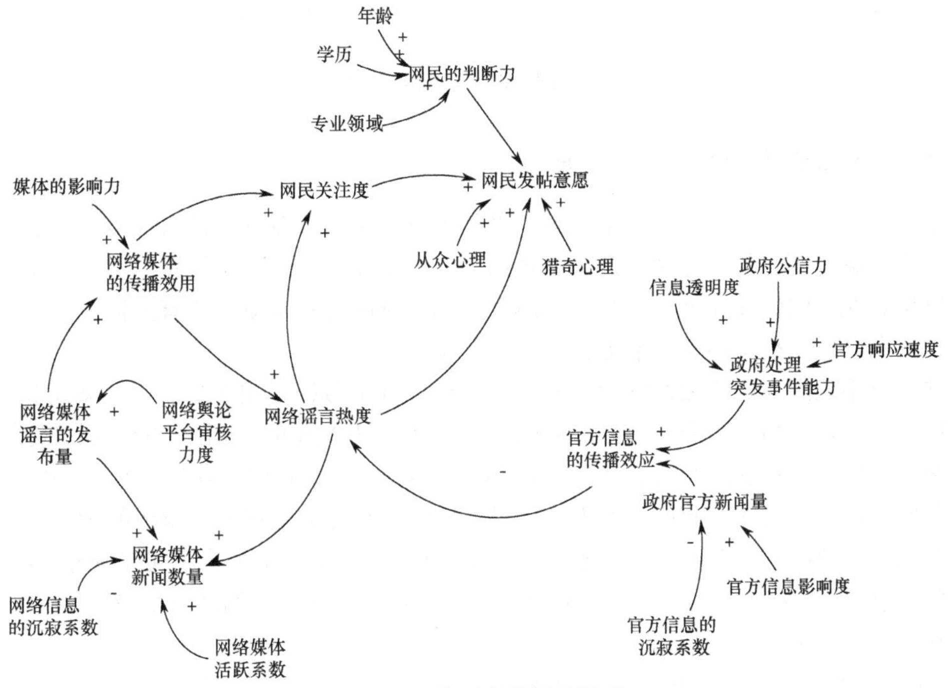

图 7-2 网络谣言的因果关系

7.6.3　网络谣言传播流程图的构建

因果关系分析在一定程度上对网络谣言传播演化的内部机制进行了简单说明，但没有对流量、存量、辅助变量等进行区分，也没有表达出不同变量之间的具体作用关系。因此，在因果回路图的基础上，需要进一步构建突发事件网络谣言传播演变的系统动力学流程图，如图 7-3 所示。

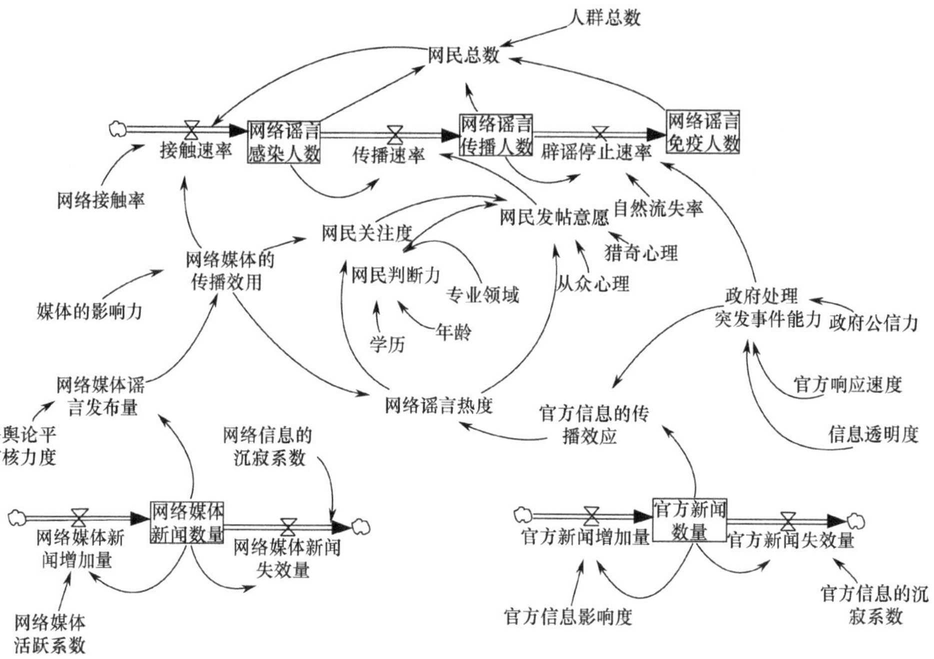

图 7-3　网络谣言系统动力学流程

7.6.4　系统动力学结构方程建立

水平变量主要有网络谣言感染人数、网络谣言传播人数及网络谣言免疫人数；速率变量主要有接触速率、传播速率和辟谣停止速率；辅助变量主要包括网民总数、传播速率、网民发帖意愿、网民关注度、网络谣言热度、网民判断力；常量主要有人群总数、网络接触率、从众心理、猎奇心理、学历、年龄、专业领域。

这里将系统内人群总数设置为 100 万人，网络谣言传播初期网络谣言感染人群、网络谣言传播人群及网络谣言免疫人数的初始数量为 0，其数值变化是随着网络谣言传播过程而逐渐变化的。突发事件下网络谣言传播系统模型中，从众心理、猎奇心理、学历、年龄、专业领域、网络接触率、政府公信力、信息透明度、官方响应速度、媒体的影响力等因素涉及网民的主观反应、心理层面的感知、真实的运转情况等。这里采用问卷调查法的方式，以微信、QQ、微博等网络社交平台的用户为调查对象，根据特定情境（以新型冠状病毒期间的双黄连为例）的网络谣言，收集网民对以上指标的看法，并设置分值为 0 ~ 100 的打分区间，用 0、25、50、75、100 分别表示程度较低、程度低、程度一般、程度大、程度较大，最后对回收的有效问卷进行平均综合取值。各个方程式所涉及的权重大小，根据专家打分并结合现有相关文献研究得到。

1．网民模块子系统

（1）网民总数=人群总数-网络谣言感染人数-网络谣言传播人数-网络谣言免疫人数

（2）接触速率=网民总数×网络接触率×网络媒体的传播效用

（3）传播速率=网络谣言感染人数×用户发帖意愿

（4）辟谣停止传播速率=网络谣言传播人数×自然流失率×政府处理突发事件能力

（5）网络谣言感染人数=INTEG（接触速率-传播速率，0）

（6）网络谣言传播人数=INTEG（传播速率-辟谣停止速率，0）

（7）网络谣言免疫人数=INTEG（停止速率，0）

（8）网络谣言热度=MAX［（网络媒体的传播效用×0.55-官方信息的传播效应×0.45）×10,0］

（9）网民关注度=（网络媒体的传播效用+网络谣言热度）/2

（10）用户发帖意愿=（0.2×网民关注度+0.4×猎奇心理+0.2×从众心理+0.2×网络谣言热度）/网民判断力

（11）网民判断力=0.4×学历+0.3×专业领域+0.3×年龄

（12）从众心理=0.5

（13）猎奇心理=0.5

（14）学历=0.4

（15）年龄=0.6

（16）专业领域=0.5

（17）网络接触率=0.7

2．政府及官方媒体子系统

（1）政府处理突发事件能力=官方响应速度×0.48+信息透明度×0.25+政府公信力×0.27

（2）官方新闻沉寂系数=0.3

（3）政府公信力=0.8

（4）官方新闻增加量=官方新闻数量×官方信息影响度

（5）官方新闻失效量=官方新闻数量×官方新闻沉寂系数

（6）官方新闻数量=INTEG（官方新闻增加量-官方新闻减少量，1）

（7）信息透明度=0.4

（8）官方信息的传播效应=政府处理事件能力×官方新闻数量/1000

（9）官方信息影响度=0.65

（10）官方响应速度=0.4

（11）自然流失率=0.45

3．网络媒体子系统

（1）网络媒体新闻增加量=网络媒体新闻数量×网络媒体活跃系数

（2）网络媒体新闻数量=INTEG（网络媒体新闻增加量−网络媒体新闻减少量，1）
（3）网络媒体新闻的沉寂系数=0.3
（4）网络媒体活跃系数=0.6
（5）网络媒体新闻的失效量=网络媒体新闻的沉寂系数×网络媒体新闻量
（6）网络媒体谣言的发布量=网络媒体新闻数量/网络舆论平台审核力度
（7）网络媒体的传播效用=（0.5×媒体的影响力+0.5×网络媒体谣言发布量）/1000
（8）媒体的影响力=7
（9）网络舆论平台审核力度=0.55

7.6.5 仿真实验与系统分析

Vensim 是专门为系统动力学研究而开发的一款工具软件，通过该软件可以非常便捷地进行系统动力学建模和仿真分析。这里采用 Vensim PLE 对所建系统动力学模型进行仿真。

网络谣言系统内三类人群的变化趋势如图 7-4 所示。

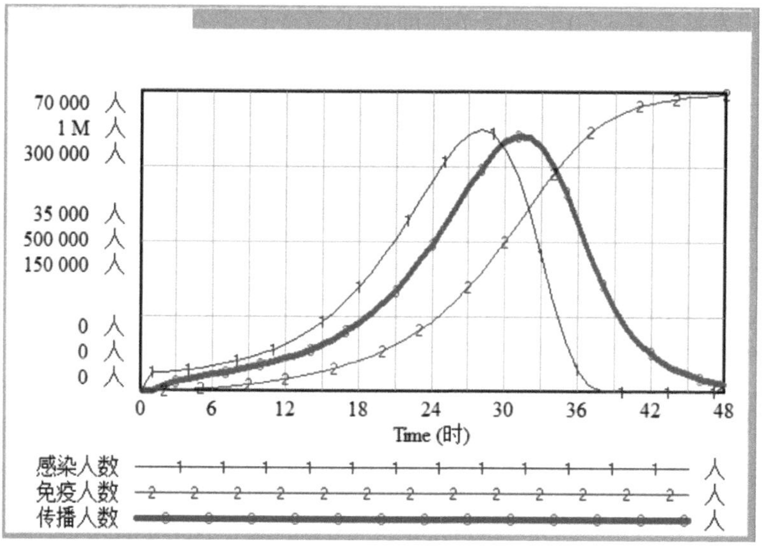

图 7-4　三类人群的变化趋势

（1）网络谣言感染人数会在谣言事件发生后迅速增长，并且迅速达到峰值，但是大多数网民在了解了网络谣言并对网络谣言的内容和情况有了一定的认识之后，网络谣言感染人数就会呈现逐渐降低的状态，最终会随着社会安全类突发事件在网络社会中影响力的降低呈现逐渐消失的状态。

（2）网络谣言传播人数同样呈现先增后减的趋势。网民受到感染后，会通过自己的判断力、网络媒体和网络信息干扰传播谣言，这加快了网络谣言传播人数的增加；而后由于网民自然流失及政府和媒体对网络谣言的辟谣作用，提升了辟谣停止速率且超过了传播速率的强度之后，网络谣言传播人数开始逐渐降低。

（3）网络谣言免疫人数呈现逐步上升的趋势，前期增速较快，后期增速较慢，但在官方真实信息发布后，传播人数越来越少，免疫人数最后无限趋近于系统内的人群总数。

为了分析系统中的单个因素对网络谣言系统变化的影响，观察和分析网络谣言系统中变量的变化趋势，这里做如下分析。

1．政府处理突发事件能力对网络谣言的影响

通过问卷的方式，政府处理突发事件能力=官方响应速度×0.48+信息透明度×0.25+政府公信力×0.27，所以政府公信力、官方响应速度、信息透明度的改变会影响网络谣言热度。通过调节三个因素中任意因素的值的大小，可以改变政府处理突发事件能力的大小，从而观察到网络谣言热度的变化情况。在数值模拟的过程中，政府公信力为 0.8，官方响应速度为 0.4，信息透明度为 0.4。这里将官方响应速度和信息透明度提高到 0.8 和 0.8，从而得到红线；然后，将官方响应速度和信息透明度分别降低为 0.1 和 0.1，从而得到蓝线。通过数值调节，得到政府处理突发事件能力对网络谣言传播的影响如图 7-5 所示。

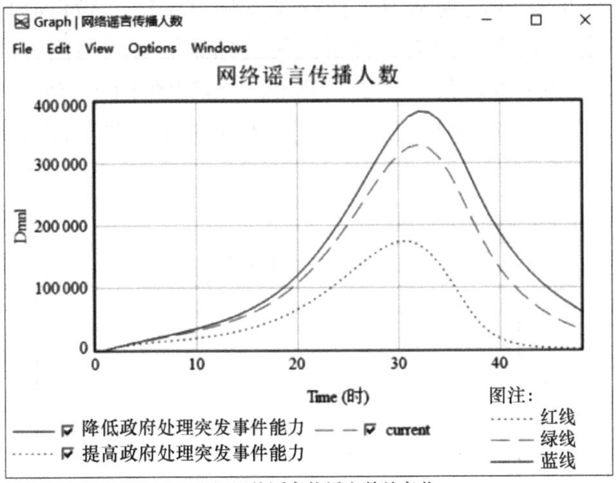

(a) 网络谣言传播人数的变化

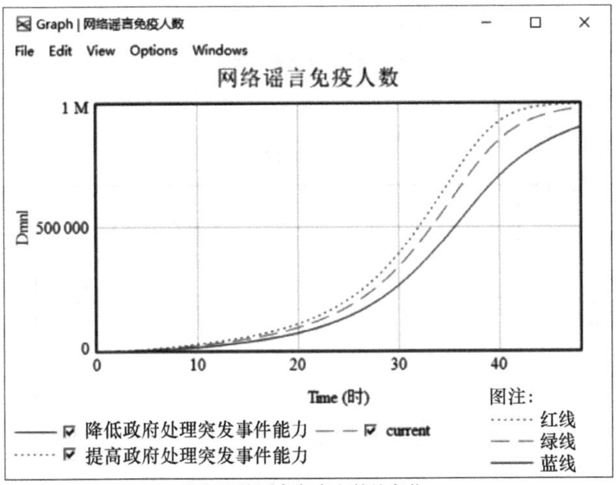

(b) 网络谣言免疫人数的变化

图 7-5 政府处理突发事件能力对网络谣言的影响

随着政府处理突发事件能力的提升，会导致在同一时刻网络谣言传播人数大幅减少，

这是因为当政府提高针对谣言事件的信息透明度，同时及时对谣言事件做出反应时，网民更能接触到谣言事件的真相，从而减少传播人数。在降低网络谣言影响的过程中，由于信息透明度高，政府响应速度快，所以网民更加信任政府，愿意等待官方公布真实的调查结果，所以在同一时刻，网络谣言免疫人数会高于正常状态下的人群数量。

如果政府公布的信息透明度低，且对谣言事件的响应速度慢，那么网络谣言传播人数在同一时刻就会高于正常状态的人群数量；在降低网络谣言影响的过程中，系统实现全部网民对谣言免疫的总时间就会更长。

2. 网民发帖意愿对网络谣言的影响

网民发帖意愿主要受网民关注度、猎奇心理、从众心理、网络谣言热度、网民判断力等因素的影响，通过问卷得到网民发帖意愿=（0.2×网民关注度+0.4×猎奇心理+0.2×从众心理+0.2×网络谣言热度）/网民判断力。在网民发帖意愿中，猎奇心理和从众心理的权重较高，因此可以通过调节这两个因素，分析网民发帖意愿对网络谣言产生的影响。

将猎奇心理和从众心理的数值分别提高到 0.8，得到图中的红线；将猎奇心理和从众心理分别降低到 0.2 和 0.1，得到图中的蓝线。通过数值调节，得到网民发帖意愿对网络谣言传播的影响如图 7-6 所示。

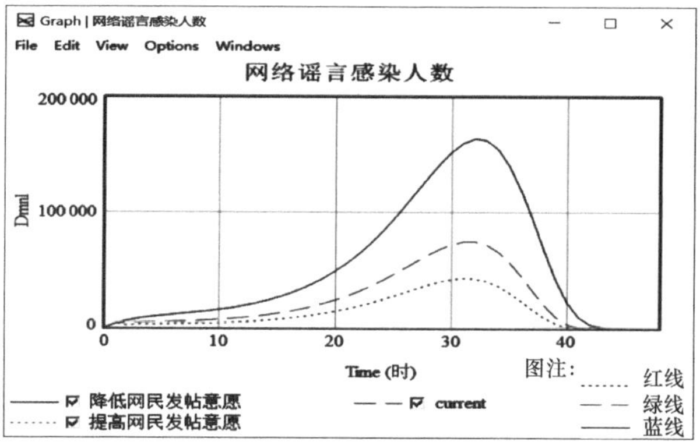

（a）网络谣言感染人数的变化

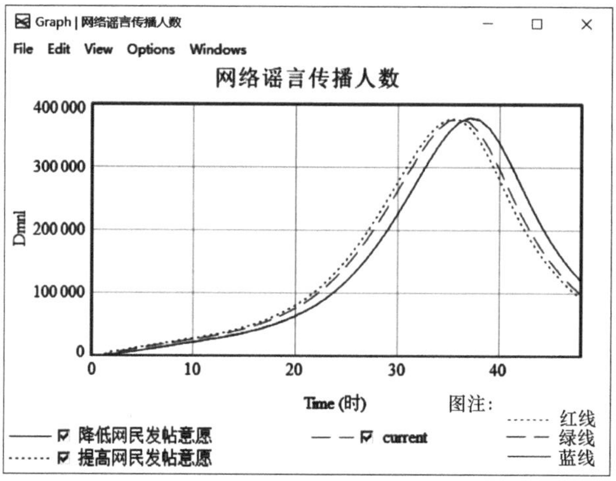

（b）网络谣言传播人数的变化

图 7-6 网民发帖意愿对网络谣言的影响

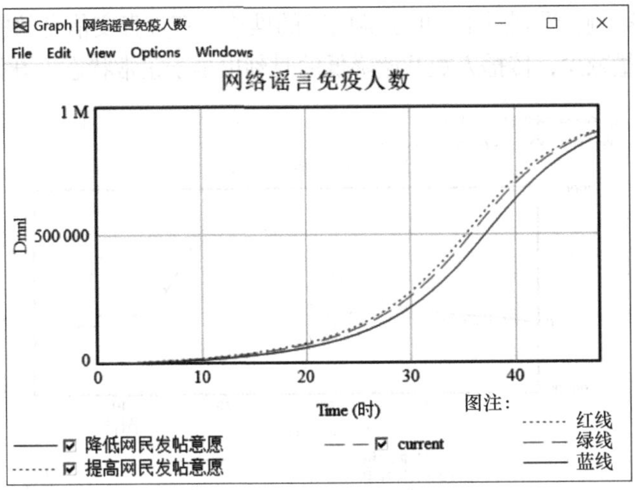

(c) 网络谣言免疫人数的变化

图 7-6 网民发帖意愿对网络谣言的影响（续）

提高发帖意愿能够明显降低网络谣言感染人数，且总体上趋势变化较为缓慢；而在同一时刻，对传播人数和免疫人数的影响并不显著。这是因为在网络谣言传播过程中，随着官方信息的发布，真实的谣言事件信息量越来越多，用户发帖量增加，网民逐渐接收到谣言事件的真相，所以降低了谣言感染人数。

降低发帖意愿能够明显增加感染人数的数量，且总体上趋势变化较为迅速；而在同一时刻，对传播人数和免疫人数的影响并不显著。这是因为网络上有效的真实信息较少时，网民对谣言事件看法基本一致，争议较少，谣言事件呈现出一边倒的情形，感染人数会大量增加。

3. 网络媒体的传播效用对网络谣言的影响

网络媒体的传播效用主要受媒体的影响力和网络媒体谣言发布量的影响，通过问卷得到网络媒体的传播效用=(0.5×媒体的影响力+0.5×网络媒体谣言发布量)/1000，同时网络媒体谣言发布量主要受网络舆论平台审核力度的影响，所以可以通过调节媒体的影响力和网络舆论平台审核力度的数值大小，分析网络媒体的传播效用对网络谣言的影响。

媒体的影响力和网络舆论平台审核力度的数值分别为 7 和 0.55，将这两个因素分别提高到 9 和 0.8，得到图中的红线；将两个因素分别降低到 4 和 0.2，得到图中的蓝线。通过数值调节，得到对网络谣言传播的影响如图 7-7 所示。

可以看出，网络媒体的传播效用的数值变化对感染人数和传播人数影响较大，而对免疫人数的影响并不明显。当提高网络媒体的传播效用时，感染人数较正常状态下的人数明显上升，约在同一时点达到感染人数的峰值；同时，由于受网络媒体的影响，不同观点开始出现，许多网民存在观望态度，传播人数开始增长的时刻就会晚于正常状态开始增长的时刻。网络媒体在谣言传播中具有巨大的功能，能够推动谣言事件的发展规模，因此在谣言事件中应该充分发挥网络媒体的作用。

当降低网络媒体的传播效用时，感染人数在比正常状态下更短的时间内达到峰值，同时传播人数也比正常状态下迅速上升。这是因为网络媒体的影响力降低。在前期，网民极易受系统内谣言的影响，受到感染，但随着时间的推移和官方真实信息的披露，使得感染人数在短时间内开始大量减少，传播人数开始降低的时刻也早于正常状态下开始降低的时刻。

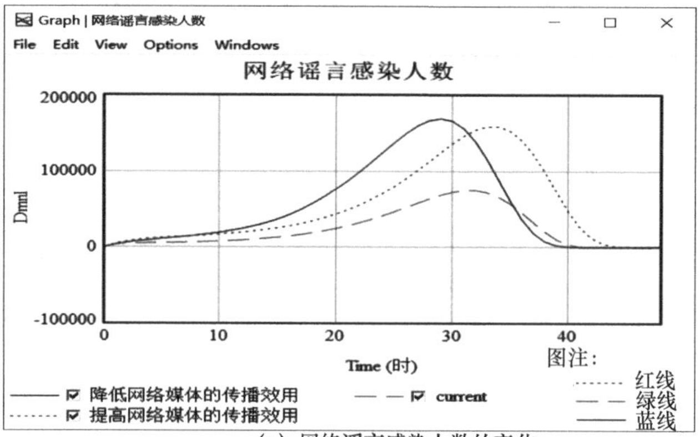

(a) 网络谣言感染人数的变化

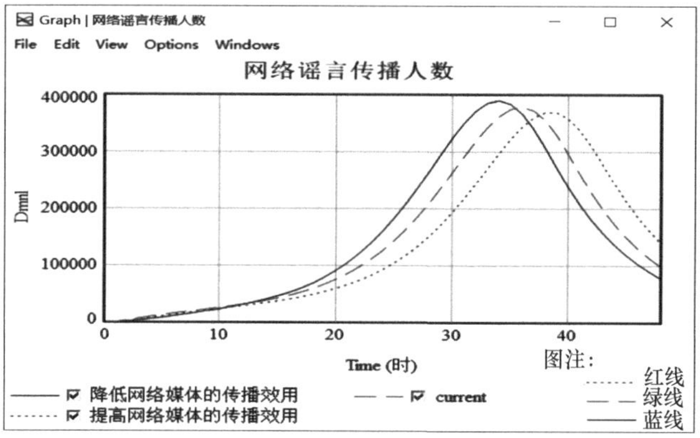

(b) 网络谣言传播人数的变化

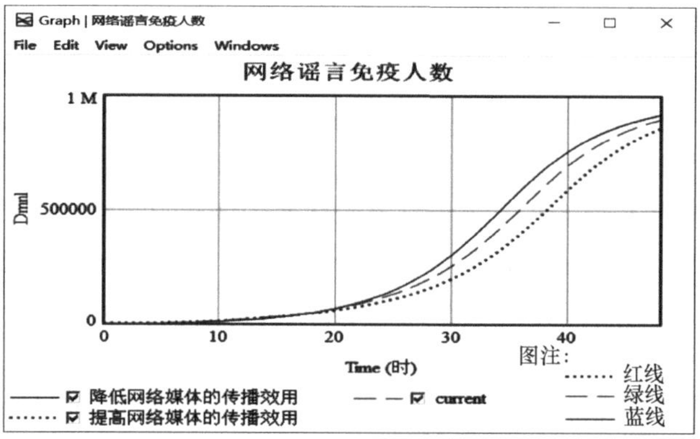

(c) 网络谣言免疫人数的变化

图 7-7　网络媒体的传播效用对网络谣言的影响

4．政策建议

通过上述分析，主要结论和政策建议如下：

（1）随着政府处理突发事件能力的提升，网民对谣言的免疫会有所增强，因此在发生突发事件时，政府应及时处理谣言并提高信息透明度，让公众能够尽早地接触到事情的真相。

（2）在官方发布信息之后，应该提高网民的发帖意愿，让网络上的真实信息越来越多地被更多的网民看见，从而降低谣言的感染人数。

（3）要充分利用好网络媒体的传播效用，使得网络媒体在突发事件中发挥传播效用，将真实有效的信息传给网民。

这里没有考虑突发事件和谣言的类型，只构建了应对一般突发事件的基础模型，因此需要在日后的研究中进一步根据突发事件和谣言的不同类型，以及各自的传播特点，有针对性地构建谣言传播模型，深入地接触网络谣言传播中的各种行为主体，多方面地分析主体在谣言传播中的行为及它们之间的关系，进而提出更加科学完善和有针对性的对策。

7.7 绿色供应链整合对企业绩效影响的研究

7.7.1 研究背景及意义

世界经济正在快速发展，电子商务模式日益创新，一种新的经济业态——“互联网+”，正影响着各行各业的发展。工业 4.0 也进入发展新阶段，中国制造不断创新发展，努力转变成中国智造。在这一大环境下，产业供应链之间的竞争在企业间如火如荼地进行着，为了获得高于同行的竞争力，各大企业纷纷寻找合作伙伴，积极整合供应链。例如，心怡科技提出了物流供应链平台化战略，联合利华携手 Lazada 以供应链物流优势抢占东南亚市场。虽然有效整合后的供应链能够改善业务流程，提高工作效率，减少额外费用，使供应链上各成员达到共赢的效果，但它同时带来的污染、能源消耗、资源过度浪费等环境问题也日益突出。这些环境问题对供应链整合起到消极作用，会在很大程度上影响供应链整合的效度，不利于提升企业绩效。因此，环境问题是企业在供应链整合中必须考虑的重要因素。

从理论方面看，较多学者研究的问题为供应链整合对企业绩效带来的影响，只有少数学者对绿色供应链整合有一定的研究。在与企业绩效相关的研究中，运营绩效和财务绩效往往是研究的重点，而环境方面的绩效和社会方面的影响则不被重视。所以，在分析供应链整合的过程中，应当将环境因素放在重要位置，在企业绩效中引入环境绩效的因素，对于研究绿色供应链整合如何作用于企业绩效具有一定的理论意义。

从实践角度看，绿色供应链处于发展阶段，虽然一些理念先进的企业已经开始实行绿色供应链整合的方式，但仍处于摸索阶段。通过研究绿色供应链对企业绩效带来的影响，充分考虑环境因素并制订绿色供应链整合方案，在一定程度上对提高企业绩效具有参考意义。

7.7.2 实证分析

1. 研究假设

在供应链整合和企业绩效的相关性研究中，不同的学者对供应链整合进行了不同维度的划分，对企业绩效也进行了不同维度的划分，分别研究其不同维度之间的关系。大多数学者认为供应链整合在一定程度上可以提高企业绩效。此外，很多学者在供应链管理中引入绿色概念，研究绿色供应链管理的各个方面对企业绩效各个维度的影响。大多数研究结果表明，虽然在供应链管理的具体实施过程中考虑绿色因素会增加一定的成本，但绿色供应链管理所带来的企业绩效可以有效弥补成本并增加额外效益。总体来说，绿色供应链管理对于提高企业绩效有较大的促进作用。为探索绿色供应链整合对企业绩效的影响程度，这里提出如表 7-34 所示的 12 个基本假设。

表 7-34　基本假设

编　　号	假　　设
H_1	供应商绿色整合对财务绩效有显著正向影响
H_2	供应商绿色整合对环境绩效有显著正向影响
H_3	供应商绿色整合对社会影响有显著正向影响
H_4	内部绿色整合对财务绩效有显著正向影响
H_5	内部绿色整合对环境绩效有显著正向影响
H_6	内部绿色整合对社会影响有显著正向影响
H_7	客户合作绿色整合对财务绩效有显著正向影响
H_8	客户合作绿色整合对环境绩效有显著正向影响
H_9	客户合作绿色整合对社会影响有显著正向影响
H_{10}	供应商绿色整合与内部绿色整合有显著相关性
H_{11}	供应商绿色整合与客户合作绿色整合有显著相关性
H_{12}	内部绿色整合与客户合作绿色整合有显著相关性

2. 结构方程模型的建立及说明

潜变量是实际工作中无法直接测量的变量，包括比较抽象的概念和由于种种原因不能准确测量的变量。一个潜变量往往对应着多个观测变量，可以看作其对应观测变量的抽象和概括，观测变量则可视为特定潜变量的反应指标。

这里假设绿色供应链整合对企业绩效有促进作用。基于此，设计潜变量为供应商绿色整合（P）、内部绿色整合（I）、客户合作绿色整合（C）、财务绩效（F）、环境绩效（E）和社会影响（S）六个。绿色供应链整合，即对供应链的核心企业、上游的原材料供应商、下游的客户及现有的竞争者与潜在的竞争者之间的绿色整合。在供应链整合时加入对环境因素的考虑，指企业与其所在供应链中的上下游进行组织内和跨组织的绿色协同实践。内部绿色整合指企业内部的绿色实践行为，如采用绿色技术、开展企业绿色治理及启动企业社会环境责任活动等。客户合作绿色整合则需要不同程度的供应链中上游和下游合作伙伴的整合。财务绩效是指企业战略及其实施和执行是否正在为最终经营业绩做出相应的贡献。环境绩效是指一个组织基于环境方针、目标和指标，控制其环境因素所取得的可测量的环境管理系统成效。社会影响是企业产品服务的广泛度、对当地经济发展的贡献与影响，以及对企业形象的评判。通过设计问卷的方式，各个潜变量分别设置为 5、5、5、7、4、3 个测量题项，通过测量题项对潜变量进行度量，最终得到观测变量的数据，对潜变量进行反应。其中，绿色供应链整合的观测变量用 $p_1 \sim p_5$ 表示，内部绿色整合的观测变量用 $i_1 \sim i_5$ 表示，客户合作绿色整合的观测变量用 $c_1 \sim c_5$ 表示，财务绩效的观测变量用 $f_1 \sim f_7$ 表示，环境绩效的观测变量用 $e_1 \sim e_4$ 表示，社会影响的观测变量用 $s_1 \sim s_3$ 表示。潜变量对应的观测变量的含义如表 7-35 所示。

表 7-35　潜变量对应的观测变量的含义

潜变量	观 测 变 量	潜变量	观 测 变 量
供应商绿色整合（P）	p_1 与供应链成员建立稳定的绿色产品业务关系	财务绩效（F）	f_1 销售额增长
	p_2 设计、生产绿色产品为供应链成员提供服务		f_2 利润增长
	p_3 与供应链成员分享企业的知识和信息		f_3 投资回报率提高
	p_4 与供应链成员共同努力解决问题、分享回报和共担风险		f_4 资产回报率提高
	p_5 与供应链成员建立了信任、有共同的价值观和共同的愿景		f_5 市场占有率增长
内部绿色整合（I）	i_1 采用绿色技术		f_6 整体运营效率提高
	i_2 开展企业绿色治理		f_7 销售利润率提高
	i_3 启动企业社会责任活动	环境绩效（E）	e_1 减少了污染
	i_4 指定和执行企业长期发展战略		e_2 减少了能源和材料的消耗
	i_5 不断改进产品质量		e_3 减少了有毒、有害和危险材料消耗
客户合作绿色整合（C）	c_1 与供应链成员合作共同设计绿色产品（服务）		e_4 降低了与环境相关事故发生的频率
	c_2 与供应链成员合作共同生产绿色产品（服务）	社会影响（S）	s_1 产品（服务）应用广泛
	c_3 与供应链成员合作共同进行绿色包装		s_2 改善当地经济状况和发展水平
	c_4 与供应链成员合作共同开展绿色物流和运输		s_3 树立良好企业形象
	c_5 与供应链成员密切合作		

根据潜变量和观测变量之间的假设关系及各个潜变量之间的假设关系，用 AMOS22.0 建立结构方程模型，如图 7-8 所示。其中，$r_1 \sim r_{29}$、$u_1 \sim u_3$ 表示误差项。

3. 数据分析与检验

信度分析是检验真实值与测量值之间的差距的一种方法，目的是检验问卷的可靠性。一般常用的信度系数是 Cronbach α 系数。当 Cronbach $\alpha < 0.5$ 时，表示勉强可信，但不是理想状态；当 $0.5 \leqslant$ Cronbach $\alpha < 0.6$ 时，表示可信；当 $0.6 \leqslant$ Cronbach $\alpha < 0.7$ 时，表示很可信，该结果也是最常见的结果；当 $0.7 \leqslant$ Cronbach $\alpha < 0.8$ 时，表示信度非常高；当 $0.8 \leqslant$ Cronbach $\alpha < 0.9$ 时，表示十分可信；当 Cronbach $\alpha \geqslant 0.9$ 时，表示非常理想。量表的信度分析如表 7-36 所示，每个变量的 Cronbach α 系数值都大于 0.9，说明本次问卷所得数据是十分可靠的。

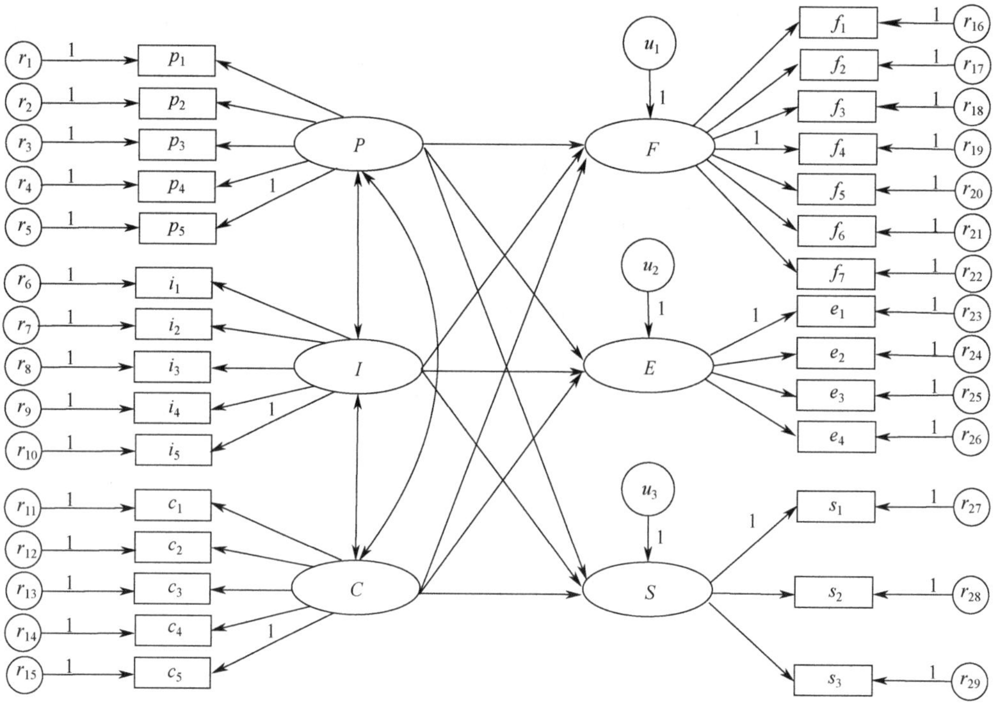

图 7-8　结构方程模型

表 7-36　信度分析结果

变　　量	题　　项	Cronbach α 系数
供应商绿色整合	5	0.942
内部绿色整合	5	0.949
客户合作绿色整合	5	0.930
财务绩效	7	0.956
环境绩效	4	0.943
社会影响	3	0.908

结构效度分析主要是检测观测变量是否能够很好地解释它所对应的潜变量。在进行结构效度分析之前，首先采用 Bartlett's 球形检验和 KMO 检验来说明通过问卷收集到的数据是否适合做因子分析。Bartlett's 球形检验的原假设是各个变量间相互独立的单位阵，如果它的检验结果拒绝了原假设，那就说明各变量不是相互独立的。KMO 统计量越大，说明因子贡献率越高，表示变量间的相关性越强。KMO>0.9 说明很适合；0.8<KMO<0.9 说明适合；0.7<KMO<0.8 说明一般；0.6<KMO<0.7 说明不太适合；KMO<0.5 说明很不适合。从表 7-37 中可以看出，每个变量的 Bartlett's 球形检验的显著性都小于 0.05，即拒绝了原假设，而且每个变量 KMO 的值都大于 0.7，说明所用的量表数据适合做因子分析。

验证性因子分析是用来判断问卷的结构效度的一种方法，它可以很好地反映观测变量对潜变量的解释程度。因子载荷越接近 1，说明因子的解释性越好。从表 7-38 中可以看出，各个观测因子的因子负荷系数都超过了 0.8，这说明因子结构很好，通过了结构效度的检验。

表 7-37 Bartlett's 球形检验和 KMO 检验

潜 变 量	观 测 变 量	KMO 统计量	Bartlett's 球形检验		
			近似卡方	自由度	显著性
供应商绿色整合	5	0.896	1173.489	10	0.000
内部绿色整合	5	0.893	1275.018	10	0.000
客户合作绿色整合	5	0.889	1046.006	10	0.000
财务绩效	7	0.924	1809.539	21	0.000
环境绩效	4	0.855	994.266	6	0.000
社会影响	3	0.754	523.370	3	0.000

表 7-38 验证性因子分析结果

潜 变 量	观 测 变 量	因 子 载 荷	潜 变 量	观 测 变 量	因 子 载 荷
供应商绿色整合（P）	p_1	0.87	财务绩效（F）	f_1	0.88
	p_2	0.89		f_2	0.91
	p_3	0.87		f_3	0.88
	p_4	0.88		f_4	0.89
	p_5	0.87		f_5	0.83
内部绿色整合（I）	i_1	0.88		f_6	0.84
	i_2	0.89		f_7	0.84
	i_3	0.91	环境绩效（E）	e_1	0.89
	i_4	0.87		e_2	0.92
	i_5	0.88		e_3	0.92
客户合作绿色整合（C）	c_1	0.85		e_4	0.87
	c_2	0.86	社会影响（S）	f_1	0.89
	c_3	0.89		f_2	0.85
	c_4	0.85		f_3	0.90
	c_5	0.81			

将量表数据导入结构方程模型后，用 AMOS22.0 进行拟合，得到的结果如图 7-9 和表 7-39 所示。表 7-39 中的三项指标可以说明整体模型的拟合程度。

从图 7-9 中可以看出，P 和 I 之间的相关系数是 0.83，P 和 C 之间的相关系数是 0.94，I 和 C 之间的相关系数是 0.80，这说明 P、I、C 任意两个维度之间的相关性都很强。从表 7-39 中可以看出，在 0.05 的置信水平下，有 5 条路径通过了检验，其余 4 条路径未通过检验。

χ^2/df 的值可以说明整体模型的拟合程度。一般认为，$\chi^2/df>10$ 表示模型拟合得很差；$\chi^2/df>5$ 说明模型拟合得不好；$\chi^2/df<5$ 说明模型可以接受；$\chi^2/df<5$ 表示模型拟合较好。从表 7-40 中可以看出，χ^2/df 为 3.04，表明模型可以接受。

一般认为 CFI（比较拟合指数）越大越好，它的取值在 0.9 以上说明所拟合的模型比较好。而 RMSEA（近似误差的均方根）与 CFI 正好相反，RMSEA 的值越小模型越可取。普遍认为，SMSEA<0.01 表示模型拟合得非常好，RMSEA<0.05 说明模型拟合得很好，

RMSEA<0.1 表明模型拟合得较好。从表 7-40 中可以看出，RMSEA 为 0.088，说明模型拟合得较好。

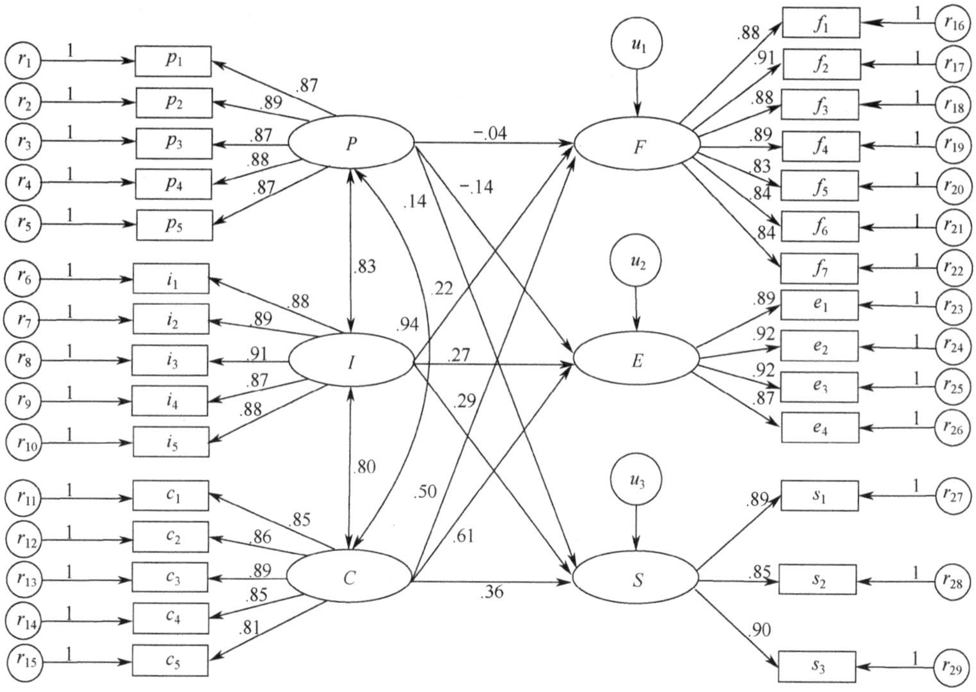

图 7-9　结构方程模型的运行结果

表 7-39　路径分析系数及检验结果

路　　径	系　　数	标 准 差	C.R.	*P*　　值	是 否 显 著
P→F	–0.042	0.233	–0.180	0.857	否
P→E	–0.166	0.242	–0.687	0.492	否
P→S	0.154	0.212	0.727	0.467	否
I→F	0.218	0.098	2.231	0.026	是
I→E	0.286	0.101	2.838	0.005	是
I→S	0.278	0.090	3.098	0.002	是
C→F	0.523	0.213	2.459	0.014	是
C→E	0.682	0.222	3.079	0.002	是
C→S	0.371	0.192	1.932	0.053	否

表 7-40　模型的拟合优度检验结果

拟合优度指标	χ^2	df	χ^2/df	RMSEA
模型结果	1 110.273	365	3.04	0.088

4. 结果分析与讨论

在经过大量的理论分析和严谨的实证研究后，检验结果如表 7-41 所示。

表 7-41 假设检验结果

假　设	检验结果
H_1：供应商绿色整合对财务绩效有显著正向影响	拒绝
H_2：供应商绿色整合对环境绩效有显著正向影响	拒绝
H_3：供应商绿色整合对社会影响有显著正向影响	拒绝
H_4：内部绿色整合对财务绩效有显著正向影响	接受
H_5：内部绿色整合对环境绩效有显著正向影响	接受
H_6：内部绿色整合对社会影响有显著正向影响	接受
H_7：客户合作绿色整合对财务绩效有显著正向影响	接受
H_8：客户合作绿色整合对环境绩效有显著正向影响	接受
H_9：客户合作绿色整合对社会影响有显著正向影响	拒绝
H_{10}：供应商绿色整合与内部绿色整合有显著相关性	接受
H_{11}：供应商绿色整合与客户合作绿色整合有显著相关性	接受
H_{12}：内部绿色整合与客户合作绿色整合有显著相关性	接受

从表 7-41 和图 7-9 中可以看出，内部绿色整合对企业绩效的三个维度（财务绩效、环境绩效和社会影响）都有显著正向影响，影响系数分别为 0.22、0.27、0.29；客户合作绿色整合正向影响财务绩效和环境绩效，影响系数分别为 0.50 和 0.61；绿色供应链整合的三个维度（客户合作绿色整合、内部绿色整合和供应商绿色整合）中的任何两个维度之间都有显著相关性，相关系数均在 0.8 以上。

7.7.3 启示与管理建议

1. 加强对绿色供应链整合的重视

多数企业在进行供应链整合时，认为考虑环境问题会增加成本和资源投入，因此往往忽略环保的重要意义，当企业行为对环境造成严重影响时才采取补救措施。这种行为会使业务流程链条变长，管理难度增大，出现重复作业的问题。这不仅大大增加了成本、浪费了资源，还会给企业造成负面影响。从总体的研究结论来看，绿色供应链整合在一定程度上有利于提高企业绩效。这要求企业领导者转变经营理念，从战略层面考虑环保问题，将企业的长远发展与绿色环保目标相结合，高度重视绿色供应链整合的问题。领导层应从自身做起，树立绿色创新的理念，不应只考虑利益问题，而应将重点放在企业的社会影响和环境效益上。领导者也应学习先进的管理方式，通过组织学习、制度压力和激励等方式引导员工认可企业绿色经营的理念，从而使每个人都能够有效地做到供应链活动绿色化。

2. 加强内部绿色整合，全面提高企业绩效

企业可以通过优化业务流程调整企业资源配置等方式提高企业绩效。从研究结论来看，内部绿色整合对企业绩效的各个维度都有显著正向影响，表明有进一步提高企业绩效的空间。所以，企业在进行内部整合时应将绿色化作为优化原则，制订出与企业能力相适应的内部绿色整合方案。研究结论还表明，内部绿色整合与供应商绿色整合和客户绿色整合之

间具有很强的相关性，可认为内部绿色整合是整合绿色供应链过程中重要的一环。所以，企业应先从内部绿色整合做起，加强自身的绿色整合能力，再向外延伸，进行供应商绿色整合和客户合作绿色整合，从而全面提高企业绩效。

3．加强客户合作绿色整合，达成战略性合作

企业在与客户进行合作的过程中，双方应达成一致的环境目标，共同承担保护环境的责任。项目负责人应与客户共同决策以降低公司产品（服务）对环境带来的不利影响；在开展工作之前，企业应与客户协同规划，以预测和解决环境相关问题，做好预防工作；工作结束后，双方应共同对此次合作做出评价，并不断改进合作方式。若合作活动对环境造成了影响，双方应共同承担责任，并建立相互监督机制。通过控制事前、事中和事后各个环节的活动，企业可大大减少能源和材料的消耗、降低环境事故发生的频率，同时提升客户和企业自身的环境绩效。

参 考 文 献

[1] 钱学森，等．论系统工程[M]．长沙：湖南科学出版社，1982.

[2] 汪应洛．系统工程[M]．5 版．北京：机械工业出版社，2020.

[3] 汪应洛．系统工程理论、方法与应用[M]．2 版．北京：高等教育出版社，2001.

[4] 谭耀进，等. 系统工程原理[M]. 2 版. 北京：科学出版社，2017.

[5] 孙东川，等．系统工程引论[M]．4 版. 北京：清华大学出版社，2019.

[6] 易丹辉，等．结构方程模型及其应用[M]．北京：北京大学出版社，2019.

[7] 原道谋．企业系统工程[M]．石家庄：河北科学技术出版社，1985.

[8] 王其藩．系统动力学[M]．北京：清华大学出版社，1988.

[9] 李怀祖．决策理论导引[M]．北京：机械工业出版社，1993.

[10] 许国志．系统科学[M]．上海：上海科技教育出版社，2000.

[11] 唐幼纯，范君晖．系统工程：方法与应用[M]．北京：清华大学出版社，2011.

[12] 王众托．系统工程[M]．北京：北京大学出版社，2010.

[13] 邱皓政，林碧芳．结构方程模型的原理与应用[M]．北京：中国轻工业出版社，2009.

[14] 魏权龄．数据包络分析[M]．北京：科学出版社，2004.

[15] 苏志欣．主成分分析法在投资项目风险中的应用[J]．工业技术经济，2005(8).

[16] 孙宏才,等. 网络层次分析法与决策科学[M]. 北京：国防工业出版社，2011.

[17] 孙兆辉，白思俊，刘丽华．基于聚变分析和灰色模型的固体火箭发动机价格模型研究[J]．系统工程理论与实践，2005(8).

[18] 林嵩．结构方程模型理论及其在管理研究中的应用[J]．科学学与科学技术管理，2006(2).

[19] 陈红涛. 从 5 个角度认识系统工程/工程中的七个系统. 系统工程方法（微信公众号），2016.

[20] 钟永光，贾晓菁，钱颖，等. 系统动力学[M]．2 版. 北京：科学出版社，2013.

[21] 罗胜强，姜嬿. 管理学问卷调查研究方法[M]. 重庆：重庆出版社，2014.

[22] 庞庆华．企业生产系统柔性及其综合评价研究[C]//科学发展观与系统工程——中国系统工程学会第十四届学术年会论文集，2006: 711-714.

[23] 王吉恒，王天舒．基于企业层次分析法的盈利能力分析——以万科企业股份有限公司为例[J]．哈尔滨商业大学学报（社会科学版），2013(04)：3-10.